UG NX10 数控编程实用教程

（第 4 版）

王卫兵　主编

李祥伟　牛祥永　副主编

清华大学出版社

北　京

内 容 简 介

UG NX 是目前功能最强大的 CAD/CAM 软件之一，本书以 UG NX10 中文版为蓝本，系统介绍 UG NX 加工模块应用的实用数控编程技术，重点突出对 UG NX CAM 3 轴数控铣编程中各个参数的意义和设置方法的说明，并以大量的图形来配合辅助讲解。主要内容包括：利用 CAD/CAM 软件进行数控铣（加工中心）编程的基础知识、思路、方法和工艺处理；UG NX 型腔铣、平面铣、固定轴曲面轮廓铣、钻孔加工等各种加工方法的数控铣加工工序的生成步骤、参数设置及使用技巧等，配合精选的编程实例，可使读者对 UG NX 编程有更深一层的认识，从而高效率、高质量地完成数控编程实用技术的学习。

本书可作为数控编程人员 CAM 技术的自学教材和参考书，也可作为 UG NX CAM 技术各级培训教材以及高职高专相关专业的课程教材。

图书在版编目（CIP）数据

UG NX10 数控编程实用教程/王卫兵主编．—4 版．—北京：清华大学出版社，2017(2024.8重印)
ISBN 978-7-302-48537-7

Ⅰ．①U…　Ⅱ．①王…　Ⅲ．①数控机床-加工-计算机辅助设计-应用软件-教材　Ⅳ．①TG659-39

中国版本图书馆 CIP 数据核字（2017）第 240811 号

责任编辑：邓　艳
封面设计：刘　超
版式设计：魏　远
责任校对：马子杰
责任印制：沈　露

出版发行：清华大学出版社
网　　址：https://www.tup.com.cn, https://www.wqxuetang.com
地　　址：北京清华大学学研大厦 A 座　　邮　　编：100084
社 总 机：010-83470000　　邮　　购：010-62786544
投稿与读者服务：010-62776969，c-service@tup.tsinghua.edu.cn
质 量 反 馈：010-62772015，zhiliang@tup.tsinghua.edu.cn
课 件 下 载：https://www.tup.com.cn，010-62788903
印 装 者：三河市君旺印务有限公司
经　　销：全国新华书店
开　　本：185mm×260mm　　印　　张：20.5　　字　　数：496 千字
版　　次：2004 年 5 月第 1 版　2017 年 12 月第 4 版　　印　　次：2024 年 8 月第 5 次印刷
定　　价：59.80 元

产品编号：071296-02

前　言

《UG NX 数控编程实用教程》《UG NX6 数控编程实用教程（第 2 版）》《UG NX8 数控编程实用教程（第 3 版）》出版以来，受到了广大院校师生与读者的欢迎，并进行了多次重印。最新的 UG NX10 软件功能更加强大，操作更为方便，为满足读者需求，对《UG NX 数控编程实用教程》进行再次改编，以 NX10 中文版为蓝本进行讲解，适用于 NX9 以上的各版本。

UG NX（UG 公司已被西门子公司所收购，但习惯上仍将 NX 软件称为 UG NX）是数字化产品生命周期管理（PLM）的核心部分，其功能非常强大，支持产品开发的整个过程，从概念（CAID），到设计（CAD），到分析（CAE），到制造（CAM），是业界最好的 CAD/CAE/CAM 集成软件包之一。UG NX 的加工模块是把虚拟模型变成真实产品很重要的一步，即把三维模型表面所包含的几何信息自动进行计算，变成数控机床加工所需要的代码，从而精确地完成产品设计的构想。UG NX 强大的加工功能可以实现数控车、线切割、2～5 轴的数控铣编程，当前应用最广泛的是 3 轴铣（包括加工中心）的编程。

数控编程是一项实践性很强的技术，对软件的使用只是数控编程中的一个部分。我们组织编写了这一数控编程培训教程，突出以应用为主线，主要讨论 UG CAM 的 3 轴铣削加工，按照数控编程的一般步骤和数控编程人员必须具备的知识结构安排本书内容，主要包括以下内容：

第 1 章介绍 CAM 数控编程的基础知识和数控编程工艺，包括 CAM 编程的一般步骤，数控程序的基础知识，CAD/CAM 软件功能简介，CAM 数控加工工艺设计与高速加工简介。

第 2 章介绍 NX CAM 基础，包括各种组对象的创建和工序导航器的应用，包括工序管理及模拟切削和后处理。

第 3 章～6 章介绍 NX 数控铣加工工序的创建，包括型腔铣、平面铣、曲面铣、钻孔加工等各种常用刀轨形式的生成步骤、加工对象选择、程序参数设置、技术要点和编程实例。

本书重点突出对数控编程中各个参数的讲解，说明该参数的意义，设置方法，并以大量的图形来配合辅助讲解。本书的每一章节都附有若干个精选的编程实例，可使读者对 UG CAM 编程有更深一层的认识，从而高效率、高质量地完成数控编程实用技术的学习。

本书提供配套素材，可到 http://www.tup.com.cn 下载。包括模型文件、视频文件与电子课件，提供了本书中所有相关实例的模型及操作结果文件，练习用的模型文件，并且提供了每一实例操作的配音屏幕录像视频，还提供了教学用的电子课件。

本书作者长期在模具企业一线从事数控编程工作，在实践中积累了大量的经验和技巧，书中使用了专家提示标记，提醒读者特别注意。

本书由王卫兵任主编，李祥伟、牛祥永任副主编，王福明、王卫仁、吴玲利、林喜连、吴丽萍、郑明富等共同编著。由于编者水平有限，书中错漏之处在所难免，恳请读者对本书中的不足提出宝贵意见和建议，以便我们不断改进。可以通过 Email：wbcax@sina.com 与作者联系。

王卫兵

2017 年 12 月

目　录

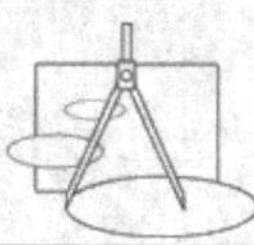

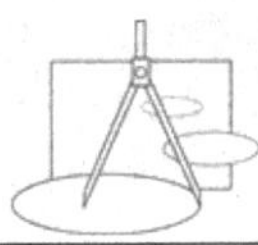

第1章 绪　论

本章主要内容：

- CAM 编程的基本实现过程
- CAD/CAM 软件功能与 UG CAM 简介
- 数控加工与数控程序基础
- CAM 数控加工工艺设计要点
- 高速加工数控编程

1.1 CAD/CAM 软件的交互式编程的基本实现过程

数控编程技术包含了数控加工与编程、金属加工工艺、CAD/CAM 软件操作等多方面知识与经验，其主要任务是计算加工走刀中的刀位点（简称 CL 点）。根据数控加工的类型，数控编程可分为数控铣加工编程、数控车加工编程、数控电加工编程等，而数控铣加工编程又可分为 2.5 轴铣加工编程、3 轴铣加工编程和多轴（4 轴、5 轴）铣加工编程等。3 轴铣加工是最常用的一种加工类型，而 3 轴铣加工编程是目前应用最广泛的数控编程技术。

专家指点：当前应用 UG NX 进行数控编程，多应用于 3 轴的数控铣床或加工中心编程。本书中所提及的数控加工或编程，如无特别注明，均指 2.5 轴和 3 轴铣数控加工或编程。

数控编程经历了手工编程、APT 语言编程和交互式图形编程 3 个阶段。交互式图形编程就是通常所说的 CAM 软件编程，也称为“自动编程”。由于 CAM 软件自动编程具有速度快、精度高、直观性好、使用简便、便于检查和修改等优点，已成为目前国内外数控加工普遍采用的数控编程方法。

交互式图形编程的实现是以 CAD 技术为前提的。数控编程的核心是刀位点计算，对于复杂的产品，其数控加工刀位点的人工计算十分困难，而 CAD 技术的发展为解决这一问题提供了有力的工具。利用 CAD 技术生成的产品三维造型包含了数控编程所需要的完整的产品表面几何信息，而计算机软件可针对这些几何信息进行数控加工刀位的自动计算。绝大多数的数控编程软件同时具备 CAD 的功能，因此称为 CAD/CAM 一体化软件。由于现有的 CAD/CAM 软件功能已相当成熟，因此使得数控编程的工作大大简化，对编程人员的技术背景、创造力的要求也大大降低，为该项技术的普及创造了有利的条件。

目前，市场上流行的 CAD/CAM 软件均具备了较好的交互式图形编程功能，操作过程大同小异，编程能力差别不大。不管采用哪一种 CAD/CAM 软件，NC 编程的基本过程及内容均可用图 1-1 表示。

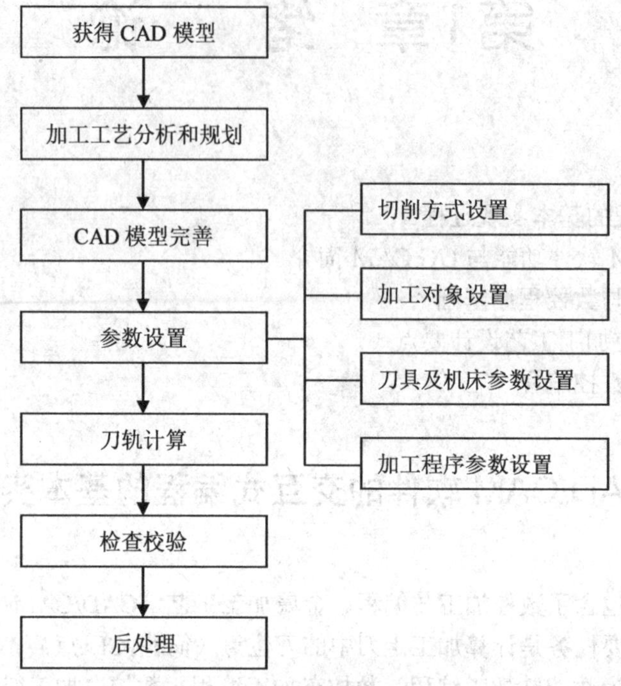

图 1-1　CAM 编程的一般步骤

1.1.1　获得 CAD 模型

CAD 模型是 NC 编程的前提和基础，任何 CAM 的程序编制必须有 CAD 模型为加工对象进行编程。获得 CAD 模型的方法通常有以下 3 种。

（1）打开 CAD 文件。如果某一文件是已经使用 UG NX 造型完毕的，或者已经做过编程文件，重新打开该文件，即可获得所需的 CAD 模型。

（2）直接造型。某些 CAD/CAM 软件，如 UG NX、Cimatron 本身就是一个功能非常强大的 CAD/CAM 一体化软件，具有很强的造型功能，可以进行曲面和实体的造型。对于一些不是很复杂的工件，可以在编程前直接造型。

（3）数据转换。当模型文件是使用其他的 CAD 软件进行造型时，首先要将其转换成当前 CAD/CAM 软件专用的文件格式。通过软件的数据转换功能，可以读取其他 CAD 软件所做的造型。如 UG NX 提供了常用 CAD 软件的数据接口，并且有标准转换接口，可以转换的文件格式有 IGES、STEP 等，还有读取模型文件并转化 PRT 文件。

1.1.2　加工工艺分析和规划

加工工艺分析和规划的主要内容如下。

（1）加工对象的确定：通过对模型的分析，确定这一工件的哪些部位需要在数控铣床

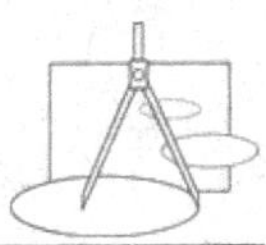

或者数控加工中心上加工。数控铣的工艺适应性也是有一定限制的，对于尖角部位，细小的筋条等部位是不适合加工的，应使用线切割或者电加工来加工；而对于另外一些加工内容，可能使用普通机床有更好的经济性，如孔的加工、回转体加工，可以使用钻床或车床进行加工。

（2）加工区域规划：即对加工对象进行分析，按其形状特征、功能特征及精度、粗糙度要求将加工对象分成数个加工区域。对加工区域进行合理规划可以达到提高加工效率和加工质量的目的。

专家指点：在进行加工对象确定和加工区域规划或分配时，参考实物可以更直观地进行分析和规划。

（3）加工工艺路线规划：即从粗加工到精加工再到清根加工的流程及加工余量分配。

（4）加工工艺和加工方式的确定：如刀具选择、加工工艺参数和切削方式（刀轨形式）的选择等。

在完成工艺分析后，应填写一张 CAM 数控加工工序表，表中的项目应包括加工区域、加工性质、走刀方式、使用刀具、主轴转速、切削进给等选项。完成了工艺分析及规划可以说是完成了 CAM 编程 80%的工作量。同时，工艺分析的水平原则上决定了 NC 程序的质量。

1.1.3　CAD 模型完善

对 CAD 模型做适合于 CAM 程序编制的处理。由于 CAD 造型人员更多地考虑零件设计的方便性和完整性，并不顾及对 CAM 加工的影响，所以要根据加工对象的确定及加工区域规划对模型做一些完善。通常有以下内容。

（1）坐标系的确定。坐标系是加工的基准，将坐标系定位于适合机床操作人员确定的位置，同时保持坐标系的统一。

（2）隐藏部分对加工不产生影响的曲面，按曲面的性质进行分色或分层。这样一方面看上去更为直观清楚；另一方面在选择加工对象时，可以通过过滤方式快速地选择所需对象。

（3）修补部分曲面。对于因有不加工部位存在而造成的曲面空缺部位，应该补充完整。如钻孔的曲面，存在狭小的凹槽的部位，应该将这些曲面重新制作完整，这样获得的刀路轨迹规范而且安全。

（4）增加安全曲面，如将边缘曲面进行适当的延长。

（5）对轮廓曲线进行修整。对于数据转换获取的数据模型，可能存在看似光滑的曲线其实存在断点，看似一体的曲面在连接处不能相交的情况。通过修整或者创建轮廓线构造出最佳的加工边界曲线。

（6）构建刀路轨迹限制边界。对于规划的加工区域，需要使用边界来限制加工范围的，应先构建出边界曲线。

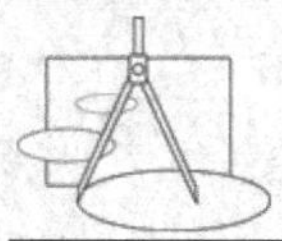

1.1.4 加工参数设置

参数设置可视为对工艺分析和规划的具体实施，构成了利用 CAD/CAM 软件进行 NC 编程的主要操作内容，直接影响 NC 程序的生成质量。参数设置的内容较多，如下所示。

（1）切削方式设置：用于指定刀轨的类型及相关参数。

（2）加工对象设置：是指用户通过交互手段选择被加工的几何体或其中的加工分区、毛坯、避让区域等。

（3）刀具及机械参数设置：是针对每一个加工工序选择适合的加工刀具，并在 CAD/CAM 软件中设置相应的机械参数，包括主轴转速、切削进给、切削液控制等。

（4）加工程序参数设置：包括对进退刀位置及方式、切削用量、行间距、加工余量、安全高度等的设置，是 CAM 软件参数设置中最主要的一部分内容。

1.1.5 刀轨计算

在完成参数设置后，即可将设置结果提交 CAD/CAM 系统进行刀轨的计算。这一过程是由 CAD/CAM 软件自动完成的。

1.1.6 检查校验

为确保程序的安全性，必须对生成的刀轨进行检查校验，检查有无明显刀路轨迹，有无过切或者加工不到位，同时检查是否会发生与工件及夹具的干涉。校验的方式如下。

（1）重播查看：通过对视角的转换、旋转、放大、平移来查看生成的刀路轨迹，适于观察其切削范围有无越界，及有无明显异常的刀具轨迹。

（2）实体仿真：直接在计算机屏幕上模拟材料切除过程。

（3）机床仿真：在 CAD/CAM 软件中，直接模拟机床加工的运动过程，可以显示机床与夹具，可以实际判断是否会发生干涉。

对检查中发现问题的程序，应调整参数设置重新进行计算，再做检验。

1.1.7 后处理

后处理实际上是一个文本编辑处理过程，其作用是将计算出的刀轨（刀位运动轨迹）以规定的标准格式转化为 NC 代码并输出保存。

在后处理生成数控程序之后，还需要检查这个程序文件，特别对程序头及程序尾部分的语句进行检查，如有必要可以修改。这个文件可以通过传输软件传输到数控机床的控制器上，由控制器按程序语句驱动机床加工。

在上述过程中，编程人员的工作主要集中在加工工艺分析和规划、参数设置这两个阶段，其中工艺分析和规划决定了刀轨的质量，参数设置则构成了软件操作的主体。

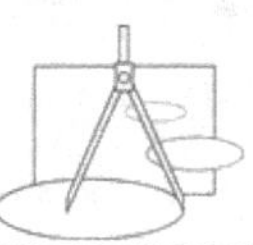

1.2　编制高质量的数控程序

1．NC 程序的质量判断

NC 程序的质量是衡量 NC 程序员水平的关键指标，其判定标准可归纳为以下几点。

（1）完备性：即不存在加工残留区域。

（2）误差控制：包括插补误差控制、残余高度（表面粗糙度）控制等。

（3）加工效率：即在保证加工精度的前提下加工程序的执行时间。

（4）安全性：指程序对可能出现的让刀、漏刀、撞刀及过切等不良现象的防范措施和效果。

（5）工艺性：包括进退刀设置、刀具选择、加工工艺规划（如加工流程及余量分配等）、切削方式（刀轨形式选择）、接刀痕迹控制以及其他各种工艺参数（如进给速度、主轴转速、切削方向、切削深度等）的设置等。

（6）经济性：是指以合理的成本完成加工，如刀具损耗要控制在合理范围以内。

（7）其他：如对于操作人员的便利性、程序的规范化程度等。

在评价 NC 程序质量的各项指标中，有一部分存在着一定程度的矛盾。例如，残余高度决定了加工表面的光洁度，从加工质量来看，残余高度越小，加工表面质量越高，但加工效率就会降低。所以，在进行 NC 编程时，不应片面追求加工效率，而应综合权衡各项指标，在满足产品的质量要求及一定的加工可靠性的基础上提高加工效率。

2．数控程序人员的基本要求

为了编制高质量的数控加工程序，数控编程人员必须掌握一定的数控加工相关的基础知识，包括数控加工原理、数控机床结构、分类及机床坐标系。作为一名数控编程工程师，有必要掌握一定的手工编程知识，包括程序结构和常用数控指令，这对于理解数控自动编程、后置处理等均有帮助。数控加工工艺分析和规划将影响数控加工的加工质量和加工效率，因此工艺分析和规划是数控编程的核心工作。在 CAM 自动编程中对数控工艺的分析和规划主要包括加工区域的划分与规划，刀轨形式与走刀方式的选择，刀具及机械参数的设置，加工工艺参数的设置。

3．CAM 编程的学习

交互式图形编程技术的学习也就是 CAM 编程的要点，可分 3 个方面。

（1）学习 CAD/CAM 软件应重点把握核心功能的学习，因为 CAD/CAM 软件的应用也符合所谓的“20/80 原则”，即 80%的应用仅需要使用 20%的功能。

（2）培养标准化、规范化的工作习惯。对于常用的加工工艺过程应进行标准化的参数设置，并形成标准的参数模板，在各种产品的数控编程中尽可能直接使用这些标准的参数模板，以减少操作复杂度，提高可靠性。

（3）重视加工工艺的经验积累，熟悉所使用的数控机床、刀具、加工材料的特性，以

便使工艺参数设置更为合理。

1.3 数控程序基础

1.3.1 数控程序的结构

如图 1-2 所示是一个数控程序结构示意图。

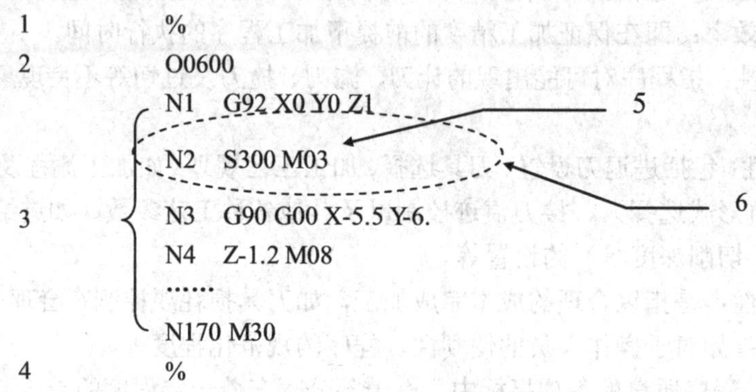

1—起始符　2—程序名　3—程序主体　4—程序结束符　5—功能字　6—程序段

图 1-2　数控程序结构

一般情况下，一个基本的数控程序由以下几部分组成。

（1）程序起始符。一般为“%”，部分数控系统采用其他字符，应根据数控机床的操作说明使用。程序起始符单列一行。

（2）程序名。单列一行，有两种形式：一是以规定的英文字母（通常为 O）为首，后面接若干位（通常为 2 位或 4 位）的数字，如 O523，也可称为程序号；另一种是以英文字母、数字和符号“-”混合组成，比较灵活。程序名具体采用何种形式是由数控系统决定的。

（3）程序主体。由多个程序段组成，程序段是数控程序中的一句，单列一行，用于指示机床完成某一个动作。每个程序段又由若干个程序字（WORD）组成，每个程序字表示一个功能指令，因此又称为功能字，由字首及随后的若干个数字组成（如 X100）。字首是一个英语字母，称为字的地址，决定了字的功能类别。一般字的长度和顺序不固定。在程序末尾一般有程序结束指令，如 M30，用于停止主轴、冷却液和进给，并使控制系统复位。

（4）程序结束符。程序结束的标识符，一般与程序起始符相同。

以上是数控程序结构的最基本形式，也是采用交互式图形编程方式后处理所得到的最常见的程序形式。更复杂的程序还包括注释语句、子程序调用等，这里不做更多介绍。

1.3.2 常用的数控指令

数控程序字按其功能的不同可分为若干种类型，下面分别予以简单介绍。

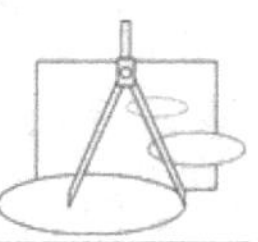

1．顺序号字

顺序号字也叫程序段号，在程序段之首，以字母 N 开头，其后为一个 2～4 位的数字。

专家指点：数控程序是按程序段的排列次序执行的，与顺序段号的大小次序无关，即程序段号实际上只是程序段的名称，而不是程序段执行的先后次序。

2．准备功能字

准备功能字以字母 G 开头，后接一个两位数字，因此又称为 G 指令。它是控制机床运动的主要功能类别。常用的 G 指令如下。

（1）G00：快速点定位，即刀具快速移动到指定坐标，用于刀具在非切削状态下的快速移动，其移动速度取决于机床本身的技术参数。如刀具快速移动到点（100,100,100）的指令格式为：

G00 X100.0 Y100.0 Z100.0

（2）G01：直线插补，即刀具以指定的速度直线运动到指定的坐标位置，是进行切削运动的两种主要方式之一。如刀具以 250mm/min 的速度直线插补运动到点（100,100,100）的指令格式为：

G01 X100.0 Y100.0 Z100.0 F250

（3）G02、G03：顺时针和逆时针圆弧插补，即刀具以指定的速度以圆弧运动到指定的位置。G02/G03 有两种表达格式，一种为半径格式，使用参数值 R，如 G02 X100. Y100. R50. F250 表示刀具以 250mm/min 的速度沿半径 50 的顺时针圆弧运动至终点（100,100），其中 R 值的正负影响切削圆弧的角度，R 值为正时，刀位起点到刀位终点的角度小于或等于 180°，R 值为负值时刀位起点到刀位终点的角度大于或等于 180°。另一种为向量格式，使用参数 I、J、K 给出圆心坐标，并以相对于起始点的坐标增量表示。例如，G02 X100. Y100. I50. J50. F250 表示刀具以 250mm/min 的速度沿一顺时针圆弧运动至点（100,100），该圆弧的圆心相对于起点的坐标增量为（50,50）。

（4）G90、G91：绝对指令/增量指令。其中，G90 指定 NC 程序中的刀位坐标是以工作坐标系原点为基准来计算和表达的，而 G91 则指定 NC 程序中每一个刀位点的坐标都是以其相对于前一个刀位点的坐标增量来表示的。

（5）G41、G42、G40：刀具半径左补偿、右补偿和取消半径补偿。用半径为 R 的刀具切削工件时，刀轨必须始终与切削轮廓有一个距离为 R 的偏置，在手工编程中进行这种偏置计算往往十分麻烦。如果采用 G41、G42 指令，刀路轨迹会被自动偏移一个 R 距离，而编程只要按工件轮廓去考虑即可。在 G41、G42 指令中，刀具半径是用其后的 D 指令指定。所谓左补偿，是指沿着刀具前进的方向，刀轨向左侧偏置一个刀半径的距离。

在交互式图形编程中，由于刀轨是在工件表面的偏置面上计算得到的，因此不需要再进行半径补偿，即一般不使用 G40～G42 指令。

（6）G54、G92：加工坐标系设置指令。G54 指令设定工件坐标系，运行指令后会选择数控系统上设定的 G54 坐标系偏置寄存器地址，其中存放了加工坐标系相对于机床坐标系的偏移量。当数控程序中出现该指令时，数控系统即根据其中存放的偏移量确定加工坐标系。数控加工中心一般提供 G54～G59 共 6 个坐标系设置。

G92 是根据刀具起始点与加工坐标系的相对关系确定加工坐标系，其格式示例为：

G92 X20.0 Y30.0 Z40.0

表示刀具当前位置（一般为程序起点位置）处于加工坐标系（20,30,40）处，这样就等于通过刀具当前位置确定了加工坐标系的原点位置。

3．辅助功能字

辅助功能字一般由字符 M 及随后的 2 位数字组成，因此也称为 M 指令，用来控制数控机床的辅助装置的接通和断开（即开关动作），表示机床各种辅助动作及其状态。常用的 M 指令如下。

（1）M02、M30：程序结束。

（2）M03、M04、M05：主轴顺时针转、主轴逆时针转、主轴停止转动。

（3）M06：换刀。将预置的刀具（T_）换到主轴上。

（4）M08、M09：冷却液开、关。

（5）M98：调用子程序。

（6）M99：子程序结束，返回主程序。

4．其他功能字

（1）尺寸字：也称为尺寸指令，主要用来指示刀位点坐标位置，例如，X、Y、Z 主要用于表示刀位点的坐标值，而 R 用于表示圆弧的半径（参见 G02、G03 指令中的内容）。

（2）进给功能字：以字符 F 开头，因此又称为 F 指令，用于指定刀具插补运动（即切削运动）的速度，称为进给速度，单位是毫米/分钟（mm/min）。

（3）主轴转速功能字：以字符 S 开头，因此又称为 S 指令，用于指定主轴的转速，以其后的数字给出，单位是转/分钟（r/min）。

（4）刀具功能字：用字符 T 及随后的号码表示，因此也称为 T 指令，用于指定加工时采用的刀具号，该指令在加工中心上使用。

以上介绍的是最基本的数控指令，使用它们已能够完成普通的数控编程任务。如欲了解其他更多的数控指令，请参阅附录 A 中的相关内容或相关参考书。

1.3.3　手工编程示例

尽管交互式图形编程已成为当前数控编程的主流方法，但在某些场合下手工编程仍有其应用的必要性。本节仅对手工编程作简单的介绍，并给出一个简单程序的示例。

手工编程的基本步骤如下。

（1）零件图分析。

（2）刀具加工路径规划和刀位计算。

（3）工艺分析。

（4）程序编制与校验。

下面是一个简单的手工编程示例，其中的刀位点已分别在图 1-3 中和程序（如表 1-1

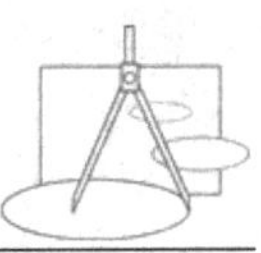

所示）中对应标出。

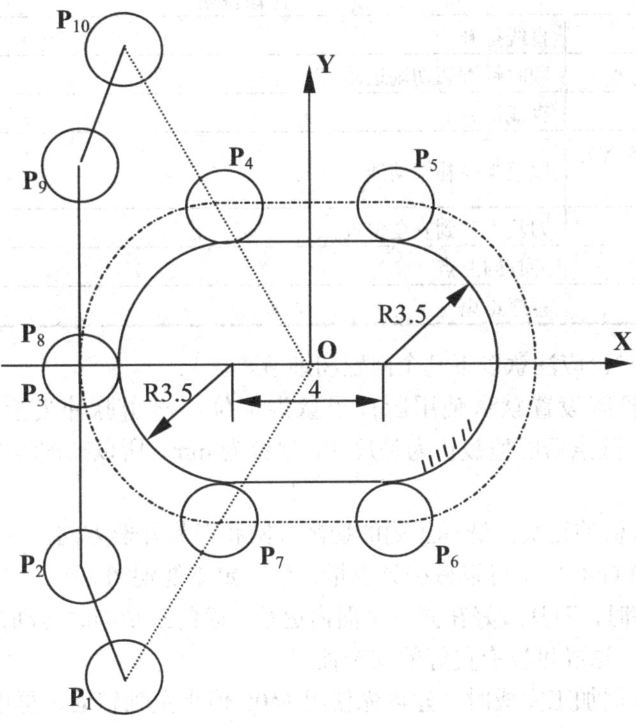

图 1-3　刀位点

表 1-1　加工程序及说明

程　　序	程序段说明	刀　位　点
N1　G54 G90 G00 X0 Y0;	选择坐标系，并移动到原点 O	O
N2　S800 M03;	主轴转速设定及主轴顺时针转	
N3　G90 G00 X-5.5 Y-7.;	采用绝对坐标系编程，速移至 P_1。由于 Z 坐标不变，因此在 G00 后省略该坐标值的尺寸字	P_1
N4　Z-1.2 M08;	刀具快速移动到工件表面以下 1.2mm 处，X、Y 坐标不变。打开冷却液。由于与前一指令同样是快速点定位，因此 G00 可省略	
N5　G41 G01 X-5.5 Y-5. D03 F250;	刀具左补偿启动，并以 250mm/min 的速度进行第一次带左补偿的直线插补运动，注意移动坐标与实际运动位置 P_2 的关系。此后各段左补偿将持续有效。D03 中存放了刀具半径的数值，即左补偿量	P_2
N6　Y0;	直线插补移动（与前一指令相同，故 G01 可省略不写）至 P_3，这是进刀段	P_3
N7　G02 X-2. Y3.5 R3.5;	顺时针圆弧切削运动到 P_4	P_4
N8　G01 X2. Y3.5;	直线插补	P_5
N9　G02 X2. Y-3.5 R3.5;	顺时针圆弧切削运动	P_6

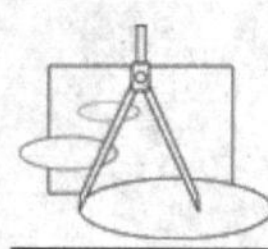

续表

程　序	程序段说明	刀 位 点
N10 G01 X-2. Y-3.5;	直线插补	P_7
N11 G02 X-5.5 Y0 R3.5;	顺时针圆弧切削运动	P_8
N12 G01 X-5.5 Y5.;	直线插补	P_9
N13 G40 G00 X-5.5 Y7. M09;	取消半径补偿功能	P_{10}
N14 Z10. M05;	刀具上升到安全位置	
N15 X0 Y0;	刀具回原点	O
N16 M30;	程序结束	

进行手工编程时，应注意以下几个问题和细节。

（1）部分的机床设置默认使用脉冲当量为单位，一个脉冲当量通常为 1μm，即 0.001mm，而加上小数点后的值被认为是尺寸，单位为 mm，所以在编程时一定不要忘记坐标值后的小数点。

（2）注意参数值的正负，选择正确的切削方向和刀具补偿方向。

（3）结合使用 G90/G91 可以减少计算量，但一定不能混淆。

（4）编制程序时，刀具最好在同一平面内运行，避免三轴同时运动，如将 Z 轴运行列为单独的一个单节，这样可以有更好的安全性。

（5）在程序末尾加工完成时，建议先使用 M05 停止主轴转动，再由 M02 或 M30 结束程序。M02/M30 也将停止主轴，但主轴所受的扭力较大，会使机床主轴齿轮寿命受损。

（6）对较长的程序，建议使用 CAD/CAM 自动编程软件进行编程，或者在计算机上书写完整并检验后再传输到数控机床，这样可以避免或减少错误，同时减少机床待机时间，提高机床利用率。

1.4　CAD/CAM 软件数控编程功能分析及软件简介

CAD/CAM 软件发展到今天，已经变得相当成熟。各种 CAD/CAM 软件的功能繁杂多样，而且大多数软件所提供的核心功能基本相同，只要掌握了这些基本功能，加上良好的操作习惯和一定的工艺经验，就能够编制出优良的数控程序。

1.4.1　CAD/CAM 软件功能

将现有 CAD/CAM 软件所提供的基本功能组成进行概括的分类。

（1）三维造型功能：如前所述，加工表面的几何信息是 CAD/CAM 软件进行加工刀轨计算的依据，因此 CAD/CAM 软件通常能够提供曲面造型、实体建模、装配设计等功能。

（2）参数管理：参数（如加工对象、刀具参数、加工工艺参数等）的设置是交互式图形编程的主要操作内容，因此也是 CAD/CAM 软件数控编程的主要功能组成部分，包括参

数输入、修改、管理、优化等。

（3）刀位点计算：根据用户设定的加工参数和加工对象计算出刀位点，由于刀位点计算是数控编程中最重要和最复杂的工作环节，因此它也是利用 CAD/CAM 软件进行交互式图形编程的最明显的优势。

（4）仿真：以图形化的方式直观、逼真地模拟加工过程，以检验所编制的 NC 程序是否存在问题。

（5）刀轨的编辑和修改：提供多种编辑手段（如增加、删除、修改刀轨段等）使用户对编制的数控刀轨进行修改。

（6）后处理：CAD/CAM 软件计算出的刀轨包含了大量刀位点的坐标值，后处理的作用就是将这些刀位点坐标值按标准的格式“填写”到数控程序中，得到程序主体的内容。它实际上是一个文字处理过程。当然，还需要在程序的开头和结尾加上一些辅助指令，如在程序开始部分加上冷却液开、在程序结束部分加上冷却液关等。

（7）工艺文档生成：将机床操作人员所需要的工艺信息（如程序名称、加工次序、刀具参数等）编写成标准、规范的文档。这一功能虽然简单，但对保证编程人员与机床操作人员的配合，避免失误有重要的作用。

1.4.2　UG NX CAM 的特点

UG NX 是数字化产品生命周期管理（PLM）的核心部分，PLM Solutions 可以提供具有强大生命力的产品全生命周期管理（PLM）解决方案，包括产品开发、制造规划、产品数据管理、电子商务等的产品解决方案，还提供一整套面向产品的完善的服务。主要为汽车与交通、航空航天、日用消费品、通用机械以及电子工业等领域通过其虚拟产品开发（VPD）的理念提供多级化的、集成的、企业级的包括软件产品与服务在内的完整的解决方案。UG NX 功能非常强大，其所包含的模块也非常多，涉及工业设计与制造的各个层面，是业界最好的 CAD/CAE/CAM 集成软件包之一。

UG NX 强大的加工功能由多个加工模块所组成。其中，型芯和型腔铣模块提供了粗加工单个或多个型腔的功能，可沿任意形状走刀，产生复杂的刀路轨迹。当检测到异常的切削区域时，可修改刀路轨迹，或者在规定的公差范围内加工出型腔或型芯。固定轴铣与变轴铣模块用于对表面轮廓进行精加工。它们提供了多种驱动方法和走刀方式，可根据零件表面轮廓选择切削路径和切削方法。在变轴铣中，可对刀轴与投射矢量进行灵活控制，从而满足复杂零件表面轮廓的加工要求，生成 3～5 轴数控机床的加工程序。此外，它们还可控制顺铣和逆铣切削方式，按用户指定的方向进行铣削加工，对于零件中的陡峭区域和前道工序没有切除的区域，系统能自动识别并清理这些区域。顺序铣模块可连续加工一系列相接表面，用于在切削过程中需要精确控制每段刀路轨迹的场合，保证各相接表面光顺过渡。其循环功能可在一个操作中连续完成零件底面与侧面的加工，可用于叶片等复杂零件的加工。

在加工基础模块中包含了以下加工类型。

（1）点位加工。可产生点钻、扩、镗、铰和攻螺纹等操作的刀路轨迹。

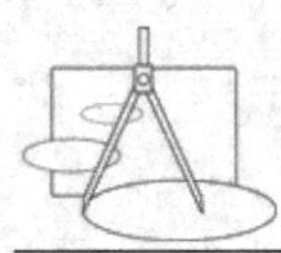

（2）平面铣。用于平面轮廓或平面区域的粗、精加工，刀具平行于工件底面进行多层铣削。

（3）型腔铣。用于粗加工型轮廓或区域，根据型腔的形状，将要切除的部位在深度方向上分成多个切削层进行层切削，每个切削层可指定不同的切削深度。切削时刀轴与切削层平面垂直。

（4）固定轴曲面轮廓铣削。它将空间的驱动几何投射到零件表面上，驱动刀具以固定轴形式加工曲面轮廓，主要用于曲面的半精加工与精加工。

（5）可变轴曲面轮廓铣。与固定轴铣相似，只是在加工过程中变轴铣的刀轴可以摆动，可满足一些特殊部位的加工需要。

（6）顺序铣。用于连续加工一系列相接表面，并对面与面之间的交线进行清根加工。

（7）车削加工。车削加工模块提供了加工回转类零件所需的全部功能，包括粗车、精车、切槽、车螺纹和打中心孔。

（8）线切割加工。线切割加工模块支持线框模型程序编制，提供了多种走刀方式，可进行 2～4 轴线切割加工。

后置处理模块包括图形后置处理器和 UG 通用后置处理器，可格式化刀路轨迹文件，生成指定机床可以识别的 NC 程序，支持 2～5 轴铣削加工、2～4 轴车削加工和 2～4 轴线切割加工。其中 UG 后置处理器可以直接提取内部刀路轨迹进行后置处理，并支持用户定义的后置处理命令。

UG NX 将智能模型（Master Model）的概念在 UG/CAM 的环境中发挥得淋漓尽致，不仅包含了 3D CAD 模型，与 NC 路径的完整关联性，且更易于缩减资料大小以及管理刀路轨迹，另外，以高速切削为发展基础的参数设定环境，更能确保刀路轨迹的稳定可靠与良好的加工品质。

1.5 CAM 数控加工工艺

1.5.1 数控加工的工艺特点

数控加工与通用机床加工相比较，在许多方面遵循的原则基本一致。但由于数控机床本身自动化程度较高，控制方式不同，设备费用也高，使数控加工工艺相应形成了以下几个特点。

（1）工艺的内容十分具体。在通用机床加工时，许多具体的工艺问题，如工艺中各工步的划分与顺序安排、刀具的几何形状、走刀路线及切削用量等，在很大程度上都是由操作工人根据自己的实践经验和习惯自行考虑而决定的，一般无须工艺人员在设计工艺规程时进行过多的规定。而在数控加工时，上述这些具体工艺问题，不仅仅成为数控工艺设计时必须认真考虑的内容，还必须做出正确的选择并编入加工程序中。也就是说，本来是由操作工人在加工中灵活掌握并可通过适时调整来处理的许多具体工艺问题和细节，在数控加工时就转变为编程人员必须事先设计和安排的内容。

（2）工艺的设计非常严密。数控机床虽然自动化程度较高，但自适性差。它不像通用机床，加工时可以根据加工过程中出现的问题，比较灵活、自由地适时进行人为调整。即使现代数控机床在自适应调整方面做出了不少努力与改进，但自由度也不大。例如，数控机床在做镗盲孔加工时，就不知道孔中是否已挤满了切屑，是否需要退一下刀，而是一直镗到结束为止。所以，在数控加工的工艺设计中必须注意加工过程中的每一个细节。同时，在对图形进行数学处理、计算和编程时，都要力求准确无误，以使数控加工顺利进行。在实际工作中，由于一个小数点或一个逗号的差错酿成重大机床事故和质量事故的情况屡见不鲜。

（3）注重加工的适应性。也就是要根据数控加工的特点，正确选择加工方法和加工内容。

由于数控加工自动化程度高、质量稳定、可多坐标联动、便于工序集中，但价格昂贵、操作技术要求高等特点均比较突出，加工方法、加工对象选择不当往往会造成较大损失。为了既能充分发挥出数控加工的优点，又能达到较好的经济效益，在选择加工方法和对象时要特别慎重，甚至有时还要在基本不改变工件原有性能的前提下，对其形状、尺寸、结构等做适应数控加工的修改。

一般情况下，在选择和决定数控加工内容的过程中，有关工艺人员必须对零件图或零件模型做足够具体与充分的工艺性分析。在进行数控加工的工艺性分析时，编程人员应根据所掌握的数控加工基本特点及所用数控机床的功能和实际工作经验，力求把这一前期准备工作做得更仔细、更扎实一些，以便为下面要进行的工作铺平道路，减少失误和返工、不留遗患。根据大量加工实例分析，数控加工中失误的主要原因多为工艺方面考虑不周和计算与编程时粗心大意。因此在进行编程前做好工艺分析规划是十分必要的。

1.5.2 工艺分析和规划

交互式图形编程工艺分析和规划的主要内容包括加工对象及加工区域规划、加工工艺路线规划、加工工艺和切削方式的确定 3 个方面。

1. 加工对象及加工区域规划

加工对象及加工区域规划是将加工对象分成不同的加工区域，分别采用不同的加工工艺和加工方式进行加工，目的是提高加工效率和质量。

常见的需要进行分区域加工的情况有以下几种。

（1）加工表面形状差异较大，需要分区加工。例如，加工表面由水平平面和自由曲面组成。显然，对这两种类型的加工表面可采用不同的加工方式以提高加工效率和质量，即对水平平面部分采用平底铣刀加工，刀轨的行间距可超过刀具的半径，以提高加工效率。而对曲面部分则应使用球头刀加工，行间距远小于刀具半径，以保证表面的光洁度。

（2）加工表面不同区域尺寸差异较大，需要分区加工。例如，对于较为宽阔的型腔可采用较大的刀具进行加工，以提高加工效率。而对于较小的型腔或转角区域，则大尺寸刀具不能进行彻底加工，应采用较小刀具以确保加工的完备性。

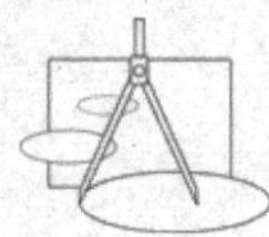

（3）加工表面要求的精度和表面粗糙度差异较大时，需要分区加工。例如，对于同一表面的配合部位要求精度较高，需要以较小的步距进行加工；而对于其他精度和光洁度要求较低的表面，则可以以较大的步距加工以提高效率。

（4）为有效控制加工残余高度，应针对曲面的变化采用不同的刀轨形式和行间距进行分区加工，相关内容在本章后续小节中予以专门介绍。

2．加工工艺路线规划

在设计数控工艺路线时，首先要考虑加工顺序的安排，加工顺序的安排应根据零件的结构和毛坯状况，以及定位安装与夹紧的需要来考虑，重点是保证定位夹紧时工件的刚性和利于保证加工精度。加工顺序安排一般应按下列原则进行。

- 上道工序的加工不能影响下道工序的定位与夹紧，也要综合考虑。
- 加工工序应由粗加工到精加工逐步进行，加工余量由大到小。
- 先进行内腔加工工序，后进行外形的加工工序。
- 尽可能采用相同定位、夹紧方式或同一把刀具加工的工序，减少换刀次数与挪动压紧元件次数。
- 在同一次安装中进行的多道工序，应先安排对工件刚性破坏较小的工序。

另外，数控加工的工艺路线设计还要考虑数控加工工序与普通工序的衔接，数控加工的工艺路线设计常常仅是几道数控加工工艺过程，而不是指毛坯到成品的整个工艺过程。由于数控加工工序常常穿插于零件加工的整个工艺过程中间，因此在工艺路线设计中一定要全面，前后兼顾，使之与整个工艺过程协调吻合。如果衔接得不好，就容易产生矛盾，最好的办法是建立下一工序向上一工序提出工艺要求的机制，如要不要留加工余量，留多少；定位面与定位孔的精度要求及形位公差；对校形工序的技术要求；对毛坯的热处理状态要求等。目的是达到相互能满足加工需要，且质量目标及技术要求明确，交接验收有依据。

例如，模具数控加工一般可分为粗加工、半精加工和精加工 3 个基本工序，其中在粗加工之后，往往还需要进行调质热处理，使工件产生较大的变形，因而要求粗加工的加工余量足够大（往往在 2mm 以上），以保证后续加工的顺利进行。

3．加工工艺和切削方式的确定

加工工艺和切削方式的确定是实施加工工艺路线的细节设计。其主要内容如下。

- 刀具选择：为不同的加工区域、加工工序选择合适的刀具，刀具的正确选择对加工质量和效率有较大的影响。
- 刀轨形式选择：针对不同的加工区域、加工类型、加工工序选择合理的刀轨形式，以确保加工的质量和效率。
- 误差控制：确定与编程有关的误差环节和误差控制参数，保证数控编程精度和实际加工精度。
- 残余高度的控制：根据刀具参数、加工表面特征确定合理的刀轨行间距，在保证加工表面质量的前提下尽可能提高加工效率。

- 切削工艺控制：切削工艺包括切削用量控制（包括切削深度、刀具进给速度、主轴旋转方向和转速控制等）、加工余量控制、进退刀控制、冷却控制等诸多内容，是影响加工精度、表面质量和加工损耗的重要因素。
- 安全控制：包括安全高度、避让区域等涉及加工安全的控制因素。

工艺分析规划是数控编程中较为灵活的部分，受到机床、刀具、加工对象（几何特征、材料等）等多种因素的影响。从某种程度上可以认为工艺分析规划基本上是加工经验的体现，因此要求编程人员在工作中不断总结和积累经验，使工艺分析和规划更符合其实际工作的需要。本书中将尽可能多地介绍一些常规的工艺规划要点。

1.6　CAM 自动编程的工艺设计

参数设置可视为对工艺分析和规划的具体实施，即工艺分析和规划结果在 CAM 软件上实施的过程，它构成了利用 CAD/CAM 软件进行 NC 编程的主要操作内容。参数设置主要包括切削方式设置、加工对象及加工区域设置、刀具参数设置、切削方式设置以及加工工艺参数设置等。

1.6.1　工艺类型设置

工艺类型决定刀轨形式和走刀方式，是影响数控加工效率和效果的重要因素，需要根据加工对象的几何形状特征、刀具特性等进行合理的选择。

CAD/CAM 提供的工艺类型比较多，一般软件可以提供 10 种以上的工艺类型，而且在 3 轴加工中，包括了 2 轴或 2.5 轴的全部刀轨形式。按其切削的加工特点来分，将其分为等高切削（层铣）、投影切削（面铣）、曲线加工（线铣）、插式铣削、清角加工、钻孔加工等。

1．等高切削

等高切削通常也称为层铣，它按等高线一层一层地加工，来移除加工区域的加工材料。等高切削在零件加工上，主要用于需要刀具受力均匀的加工条件下，以及直壁或者斜度不大的侧壁的加工。应用等高切削可以完成模具数控加工中约 80%的工作量。在粗加工时，一般刀具受力极大，因此使用等高切削能以控制切削深度的方式，将刀具受力限制在一个范围内。

此外，在半精加工或精加工时，外形比较陡峭时，通常用等高加工的方式进行侧面的精加工。通过限定高度值，只做一层切削，等高切削可用于平面的精加工，以及清角加工，特别是在加工部位太陡、太深、需要加长刀刃的情形，由于刀具太长，加工时偏摆太大，往往也用等高切削的方式来减少刀具受力。目前最流行的高速切削机也是等高切削的使用者。

下面用一实例来说明等高切削的应用，如图 1-4 所示的零件，毛坯为六面平整的长方

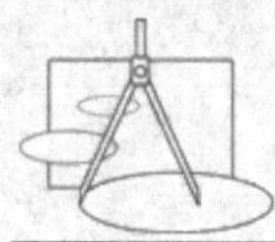

体，侧面斜度为 15°，用手工编程方法计算量太大，而利用交互式图形自动编程软件编程加工，可以用等高切削完成所有的加工。

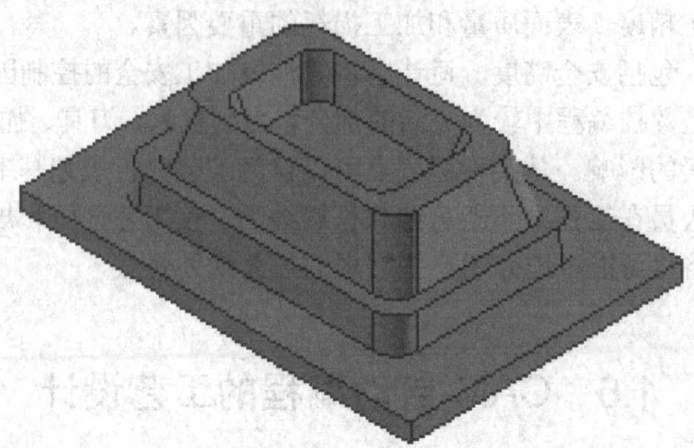

图 1-4　等高切削示例零件

（1）粗加工：利用等高切削的粗加工进行毛坯切削，保留精加工余量，使用圆鼻刀进行环绕切削。

（2）精加工侧面：利用等高切削的精加工对侧面进行精铣。

（3）精加工底平面：用等高切削的粗加工方式，选择平行切削方式，选择所有面为加工面，定义顶面的边线为刀具中心限制轮廓，进行仅底面的单层切削。

（4）清角：用平底的端铣刀加工，用等高切削的精加工限制加工起始高度与终止高度，即可在侧面的台阶与底部范围生成若干层刀轨清角加工。

等高切削功能不仅提供多样化的加工方式，同时允许刀具在整个加工过程中，能在均匀的受力状态下，做最快、最好的切削。

（1）刀具使用没有限制：NC 程序设计师可以依照工具机的性能、工件材质、夹持方式及切削效率的综合考虑，自由选用平刀、球刀、圆鼻刀等刀具进行等高切削。在计算上 UG 利用所选用的刀具，分层沿等高加工面计算，所以能产生准确的刀路轨迹。

（2）能自动侦测斜倒区域：大部分 CAM 软件能自动侦测加工范围内的倒推拔区域，并自动计算出最佳的刀路轨迹。

（3）提供多样化的刀路轨迹型式：等高切削一般提供平行切削、环绕切削、沿边环绕切削等走刀方式，而且每种切削方法还可以选择单向、双向切削或者顺铣、逆铣的指定。不同切削方式的应用主要取决于所加工工件的形状。

（4）产生刀具受力均匀的加工路径：数控加工时，NC 程序设计师或机台操作员，往往为了避免 NC 程序中局部刀具受力过大而造成刀具严重损耗的情形，降低了整体路径的进给速率，而影响了整个加工效率。等高切削可以提供多样的进给速率设定方式来解决这个问题。使用者可以设定刀具局部受力的进给率，如第一刀切削，刀路轨迹往复时，刀路轨迹转角时降低进给速度。

（5）具有加工素材及成品体的观念：加工素材及成品体的运用，让使用者在不修改 CAD 模型的情形下，能便利地进行等高粗加工及精加工的计算。对于加工已经经过初处理的工件，使用非常方便。

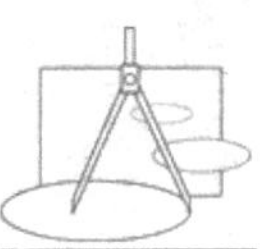

（6）可对不同的面设定不同的加工余量：在模具设计中，由于成品几何形状的规范，往往需定义不同肉厚、合模面、靠破面及一般成品面。而在切削加工时，经常会碰到因侧面与平面有不同的精度要求而设置不同的余量的情况。为了方便 NC 程序设计师在单一 CAD 模型上设定 NC 程序，在等高切削中，NC 设计师可在个别加工曲面上设定不同的预留量（正值及负值），以提高 NC 程序的设计效率。在对图 1-4 所示的零件进行加工时，平面可以一次加工到位，而侧面需做精加工时，可以将侧面选成一组，余量为 0.3，而将平面选成另一组，余量为 0。这样在粗加工时，平面将直接加工到位。

（7）提供多种进/退刀方式：等高切削提供垂直方向的直接进刀、螺旋进刀和斜线进刀等方式，改善刀具初始切削的受力情况。可以由使用者指定进刀点，软件也能自动决定系统认为的最佳进刀点。例如，做型芯加工时，系统通常会在工件以外下刀，再水平进入切削。等高切削在水平方向可以设定为法向进刀和切向进刀，同时对于全周轮廓的加工提供螺旋降层的方式，即每一层的进刀并不与上层在同一位置，确保没有进刀痕的产生，改善进刀点的加工质量。

（8）可以进行负余量的切削：使用球头刀或者有圆角的平底刀进行等高切削时，可以设置加工余量为负值，这对加工电极设置放电间隙极其方便。

（9）提供陡峭程度的自动判别：层铣精加工适合于做侧壁较为陡峭的侧面，而对于较平缓的表面，在两层之间留下的残余量较大。某些软件提供了在做精加工时自动判断陡峭度是否在用户限定范围之内的功能，对于超出该范围的，软件不产生刀轨或者按面铣的方式进行加工。

2．投影切削

投影切削包括各种按曲面进行铣削的刀轨形式，通常是在驱动对象上生成驱动点，再将其投影到曲面上生成刀路轨迹。常见的有以下几种方式。

（1）曲面区域加工：生成在曲面上封闭区域内的刀具轨迹，在指定范围内，刀轨按指定的角度、步距，以刀轴方向将切削线投影在加工表面上，并且进行刀具的半径补偿，产生刀路轨迹。可以定义多个复杂的边界作为加工区域的限制，也提供多种下刀方式。

（2）曲面轮廓加工：提供封闭的边界线，系统将以平行边界环绕的方式，对整个加工表面铺上 3D 间距均等的刀路轨迹，可以完成等量、等方向的切削。通常适用于整体表面的精修，可满足高速加工的需求，得到最有效率的加工路径。

（3）流线加工：这个加工方式允许选取数个曲面作为参考依据，则加工路径将沿着该曲面的 UV 参数线方向产生刀路轨迹。曲面可以是实际的曲面，也可以是虚拟的直纹面或者网格面。流线加工的刀路轨迹加工出的零件更光滑。

如图 1-5 所示为投影切削示例凸模数控加工，以下几个部分的加工使用投影切削，这样可以使零件在最短的加工时间内获得较高的表面光洁度。

- 整体半精加工：用曲面区域加工，指定切削方向为 45°，保留精加工余量，使用圆鼻刀切削。
- 精加工顶面浅色部分：用曲面轮廓加工；选择浅色的边缘为限定轮廓，使用圆鼻刀切削。

图 1-5　投影切削示例凸模

- 精加工圆角深色部分：用流线加工，按其垂直方向的参数线方向进行切削，使用球头刀加工。

投影切削提供了多样化的刀轨选择方式，可以按照零件或者加工区域的特点选择合适的刀轨方式。在某些情况下，会出现多种加工都可用的情形。

投影切削用于曲面加工具有以下特点。

（1）刀具使用没有限制：NC 程序设计师可以依照工具机的性能、工件材质、夹持方式及切削效率的综合考虑，自由选用平刀、球刀、圆鼻刀等刀具进行沿面切削。较为普遍的是使用球头刀对有凹凸的曲面进行精加工。

（2）控制精铣后零件表面的光洁度：沿面切削提供多种方法控制精铣后零件表面的光洁度。其中，用残余高度来控制加工误差、刀路间距控制刀路轨迹密度的方法加工的零件，其表面光洁度无论在平缓处还是在陡斜处，都是一致的。而使用固定步距来加工，则可以取得一致的刀路方向，刀痕比较漂亮。

（3）提供多样化的走刀方式：沿面切削一般提供平行切削、环绕切削、放射切削等走刀方式，而且每种切削方法还可以选择单向、双向切削的指定。不同切削方式的应用主要取决于所加工工件的形状。

（4）提供多种进/退刀方式：沿面切削提供在水平方向、法向、切向、圆弧等多种进/退刀方式，来满足实际加工的需要。在垂直方向可以直接进刀，也可以在垂直方向使用扩展进退刀、圆弧进退刀等进退刀方式。使用者可以同时结合指定进刀点，合理使用进退刀方式以确保加工的安全性和表面质量。

（5）可以进行负余量的切削：使用球头刀或者有圆角的平底刀进行等高切削时，可以设置加工余量为负值，这对加工电极设置放电间隙极其方便。

3. 曲线加工

曲线加工是生成切削三维曲线的刀具轨迹，也可以将曲线投影到曲面上进行沿投影线的加工，通常应用在生成型腔的沿口，以及刻字等。由于其直接沿曲线进行插补，所以路径长度最短。

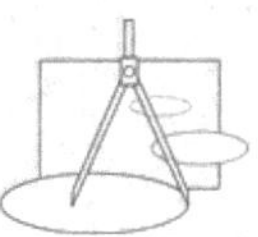

4．插式铣削

插式铣削也称钻铣加工或直捣式加工，当加工较深的工件时，可以使用两刃插铣，以钻铣的方式快速粗加工，这是加工效率最高的去除残料的加工方法，钻铣完成后，可以同时选用以插刀的方式对轮廓进行精铣。如图 1-6 所示是一插铣铣削的实例。

5．清角加工

清角加工可自动侦测大刀具铣削后的残留余料区域，再以小刀具针对局部区域进行后续处理。此刀轨形式可以自动分析并侦测母模穴的角落及凹谷部分，针对复杂的模型也有能力运算。自动清角刀路轨迹主要分为 3 种：单刀清角、单刀再加以左右补正之多刀清角、参考前一把刀之多刀清角。多刀清角的路径可指定为由外而内，抑或是由内而外铣削，让刀具避免一次吃料太深，而产生不良的加工现象。

（1）自动残料交线清角加工：残料加工，只需要指定前一步骤所使用的刀具大小，即可直接计算残留余料的区域，再针对此区域进行沿面多刀精修，同时自动分析加工表面的倾斜度，将以等高的方式，先行解决陡峭区域的加工困扰。

（2）自动残料多刀清角加工：能够自动辨识加工件凹处的残料区域，直接对曲面的交线处，以最快的方式一刀走过清除材料。只要指定一个参考刀具直径，系统就能够知道哪些是必须要再加工的位置，刀具在执行加工动作的过程中，对于相邻的表面及进退刀的路径，都会有过切保护的处理；加工件中如果存在险峻的角落，若只顾判断顺逆铣的加工，经常在由下而上的加工过程中造成刀具的断裂，这时可以自由指定一倾面角度，来执行倾面加工模式，系统将自动判别较陡峭的区域采用由上而下的等高加工，而在非陡峭区域采用环绕的方式加工。如图 1-7 所示为自动残料多刀清角加工的刀具轨迹。

图 1-6　插铣铣削

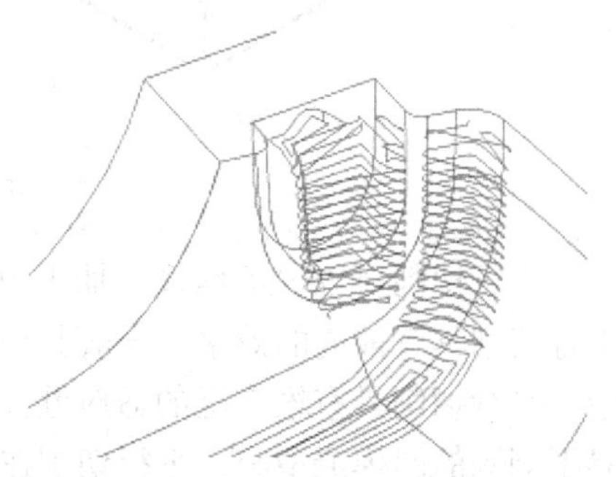

图 1-7　清角加工

6．钻孔加工

钻孔加工直接以图形上的点图素定义加工点位置，通常支持各种标准钻孔、搪孔及攻牙方式，并支持各式控制器的标准循环输出模式。钻孔加工特别适用于大量孔加工的程序编制。

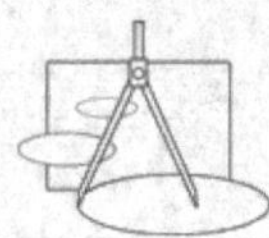

1.6.2 走刀方式的选择

针对相同的工艺类型还可以选择不同的走刀方式，通常走刀方式有平行切削、环绕切削、毛坯环切、螺旋切削、放射切削等，合理地选择走刀方式，可以在付出同样加工时间的情况下，获得更好的表面加工质量。

1. 平行切削

平行切削也称为行切法加工，是指刀具以平行走刀的方式切削工件，可以选择单向或往复两种方式，并且可以指定角度，角度指生成的刀位行与 X 轴的夹角。单向切削在刀具进行切削加工时，始终朝一个方向进行切削加工，在到达加工边界（一行刀位的终点）后，抬刀到安全高度，再沿直线快速走刀到下一行的首点，以给定的进刀方式进刀，并沿着相同的方向进行下一刀位行的切削。如图 1-8（a）所示，往复加工时，刀具以顺逆铣混合的方式加工工件，即刀具进行切削加工时，并不是始终朝一个方向进行切削加工，而是一行顺铣，到达加工边界后直接转向，进行下一行的切削加工，变成逆铣，而下一行又变成顺铣，如此交错进行。利用往复加工可以节省抬刀时间，如图 1-8（b）所示。

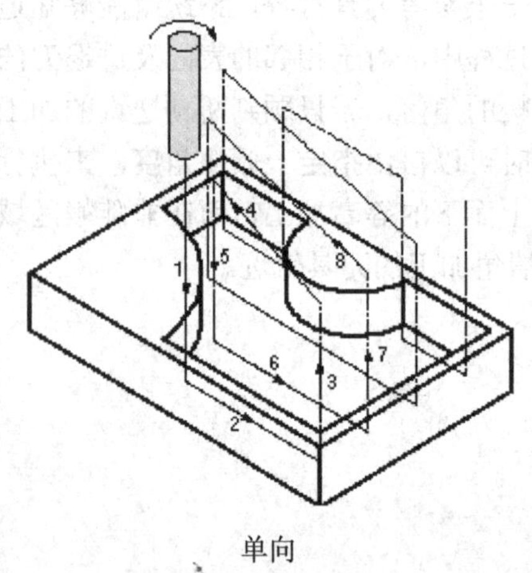

单向

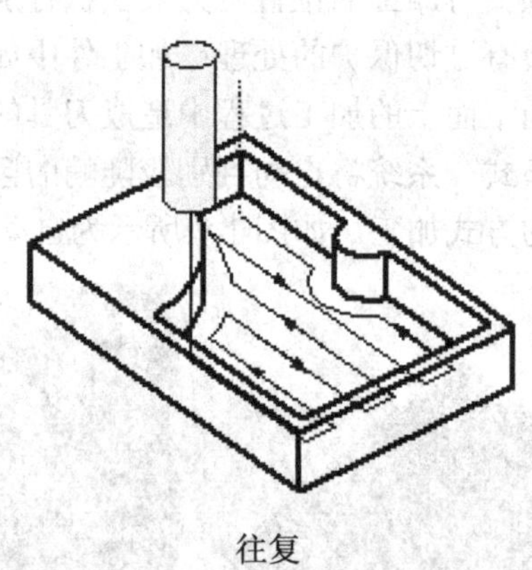

往复

图 1-8 平行方式走刀

平行切削可以灵活地设定加工角度，以最合适的角度对工件进行加工。在粗加工时，平行切削具有最高的效率，一般其切削的步距可以达到刀具直径的 70%～90%。在精加工中，平行切削具有很广泛的适应性，平行切削加工获得的刀痕一致，整齐美观。但是对边界不规则的凸模或型腔，平行切削在零件侧壁的残余量很大。

2. 跟随周边

跟随周边也称为环绕切削，以绕着轮廓的方式清除素材，并逐渐加大轮廓，直到无法放大为止。如此可减少提刀，提升铣削效率。刀具以环绕轮廓走刀方式切削工件，可选择从里向外或从外向里两种方式。使用环绕切削方法，生成的刀路轨迹在同一层内不抬刀，并且可以将轮廓及岛屿边缘加工到位，是做粗加工或精加工时比较好的选择。如图 1-9 所

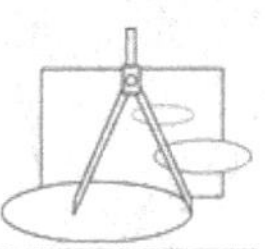

示为跟随周边刀轨的示意图。

3．跟随部件

跟随部件也称为毛坯环切，在等高加工的粗加工中应用，按照成型部分等距离偏移，直到到达中心或边界。沿边环绕切削提供高效率的粗坯料加工路径，轮廓部分留料均匀有利于精加工，同时其切削负荷相对固定，也是深陡加工面加工的良好选择。如图 1-10 所示为跟随部件的刀轨实例。

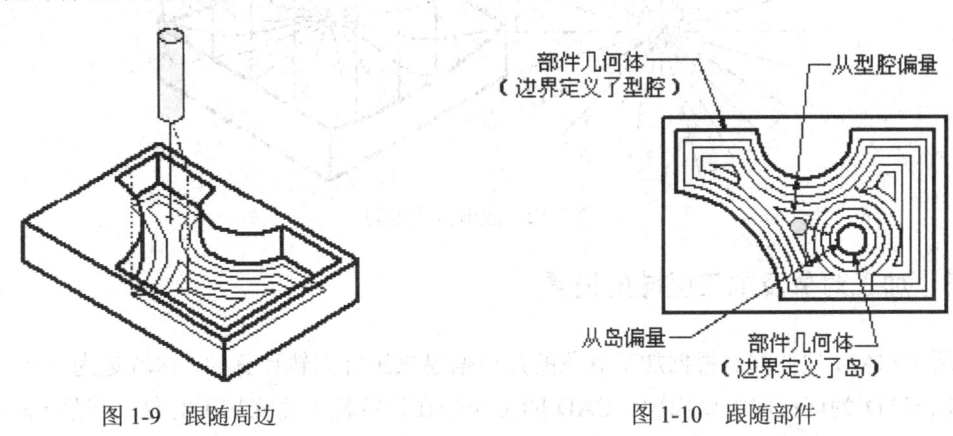

图 1-9　跟随周边　　　　图 1-10　跟随部件

4．螺旋切削

刀路轨迹从中心以螺旋方式向内或向外移动，螺旋切削不同于其他的走刀方式之处在于：其他走刀方式在每一道路径之间有不连续的横向进刀，造成刀路轨迹方向的突然改变，螺旋切削的横向进刀则是平滑地向外部螺旋展开，没有路径方向上的突然改变。由于此导向方式保持固定的切削速度及平滑的刀具运动，可以得到较好的精加工表面，并使刀具负载相同，适合应用于高速切削。螺旋切削与环绕切削相似，可选择从里向外或从外向里两种方式。由于没有由一个环向相邻一环过渡的刀痕，表面具有更好的质感。如图 1-11 所示是螺旋走刀方式的示意图。

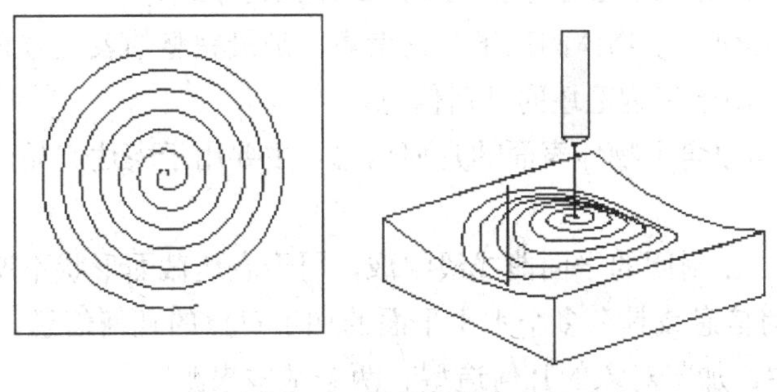

图 1-11　螺旋方式走刀

5．径向线切削

径向线切削也称为放射切削，刀具由零件上任一点或者指定的空间点，沿着向四周散发的路径加工零件。这种走刀方法适合于加工在接近放射中心点的部位曲率比较大，而远

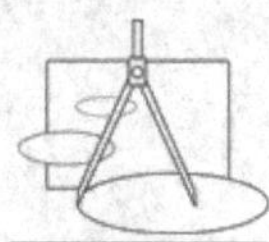

离放射中心的部位曲率比较小的零件。如半球形零件，使用放射切削可以获得较为平均的残余量以及较高品质的加工表面。如图 1-12 所示是放射方式走刀的示意图。

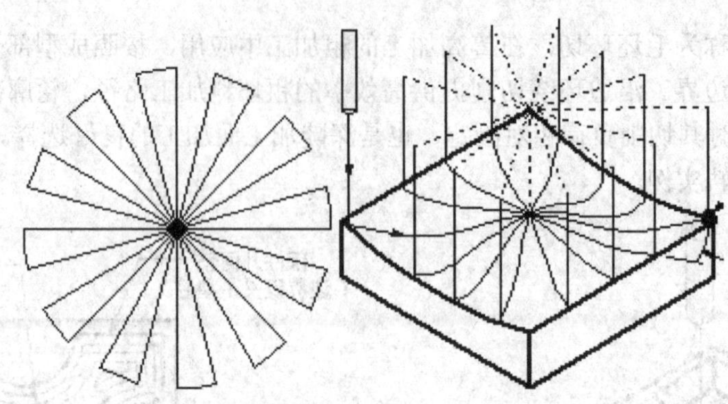

图 1-12　放射方式走刀

1.6.3　加工对象及加工区域的设置

所有 CAM 软件都是根据加工对象的几何信息来进行刀轨计算的，这就是为什么 CAM 必须以 CAD 为前提的主要原因。CAD 的工作是在计算机中建立加工对象（产品）的几何模型，称为产品的三维（或二维）造型，其中包括了该产品的完整几何信息（包括显示信息）。而交互式图形编程的第一步就是要在 CAM 软件中明确指定加工对象的几何造型，即“通知”CAM 软件有哪些加工对象（几何造型）需要数控加工，以便进行数控编程计算。

需要注意的是，加工对象（或编程对象）与加工工序密切相关，并不仅仅是指产品（成品）的几何造型。如粗加工工序的编程对象不仅包括产品的几何造型，还必须包括毛坯的几何造型。

另外，对于同一个加工对象，往往需要进行分区加工，因此需要进行区域的划分和设置，并针对各个区域分别进行数控编程计算。

在 CAM 软件中所使用的几何造型一般有 3 种表达方式。

（1）实体造型。包含了物体的三维几何信息，是最完整的表达方式，既可用于表达产品的几何信息，也可用于表达毛坯的几何信息。

（2）曲面造型。包含了物体表面的几何信息，主要用于表达产品，但不适于作为毛坯的表达方式。

（3）边界轮廓。由封闭的平面曲线段组成，用于表达截面形状不变的柱状形体，一般用于表达毛坯的几何信息或具有多个水平平面的加工对象的几何信息。

在 CAM 软件中，加工对象的几何造型有两个基本来源。

（1）直接从 CAD 软件中调入。这是最常用的方式，产品的几何造型（曲面造型或实体造型）一般采用这种方式。

（2）临时生成。一是指 CAM 软件在粗加工数控程序生成之后自动生成半成品的几何造型，用于后续的数控编程。二是指编程人员临时构造用于表达毛坯的边界轮廓（平面封

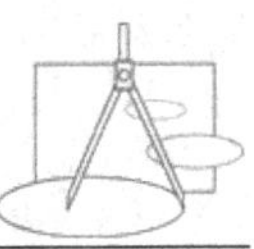

闭曲线）。

在调入或生成加工对象的几何造型之后，编程人员必须在 CAM 软件中以交互的方式选择加工对象的几何造型以及加工区域进行数控编程计算。当然，这一过程应按照所制定的工艺规划进行，一般包括如下几个操作环节。

（1）指定产品的几何造型：用于各加工工序的编程计算。

（2）指定毛坯的几何造型：用于粗加工编程计算。

（3）指定半成品的几何造型：用于中间加工工序（如半精加工）计算。这一步骤一般是在完成粗加工计算之后，往往由 CAM 软件自动生成半成品的几何造型，或者在产品造型基础上设置一个加工表面偏置量（相当于上一工序的余量）。

（4）指定加工区域：用于分区局部加工的计算。区域的表达有两种方式：一是产品几何造型的局部；二是表达该区域的边界轮廓线。当然，还可以指定某一区域作为非加工区域或避让区域（相当于指定其他区域作为加工区域）。

1.6.4　刀具的选择及参数设置

在数控加工中，刀具的选择直接关系到加工精度的高低、加工表面质量的优劣和加工效率的高低。选用合适的刀具并使用合理的切削参数，可以使数控加工以最低的加工成本、最短的加工时间达到最佳的加工质量。

1. 数控加工刀具的选择原则

加工中心所用的刀具由通用刀具与加工中心主轴前端锥孔配套的刀柄等组成。选择刀具应根据机床的加工能力、工件材料的性能、加工工序、切削用量以及其他相关因素正确选用刀具及刀柄。刀具选择总的原则是适用、安全、经济。

（1）适用是要求所选择的刀具能达到加工的目的，完成材料的去除，并达到预定的加工精度。如粗加工时，选择较大直径并有足够的切削能力的刀具能快速去除材料；而做精加工时，为了能把结构形状全部加工出来，要使用较小的刀具，加工到每一个角落。再如，切削低硬度材料时，可以使用高速钢刀具，而切削高硬度材料时，就必须要用硬质合金刀具。

（2）安全指的是在有效去除材料的同时，不会产生刀具的碰撞、折断等。要保证刀具及刀柄不会与工件相碰撞或者挤擦，造成刀具或工件的损坏。如用加长的直径很小的刀具切削硬质的材料时，很容易折断，选用时一定要慎重。

（3）经济指的是能以最小的成本完成加工。在同样可以完成加工的情形下，选择相对综合成本较低的方案，而不是选择最便宜的刀具。刀具的耐用度和精度与刀具价格关系极大，必须引起注意的是，在大多数情况下，选择好的刀具虽然增加了刀具成本，但由此带来的加工质量和加工效率的提高，则可以使总体成本可能比通过使用普通刀具更低，产生更好的效益。如进行钢材切削时，选用高速钢刀具，其进给只能达到 100mm/min，而采用同样大小的硬质合金刀具，进给可以达到 1000mm/min 以上，可以大幅缩短加工时间，虽然刀具价格较高，但总体成本反而更低。通常情况下，优先选择经济性良好的可转位刀具。

选择刀具时还要考虑安装调整方便，刚性好，耐用度高和精度高。在满足加工要求的前提下，使刀具的悬伸长度尽可能地短，以提高刀具系统的刚性。

2．数控加工刀具种类

数控刀具的分类有多种方法。根据刀具结构可分为：① 整体式；② 镶嵌式，采用焊接或机夹式连接，机夹式又可分为不转位和可转位两种；③ 特殊型式，如复合式刀具、减震式刀具等。根据制造刀具所用的材料可分为：① 高速钢刀具；② 硬质合金刀具；③ 金刚石刀具；④ 其他材料刀具，如立方氮化硼刀具、陶瓷刀具等。从切削工艺上可分为：① 车削刀具，分外圆、内孔、螺纹、切割刀具等多种；② 钻削刀具，包括钻头、铰刀、丝锥等；③ 镗削刀具；④ 铣削刀具等。根据铣刀形状可分为：① 平底刀；② 球头刀；③ 锥度刀；④ T 形刀；⑤ 桶状刀；⑥ 异形刀。

为了适应数控机床对刀具耐用、稳定、易调、可换等要求，近几年机夹式可转位刀具得到广泛的应用，在数量上达到整个数控刀具的 30%～40%，金属切除量占总数的 80%～90%。特别是可转位铣刀已广泛应用于各行业的高效、高精度铣削加工，其种类已基本覆盖了现有的全部铣刀类型。由于可转位刀具切削效率高，辅助时间少，能极大提高工效，刀体可重复使用，可节约钢材和制造费用，因此其经济性好；可转位刀具大多可以进行干切削，能节省冷却液的费用，并可保持机床整洁，减少辅助时间；同时可转位刀体的系列化、标准化又使其具有广泛的适用性。因此在数控加工中被最广泛地应用，在实际加工中，应优先考虑使用可转位刀具。对于有很高的精度要求的零件精加工，则应该选择整体式的刀具，可以保证足够高的精度。

3．加工不同形状工件的刀具选择

加工中心上用的立铣刀主要有 3 种形式：球头刀（$R=D/2$）、端铣刀（$R=0$）和 R 刀（$R<D/2$）（俗称“牛鼻刀”或“圆鼻刀”），其中 D 为刀具的直径、R 为刀尖圆角半径。某些刀具还带有一定的锥度 A。

选取刀具时，要使刀具的尺寸与被加工工件的表面尺寸相适应。刀具直径的选用主要取决于设备的规格和工件的加工尺寸，还需要考虑刀具所需功率应在机床功率范围之内。

生产中，平面零件周边轮廓的加工，常采用立铣刀；加工凸台、凹槽时，选高速钢立铣刀；加工毛坯表面或粗加工孔时，可选取镶硬质合金刀片的玉米铣刀；对一些立体型面和变斜角轮廓外形的加工，常采用球头铣刀、环形铣刀、锥形铣刀和盘形铣刀。

平面铣削应选用不重磨硬质合金端铣刀或立铣刀，可转位面铣刀。一般采用二次走刀，第一次走刀最好用端铣刀粗铣，沿工件表面连续走刀。选好每次走刀的宽度和铣刀的直径，使接痕不影响精铣精度。因此，加工余量大又不均匀时，铣刀直径要选小些。精加工时，铣刀直径要选大些，最好能够包容加工面的整个宽度。表面要求高时，还可以选择具有修光效果的刀片。在实际工作中，平面的精加工，一般用可转位密齿面铣刀，可以达到理想的表面加工质量，甚至可以实现以铣代磨。密布的刀齿使进给速度大大提高，从而提高切削效率。精切平面时，可以设置 6～8 个刀齿，直径大的刀具甚至可以有超过 10 个刀齿。

加工空间曲面和变斜角轮廓外形时，由于球头刀具的球面端部切削速度为零，而且在走刀时，每两行刀位之间，加工表面不可能重叠，总存在没有被加工去除的部分，每两行刀位之间的距离越大，没有被加工去除的部分就越多，其高度（通常称为“残余高度”）就越大，加工出来的表面与理论表面的误差就越大，表面质量也就越差。加工精度要求越高，走刀步长和切削行距越小，编程加工效率越低。因此，应在满足加工精度要求的前提下，尽量加大走刀步长和行距，以提高编程和加工效率。在保证不发生干涉和工件不被过切的前提下，无论是曲面的粗加工还是精加工，都应优先选择平头刀或 R 刀（带圆角的立铣刀）。不过，由于平头立铣刀和球头刀的加工效果是明显不同的，当曲面形状复杂时，为了避免干涉，建议使用球头刀，调整好加工参数也可以达到较好的加工效果。

镶硬质合金刀片的端铣刀和立铣刀主要用于加工凸台、凹槽和箱口面。为了提高槽宽的加工精度，减少铣刀的种类，加工时采用直径比槽宽小的铣刀，先铣槽的中间部分，然后再利用刀具半径补偿（或称直径补偿）功能对槽的两边进行铣加工。

对于要求较高的细小部位的加工，可使用整体式硬质合金刀，它可以取得较高的加工精度，但是注意刀具悬升不能太大，否则刀具不但让刀量大，易磨损，而且会有折断的危险。

铣削盘类零件的周边轮廓一般采用立铣刀。所用的立铣刀的刀具半径一定要小于零件内轮廓的最小曲率半径。一般取最小曲率半径的 0.8～0.9 倍即可。零件的加工高度（Z 方向的吃刀深度）最好不要超过刀具的半径。若是铣毛坯面时，最好选用硬质合金波纹立铣刀，它在机床、刀具、工件系统允许的情况下，可以进行强力切削。

钻孔时，要先用中心钻或球头刀打中心孔，用以引正钻头。先用较小的钻头钻孔至所需深度 Z，再用较大的钻头进行钻孔，最后用所需的钻头进行加工，以保证孔的精度。在进行较深孔的加工时，特别要注意钻头的冷却和排屑问题，一般利用深孔钻削循环指令 G83 进行编程，可以工进一段后，钻头快速退出工件进行排屑和冷却，再工进，再进行冷却和排屑，直至孔深钻削完成。

加工中心机床刀具是一个较复杂的系统，如何根据实际情况进行正确选用，并在 CAM 软件中设定正确的参数，是数控编程人员必须掌握的。只有对加工中心刀具结构和选用有充分的了解和认识，并且不断积累经验，在实际工作中才能灵活运用，提高工作效率和生产效益并保证安全生产。

1.6.5　切削用量的选择与计算

合理选择切削用量对于发挥数控机床的最佳效益有着至关重要的关系，选择切削用量的原则是，粗加工时，一般以提高生产率为主，但也应考虑经济性和加工成本；半精加工和精加工时，应在保证加工质量的前提下，兼顾切削效率、经济性和加工成本。具体数值应根据机床说明书、刀具说明书、切削用量手册，并结合经验而定。

1. 切削深度 *t*

切削深度也称为背吃刀量，在机床、工件和刀具刚度允许的情况下，*t* 等于加工余量，

这是提高生产率的一个有效措施。为了保证零件的加工精度和表面粗糙度，一般应留一定的余量进行精加工。

2．切削宽度 L

切削宽度在编程软件中称为步距，一般切削宽度 L 与刀具直径 d 成正比，与切削深度成反比。在粗加工中，步距取得大点有利于提高加工效率。使用平底刀进行切削时，一般 L 的取值范围为：$L=(0.6\sim0.9)d$。而使用圆鼻刀进行加工，刀具直径应扣除刀尖的圆角部分，即 $d=D-2r$（D 为刀具直径，r 为刀尖圆角半径），而 L 可以取得（0.8～0.9）d。而在使用球头刀进行精加工时，步距的确定应首先考虑所能达到的精度和表面粗糙度。

3．切削线速度 V_c

V_c 也称为表面速度，单位为 m/min。提高 V_c 值也是提高生产率的一个有效措施，但 V_c 与刀具耐用度的关系比较密切。随着 V_c 的增大，刀具耐用度急剧下降，故 V_c 的选择主要取决于刀具耐用度。一般好的刀具供应商都会在其手册或者刀具包装上提供刀具的推荐 V_c 参数。另外，切削线速度 V_c 值还要根据工件的材料硬度来做适当的调整。

4．主轴转速 n

主轴转速的单位是 r/min，一般根据切削线速度 V_c 来选定。计算公式为：

$$n=V_c\times1000/(\pi\times D_c)$$

式中，D_c 为刀具有效直径（mm）。

数控机床的控制面板上一般备有主轴转速修调（倍率）开关，可在加工过程中根据实际加工情况对主轴转速进行调整。

5．进给速度 V_f

进给速度是指机床工作台在做插位时的进给速度，V_f 的单位为 mm/min。V_f 应根据零件的加工精度和表面粗糙度要求以及刀具和工件材料来选择。V_f 的增加也可以提高生产效率，但是刀具的耐用度也会降低。加工表面粗糙度要求低时，V_f 可选择得大些。进给速度可以按下列公式进行计算。

$$V_f=n\times z\times f_z$$

式中，V_f 表示工作台进给量，单位为 mm/min；n 表示主轴转速，单位为转/分；z 表示刀具齿数，单位为齿；f_z 表示每齿进给量，单位为 mm/齿，f_z 值通常由刀具供应商提供参考值。

在数控编程中，还应考虑在不同情形下选择不同的进给速度。如在初始切削进刀时，特别是 Z 轴下刀时，因为进行端铣，受力较大，所以应以相对较慢的速度进给。

另外在 Z 轴方向的进给，由高往低走时，产生端切削，可以设置不同的进给速度。

在切削过程中，有平面的侧向进刀，可能产生全刀切削，即刀具的周边都要切削时，切削条件相对较恶劣，可以设置较低的进给速度。

在加工过程中，V_f 也可通过机床控制面板上的修调开关进行人工调整，但是最大进给速度要受到设备刚度和进给系统性能等限制。

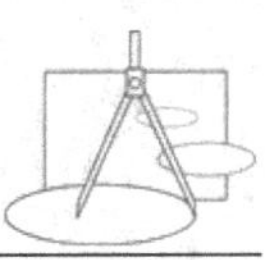

对于加工中不断产生的变化，数控加工中的切削用量选择在很大程度上依赖于编程人员的经验，因此，编程人员必须熟悉刀具的使用和切削用量的确定原则，不断积累经验，从而保证零件的加工质量和效率，充分发挥数控机床的优点，提高企业的经济效益和生产水平。

1.7 高速加工数控编程简介

1.7.1 高速加工概述

高速铣加工是指在高的主轴旋转速度和高的进给速度下的切削加工，已经成为提高加工效率、提高加工质量、缩短加工时间的重要途径之一。目前在模具制造、航空航天制造、精密零件加工等领域已开始广泛应用高速加工技术，并且处于快速发展状态。由于切削速度的大幅度提高，最明显的效益是提高了切削加工的生产率，采用高速加工技术能使整体加工效率提高几倍乃至几十倍。高速加工的低负荷切削意味着可减轻切削力，从而减少切削过程中的振动和变形。它在提高工件加工质量和效率、降低加工成本方面的优势是显而易见的，如可以获得很光滑的表面质量，容易实现零件的精细结构的加工，避免了大量电极制造和耗时的放电加工，同时简化了生产的工序，使绝大多数的工作都集中在高速加工中心上完成。以模具加工为例，高速加工的模具生产周期缩短至少60%，成本下降约30%。并且高速加工的模具较之电火花加工的模具表面质量更佳，使用寿命更长。同时，高速加工的切削力大幅下降，配用合适的刀具可以实现一些传统方法难以实现的加工，如难切削材料（淬硬钢、石墨、钛合金）的加工、一些微小结构（小孔、细槽）的铣削加工、薄壁类零件的加工等。

当前普遍使用的高速加工，钢的切削线速度达到500～2000m/min，而主轴转速普遍可在40000r/min以上，最高甚至超过100000r/min，进给速度可以达到30000mm/min。

高速加工并不是简单地将原有的普通数控加工以高的主轴转速或快速的进给速度来运行，它与普通的数控编程在加工路径规划上与普通数控加工就有着很大的区别，要在充分发挥高速机床的性能和刀具的切削效率的基础上，以小的径向和轴向切削深度、较小而恒定的切削负荷、高出普通切削几倍的切削速度和进给速度完成对工件的加工。

1.7.2 高速加工的工艺设置

使用高速加工技术，不仅要有适合高速加工的设备——高速加工中心，还要选择适合进行高速加工的刀具，并使用合适的加工工艺，才能发挥最大的效益。

1. 刀具的选择

（1）刀柄及刀夹的选择：高速加工要优先选用HSK系列的刀柄，该刀柄采用锥面和端面双重定位，刚性好，精度高，可满足日益发展的高速和高精度加工需求。同时选用热

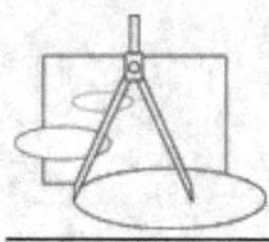

缩式刀夹或者液压式刀夹可以获得更高的同心度和平衡性能。

（2）刀具几何参数的选择：高速切削加工切削力及扭矩较小，可以先用较大的后角较尖锐的切削楔，例如，在切削 45 钢时 A=12° ～16° ，以便降低工件材料在后刀面的接触磨擦效应，有利于提高刀具耐用度。

（3）刀具材料的选择：切削钢件使用的硬质合金刀具必须具有很高的热硬度，因此 TiC 含量较高的 P 类合金优于 WC 含量较高的 K 类硬质合金。与硬质合金相比，陶瓷刀具的耐用度要高得多，但它性脆，导热能力差，只适用于小的切削深度和进给量。使用涂层硬质合金刀具，如物理气相沉积（PVD）方法涂覆的 TiN 涂层刀具，可以大幅度提高刀具的抗磨损能力，从而提高刀具的耐用度，根据切削速度的不同，可以达到 50%～200%。

2．选择合适的切削用量

使用高速加工技术，选择合适的切削用量和进给，不仅能有效地提高加工效率，同时有利于延长刀具的使用寿命，从而达到最佳的效益。

（1）进给的选择：在进给量增大时，刀具寿命先是上升，而在达到临界值后迅速下降。这是因为，初段刀具在工件上的切削次数减少，之后进给量增大引起的切削力增长，工件切削路径变长和前刀面接触温度上升，造成刀具前刀面月牙洼磨损，使用刀具耐用度下降。

（2）切深的选择：铣刀的轴向切深对刀具的耐用度影响较少，在加工过程中，铣削宽度应当尽量选得大些。相反，径向切深对刀具耐用度的影响很大，后者随前者增大而下降。一般推荐径向切深为铣刀直径的 5%～10%。

冷却液对刀具耐用度影响有限，这是因为铣削主轴高速旋转，切削液若要达到切削区，首先要克服极大的离心力；即使克服了离心力进入切削区，也可能由于切削区的高温而立即蒸发，冷却效果很小甚至没有；同时切削液会使刀具刃部的温度激烈变化，容易导致裂纹的产生。因此高速机床转速达到 20000r/min 以上时，一般建议用户采用油/气冷却润滑的干式切削方式。这种方式可以用高压气体迅速吹走切削区产生的切屑，从而将大量的切削热带走。同时经雾化的润滑油可以在刀具刃部和工件表面形成一层极薄的微观保护膜，可有效地延长刀具寿命并提高零件的表面质量。

1.7.3 高速加工程序的编制要点

高速加工在多数情况下应使用自动编程，并且应选择支持高速加工的软件系统。采用适合高速加工的编程策略，即选择合适的工艺方法也至关重要。有一点必须记住，这就是高速加工并不是简单地使用现有刀路轨迹，而是通过提高主轴转速和进给率实现。

使用 CAM 系统进行高速加工数控编程时，刀具选择、切削用量以及加工参数可以根据具体情况设置，细节选项参数的设置对高速加工有很大影响。要选择合适的加工方法来较为合理、有效地进行高速加工的数控编程，在高速铣削编程时需要注意以下几个编程要点。

（1）高进给，高转速，低切削量是基本原则。

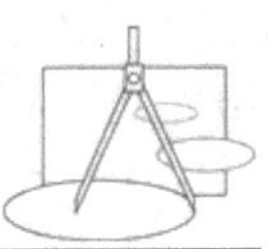

（2）垂直进刀要尽量使用螺旋进给，应避免垂直下刀，因为这样会降低切削速度，同时会在零件表面上留下很多刀痕。

（3）要尽一切可能保证刀具运动轨迹的光滑与平稳，程序中走刀不能拐硬弯，要尽可能地减少任何切削方向的突然变化，从而尽量减少切削速度的降低。

（4）要尽量减少全刀宽切削，保持金属切除率的稳定性。

（5）最好使用顺铣，且在切入和切出工件时，使用圆弧切入和切出方法来切入或离开工件。

（6）残余量加工或清根加工是提高加工效率的重要手段，使得精加工前尽量保证所留余量均匀，以减少精加工时切削负荷的变化。

（7）应避免多余空刀，缩短空行程，并尽可能减少刀具的换向次数与加工区域之间的跳转次数；如有必要，可通过精确裁剪减少空刀，提高效率。

（8）如果数控系统支持，最好采用 NURBS 输出，以减小程序量，提高数控系统的处理速度。

（9）出于安全考虑，在输出程序前需进行仔细的碰撞和过切检查，并进行安全检查校验与分析，确保刀具及刀柄不和零件产生碰撞。

（10）在用球头铣刀加工三维曲面工件时，刀具的实际加工直径是随轴向进给量或刃口接触点而变化的。直径过大的球头铣刀的加工直径与名义直径相差太大，切削速度不好匹配，不容易获得较高的表面质量。因此，为了保持刀具的最佳切削速度及切削性能并获得最佳加工表面，最好的办法是在刀具的刚性可以克服切削力的情况下采用直径尽可能小的刀具。

（11）合理安排加工顺序至关重要。安排加工顺序时应尽可能地将加工步骤减少到最少，尽可能地使用连续策略，例如，环绕路径通常比平行路径好；在零件的一些临界区域应尽量保证不同步骤的精加工路径不重叠，如果出现路径重叠，势必会出现刀痕；尽量不换刀，使用单个刀具精加工整个区域，换刀常常导致精加工后加工表面出现刀痕。

好的高速加工程序在机床上执行得非常快，但它的产生却需花费很长的时间和大量的精力。在如模具制造这样的单件加工领域，因等待加工程序而导致机床停机的现象可能经常发生。如果简单地将这种压力强加给 CAM 操作者，让他们更快地产生刀路轨迹，常常会迫使他们走捷径。其结果是所编制的程序并不经济、有效，尽管机床在继续运转，但加工速度却大打折扣。要得到最好的高速加工结果，必须提供足够强大的 CAM 能力，以得到高质量的加工程序，保证机床能全负荷地工作。

思考与练习

1．请简要说明 CAM 编程的一般步骤。

2．数控编程获得 CAD 模型的方法有哪几种？

3．常用的刀轨形式有哪几种？各有什么特点？适用于何种零件加工？

4．如何确定主轴转速与切削进给？

5．完成如图 1-13 所示零件（E1.prt）数控加工程序的手工编制。

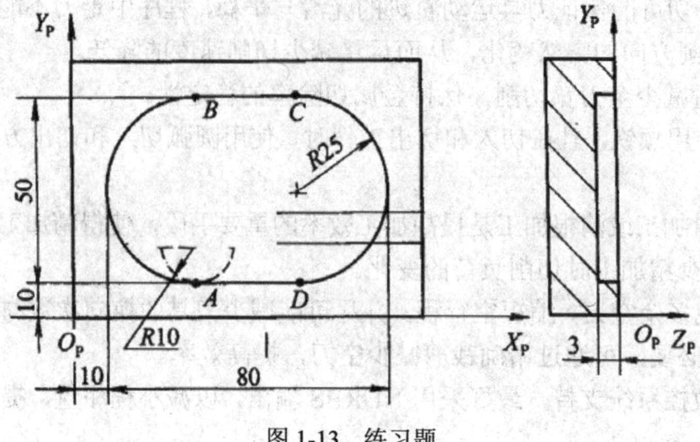

图 1-13 练习题

第 2 章　NX 编程基础

本章主要内容：

- 生成数控程序的一般步骤
- 工序导航器的应用
- 创建刀具
- 创建几何体
- 创建程序组
- 创建方法
- 刀路轨迹验证
- 后处理

2.1　进入加工环境

2.1.1　NX 加工环境

在 NX 中进行数控编程，首先要进入加工模块，并且需要进行加工环境的设置。

1．进入加工模块

在顶部的工具分类标签上单击“应用模块”，显示应用模块工具条，单击“加工”图标进入加工模块，如图 2-1 所示。另外还可以使用组合键（Ctrl+Alt+M）进入加工模块。

专家指点：当前工作在加工模块时，打开的文件将直接进入加工模块。

2．加工环境设置

进入加工模块时，系统会弹出“加工环境”对话框，如图 2-2 所示。选择 CAM 会话配置和 CAM 设置后单击“确定”按钮调用加工配置。

“CAM 会话配置”用于选择加工所使用的机床类别，“要创建的 CAM 设置”是在制造方式中指定加工设定的默认值文件，也就是要选择一个加工模板集。选择模板文件将决定加工环境初始化后可以选用的工序类型，也决定在生成程序、刀具、方法、几何体时可选择的父节点类型。在 3 轴的数控铣编程中最常用的设置为“CAM 会话配置”选择 cam_general，而“要创建的 CAM 设置”选择 mill_planar 平面铣或 mill_contour 轮廓铣。

专家指点：进入加工模块后，可以进行部分建模设计和部件参数的更改。

图 2-1 进入加工模块

图 2-2 加工环境初始化

2.1.2 NX 加工模块的工作界面

NX10 加工模块的工作界面如图 2-3 所示，与建模模块的工作界面基本相似。在导航按钮中增加了工序导航器，可以打开工序导航器，用于管理创建的工序及其他组对象。

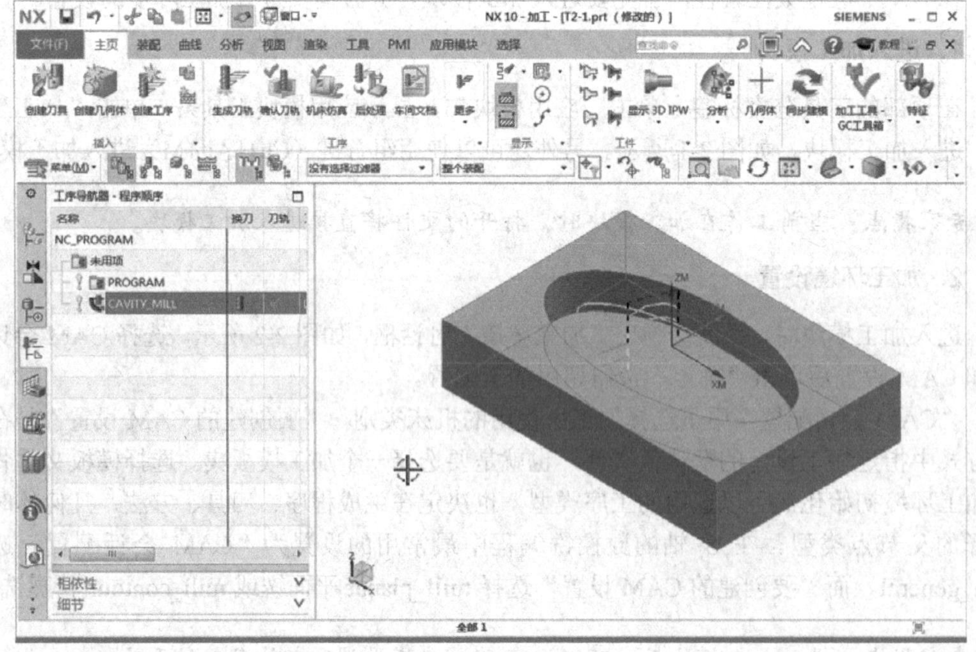

图 2-3 NX CAM 模块的工作界面

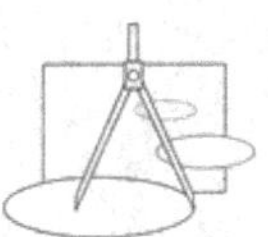

专家指点：工作界面可以进行定制，另外也可以全屏显示，菜单与工具条将压缩浮动显示。

2.1.3　加工模块专有工具条

在进入加工模块后，NX 除了显示常用的工具按钮外，还将显示在加工模块中最为常用且特有的工具条。单击“主页”标签将显示在加工模块中应用的主要工具条，如图 2-4 所示，包括“插入”工具条与“工序”工具条。

1. 插入

“插入”工具条用于新建各种加工中涉及的对象，包括创建刀具、创建几何体、创建工序等。

2. 工序

“工序”工具条用于对选择的工序或对象进行处理，包括生成刀轨、确认刀轨、机床仿真、后处理、车间文档等操作。

“工序”工具条中的功能也可以使用鼠标右键直接在导航窗口中选取使用。在工序导航器窗口中选择某一工序，再单击鼠标右键，在弹出的快捷菜单中选取。

专家指点：在工序导航器中没有选择对象时，加工操作工具条的选项将呈现灰色，不能使用。

3. 导航器

导航器工具条在功能区的图标下方，用于切换工序导航器的显示视图，包括程序视图、机床视图、几何体视图和加工方法视图，如图 2-5 所示。

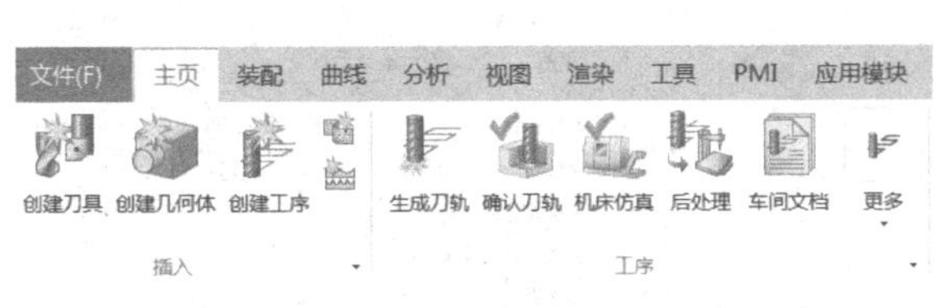

图 2-4　“插入”工具条与“工序”工具条

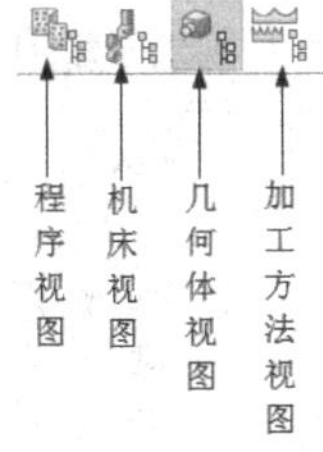

图 2-5　导航器工具条

2.2　UG NX 编程的一般步骤

在 NX 的加工应用中，完成一个程序的生成通常需要经过以下步骤。

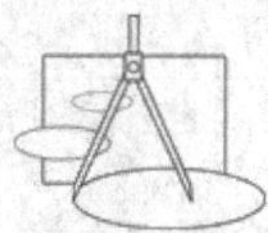

1. 创建父组

在创建的父组中设置一些公用的选项，包括程序组、方法组、刀具组与几何体组，创建父组后在创建工序中可以直接选择，则工序将继承父组中设置的参数。

专家指点： 组设定不是 CAM 编程所必需的工作，对于需要建立多个工序来完成加工的工件来说，使用组选项可以减少重复性的工作。

2. 创建工序

在创建工序时要先指定这个工序的类型，选择程序、几何体、刀具和方法位置组，并指定工序的名称，如图 2-6 所示。确定创建工序，打开相应的工序对话框。

专家指点： 如果设置了组参数，则在创建工序时直接选择对应的选项。

3. 设置工序参数

创建工序时，主要的工作是对工序对话框中各个选项的指定，这些选项的设置将对刀轨产生影响，选择不同的工序子类型，所需设定的工序参数也有所不同，同时也存在很多的共同选项。如图 2-7 所示为型腔铣的工序对话框。

图 2-6 创建工序

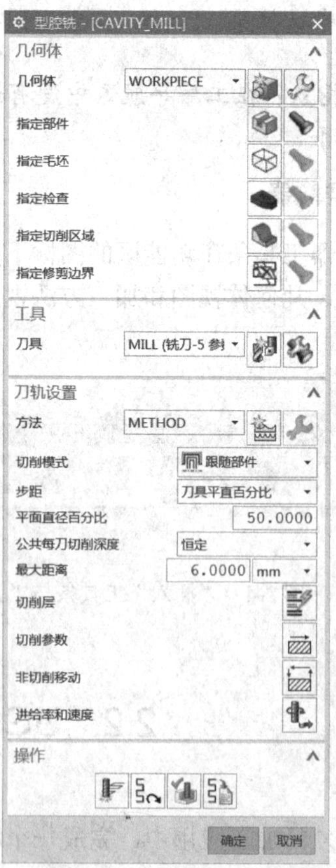

图 2-7 工序对话框

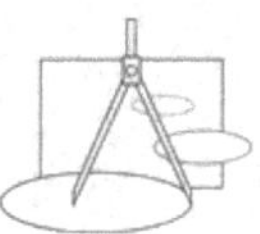

工序参数的设定通常可以按工序对话框从上到下的顺序进行设置。

（1）指定几何体：包括选择几何体组、指定部件几何体、检查几何体、毛坯几何体、修剪边界几何体、切削区域几何体来确定加工对象。

（2）选择刀具：通过选择或者新建指定加工工序所用的刀具。

（3）刀轨设置：在工序对话框中可以直接进行常用参数的设置，包括切削模式的选择，切削步距与切深的设置等。切削层、切削参数、非切削移动、进给率和速度，这些选项将打开一个新的对话框进行参数设置。

（4）驱动方法参数设置：如果创建固定轮廓铣，选择驱动方法后，再选择驱动几何体并设置驱动参数。

（5）其他选项设置：如刀轴、机床控制等选项，在创建 3 轴的数控加工程序时，这些选项通常可以使用默认设置。

4．生成刀轨

完成所有的参数设置后，在对话框的底部单击“生成”图标，由系统计算生成刀轨。

5．刀轨检验

生成刀轨后，可以单击“重播”图标进行重播以确认刀轨的正确性。或者单击“确认”图标进行可视化刀轨检验。如果对生成的刀轨不满意，可以进行参数的重新设置，再次进行生成和检视，直到生成一个合格的刀轨。最后单击“确定”按钮接受工序并关闭工序对话框。

6．后处理

对生成的刀轨进行后处理，生成符合机床标准格式的数控程序。

任务 2-1　创建椭圆凹槽加工工序

下面创建如图 2-8 所示零件的型腔铣工序，通过这一工序的创建来了解 UG NX 的程序创建的基本步骤。

➔ *STEP 1* 启动 NX

在桌面上双击 NX 的快捷方式，启动 UG NX。

➔ *STEP 2* 打开模型文件

单击“打开文件”图标，在弹出的文件列表中选择文件名为 T2-1.prt 的部件文件，单击 OK 按钮，打开 T2-1.PRT。

➔ *STEP 3* 进入加工模块

在工具条顶部单击“应用模块”标签，再选择“加工”图标，如图 2-9 所示。

➔ *STEP 4* 设置加工环境

进入加工模块后，系统会弹出“加工环境”对话框，如图 2-10 所示，设置“要创建的 CAM 设置”为 mill_contour。单击“确定”按钮进行加工环境的初始化设置。

进入加工模块后，工作界面将发生一些变化，如图 2-11 所示。

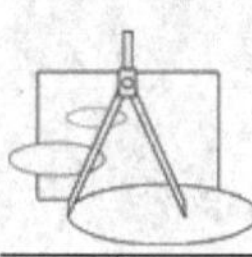

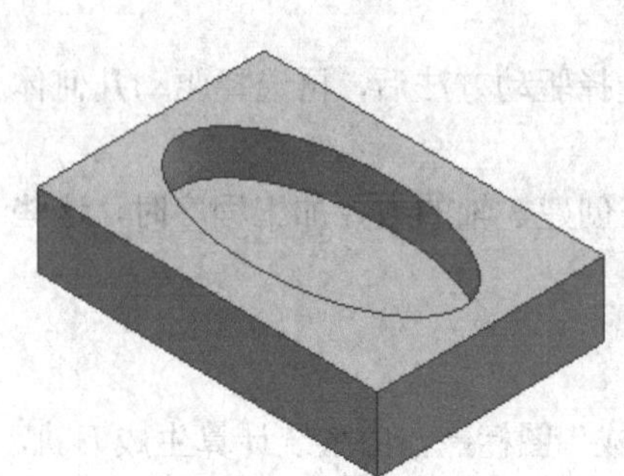

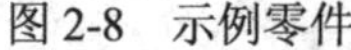

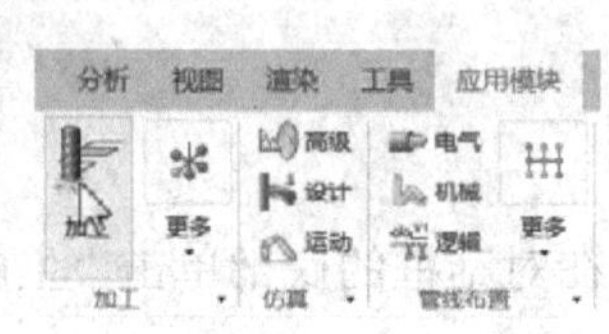

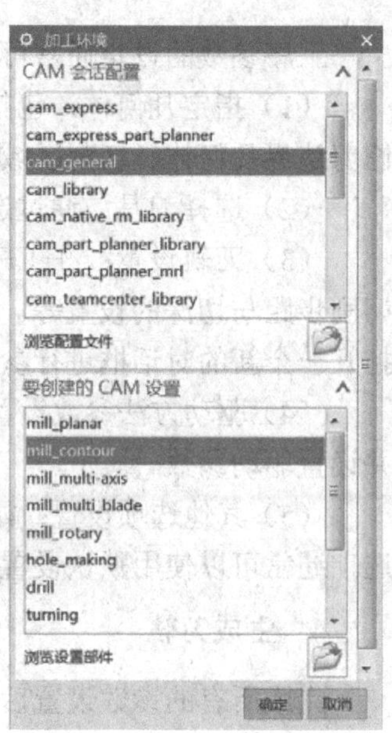

图 2-8　示例零件　　图 2-9　进入加工模块　　图 2-10　加工环境初始化

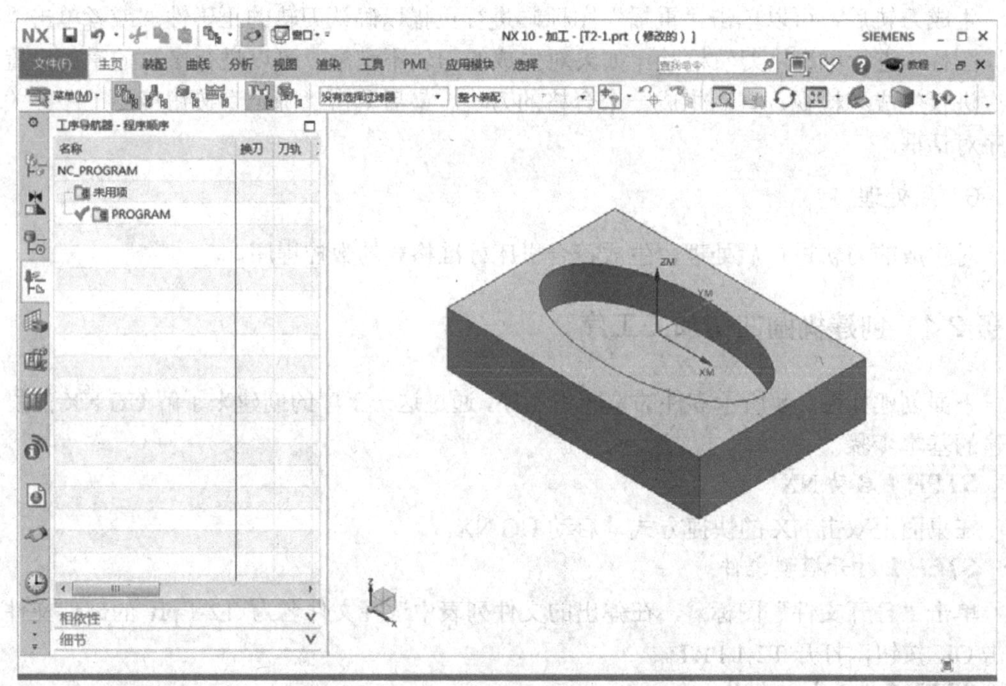

图 2-11　加工模块的工作界面

➔ STEP 5 创建刀具

单击工具条上的“创建刀具”图标，在弹出的对话框中指定“名称”为 D20，如图 2-12 所示，确定打开刀具参数设置对话框。设置刀具“直径”为 20，“下半径”为 0，如图 2-13 所示，单击“确定”按钮完成创建铣刀 D20。

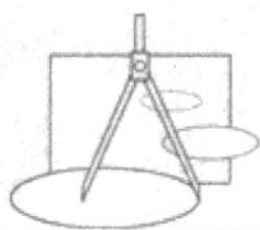

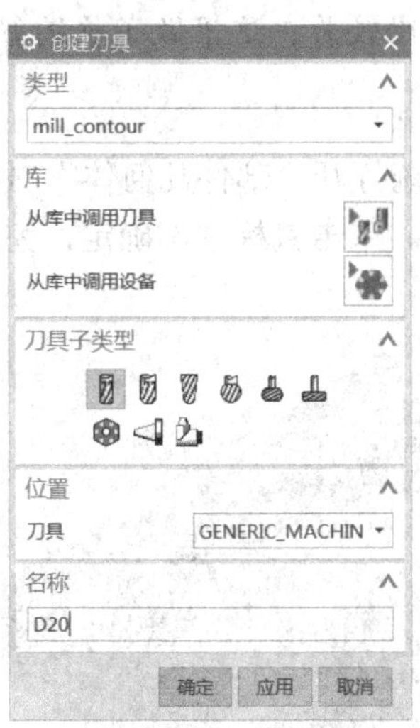

图 2-12　创建刀具

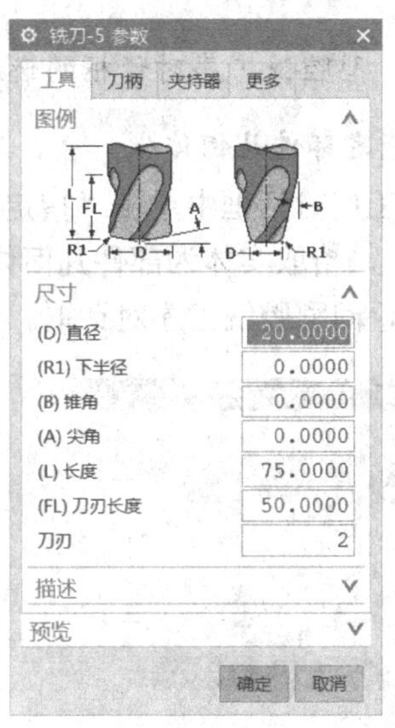

图 2-13　设置刀具参数

➔ STEP 6 创建型腔铣工序

单击工具条上的“创建工序”图标，系统打开“创建工序”对话框。设置“工序子类型”为型腔铣（Cavity MILL），“刀具”为 D20，如图 2-14 所示，确认各选项后单击“确定”按钮，打开型腔铣工序对话框，如图 2-15 所示。

图 2-14　“创建工序”对话框

图 2-15　型腔铣工序对话框

专家指点：在创建工序时要选择正确的刀具，如果不选择，则需要在创建工序的工具选项组中进行设置。

专家指点：型腔铣工序对话框的选项组如果全部展开比较长，这里做了收缩。

STEP 7 指定部件几何体

在型腔铣工序对话框中单击“指定部件”图标，系统打开“部件几何体”对话框，如图 2-16 所示。拾取实体为部件几何体，如图 2-17 所示。单击鼠标中键确定，完成部件几何体指定，返回型腔铣工序对话框。

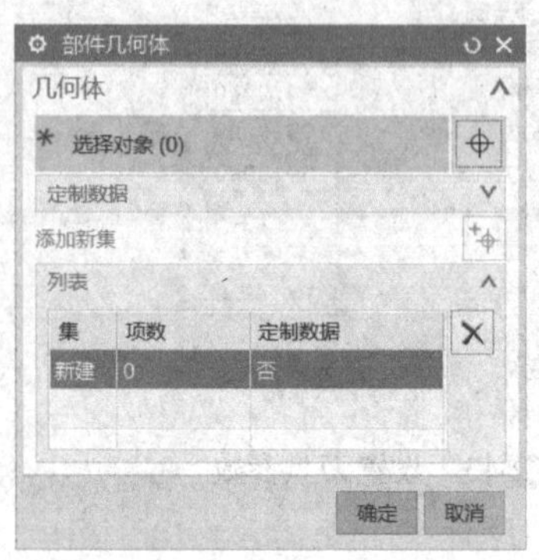

图 2-16 “部件几何体”对话框

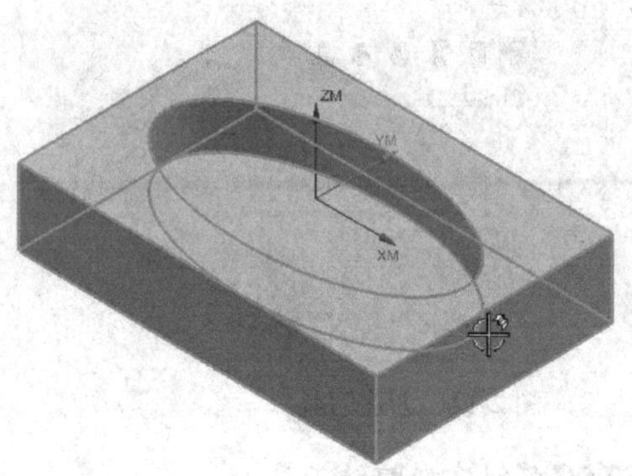

图 2-17 指定部件几何体

STEP 8 检视刀具

在对话框中单击“几何体”将其压缩，再单击“刀具”将其展开，如图 2-18 所示。在刀具选项上显示为 D20，表示当前使用的刀具，单击刀具后的编辑/显示图标，打开刀具参数对话框显示刀具参数，同时在图形上将显示预览的刀具，如图 2-19 所示。单击“确定”按钮返回型腔铣工序对话框。

图 2-18 显示刀具组

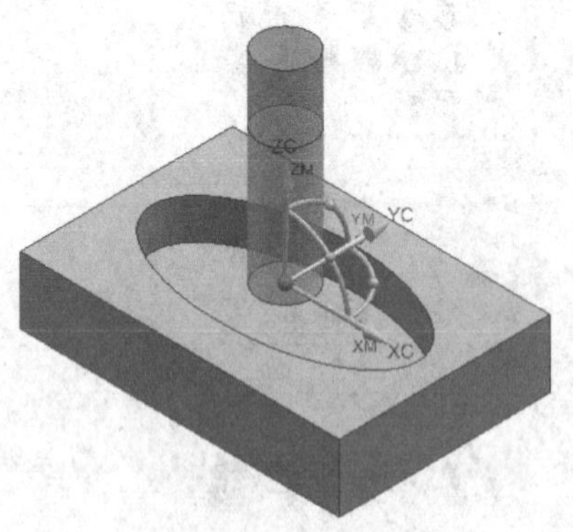

图 2-19 显示刀具

专家指点：UG NX 的大部分工序创建中，部件几何体与刀具是必须选择的，否则将不能进行刀轨的生成。

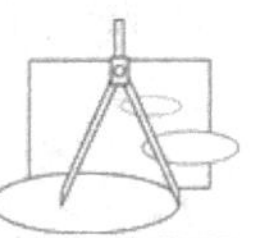

➔ STEP 9 刀轨设置

在型腔铣工序对话框中展开刀轨设置，进行参数设置，设置每刀的公共深度下的“最大距离”为 3，如图 2-20 所示。

➔ STEP 10 进给率和速度设置

单击“进给率和速度”后的图标，则弹出如图 2-21 所示的对话框，设置“主轴速度”为 600，切削进给率为 250。再单击鼠标中键返回型腔铣工序对话框。

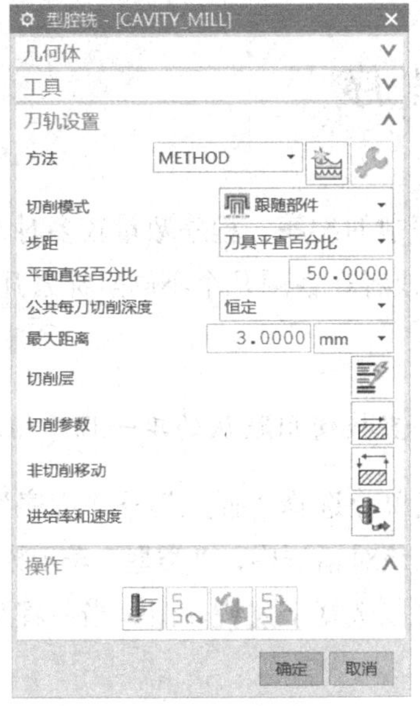

图 2-20　刀轨设置

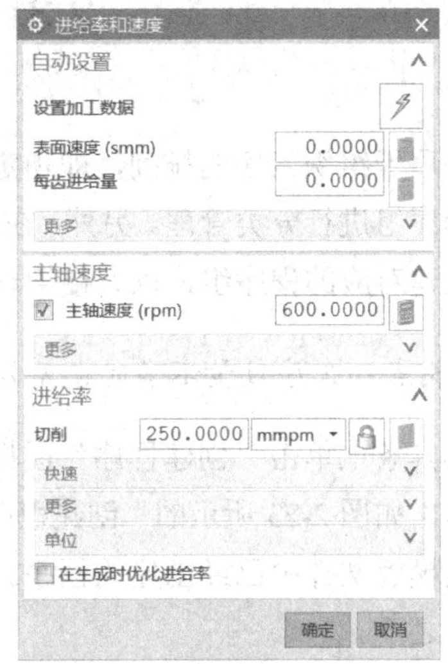

图 2-21　进给率和速度参数

➔ STEP 11 生成刀轨

其他选项参数使用默认设置。在型腔铣工序对话框的操作组中单击“生成”图标计算生成刀路轨迹。在计算完成后，产生的刀路轨迹如图 2-22 所示。

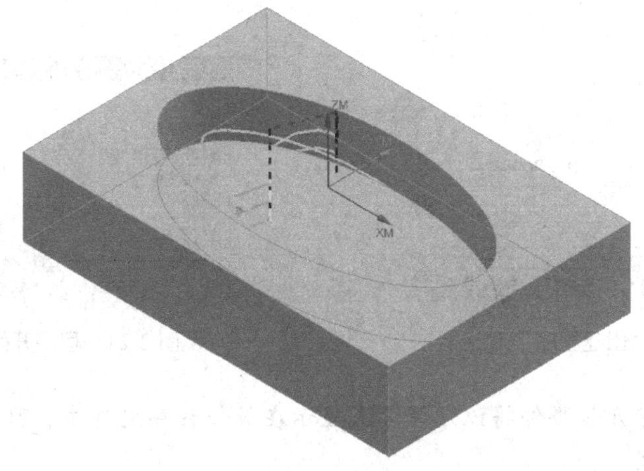

图 2-22　生成的刀轨

专家指点：本例只做了最简单的设置，没有设置的选项将直接使用 NX 加工模板中设置的默认值。

➔ STEP 12 确定工序

对刀轨从不同角度进行查看，确认刀轨后单击工序对话框底部的“确定”按钮接受刀轨并关闭工序对话框。

2.3 创建程序

程序用于组织工序的排列，即指定各工序在程序中的次序。程序数量较多时，应该创建多个程序组进行分类管理。另外，在进行分次加工或者在使用几个不同坐标系几何体时，也应该创建对应的程序组，以方便管理和操作。

专家指点：工序数量不多时，无须创建程序组，直接使用默认的单一程序组。

在工具条上单击“创建程序”图标，或者在菜单上选择“插入”→“程序”命令，系统将弹出如图 2-23 所示的“创建程序”对话框。在该对话框中，“类型”表示模板文件，子类型是模板文件中已经创建的程序。“位置”中可以选择上层程序组，当前程序将置于位置程序之下。

在“名称”文本框中输入程序组的名称，单击“确定”按钮创建一个程序，随后可以指定开始事件，如图 2-24 所示，打开“操作员消息”状态，再输入相关信息，该信息将在后处理的程序中显示为注释。完成一个程序创建后将可以在工序导航器中进行查看。

图 2-23 “创建程序”对话框

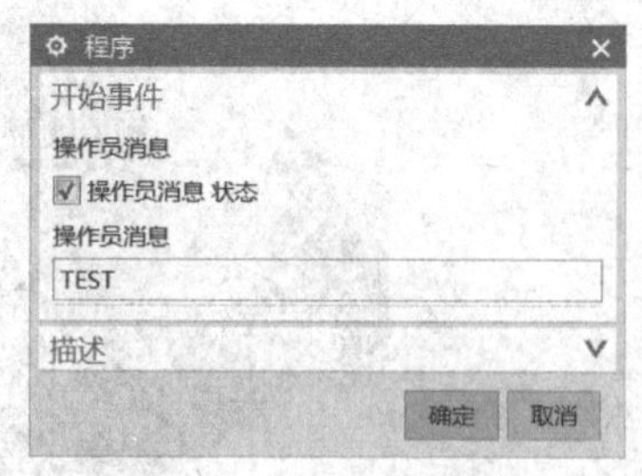

图 2-24 程序开始事件

专家指点：指定开始事件将以注释方式显示在数控程序文件中，因此可以将对工序的说明填写在此处。

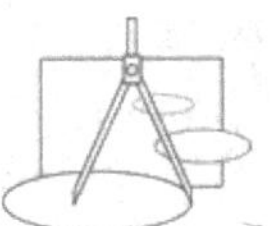

2.4　创 建 刀 具

1．创建刀具

在工具条上单击图标，可打开“创建刀具”对话框，如图 2-25 所示。在新建刀具时，首先要求选择刀具的类型、刀具子类型，在选择类型并指定刀具名称后，将进入刀具参数对话框，输入相应的参数后即完成刀具的创建。

UG NX 数控编程中可以使用的刀具铣刀中包含端铣刀、倒角刀、球形铣刀、桶状铣刀与 T 型铣刀等。而在实际加工应用中，一般都只使用 5 参数的端铣刀与球形铣刀，其他类型的刀具由于标准化程度低，应用范围受限，因而很少用到。

2．铣刀的参数

5 参数铣刀是最常用的刀具，也是建立铣刀时的默认选项，其刀具外形及参数如图 2-26 所示。

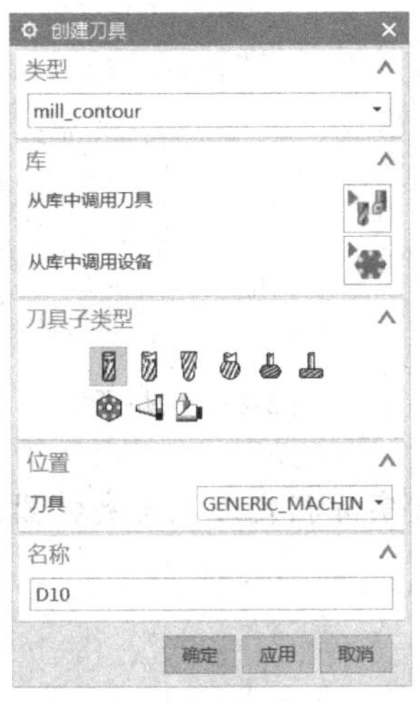

图 2-25　创建铣削刀具

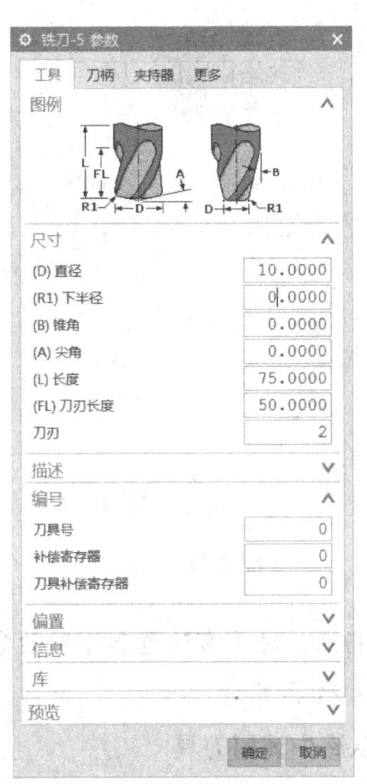

图 2-26　5 参数铣刀的参数设置

在刀具参数中，刀刃直径 D、下半径 R1 是最重要的参数，也是数控铣加工中最常用的参数设置。

顶锥角 A、拔锥角 B 也将影响刀路轨迹的生成。而其他形状参数中的几何参数并不影响刀路的生成，但可以用于表示刀具的实际形状并可以判断是否会产生干涉。

对话框下部的编号选项组用于指定刀具号、刀具长度补偿寄存器号与刀具半径补偿寄存器，即指定对应的 T、H、D 代号。使用加工中心进行程序生成时，需要使每一刀具对应一个刀具号和刀补号。

3．刀柄与夹持器

在刀具参数中，还可以设置刀柄与夹持器。对于非直柄的刀具，可以指定刀柄形状参数，如图 2-27 所示。

在加工复杂的零件时，需要考虑干涉时，应该按实际设置夹持器。如图 2-28 所示为夹持器选项，设置夹持器的上下直径与锥角或长度增加夹持器。

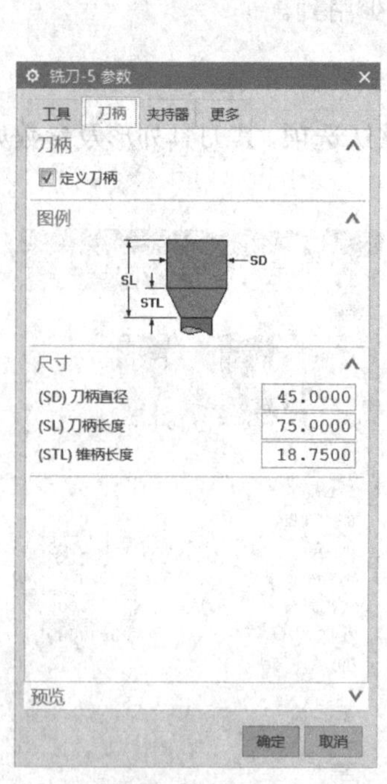

图 2-27　刀柄

图 2-28　夹持器

专家指点：对于有陡壁和深腔的零件加工，需要按实际指定刀柄与夹持器，用于判断是否会发生干涉。

4．从库中调用刀具

切削刀具库允许存储与加工工序所用刀具有关的所有数据。可从刀具库调用刀具，以便在工序中使用。加载拥有附加夹持器的切削刀具时，系统也将加载该刀具夹持器。在“创建刀具”对话框中单击“从库中调用刀具”图标，将可以从附带的刀具库中选择刀具。

专家指点：在创建刀具时，可以将常用的刀具保存到刀具库。

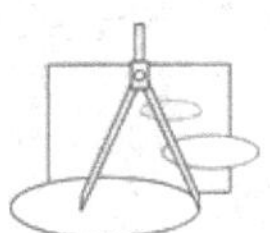

首先出现如图 2-29 所示的“库类选择”对话框，展开组再选择库。系统将出现“搜索准则”对话框，如图 2-30 所示，输入直径值等条件并确定进行搜索，搜索结果将显示符合条件的刀具，如图 2-31 所示，选择一个刀具到当前文件，创建工序时将可以直接选择调用。

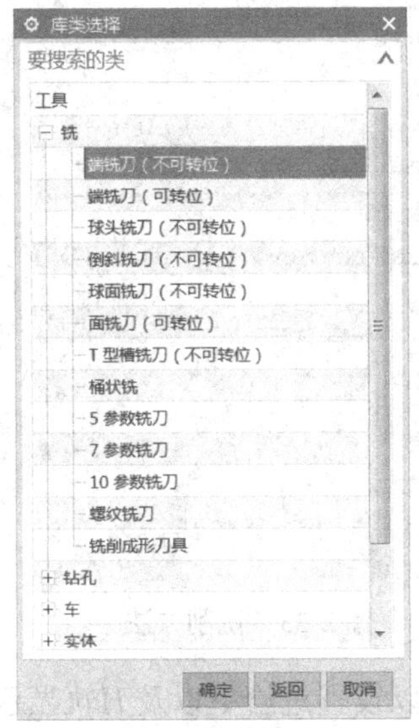

图 2-29　库类选择

图 2-30　搜索准则

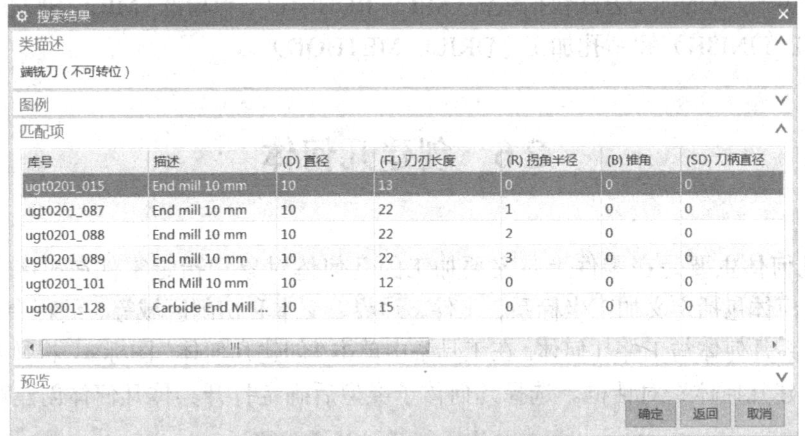

图 2-31　搜索结果

专家指点：从库中调用的刀具不会指定刀具号与刀具补偿寄存器，需要通过刀具编辑进行指定。

2.5　创建加工方法

在工具条上单击“创建加工方法”图标，系统将弹出如图 2-32 所示的“创建方法”

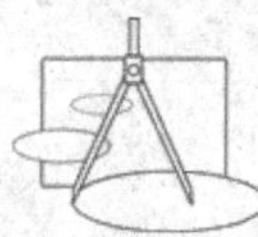

对话框，在“名称”文本框中输入方法的名称，单击“确定”按钮，打开如图 2-33 所示的“铣削方法”对话框。

图 2-32　创建方法

图 2-33　铣削方法

在加工方法中设置部件余量及内外公差值，还可以设置进给率以及刀轨显示选项，在创建工序时选择“加工方法”将直接采用在加工方法中指定的余量、公差和进给率等选项的默认值。系统默认的加工方法包括粗铣（MILL_ROUGH）、半精铣（MILL_SEMI_FINISH）、精铣（MILL_FINISH）和钻孔加工（DRILL_METHOD）。

2.6　创建几何体

创建几何体主要是在零件上定义要加工的几何体对象和指定零件在机床上的加工方位。创建几何体包括定义加工坐标系、工件、边界、文本和切削区域等。编程中最常用的几何体是坐标系几何体与工件几何体。在工具条中单击“创建几何体”图标，将弹出如图 2-34 所示的“创建几何体”对话框。选择几何体子类型后确定打开具体几何体创建对话框。

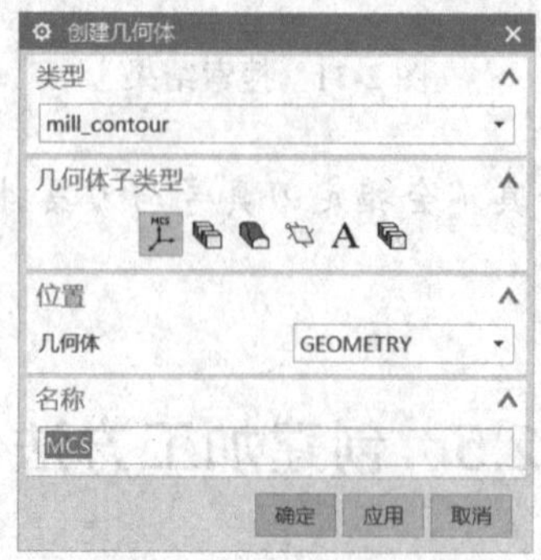

图 2-34　“创建几何体”对话框

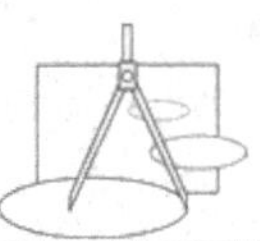

2.6.1　坐标系几何体

在“创建几何体”对话框中选择子类型为“坐标系”，系统弹出如图 2-35 所示的 MCS 对话框。

1. 机床坐标系

机床坐标系即加工坐标系，确定编程参考的坐标轴方向与原点位置。在默认情况下，机床坐标系是与工作坐标系重合的。单击 MCS 对话框中的“指定 MCS”图标，通过坐标系创建的方法构造一个机床坐标系，如图 2-36 所示。

图 2-35　创建坐标系

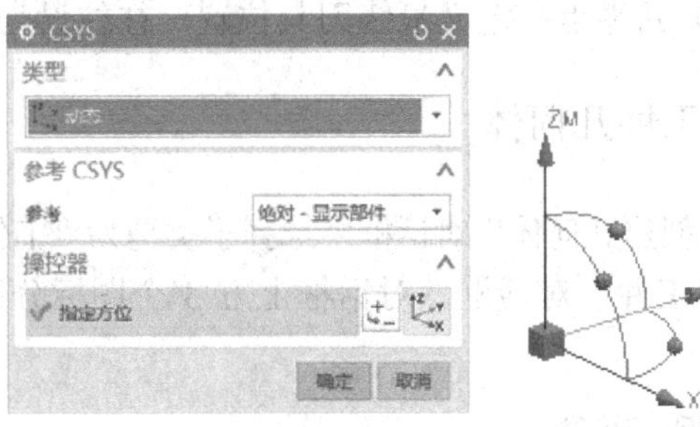

图 2-36　创建坐标系 MCS

2. 安全设置

“安全设置”选项用于指定安全平面位置，在创建工序的非切削移动中可以选择使用安全设置选项。

“安全设置”选项如图 2-37 所示，在 3 轴编程中，通常使用自动平面或平面。

（1）自动平面：直接指定安全距离值，此时需要在下方输入安全距离值。

（2）平面：指定一个平面为安全平面。选择“平面”选项后，需要指定一个平面，如图 2-38 所示。

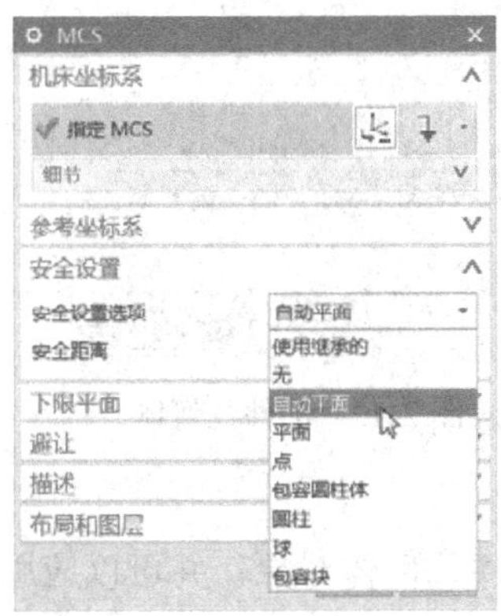

图 2-37　“安全设置”选项

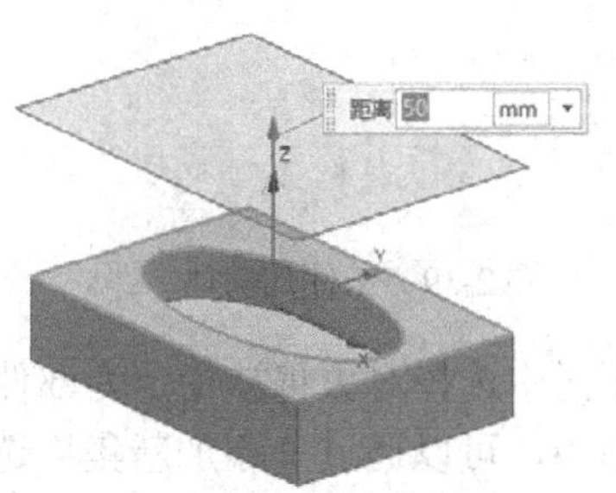

图 2-38　显示安全平面

3．下限平面

“下限平面”选项用于指定刀具最低可以达到的范围，在零件需要加工的范围以下有曲面存在时，可以指定下限平面；另外，在深腔加工中，因刀具长度不足，也可以设置下限平面。选择“无”时不设定下限，也可以选择“平面”指定一平面为下限位置。

4．避让

避让用于定义刀具轨迹开始以前和切削以后的非切削运动的位置。在大型零件加工中，刀具必须在指定的范围内运动，才不会发生刀具及其夹持器与零件及夹具的干涉。此时，可以通过指定出发点、起点、返回点、回零点来指定切削前和切削后的运动轨迹。

（1）出发点：用于定义新的刀位轨迹开始段的初始刀具位置。

（2）起点：定义刀位轨迹起始位置，这个起始位置可以用于避让夹具或避免产生碰撞。

（3）返回点：定义刀具在切削程序终止时，刀具从零件上移到的位置。

（4）回零点：定义最终刀具位置。往往设为与出发点位置重合。

2.6.2 工件几何体

在“创建几何体”对话框中选择子类型为“工件”，单击“确定”按钮将弹出如图 2-39 所示的“工件”对话框。对话框上方 3 个图标分别用于指定部件几何体、毛坯几何体和检查几何体。

1．指定部件

部件定义的是加工完成后的零件，即最终的零件。它控制刀具的切削深度和活动范围。单击“指定部件”图标可以选择或编辑部件几何体，打开如图 2-40 所示的“部件几何体”对话框。

图 2-39　工件几何体

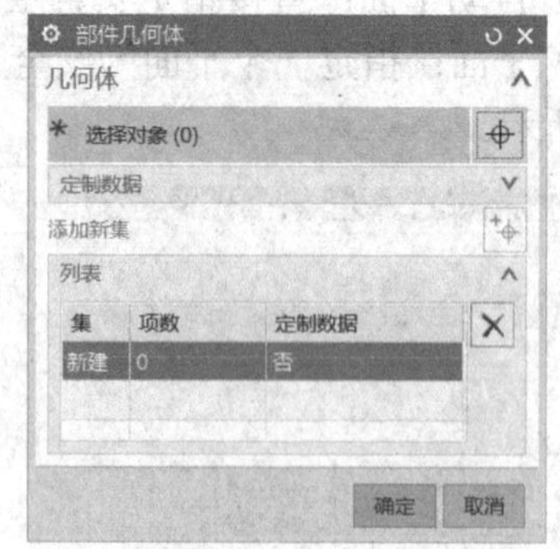

图 2-40　部件几何体

在绘图区中选择对象将被指定为部件几何体。

在选择中，可以通过“添加新集”选择第二组的部件几何体对象，并可以应用定制数据的方式指定不同的部件偏置。

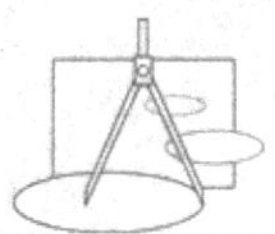

完成选择后单击鼠标中键确认退出。单击后方的图标，已定义的几何体对象将以高亮度显示。

专家指点：指定部件时需要配合选择过滤器进行对象的过滤，NX 中默认选择过滤器为“实体”，当需要选择曲线或曲面时，需要改变过滤方式。

2. 指定毛坯

毛坯是将要加工的原材料，可以用特征、几何体（实体、面、曲线）定义毛坯几何体。在型腔铣中，零件几何体和毛坯几何体共同决定了加工刀轨的范围。

专家指点：毛坯不是生成程序的必需条件，但要做刀轨确认的动态仿真，必须要有毛坯。

可以通过选择几何体的方式进行毛坯的定义，选择方法与部件几何体相同。另外还可以其他方式来创建毛坯几何体，如图 2-41 所示。

（1）部件的偏置。使用部件的偏置方式创建毛坯，将部件几何体的表面进行偏置指定的值产生一个毛坯，如图 2-42 所示。对于铸件毛坯，或者直接创建曲面铣工序的毛坯，应用“部件的偏置”方式可以生成合适的毛坯。

图 2-41　毛坯几何体

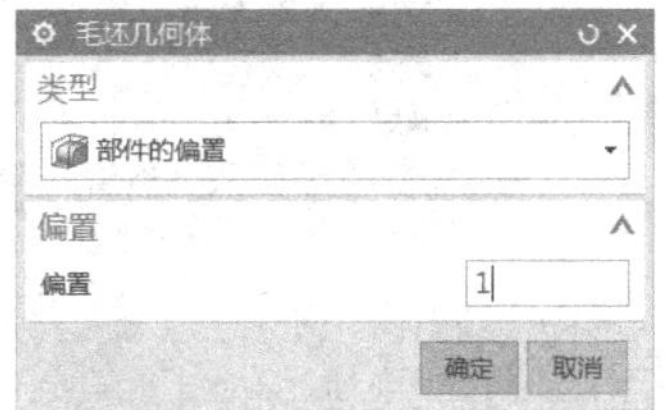

图 2-42　部件的偏置

（2）包容块。系统以部件几何体的边界创建一个包容盒，如图 2-43 所示，可以在下方指定各个方向的扩展值或者直接拖动图形上的箭头来调整大小。对于大部分的模具零件而言，其毛坯是标准的立方块，可以采用“包容块”方式指定毛坯。

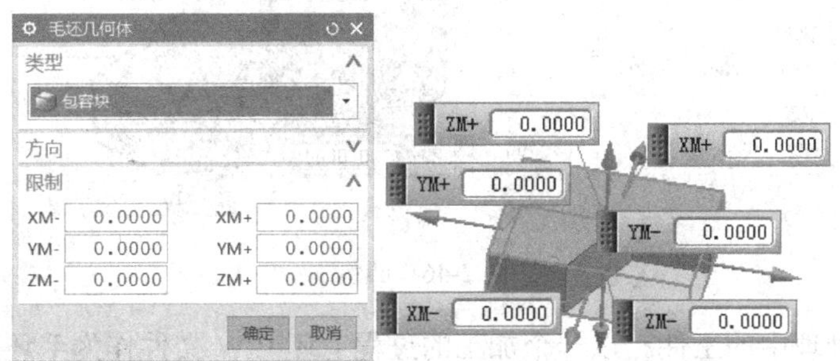

图 2-43　包容块

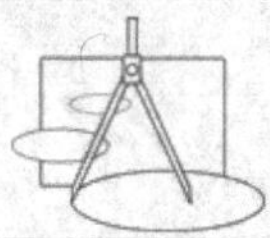

（3）包容圆柱体。与“包容块”类似，使用一个圆柱体包容所有部件几何体，并可以各个方式进行扩展。对于圆柱形毛坯而言，采用“包容圆柱体”创建的毛坯符合实际形状。如图 2-44 所示为创建圆柱体的毛坯，可以指定轴向，也可以调整大小与位置。

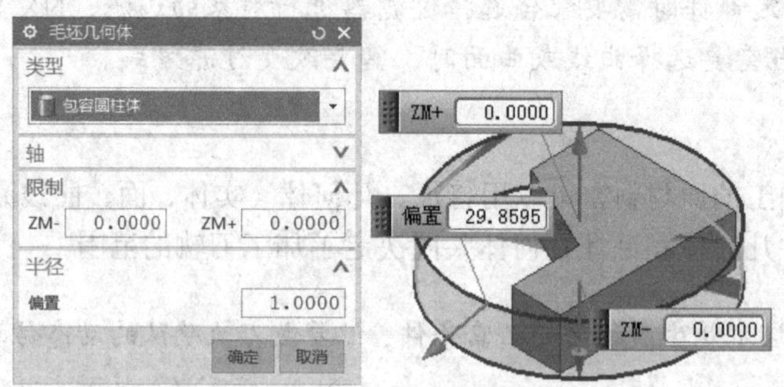

图 2-44　包容圆柱体

（4）部件轮廓。以部件轮廓进行水平方向的偏置，而 Z 方向通过直接指定方式创建毛坯。如图 2-45 所示为采用“部件轮廓”方式创建的毛坯，可以指定偏置值的大小与 Z 方向的扩展值。

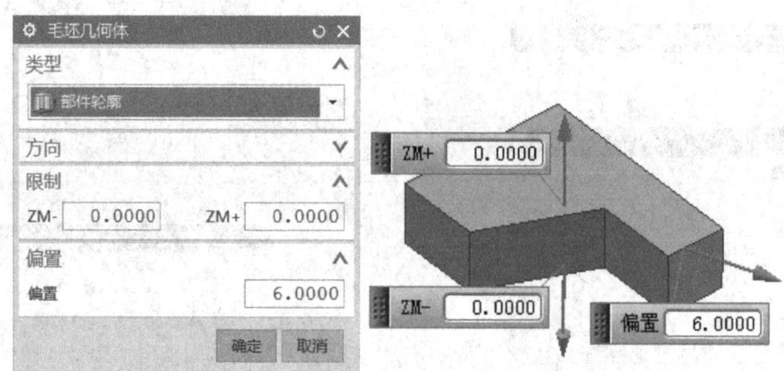

图 2-45　轮廓

（5）部件凸包。与“部件轮廓”方式类似，但“部件凸包”方式将轮廓的局部进行简化，如图 2-46 所示。

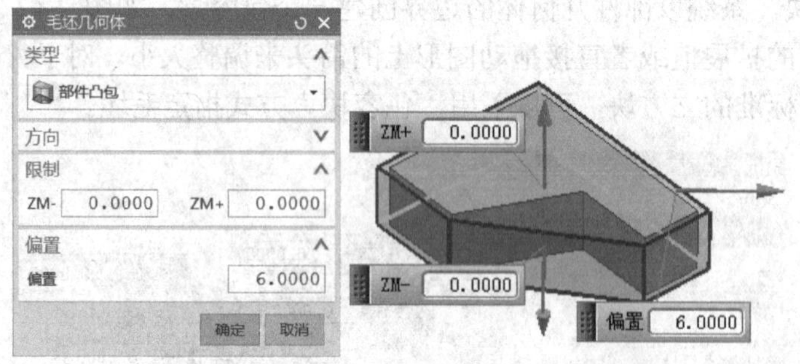

图 2-46　凸包

（6）IPW-处理中的工件。以一个加工的过程毛坯 IPW 文件作为毛坯，需要选择 IPW 源，该源文件将包括部件文件与几何体信息。

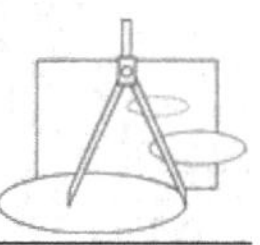

3. 指定检查

检查几何体是刀具在切削过程中要避让的几何体，如夹具和其他已加工过的重要表面。对于夹具体可以指定为检查几何体，另外也可以将不希望加工的需要保护的曲面指定为检查几何体。

单击图标可以选择或编辑检查几何体，检查几何体可以选择体、面或曲线。

4. 部件偏置

在零件实体模型上增加或减去由偏置量指定的厚度，可以对零件的大小作微调。正的偏置值在零件上增加指定的厚度，负的偏置值在零件上减去指定的厚度。

2.7　工序导航器

2.7.1　工序导航器的显示

工序导航器是让用户管理当前零件的工序及工序参数的一个树形界面，以图示的方式表示出工序与组之间的关系，选择不同的视图将以不同的组织方式显示组对象与工序。

工序导航器有 4 个用来创建和管理 NC 程序的分级视图。每个视图都根据其视图主题来组织相同的工序集合：程序内的工序顺序、使用的刀具、加工的几何体或使用的加工方法。

单击屏幕左侧的“工序导航器”图标将显示工序导航器，工序导航器在鼠标离开时会自动隐藏。工序导航器的右边界以及每一列的宽度可以通过拖动边缘进行调整。

工序导航器中显示工序的相关信息，并以不同的标记表示其工序状态，如图 2-47 所示为程序顺序视图显示的工序导航器。

工序导航器 - 程序顺序

名称	换刀	刀轨	刀具	刀具号	时间	几何体	方法
NC_PROGRAM					00:01:29		
未用项					00:00:00		
PROGRAM					00:01:17		
FIXED_CONTOUR		✔	TOOLB1D8	1	00:01:05	WORKPIECE	MILL_FINISH
CAVITY_MILL		✘	T1	0	00:00:00	MCS_MILL	METHOD

图 2-47　工序导航器-程序顺序视图

在程序顺序视图中，每个工序名称的后面显示了该工序的相关信息。

（1）换刀：显示该工序相对于前一工序是否更换刀具，如换刀则显示刀具符号。

（2）刀轨：显示该工序对应的刀路轨迹是否生成，如果已生成则显示✔。

（3）刀具：刀具显示所使用的刀具名称，刀具号为创建刀具时指定的刀具号。

（4）时间：显示该工序的预估加工时间。

（5）几何体：显示该工序所属的几何体组。

（6）方法：显示该工序所属的加工方法的名称。

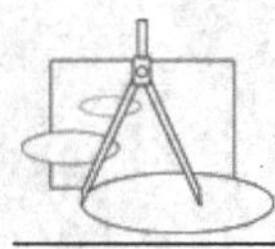

工序导航器的所有视图中，每一个工序前都有表示其状态的符号。状态符号有以下 3 种类型。

（1）⊘需要重新生成刀轨：表示该工序从未生成过刀轨或生成的刀轨已经过期，这时要用生成刀轨更新这个状态符号。

（2）需要重新后处理：表示刀轨已经生成但从未输出过或输出后刀轨已经改变。

（3）✓完成：表示刀轨已经生成并输出。一个工序经过生成 CLSF，或者进行后处理后将出现该符号。

1. 工序导航器视图

工序导航器有 4 种形式显示，分别为程序顺序视图、机床视图、几何体视图和加工方法视图，单击工具条上的图标可以切换视图。

（1）程序顺序视图：将按程序分组显示工序，如图 2-48（a）所示。

工序在输出时将按照其在程序顺序中的顺序进行输出，因而可依情况判定是否按最有效的方式进行安排。而在其他视图中的工序位置并不表示输出后的加工顺序。

（2）机床视图：显示当前所有刀具，并在创建过工序的刀具下显示工序，如图 2-48（b）所示。

（3）几何体视图：以树形方式显示当前所有创建的几何体，工序显示在创建时选择的几何体组之下，如图 2-48（c）所示。

（4）加工方法视图：显示根据其加工方法（粗加工、精加工、半精加工）分组在一起的工序，如图 2-48（d）所示。

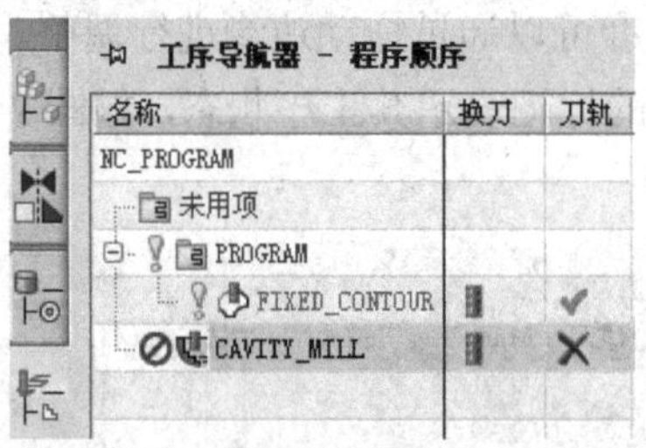

（a）程序顺序视图

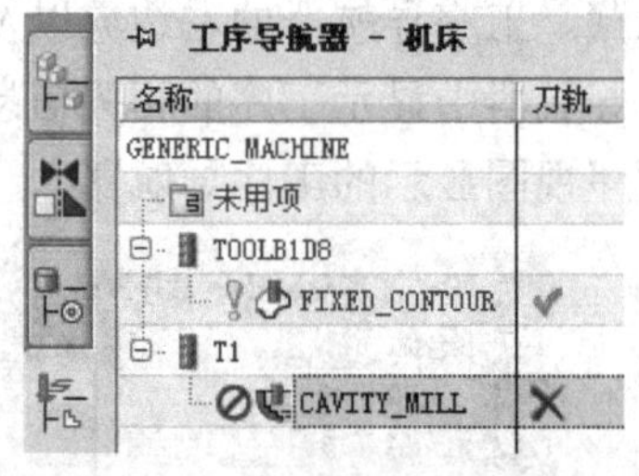

（b）机床视图

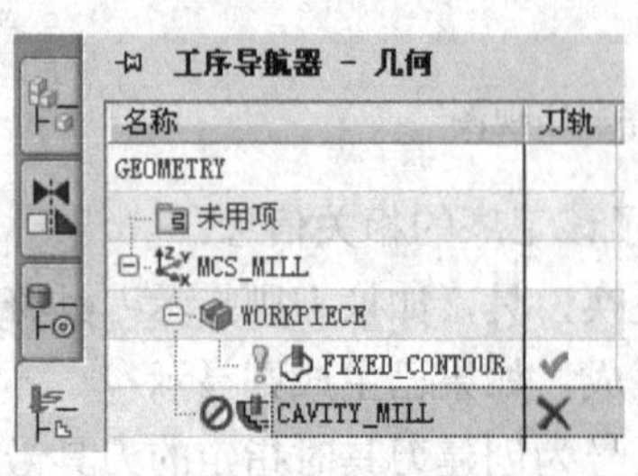

（c）几何体视图

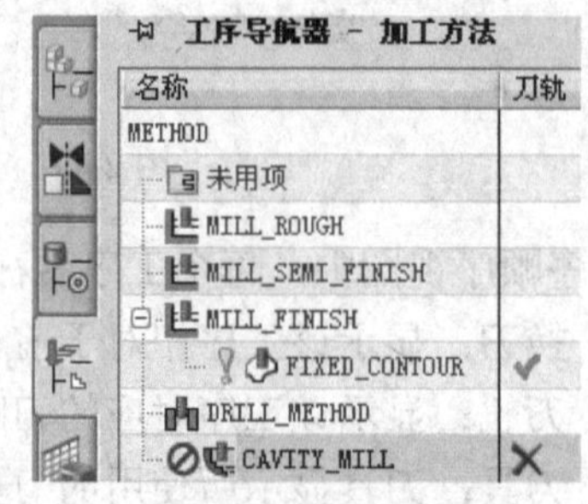

（d）加工方法视图

图 2-48　工序导航器视图

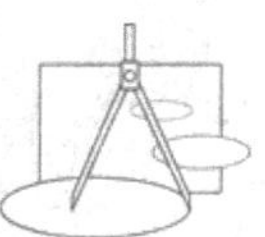

2. 刀轨操作

在工序导航器中选择工序或者其他对象时，“工序”工具条上的图标将可以使用，可以进行刀轨的生成、确认、后处理等各种针对工序的操作。

对于未生成的刀轨或者更改了参数选项、改变了父节点组的工序，可以在选择工序后单击“工序”工具条上的“生成刀轨”图标进行运算生成刀轨。在一个刀轨生成完成后，单击“确定”按钮将进行下一个工序的刀轨生成。对于已生成的刀路轨迹的多个工序，可同时选择进行连续的加工模拟。

专家指点：修改参数、刀具、几何体后，工序前会出现红色标记⊘，该工序必须进行重新计算才能保证修改生效，进行了修改但未重新生成刀轨的工序进行重播等各项操作时，仍使用旧的轨迹。

2.7.2　工序管理

在工序导航器中选择对象，单击鼠标右键，弹出如图 2-49 所示的快捷菜单，其中大部分菜单的功能与主菜单中或工具条中的图标功能相同。

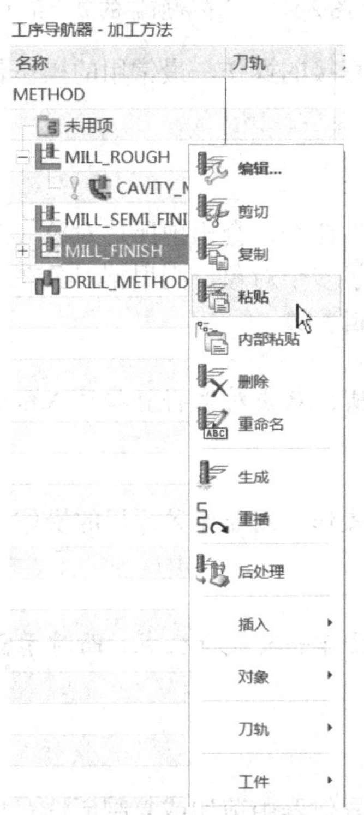

图 2-49　工序导航工具的快捷菜单

专家指点：在选择对象时，按 Shift+Ctrl 快捷键，可以选择多个对象进行操作。

专家指点：如果没有选择对象，单击鼠标右键时，弹出菜单主要为显示选项，如图 2-50 所示，这个菜单只能用于视图的选择和对象的查看和选择。

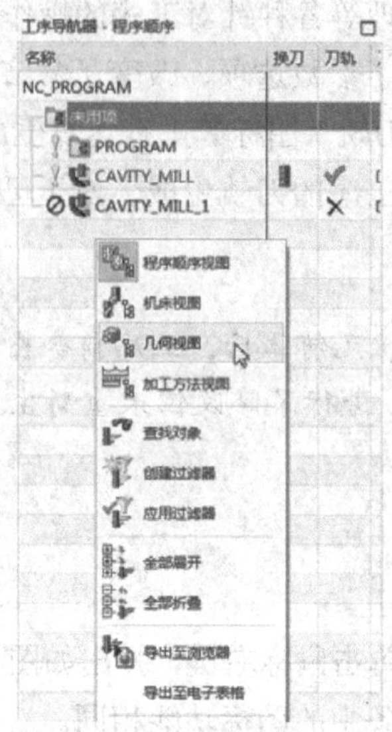

图 2-50　工序导航器的显示菜单

对于选择的对象可以进行直接的操作，最常用的操作包括编辑、生成、重播、剪切、复制、删除等。

1．编辑

在快捷菜单中选择“编辑”命令，会出现所选对象（工序或组）的相应编辑对话框供用户进行参数修改。如果选择了多个对象，则根据对象在工序导航器中的排列顺序，依次显示相应编辑对话框供用户编辑参数。

专家指点：编辑是默认选项，双击对象将直接进入编辑。

2．生成

选择“生成”命令将生成操作，对于带⊘标记的操作，可以重新计算生成刀轨。选择“重播”命令将回放刀轨。

专家指点：可以选择多个操作一次进行生成，而对于需要重新生成的刀轨，可以在空闲时间进行。

3．剪切和复制

这两个菜单项用于在操作导航器中剪切或复制所选对象到剪贴板上，以便将所选对象粘贴到不同的位置。剪切将不保留选择的对象。

4．粘贴与内部粘贴

该菜单项将先前剪切或复制的对象粘贴到指定位置，并与当前选择的对象关联。使用

剪切和粘贴可以重新排列各个操作的顺序。粘贴与内部粘贴的区别在于，用于粘贴的对象与所选对象同级，而用于内部粘贴的对象在所选对象的下一级。如图 2-51 所示为两者的区别。

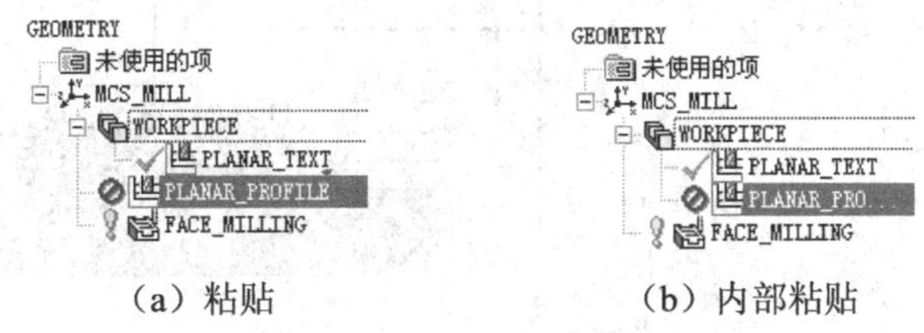

（a）粘贴　　　　（b）内部粘贴

图 2-51　粘贴与内部粘贴

专家指点： 对于复制或者剪切的对象应该马上粘贴，否则进行了其他操作后将不再保留。

专家指点： 在机床视图（或方法视图、几何体视图）中移动操作后，仅改变该视图，而不会影响程序视图中操作的位置。

专家指点： 在工序导航器中可以通过直接拖动对象的方法进行位置的调整或父级组的调整；拖动对象的同时按住键盘的 Ctrl 键可以复制对象。

5. 删除

永久删除选择的对象，所选对象中包含的组和操作也全部被删除。

专家指点： 对组进行剪切、复制或者删除，则该组中的所有工序也将被剪切、复制或删除。

2.8　确 认 刀 轨

对于生成的刀轨，需要进行必要的检验，可以通过重播或实体验证的方式进行确认。在工序对话框底部有图标，分别为生成、重播、确认、列表，其中重播、确认、列表用于检验刀轨。对于完成的操作，也可以通过菜单、工具条和操作导航器的右键菜单选择重播、确认、列表进行检验。

2.8.1　重播刀轨

重播刀轨是在图形窗口中显示已生成的刀路轨迹。通过重播刀路，可以验证刀路轨迹的切削区域、切削方式、切削行距等参数。当生成一个刀路轨迹后，需要通过不同的角度进行观察，或者对不同部位进行观察，设定了窗口显示范围后进行重播，可以从不同角度进行刀路轨迹的查看。如图 2-52 所示为从不同的角度、不同的部位、不同的大小对同一刀路轨迹进行观察。

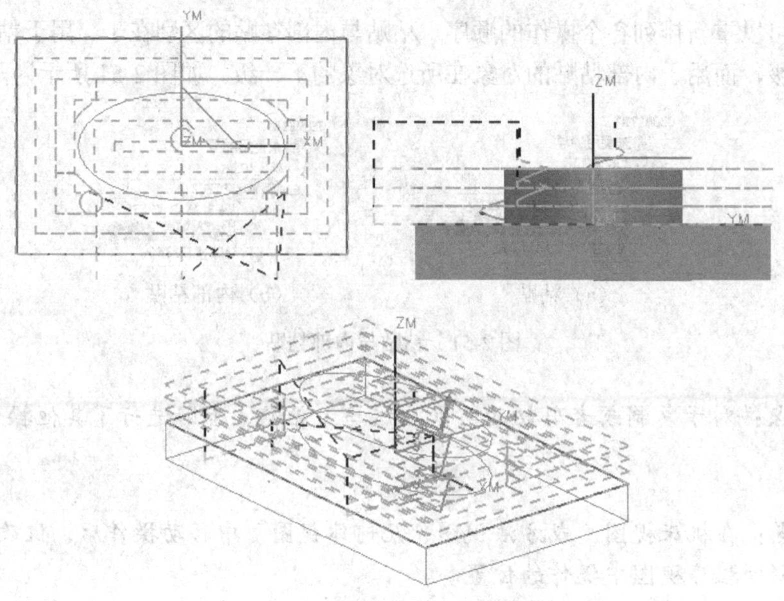

图 2-52　不同视角重播刀轨

专家指点：如果所选择的工序经过参数修改而没有重新生成，重播时显示的将是原先已生成的刀路轨迹，如果没有已生成的刀路轨迹，则不做显示。

专家指点：在屏幕全屏显示或者刷新显示时，重播的刀轨将不做保留，而做动态旋转、缩放、平移等操作时重播的刀轨将保持显示。

2.8.2　刀轨列表

对于已生成刀轨的工序，可查看其包含的刀具位置信息。查看刀轨信息时，将在屏幕上弹出信息窗口，如图 2-53 所示，列出 CLSF 文件，其中列出了工序所包含的刀轨信息，如 GOTO 命令、进给量、机床控制、路径显示控制以及辅助说明等信息。通过单击工具栏或操作对话框中的图标也可以查看刀路轨迹信息。

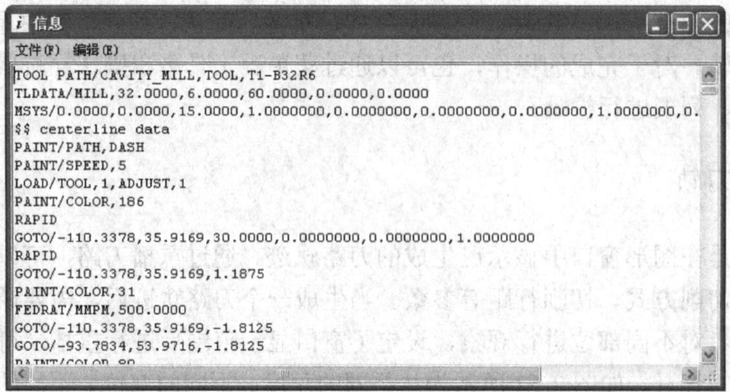

图 2-53　刀路轨迹列表

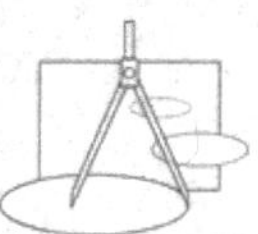

2.8.3　确认刀轨

对于已生成的刀路轨迹的操作，可在图形窗口中以线框形式或实体形式模拟刀路轨迹。让用户在图形方式下更直观地观察刀具的运动过程，以验证各操作参数定义的合理性。

单击“确认”图标，系统将打开一个如图 2-54 所示的“刀轨可视化”对话框，在中间可以选择“重播”“3D 动态”“2D 动态”3 种不同的可视化检视方式，并通过底部的播放控制按钮进行仿真过程的控制。

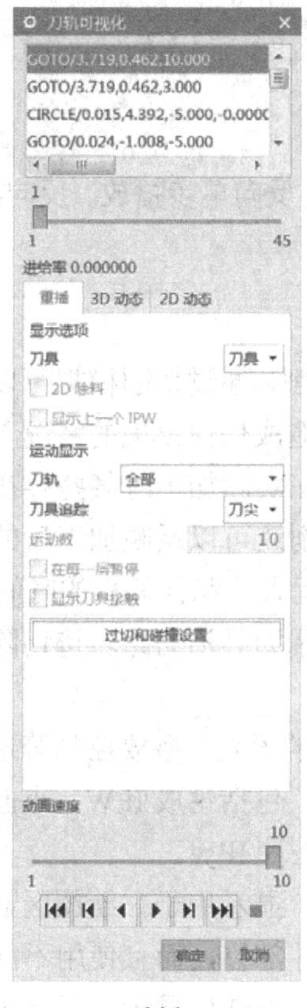

重播

3D 动态

2D 动态

图 2-54　刀轨可视化

1．重播

重播方式验证是沿一条或几条刀路轨迹显示刀具的运动过程。与 2.8.1 节所述的重播有所不同，确认中的重播可以对刀具运动进行控制，并在回放过程中显示刀具的运动。另外可以在刀路轨迹单节（刀位点）列表中直接指定开始重播的刀位点。如图 2-55 所示为重播示例。

通过对话框可以指定其刀位点，指定切削验证的位置。

刀具选项可以设置在切削模拟过程中刀具的显示方式，有线、轴、点、实体、装配等形式。

动画速度用于调节切削模拟的速度。

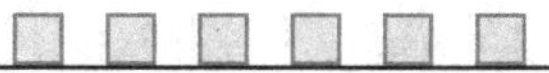

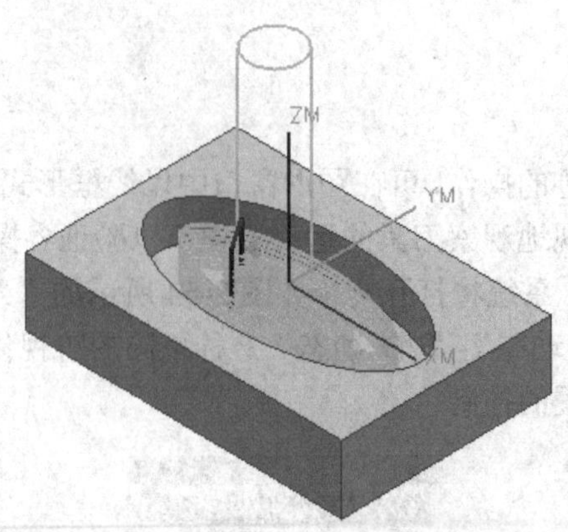

图 2-55　重播可视化刀轨示例

播放控制按钮可以进行切削模拟的控制，包括返回起始点、反向单步播放、反向播放、正常播放、正向单步播放和选择后一个操作。

2．2D 动态

2D 动态为实体模拟切削，可对工件进行比较逼真的模拟切削，通过切削模拟可以提高程序的安全性和合理性，切削模拟以实际加工 1%的时间并且不造成任何损失的情况下检查零件过切或者未铣削到位的现象，通过实体切削模拟可以发现在实际加工时某些存在的问题，以便编程人员及时修正，避免工件报废。通过实体模拟切削还可以反映加工后的实际形状，为后面的程序编制提供直观的参考，但切削模拟占用编程人员和计算机的时间。

2D 动态显示刀具切削过程，将刀具显示为着色的实体，显示刀具沿刀路轨迹切除工件材料的过程。以三维实体方式仿真刀具的切削过程，非常直观。

2D 动态显示的操作对话框中有关刀位点的选择、仿真速度的设置、播放控制等选项与重播方式是相同的。而在动态显示中，增加了有关 IPW 的选项，包括生成 IPW、小面体等选项。可将一个操作完成后没有切除材料的部分生成一个过程工件 IPW。

在 2D 动态显示中，有两种显示方式，分别为显示与比较。显示用于在绘图区显示零件加工后的形状，并以不同颜色显示加工区域和没有切削的工件部位，而且使用不同刀具时将显示不同的颜色。如果刀具与工件发生过切，将在过切部位以红色显示，提示用户刀路轨迹存在错误。如图 2-56 所示为动态显示的示例。

专家指点： 2D 动态在开始播放后将不能做视角的调整。在视角转换后将不再显示模拟切削结果，单击“显示”将显示当前的模拟切削结果，并保持原先的视角方向与大小。

比较加工后的形状与要求的形状，在图形区中显示工件加工后的形状，并以不同的颜色表示加工部位材料的切除情况。其中，绿色表示该面已达到加工要求，白色表示该面还有部分材料没有切除，红色表示加工该表面时发生过切。

3．3D 动态

3D 动态模拟刀具对毛坯切削运动的过程与 2D 动态相似，也为实体模拟切削。但 3D

动态在模拟时，可以从任意方位观看切削过程。如图 2-57 所示为 3D 动态应用示例。

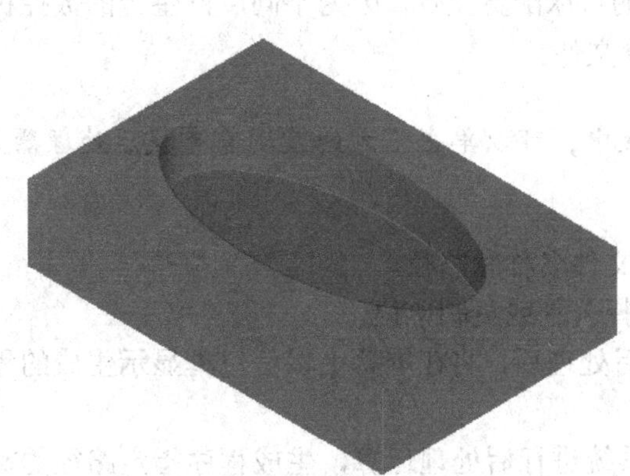

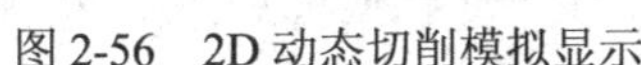

图 2-56　2D 动态切削模拟显示

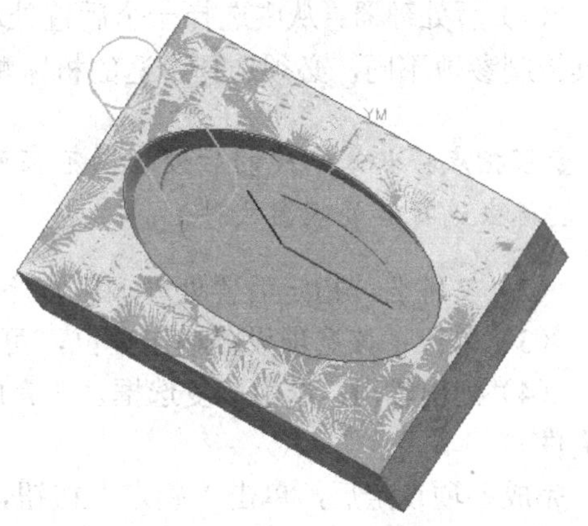

图 2-57　3D 动态可视化刀轨示例

以 2D 动态或 3D 动态方式显示刀具切削过程时，需要指定用于加工成零件的毛坯。如果在创建工序时没有指定毛坯几何体，那么在选择播放时，系统弹出一个警告窗口，如图 2-58 所示，提醒当前没有毛坯可用于验证。单击“确定”按钮，系统会弹出一个指定临时毛坯对话框，与创建工件几何体中指定毛坯方法相同，可以选择毛坯定义类型来创建一个毛坯，最常用的方法是设置毛坯几何体类型为“包容块”。

图 2-58　没有毛坯警告

2.9 后　处　理

CAM 过程的最终目的是生成一个数控机床可以识别的代码程序。数控机床的所有运动和操作是执行特定的数控指令的结果，完成一个零件的数控加工一般需要连续执行一连串的数控指令，即数控程序。手工编程方法根据零件的加工要求与所选数控机床的数控指令集来编写数控程序，直接手工输入到数控机床的数控系统，自动编程方法则不同，经过刀具轨迹计算产生的是刀位文件（Cutter Location Source File），而不是数控程序，因此，需要设法把刀位源文件转换为特定机床能执行的数控程序，输入数控机床的数控系统，才能进行零件的数控加工。把刀位源文件转换成特定机床能执行的数控程序的过程称为后处理。

NX 的刀位文件为 CLSF 文件，要将其转化成 NC 文件，成为数控机床可以识别的 G 代码文件，需要通过 UG/POST，将产生的刀路轨迹转换成指定的机床控制系统所能接收的加工指令。

在工序导航器的程序视图中，选择已生成刀路轨迹的工序，在工具条上单击“后处理”

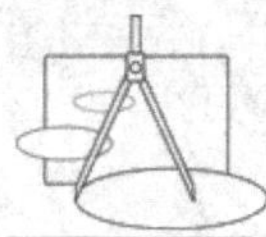

图标，系统打开“后处理”对话框，如图 2-59 所示。各选项说明如下。

（1）后处理器：从中选择一个后置处理的机床配置文件。因为不同厂商生产的数控机床其控制参数不同，必须选择合适的机床配置文件。

专家指点： 如果新建的后处理器不在列表中，可以单击下方的“浏览查找后处理器”图标来选择后处理器文件。

（2）文件名：指定后置处理输出程序的文件名称和路径。

（3）单位：该选项设置输出单位，可选择公制或英制单位。

（4）列出输出：选中该复选框，在完成后处理后，将在屏幕上以信息框显示生成的程序文件。

完成各项设定后，单击“确定”按钮，系统进行后处理运算，生成程序指定路径的文件名的程序文件。如图 2-60 所示为某程序的示例。

图 2-59 “后处理”对话框

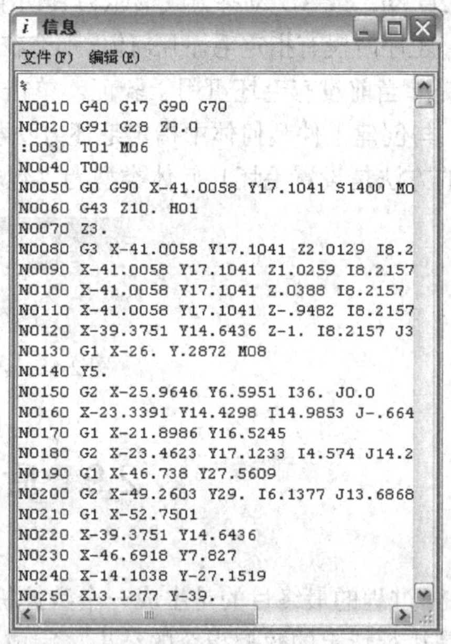

图 2-60 程序文件

专家指点： 输出的文件是一个文本文件，可用 Windows 的记事本打开或编辑。

任务 2-2 创建凹凸花形零件加工程序

完成如图 2-61 所示零件的双面加工程序的工序创建，毛坯为圆柱体，这一零件的正面与反面均需要加工，零件材料为 45 钢，零件文件为 T2-2.prt。

➔ STEP 1 启动 NX 并打开模型文件

启动 UG NX，打开文件名为 T2-2.prt 的部件文件。

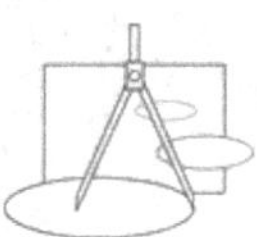

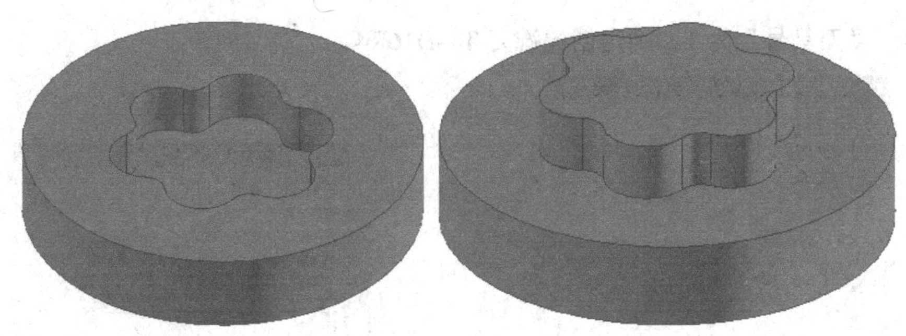

图 2-61　示例零件

➔ STEP 2 进入加工模块

在工具条上单击“开始”按钮，在下拉选项中选择“加工”选项，设置“要创建的 CAM 设置”为 mill_contour。确定进行加工环境的初始化设置。

➔ STEP 3 创建程序 ZM

从主菜单选择“插入”→“程序”命令，系统将弹出如图 2-62 所示的“创建程序”对话框，设置“名称”为 ZM。确定创建正面加工工序的程序组 ZM，选中“操作员消息 状态”复选框，并在“操作员消息”文本框中输入 TOP-MILLING，如图 2-63 所示。

图 2-62　“创建程序”对话框

图 2-63　输入操作员消息

➔ STEP 4 创建程序 FM

在工具条上单击“创建程序”图标，将弹出“创建程序”对话框，设置“名称”为 FM，如图 2-64 所示，确定创建程序。

在“操作员消息”文本框中输入 BOTTOM-MILLING，如图 2-65 所示，确定创建反面加工工序的程序组 FM。

➔ STEP 5 创建刀具 T1-D16R4

单击工具条上的“创建刀具”图标，系统弹出“创建刀具”对话框，如图 2-66 所示，选择刀具子类型为“端铣刀”，并输入名称 T1-D16R4，单击“确定”按钮，打开铣刀参数对话框。

➔ STEP 6 指定刀具参数

系统默认新建铣刀为 5 参数铣刀，如图 2-67 所示，设置刀具的“直径”为 16，“下半

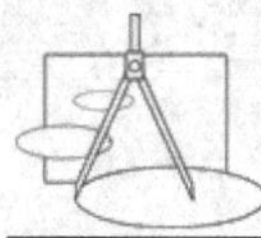

径”为 4，“刀具号”为 1。确定创建铣刀 T1-D16R4。

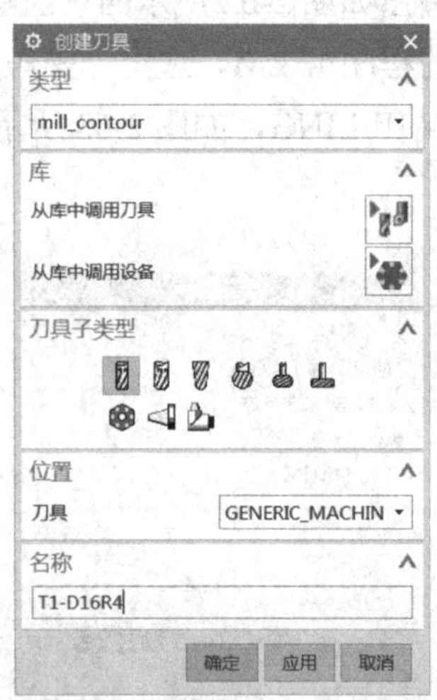

图 2-64 “创建程序”对话框

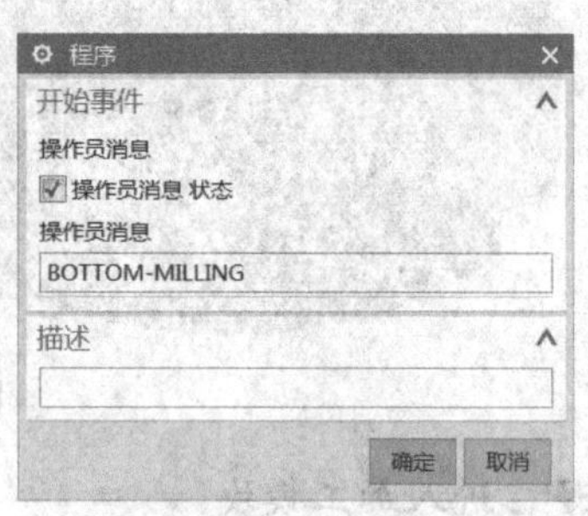

图 2-65 输入操作员消息

图 2-66 “创建刀具”对话框

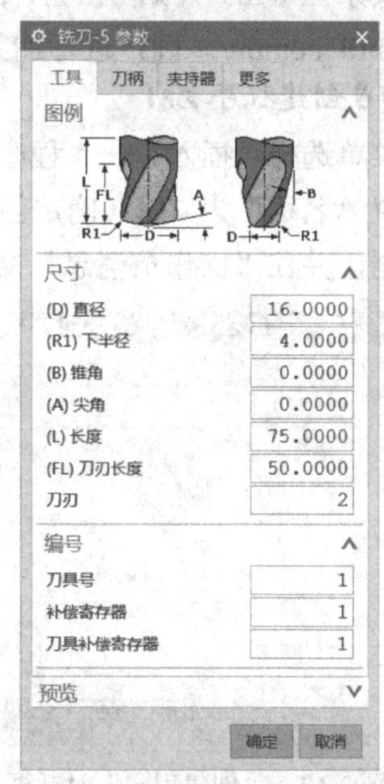

图 2-67 设置刀具参数

➔ STEP 7 创建刀具 T2-D8

单击工具条上的“创建刀具”图标，系统弹出“创建刀具”对话框，选择刀具子类型为“端铣刀”，并输入名称 T2-D8，单击“确定”按钮，打开铣刀参数对话框。

新建铣刀为 5 参数铣刀，设置刀具的“直径”为 8，“下半径”为 0，“刀具号”为 2，创建铣刀 T2-D8，如图 2-68 所示。

➔ STEP 8 创建方法

在工具条上单击“创建方法”图标，打开“创建方法”对话框，输入名称 YU0.5，如图 2-69 所示。

➔ STEP 9 设置余量与公差

单击“确定”按钮，打开如图 2-70 所示的创建加工方法对话框。在该对话框中设置部件余量及内外公差值。

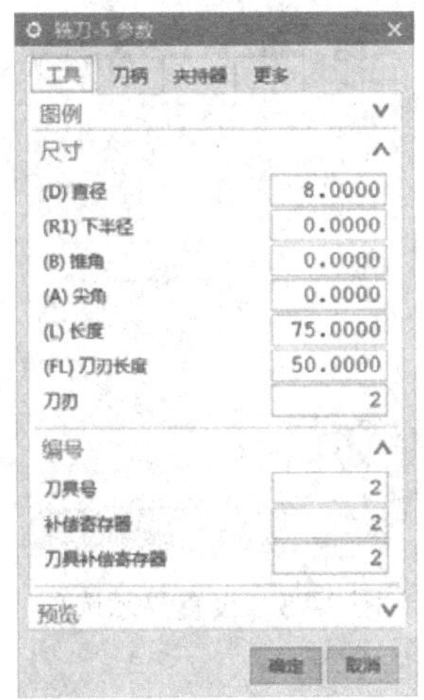

图 2-68　刀具参数

图 2-69　“创建方法”对话框

➔ STEP 10 设置进给

单击“进给”图标，打开“进给”对话框，设置切削进给率为 1200，显示“更多”选项，设置进刀进给率为切削进给率的 30%，第一刀切削进给率为切削进给率的 50%，步进进给率为切削进给率的 100%，退刀进给率为切削进给率的 300%，如图 2-71 所示。单击鼠标中键完成进给的设置。

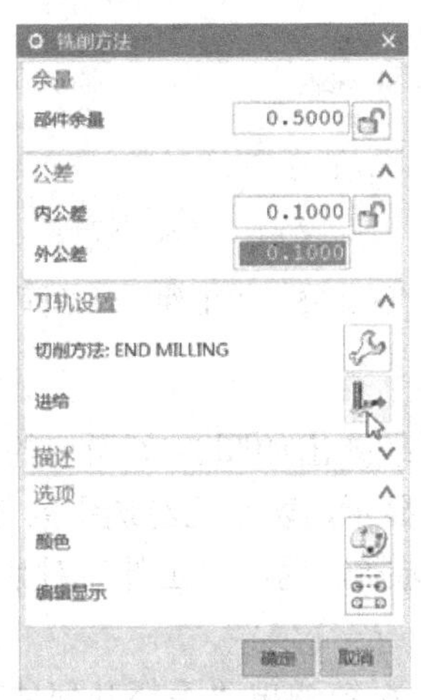

图 2-70　设置余量与公差

图 2-71　进给设置

➔ STEP 11 设置刀轨显示颜色

单击图标，进入刀路显示颜色设置对话框。选择全部设置为“红色”，再依次设置“进刀”为蓝色，“第一刀切削”为黄色，“单步执行”与“切削”为绿色，如图 2-72 所示。单击“确定”按钮返回铣削方法设置。

➔ STEP 12 设置显示选项

单击图标，进入刀路显示选项设置对话框，如图 2-73 所示，设置“刀具显示”为 2D，“刀轨显示”为“虚线”，“速度”为 4。连续单击鼠标中键完成加工方法的创建。

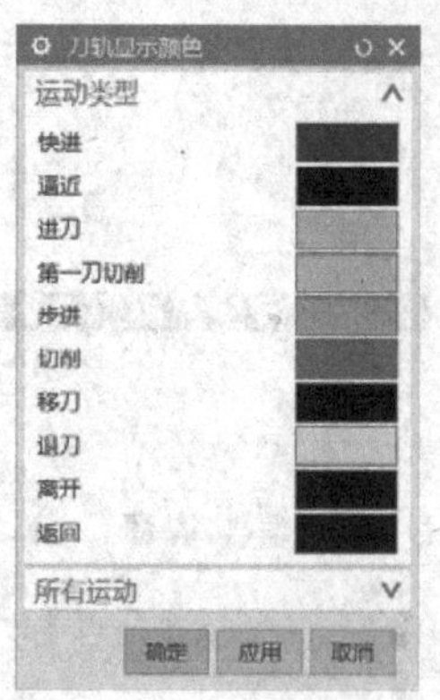

图 2-72　刀轨显示颜色

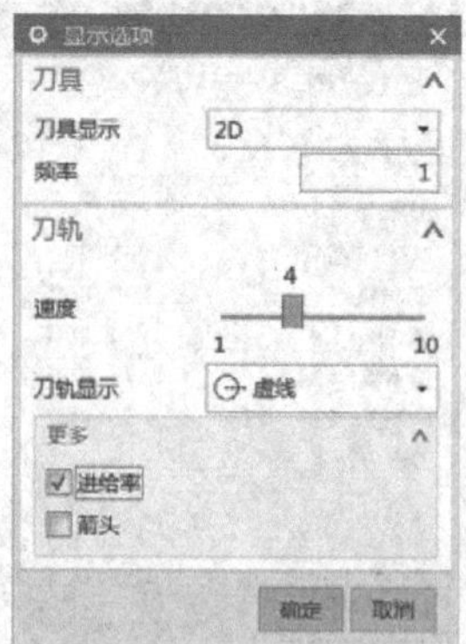

图 2-73　设置显示选项

➔ STEP 13 创建工件几何体

单击工具条中的“创建几何体”图标，系统将打开“创建几何体”对话框，如图 2-74 所示。选择几何体子类型为“工件”，“名称”为 MP，再单击“确定”按钮，打开“工件”对话框，如图 2-75 所示。

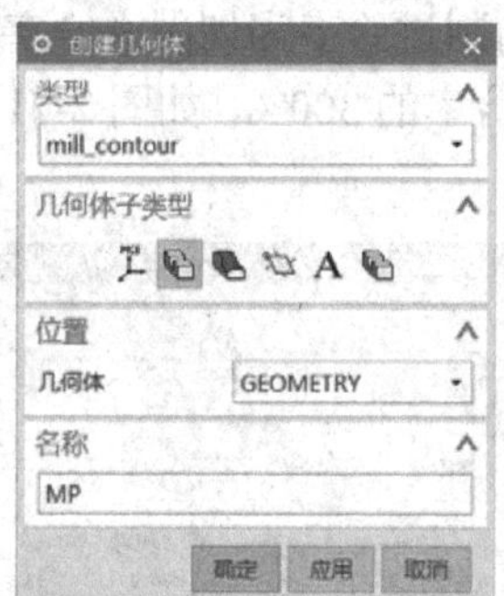

图 2-74　“创建几何体”对话框

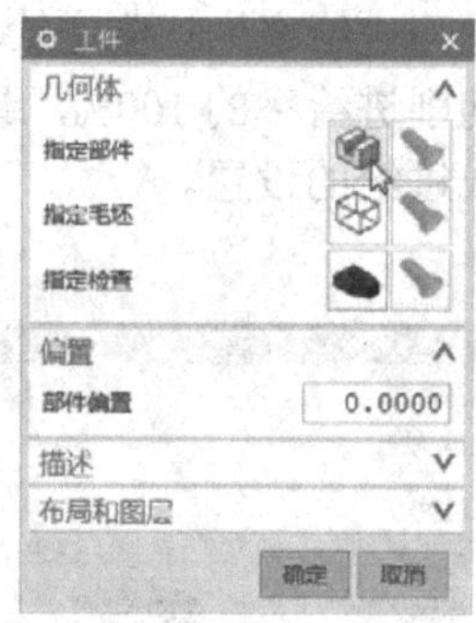

图 2-75　“工件”对话框

➔ STEP 14 指定部件

在“工件”对话框中单击“指定部件”图标，系统弹出如图 2-76 所示的“部件几何体”对话框，在绘图工作区选择实体，实体将改变颜色显示，表示已经选中为部件几何体，如图 2-77 所示。单击“确定”按钮完成部件几何体的选择，返回“工件”对话框。

➔ STEP 15 指定毛坯

在“工件”对话框中单击“毛坯几何体”图标，系统弹出“毛坯几何体”对话框，选择毛坯类型为“包容圆柱体”，如图 2-78 所示，确定完成毛坯几何体的指定，返回“工件”对话框。

单击“确定”按钮完成工件几何体 MP 的创建。

➔ STEP 16 创建正面坐标系几何体

单击工具条中的“创建几何体”图标，打开“创建几何体”对话框。选择几何体子类型为 MCS，指定位置几何体为 MP，输入名称为 MCS_ZM，如图 2-79 所示，单击“确定”按钮建立坐标系。

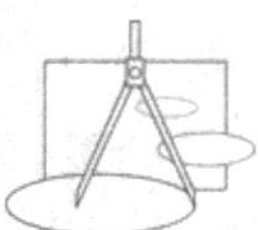

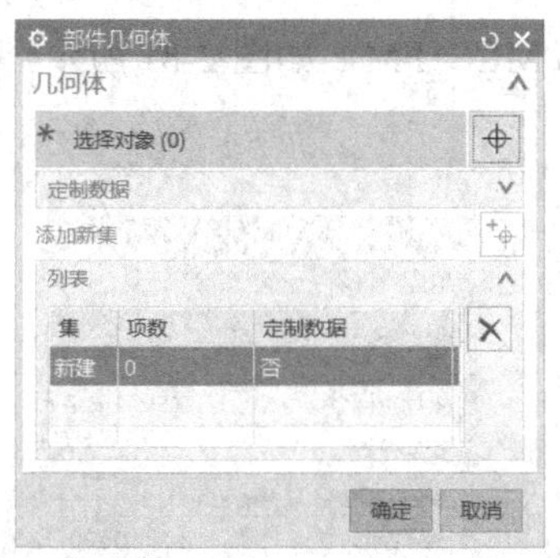

图 2-76　“部件几何体”对话框

图 2-77　选中的部件几何体

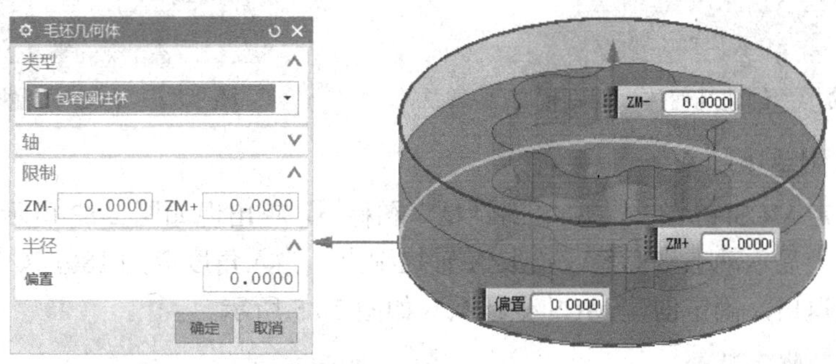

图 2-78　毛坯几何体

专家指点：创建坐标系几何体时，位置一定要选择前面创建的工件几何体，这样才能继承前面指定的部件几何体与毛坯几何体。

➔ STEP 17 指定安全距离

系统将打开 MCS 对话框，如图 2-80 所示，设置“安全设置选项”为“自动平面”，“安全距离”为 50。

图 2-79　“创建几何体”对话框

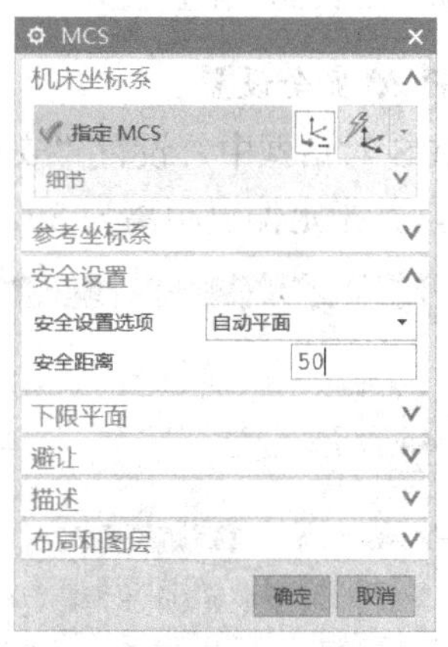

图 2-80　MCS 设置

➔ STEP 18 创建反面坐标系几何体

单击工具条中的“创建几何体”图标，打开“创建几何体”对话框，选择几何体子类型为 MCS，指定位置几何体为 MP，输入名称为 MCS_FM，如图 2-81 所示，单击“确定”按钮，打开 MCS 对话框，如图 2-82 所示。

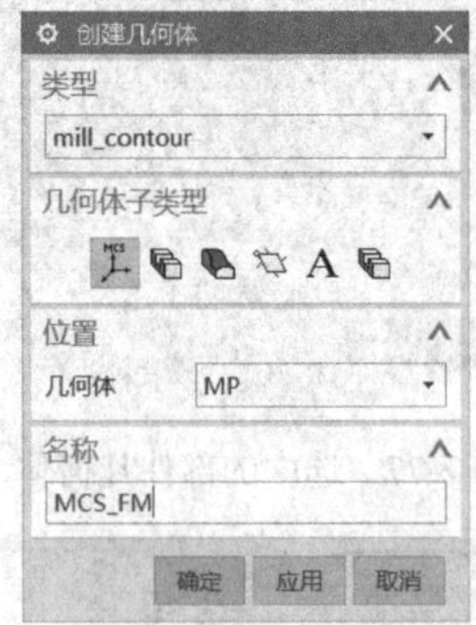

图 2-81 “创建几何体”对话框

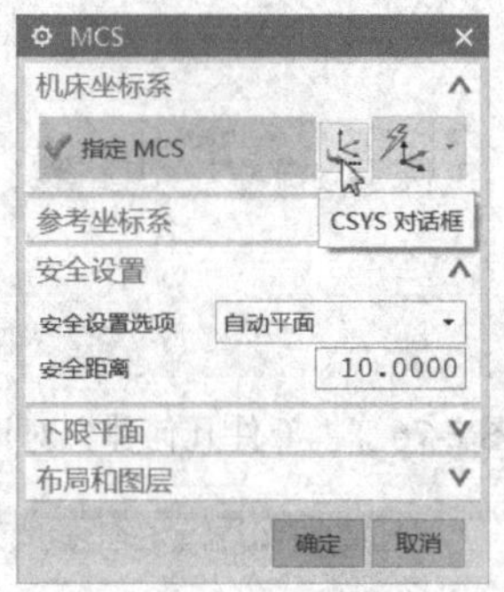

图 2-82 MCS 对话框

➔ STEP 19 创建坐标系

单击“指定 MCS”后的“CSYS 对话框”图标，将出现如图 2-83 所示的 CSYS 对话框，并在图形上显示动态坐标系。拾取 X 轴控制点，输入角度值为 180，如图 2-84 所示。单击鼠标中键退出，确定创建 MCS 坐标系，如图 2-85 所示。

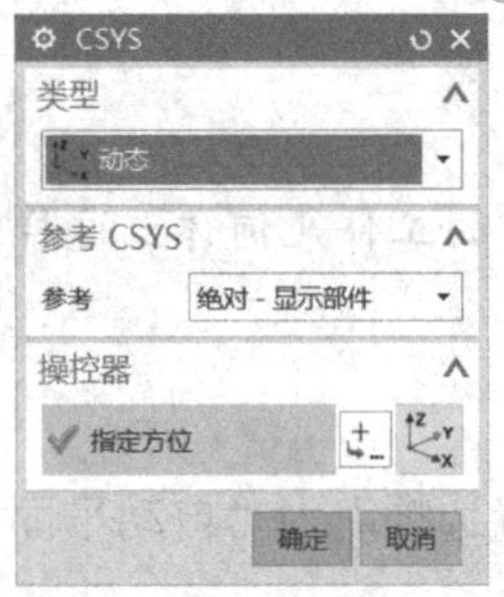

图 2-83 CSYS 对话框

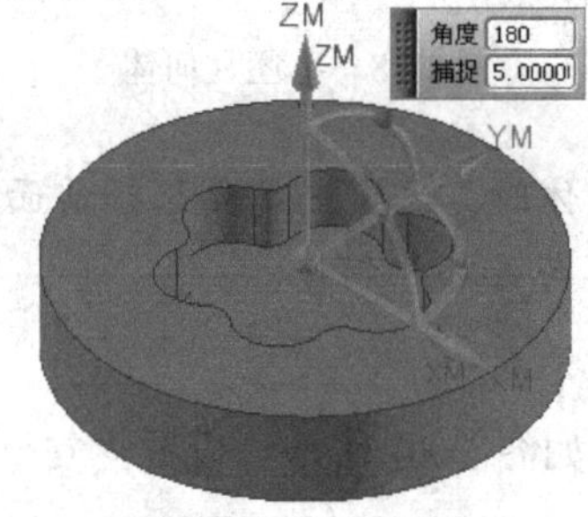

图 2-84 动态坐标系

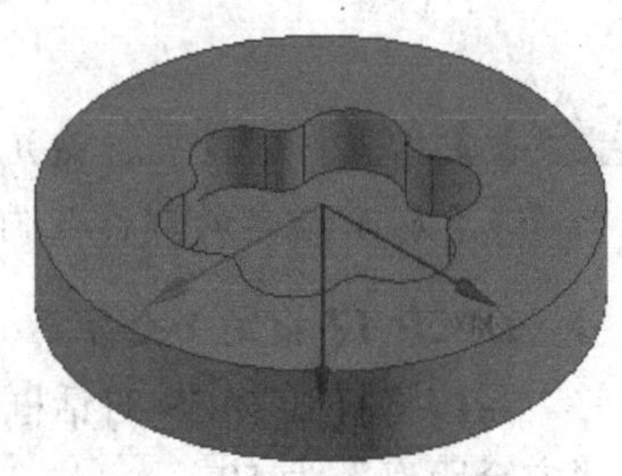

图 2-85 反面坐标系

➔ STEP 20 安全设置

在 MCS 对话框中，设置“安全设置选项”为“平面”，如图 2-86 所示。在图形区选择最低面，并指定偏置距离为 30，如图 2-87 所示，确定完成安全平面的指定。

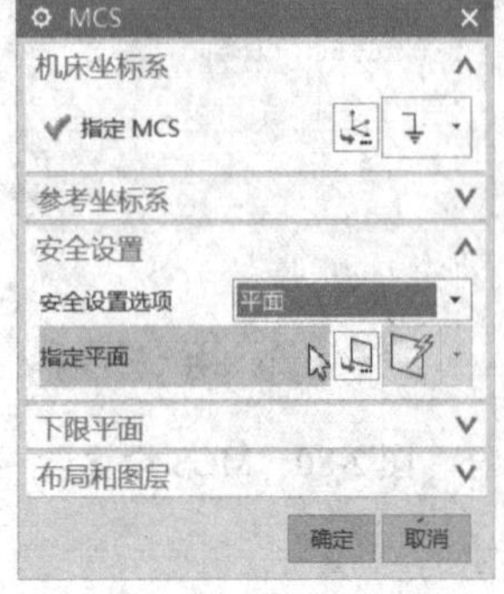

图 2-86 安全设置

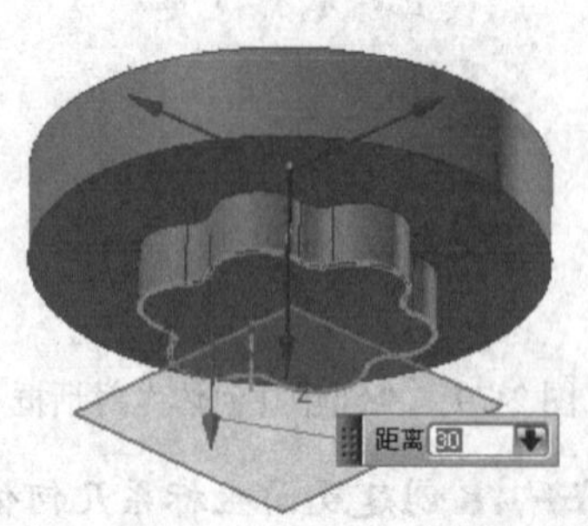

图 2-87 指定安全平面

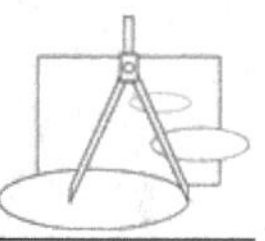

单击 MCS 对话框中的“确定”按钮完成几何体 MCS_FM 的创建。

➔ STEP 21 检视创建的组

单击屏幕左侧的“工序导航器”图标显示工序导航器，首先显示的是程序顺序视图，如图 2-88（a）所示。单击工具条上的图标切换到机床顺序视图，显示如图 2-88（b）所示，在工序导航器中单击鼠标右键，在弹出的快捷菜单中选择“几何视图”命令，再次打开快捷菜单，选择“全部展开”命令，显示几何视图，如图 2-88（c）所示。单击工具条上的图标切换到加工方法视图，如图 2-88（d）所示。

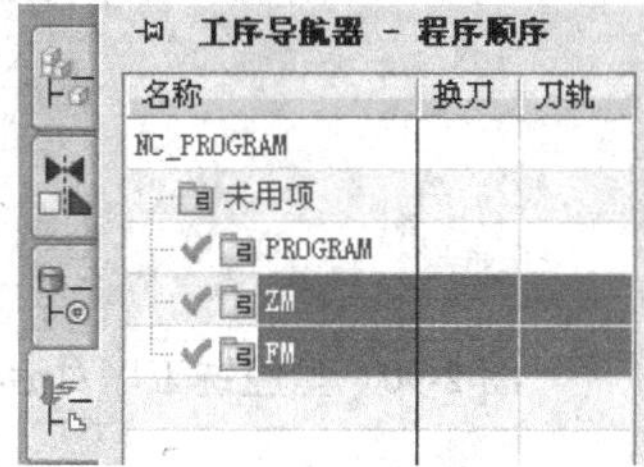

（a）程序顺序视图

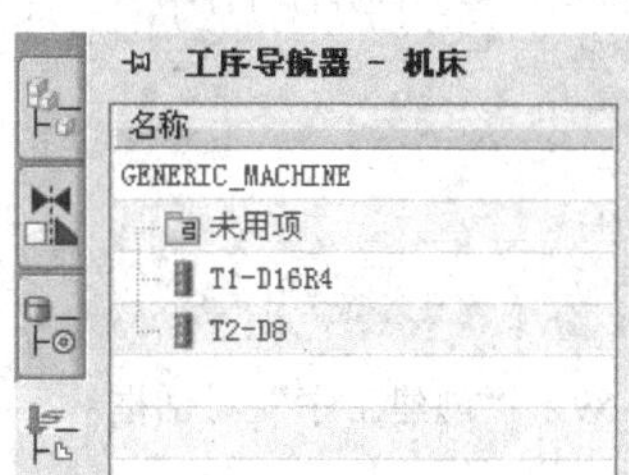

（b）机床视图

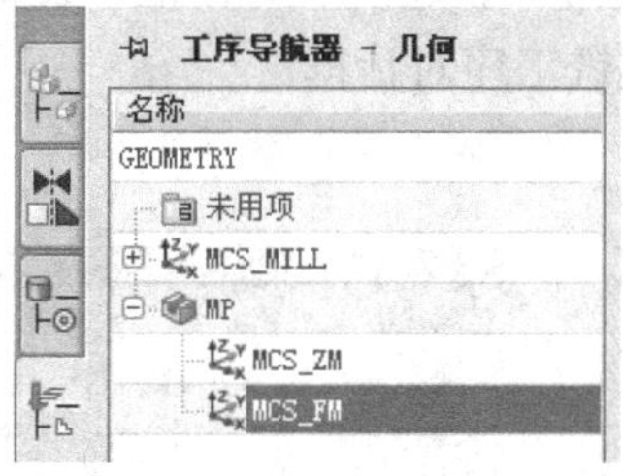

（c）几何视图

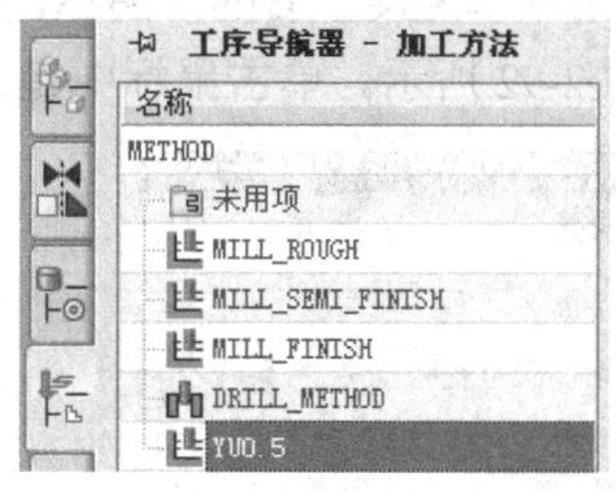

（d）加工方法视图

图 2-88　工序导航器

➔ STEP 22 创建正面粗加工的型腔铣工序

单击工具条上的“创建工序”图标，弹出“创建工序”对话框，选择工序子类型为“型腔铣”，指定“程序”为 ZM，“刀具”为 T1-D16R4，“几何体”为 MCS_ZM，“方法”为 YU0.5，输入名称为 ZM-D16-1，如图 2-89 所示。确认选项后单击“确定”按钮开始型腔铣工序的创建。

专家指点：创建工序时，要正确选择父节点组的位置，包括程序、刀具、几何、方法。

➔ STEP 23 确认几何体与刀具

打开型腔铣工序对话框，显示几何体与刀具部分，如图 2-90 所示。单击“显示”图标可以查看当前的部件几何体与毛坯几何体。在刀具后单击图标可以编辑/显示刀具，可以确认刀具参数。

➔ STEP 24 刀轨设置

展开型腔铣工序对话框的刀轨设置组，如图 2-91 所示，在刀轨设置中指定“公共每刀切削深度”为“恒定”，“最大距离”为 1。

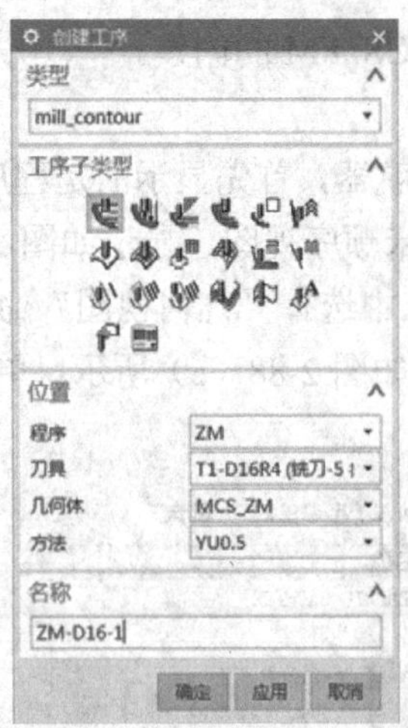

图 2-89 “创建工序”对话框

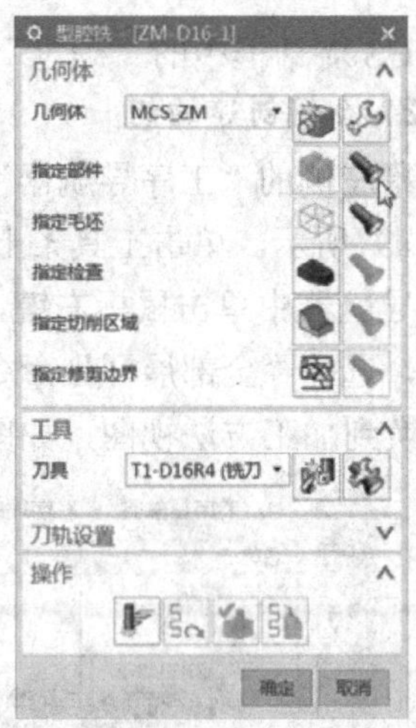

图 2-90 型腔铣工序对话框

➔ STEP 25 设置进给率和速度

单击“进给率和速度”后的图标，弹出“进给率和速度”对话框，设置“主轴速度”为 3000，如图 2-92 所示。单击鼠标中键返回型腔铣工序对话框。

图 2-91 刀轨设置

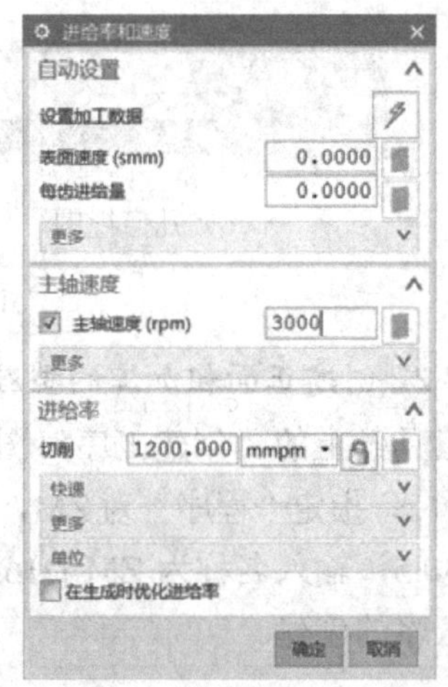

图 2-92 “进给率和速度”对话框

专家指点：选择 YU0.5，则进给率是在加工方法中指定的值。如果要修改主轴转速与切削进给率，则需要单击计算按钮进行计算。

➔ STEP 26 生成刀轨

其余参数按默认值，在型腔铣工序对话框的选项中单击“生成”图标计算生成刀路轨迹。计算完成后，显示刀路轨迹如图 2-93 所示。

➔ STEP 27 确定工序

检视刀轨，确认正确后单击工序对话框底部的“确定”按钮接受刀轨并关闭工序对话框。

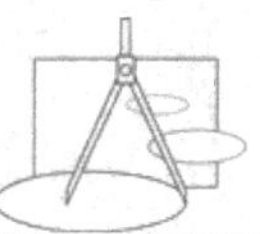

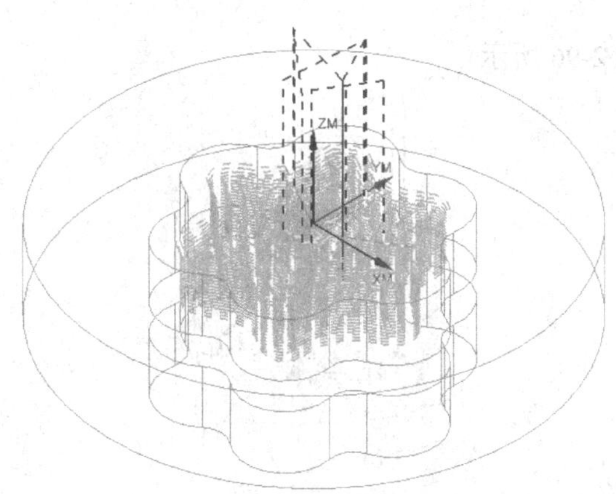

图 2-93　生成刀轨

➔ STEP 28 创建正面精加工的型腔铣工序

单击工具条上的“创建工序”图标，弹出“创建工序”对话框，选择子类型为“型腔铣”，指定“程序”为 ZM，“刀具”为 T2-D8，“几何体”为 MCS_ZM，“方法”为 MILL_FINISH，输入名称为 ZM-D8-1，如图 2-94 所示。确认选项后单击“确定”按钮开始型腔铣工序的创建。

➔ STEP 29 刀轨设置

打开型腔铣工序对话框，如图 2-95 所示，进行刀轨设置，设置“切削模式”为“轮廓”，“公共每刀切削深度”为“恒定”，“最大距离”为 2。

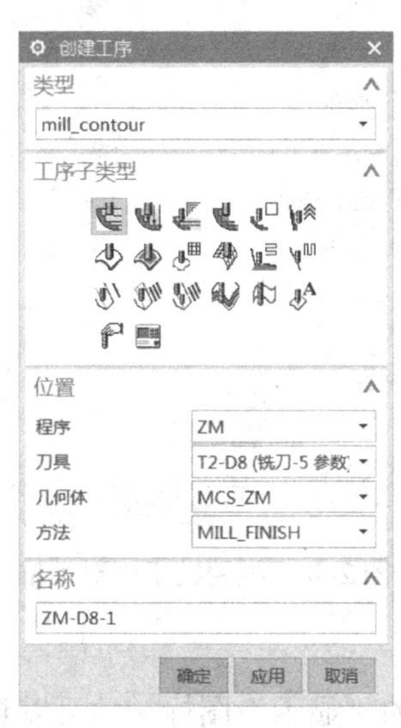

图 2-94　“创建工序”对话框

图 2-95　刀轨设置

➔ STEP 30 生成刀轨

其余参数按默认值，在工序选项中单击“生成”图标计算生成刀路轨迹。计算完成后显示刀路轨迹，如图 2-96 所示。

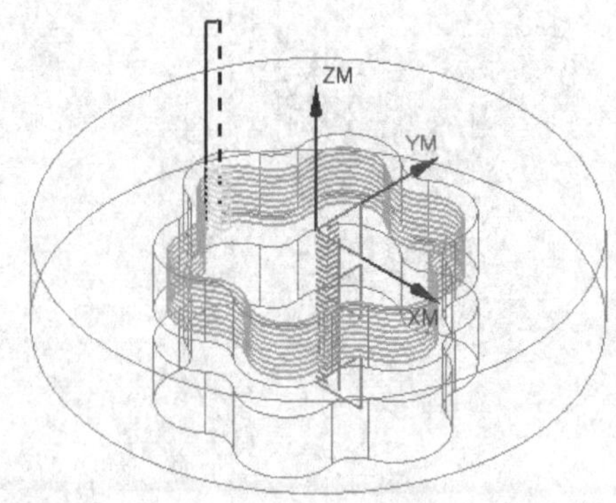

图 2-96　生成刀轨

➔ STEP 31 确定工序

检视刀轨，确认正确后单击工序对话框底部的“确定”按钮关闭工序对话框。

➔ STEP 32 创建反面粗加工的型腔铣工序

单击工具条上的“创建工序”图标，弹出“创建工序”对话框，选择子类型为“型腔铣”，指定“程序”为 FM，“刀具”为 T1-D16R4，“几何体”为 MCS_FM，“方法”为 YU0.5，输入名称为 FM-D16-1，如图 2-97 所示。确认选项后单击“确定”按钮打开型腔铣的工序对话框，如图 2-98 所示。

图 2-97　“创建工序”对话框

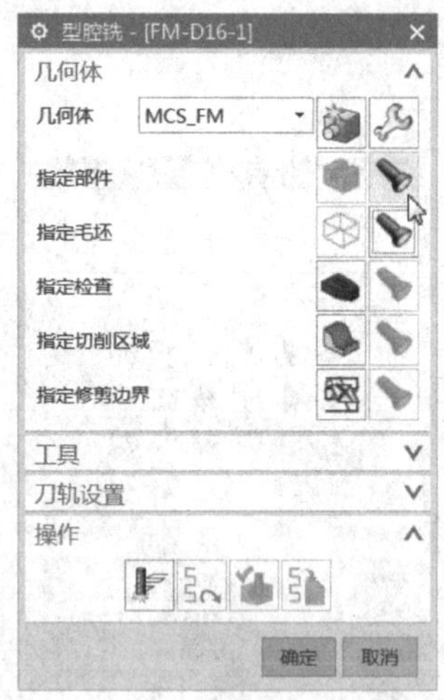

图 2-98　型腔铣工序对话框

➔ STEP 33 确认几何体与刀具

单击型腔铣工序对话框上指定部件与指定毛坯后的“显示”图标，可以查看当前的部件几何体与毛坯几何体。在图形上要确认选择的坐标系是反向的坐标系，如图 2-99 所示。

➔ STEP 34 刀轨设置

在型腔铣工序对话框的刀轨设置中，指定“公共每刀切削深度”为“恒定”，“最大

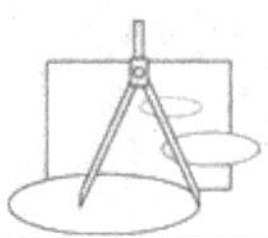

距离”为 1，如图 2-100 所示。

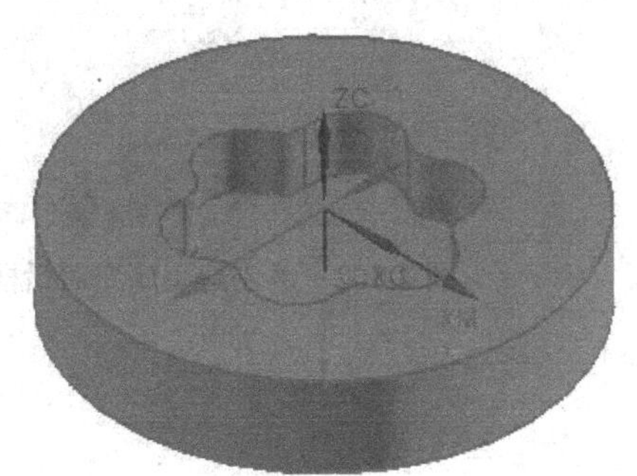

图 2-99　确认几何体

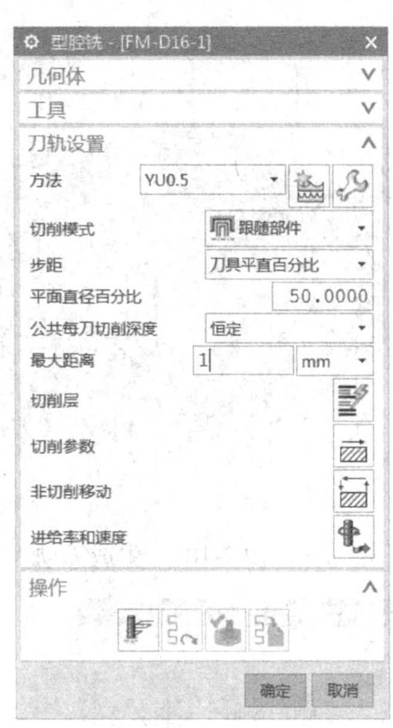

图 2-100　刀轨设置

➔ STEP 35 设置进给率和速度

单击“进给率和速度”后的图标，弹出“进给率和速度”对话框，设置主轴转速为 3000，单击鼠标中键返回型腔铣工序对话框。

➔ STEP 36 生成刀轨

其余参数按默认值，在工序选项中单击“生成”图标计算生成刀路轨迹。计算完成后显示刀路轨迹，如图 2-101 所示。

➔ STEP 37 确定工序

检视刀轨，确认正确后单击工序对话框底部的“确定”按钮接受刀轨并关闭工序对话框。

➔ STEP 38 创建反面精加工的型腔铣工序

单击工具条上的“创建工序”图标，弹出“创建工序”对话框，选择子类型为“型腔铣”，指定“程序”为 FM，“刀具”为 T2-D8，“几何体”为 MCS_FM，“方法”为 MILL_FINISH，输入名称为 FM-D8-1，如图 2-102 所示，单击“确定”按钮开始型腔铣工序的创建。

➔ STEP 39 刀轨设置

打开型腔铣工序对话框，如图 2-103 所示，进行刀轨设置，选择“切削模式”为“轮廓”，“公共每刀切削深度”为“恒定”，“最大距离”为 2。

➔ STEP 40 生成刀轨

其余参数按默认值，在工序选项中单击“生成”图标计算生成刀路轨迹。计算完成后，显示刀路轨迹，如图 2-104 所示。

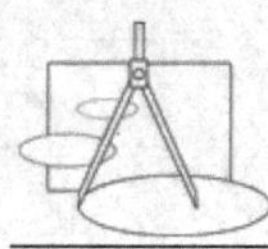

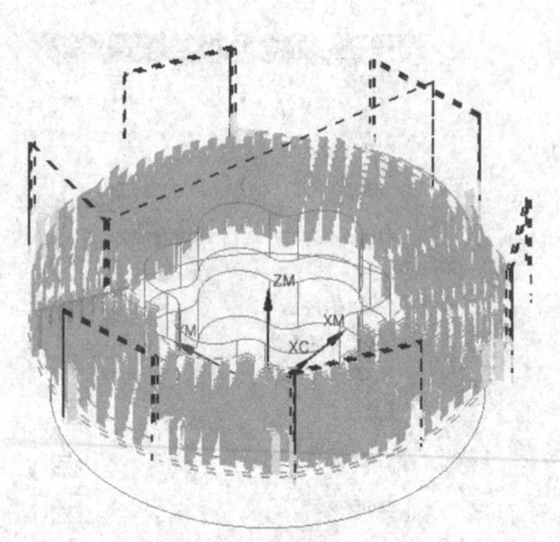

图 2-101　生成刀轨

图 2-102　“创建工序”对话框

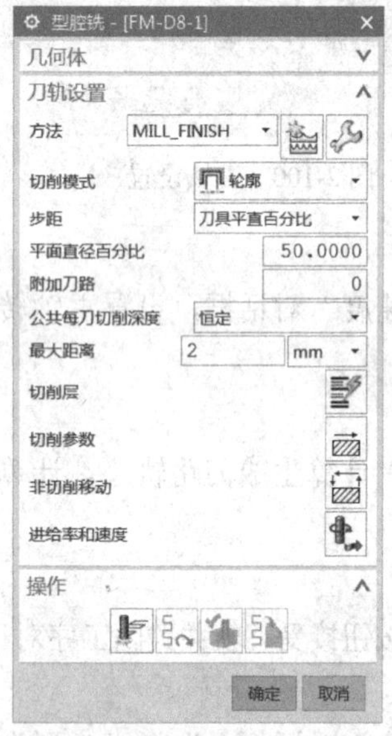

图 2-103　刀轨设置

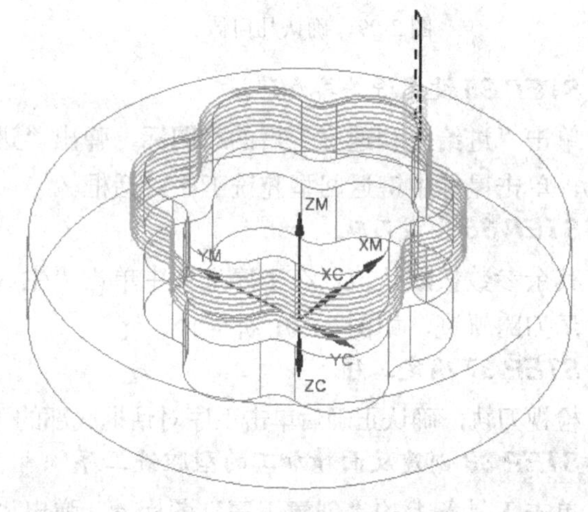

图 2-104　生成刀轨

➔ STEP 41 确认刀轨

在工序选项中单击“确认”图标，系统打开“刀轨可视化”对话框。在中间选择“2D 动态”选项卡，如图 2-105 所示。

➔ STEP 42 确认刀轨

将视图方向调整到能正确显示反面加工的视角，再单击下方的“播放”图标▶，在图形上将进行实体切削仿真，如图 2-106 所示为仿真过程，图 2-107 所示为仿真结果。单击“比较”按钮显示加工结果，如图 2-108 所示，可以看到在底面上还有余量。

➔ STEP 43 确定工序

单击“确定”按钮关闭“刀轨可视化”对话框，返回型腔铣工序对话框。单击“确定”按钮接受刀轨并关闭工序对话框。

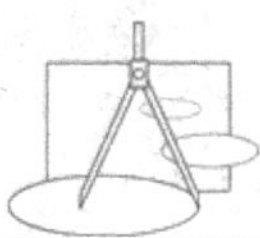

图 2-105　“刀轨可视化”对话框

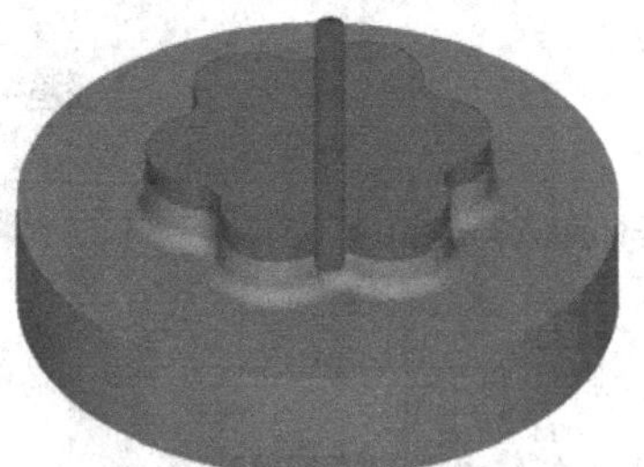

图 2-106　2D 动态过程

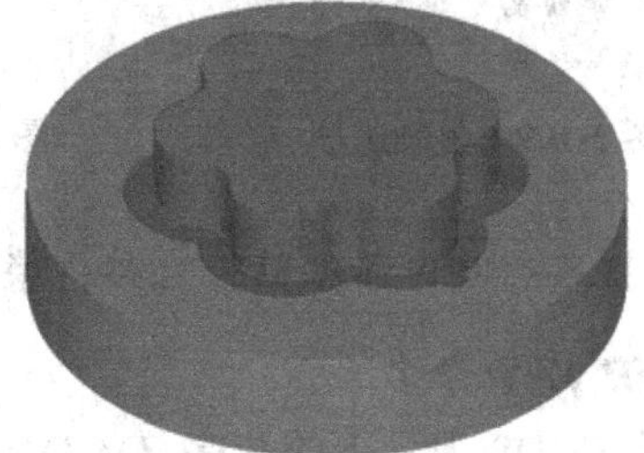

图 2-107　2D 动态结果

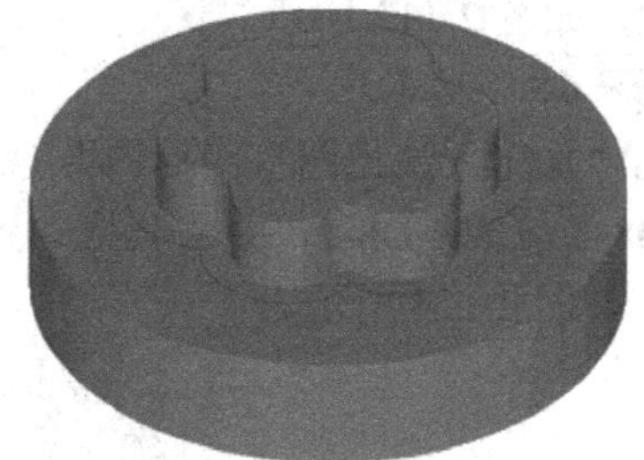

图 2-108　2D 动态结果比较

专家指点：在底面上有余量 0.5，下面采用复制工序的办法进行加工。

STEP 44 显示工序导航器的机床视图

单击“工序导航器”图标，显示工序导航器，单击图钉符号使其固定显示。在工序导航器的空白处单击鼠标右键，在弹出的快捷菜单中选择“机床视图”命令，则工序导航器将切换到机床视图。

STEP 45 复制工序

选择刀具 T1-D16R4 下的两个工序 ZM-D16-1 与 FM-D16-1，单击鼠标右键，在弹出的快捷菜单中选择“复制”命令，如图 2-109 所示，复制这两个工序。

STEP 46 粘贴工序

移动光标到刀具 T2-D8 上，单击鼠标右键，在弹出的快捷菜单中选择“内部粘贴”命令，如图 2-110 所示，将复制的工序粘贴在当前刀具之下，则在 T2-D8 刀具的最后将出现工序 ZM- D16-1_COPY 与 FM-D16-1_COPY，该工序前面显示为⊘，后面显示为✕，如图 2-111 所示。

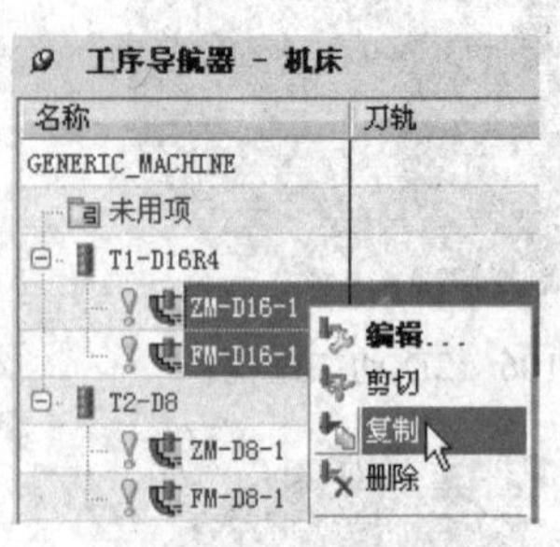

图 2-109 复制工序

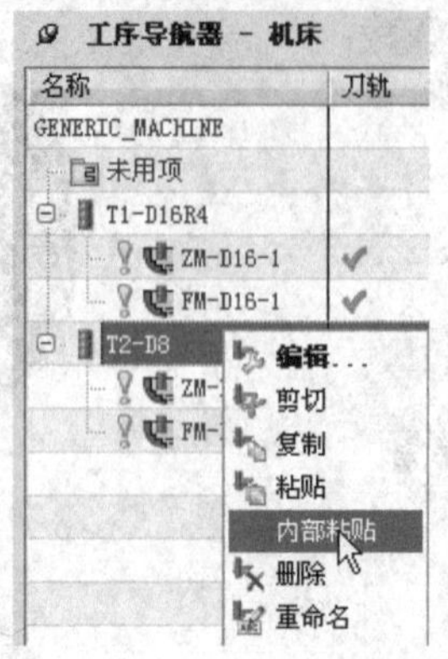

图 2-110 内部粘贴

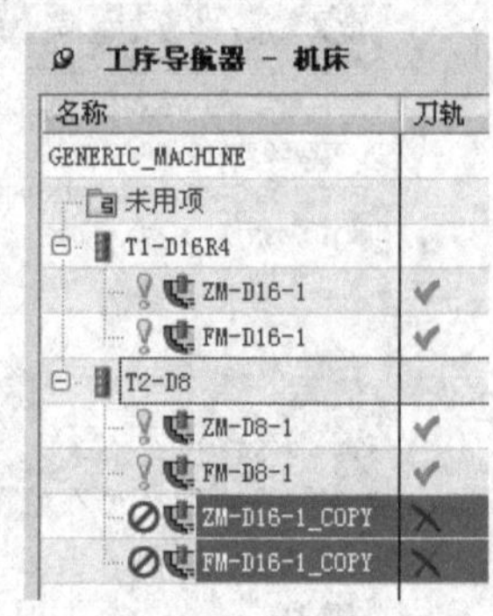

图 2-111 粘贴的工序

专家指点：做内部粘贴将直接更换刀具。

➔ STEP 47 重命名

选择 T2-D8 刀具下的工序 ZM-D16-1_COPY，单击鼠标右键，在弹出的快捷菜单中选择“重命名”命令，在工序名称位置输入 ZM-D8-2；再将 FM-D16-1_COPY 重命名为 FM-D8-2，如图 2-112 所示。

➔ STEP 48 移动工序

单击“加工方法视图”图标将工序导航器切换到加工方法视图，选择 YU0.5 下的工序 ZM-D8-2 与 FM-D8-2，并将其拖动到 MILL_FINISH 组，如图 2-113 所示，则该工序将被移动，如图 2-114 所示。

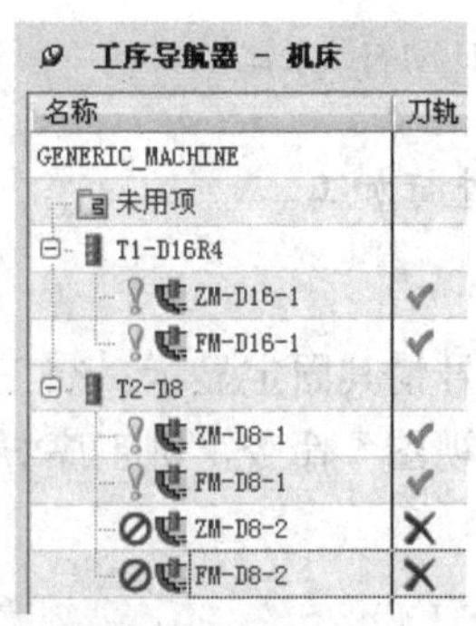

图 2-112 重命名工序

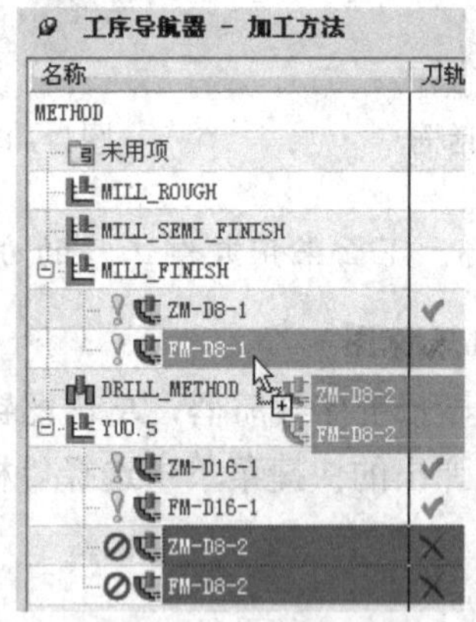

图 2-113 拖动工序

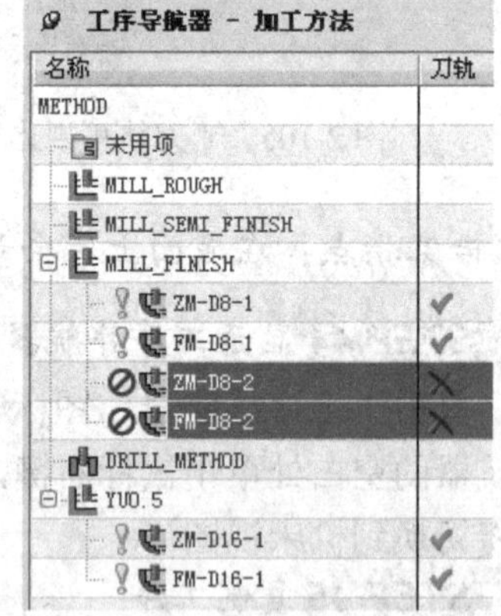

图 2-114 移动工序

➔ STEP 49 编辑工序

选择工序 ZM-D8-2，并双击该工序，将打开型腔铣工序对话框。该对话框中的所有参数均为创建粗加工的型腔面铣工序设置的参数。修改“最大距离”为 0，如图 2-115 所示。单击工序对话框底部的“确定”按钮关闭工序对话框。

用同样方法编辑工序 FM-D8-2，修改“最大距离”为 0。单击工序对话框底部的“确定”按钮关闭工序对话框。

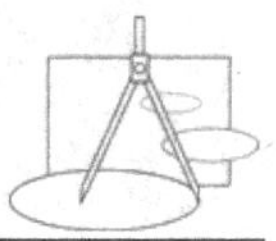

专家指点：设置“最大距离”为0将只生成底面加工的单层刀轨。

STEP 50 生成刀轨

选择工序ZM-D8-2与FM-D8-2，在工具条中单击“生成刀轨”图标进行刀路轨迹生成。生成的正面加工刀轨如图2-116所示。

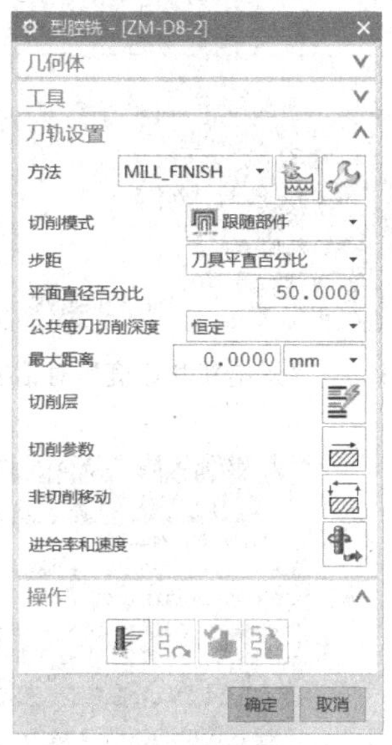

图2-115 修改刀轨设置参数

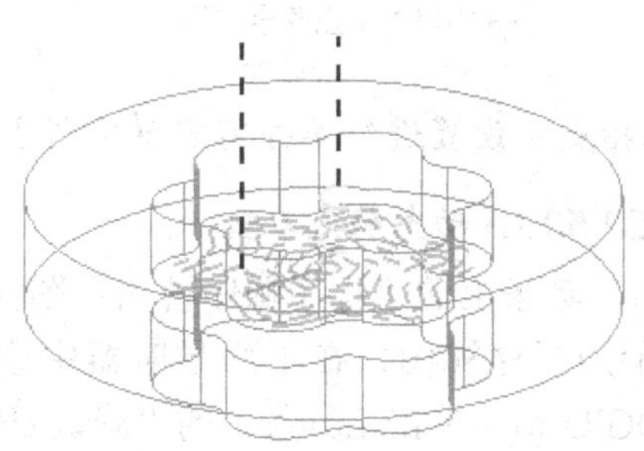

图2-116 正面加工刀轨

STEP 51 生成反面加工刀轨

在显示的“刀轨生成”对话框中单击“确定”按钮进行下一刀轨的生成，如图2-117所示，生成的反面加工刀轨如图2-118所示。

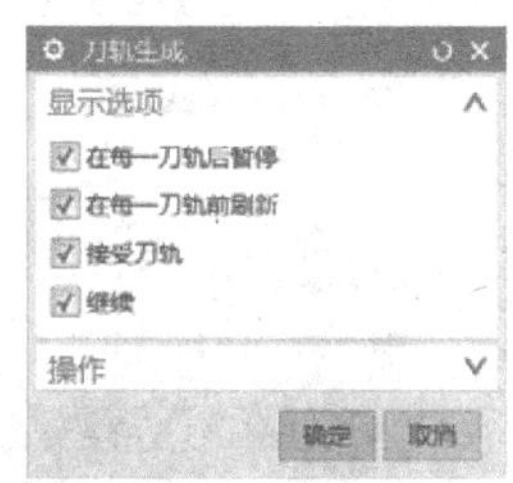

图2-117 “刀轨生成”对话框

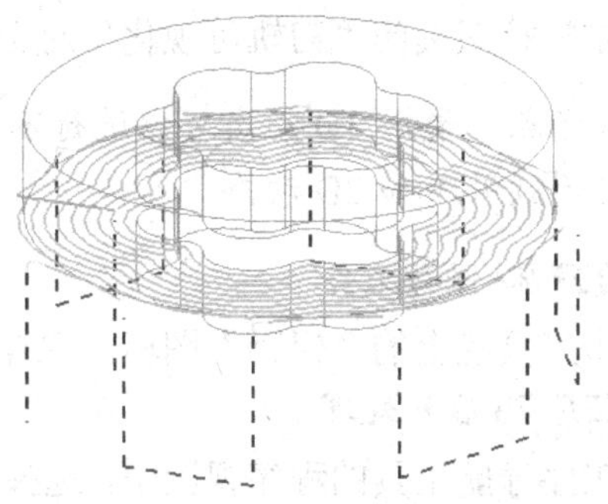

图2-118 反面加工刀路轨迹

STEP 52 设置进给率

在工序导航器上选择ZM-D8-1、FM-D8-1、ZM-D8-2和FM-D8-2这4个工序，单击鼠标右键，在弹出的快捷菜单中选择“对象”→“进给率”命令，如图2-119所示，打开“进给率和速度”对话框，设置“主轴转速”为4000，切削进给率为2000，如图2-120所示，单击“确定”按钮完成进给率的设置。

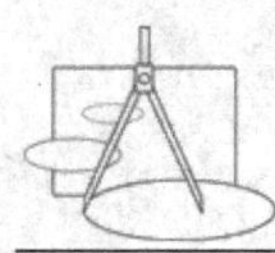

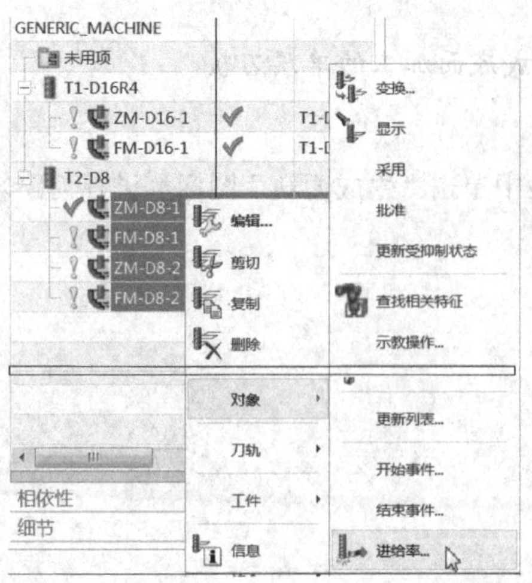

图 2-119　工序导航器

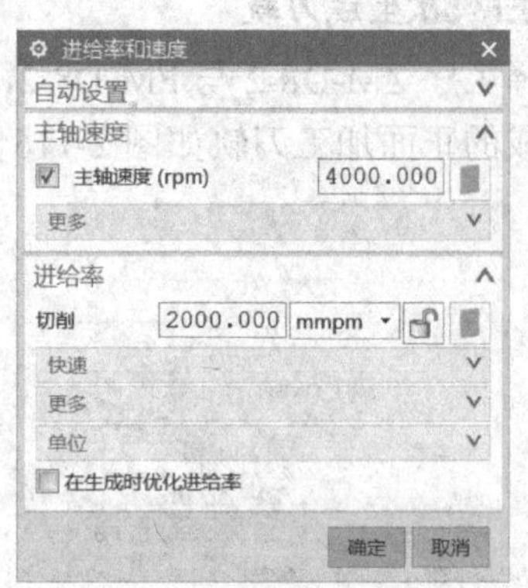

图 2-120　“进给率和速度”对话框

专家指点：设置进给率并不需要重新生成刀轨。

➔ STEP 53 3D 动态确认刀轨

单击工具条上的“程序顺序视图”图标，将工序导航器显示为顺序视图，在工序导航器中选择顶级程序 NC_PROGRAM，单击工具条上的“确认刀轨”图标，系统打开“刀轨可视化”对话框。在中间选择“3D 动态”选项卡，再单击下方的“播放”图标，如图 2-121 所示。在图形上将进行实体切削仿真，在实体仿真切削过程中，以及仿真完成后，可以通过不同视角进行查看。如图 2-122 所示为仿真过程中不同视角的切削效果。仿真结束后单击“确定”按钮关闭“刀轨可视化”对话框。

图 2-121　“3D 动态”选项卡

专家指点：使用 3D 动态可以进行不同视角的检视，但显示效果不如 2D 动态。

➔ STEP 54 保存文件

单击工具栏上的“保存”图标，保存文件。

➔ STEP 55 后置处理

在工序导航工具的程序视图中，选择程序组 ZM，在工具条上单击“后置处理”图标，系统打开“后处理”对话框。单击“浏览查找后处理器”后的图标，选择 mill_3axis_ Sinumerik_840D_mm.pui 选项，则在后处理器中选择了 mill_3axis_Sinumerik_840D_mm，如图 2-123 所示，再指定后处理生成文件的文件位置与文件名，单击“确定”按钮开始后处理。完成后，将在屏幕上显示程序文件，如图 2-124 所示。

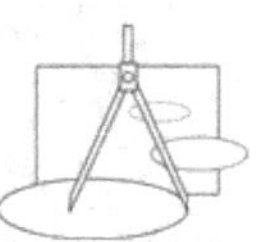

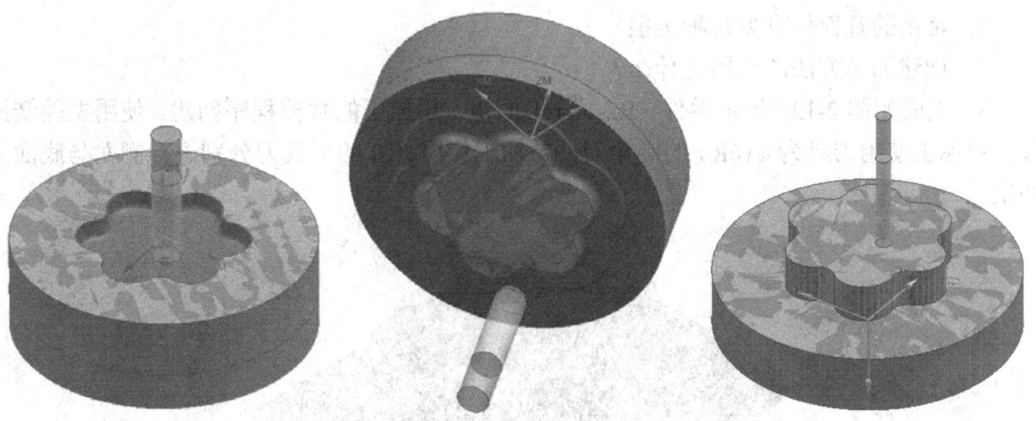

图 2-122　3D 动态仿真过程

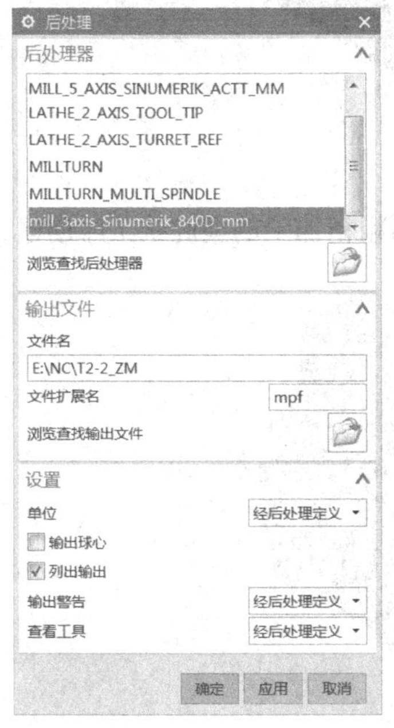

图 2-123　“后处理”对话框

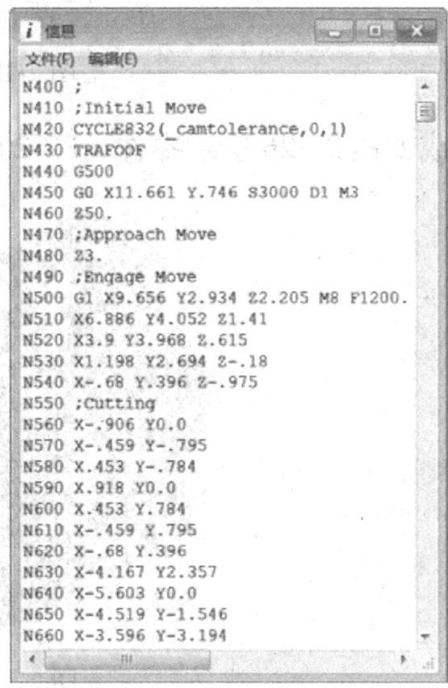

图 2-124　NC 程序文件

再选择程序组 FM，进行后处理生成数控加工程序。

专家指点：NX 默认的 3 轴后处理器 MILL_3_AXIS 使用的单位为英制的，最好是配置或者下载一个与机床适配的后处理器。

思考与练习

1. 请简要说明 NX CAM 编程的一般步骤。
2. 创建工序中，哪些选项是必需的？

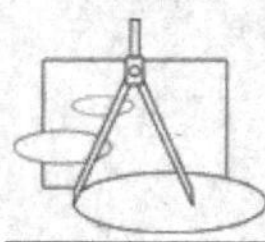

3．常用的几何体有哪几种类型？

4．创建加工方法的作用是什么？

5．完成如图 2-125 所示零件（E2-1.prt）的粗、精加工的数控程序创建。使用型腔铣操作，粗加工使用刀具为 ϕ16R4 的圆角刀，精加工使用 ϕ10 的平底刀分别进行侧面与底面的加工。

图 2-125　练习题 E2-1

6．完成如图 2-126 所示零件（E2-2.prt）的正反面粗精加工的型腔铣工序创建。

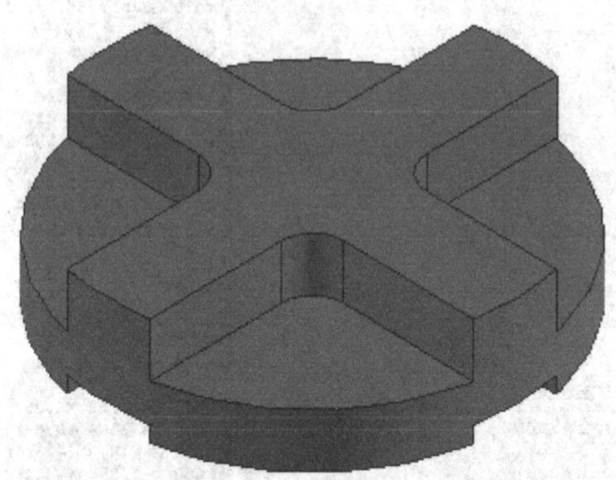

图 2-126　练习题 E2-2

第3章 型 腔 铣

本章主要内容：

- 型腔铣的特点与应用
- 型腔铣的创建步骤
- 型腔铣的刀轨设置
- 型腔铣的几何体选择
- 型腔铣的工序子类型

3.1 型腔铣简介

型腔铣工序（Cavity Mill）的特点是在刀路轨迹同一高度内完成一层切削，遇到曲面时将绕过，下降一个高度进行下一层的切削。系统按照零件在不同深度的截面形状、计算各层的刀路轨迹。可以理解成在一个由轮廓组成的封闭容器中，由曲面或实体组成在容器中的堆积物，在容器中注入液体，在每一个高度上，液体存在的位置均为切削范围。如图 3-1 所示某零件，分 4 层切削，如图 3-2 所示；图 3-3 显示了 4 个不同层的刀路轨迹示意图。

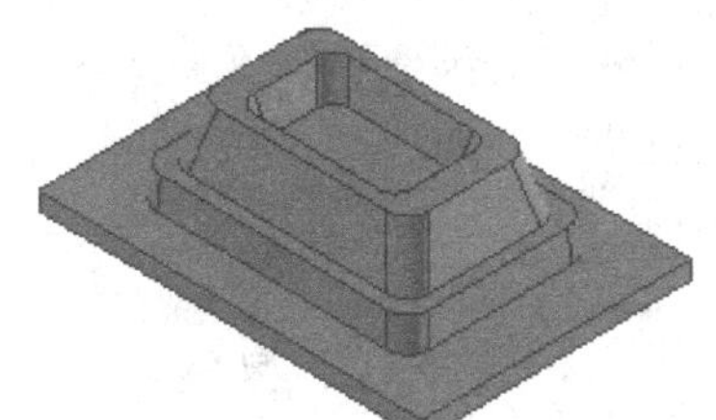

图 3-1 型腔铣加工零件

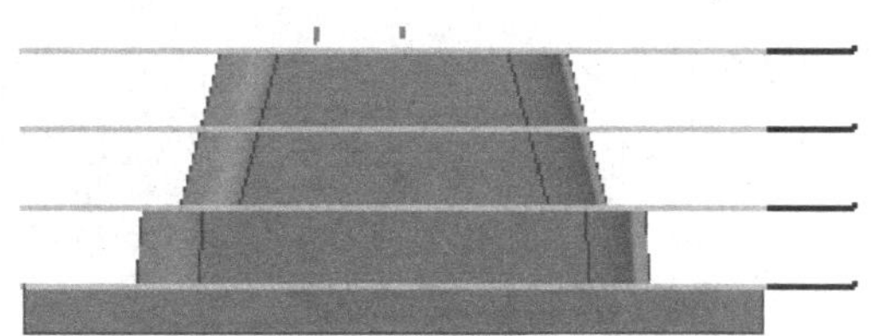

图 3-2 切削层

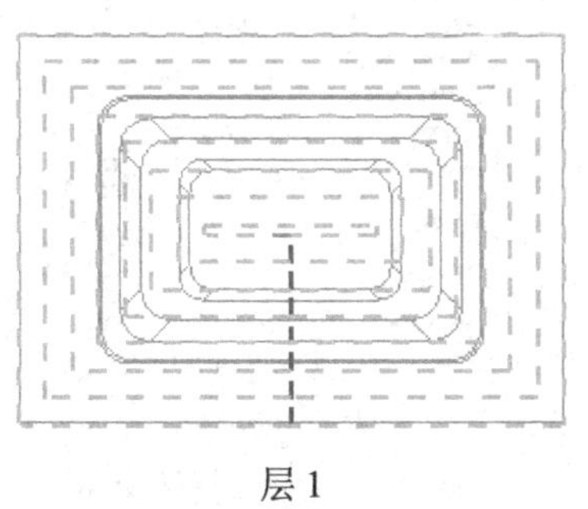

层 1

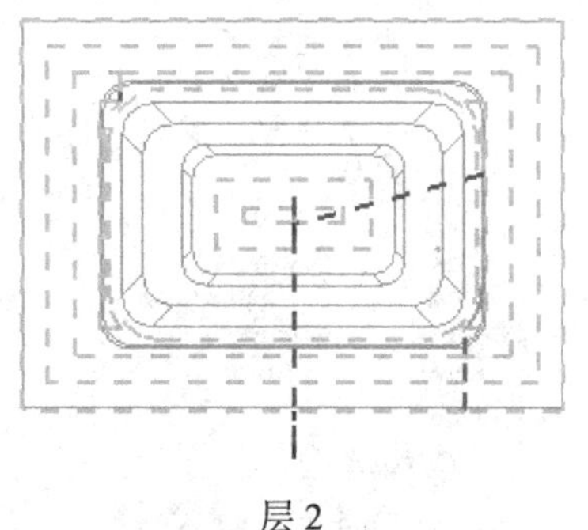

层 2

图 3-3 切削层的刀具轨迹

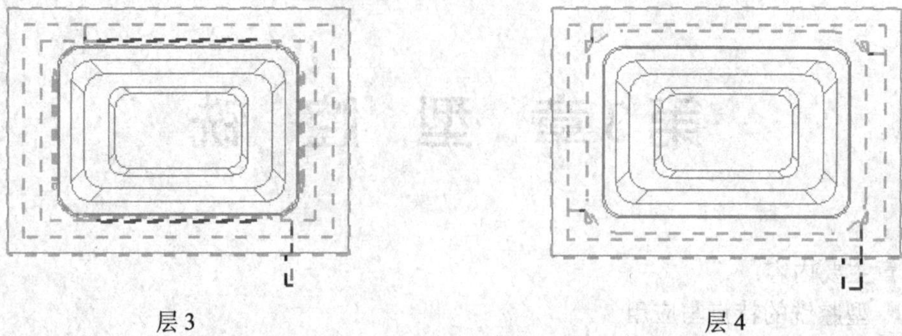

图 3-3 切削层的刀具轨迹（续）

型腔铣应用于大部分零件的粗加工；以及直壁或者斜度不大的侧壁的精加工。通过限定高度值，型腔铣可用于平面的精加工，以及清角加工等。

3.2 型腔铣工序的创建步骤

创建一个型腔铣工序，通常需要以下几个步骤。

1. 创建型腔铣工序

在“创建工序”对话框中，选择类型为 mill_contour，子类型为型腔铣（Cavity MILL），再指定各个位置组，如图 3-4 所示，单击“确定”按钮将打开型腔铣工序对话框，如图 3-5 所示。

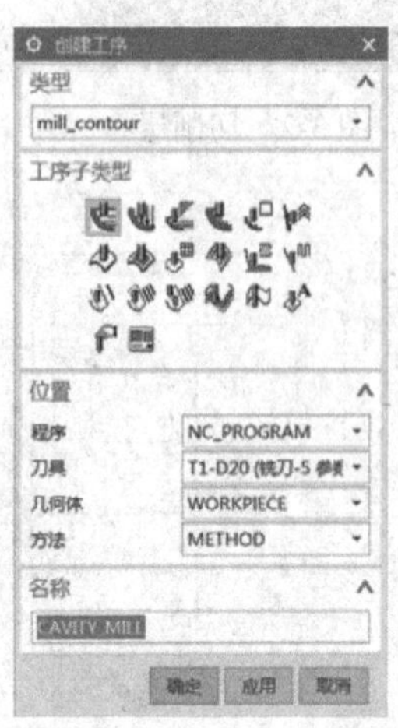

图 3-4 “创建工序”对话框

图 3-5 工序对话框

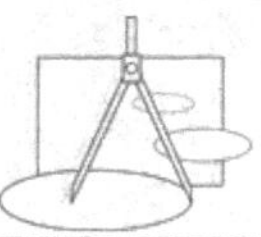

2. 选择几何体

可以指定几何体组的位置，也可以直接指定部件几何体，以及毛坯几何体、检查几何体、切削区域几何体，修剪边界。如图 3-6 所示为指定实体为部件几何体。

专家指点：选择的几何体组中已经选择的几何体在创建工序时不能重选。

3. 指定刀具

在刀具组的列表中选择所需的刀具，或者新建当前要用到的刀具。

4. 刀轨设置

在型腔铣工序对话框中进行刀轨设置，可以直接指定常用的参数，如合适的切削模式选择，设置步距与公共每刀切削深度等参数。

5. 设置选项参数

在工序对话框的刀轨设置中单击图标将打开新的对话框，进行切削层、切削参数、非切削移动、进给率和速度参数组的设置。如图 3-7 所示为切削层设置。

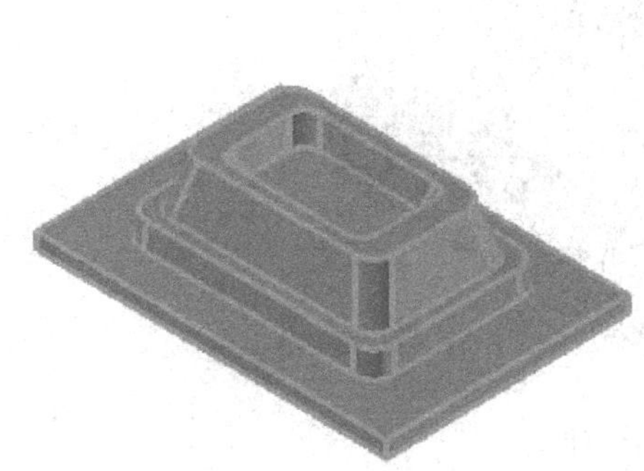

图 3-6　指定部件

图 3-7　切削层

专家指点：在选项参数中，大部分参数可以按照默认值进行运算，但对于切削层、切削参数中的策略与余量参数、进给率与速度等对刀轨生成有较大影响的参数需要进行设置或者确认。

6. 生成型腔铣工序并检验

在工序对话框中指定了所有的参数后，单击对话框底部的“生成刀轨”图标，用来生成刀轨，生成的刀轨如图 3-8 所示。

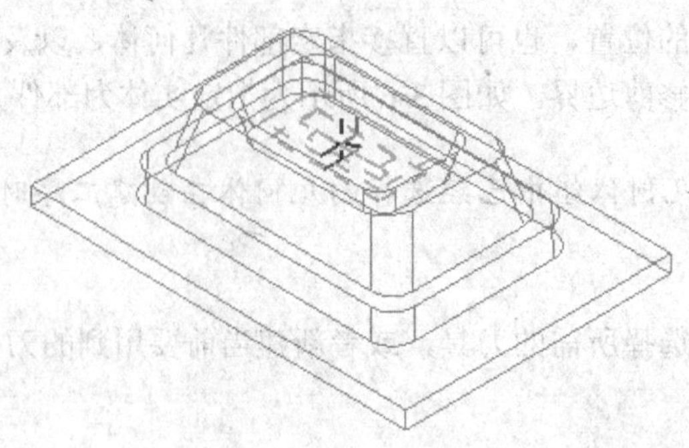

图 3-8　生成刀轨

对于生成的刀路轨迹，可以从不同角度进行回放，检视刀路轨迹是否正确合理。如果明显错误或者不合理存在，则必须进行参数的修改，再次生成工序并检验。确认正确后，单击“确定”按钮关闭对话框，完成型腔铣工序的创建。

专家指点：在创建工序时选择的位置组选项，可以在工序对话框中重新选择。

任务 3-1　创建凹模型腔铣工序

完成如图 3-9 所示凹模零件的型腔铣工序的创建，使用直径为 ϕ12 的平底刀进行粗加工。

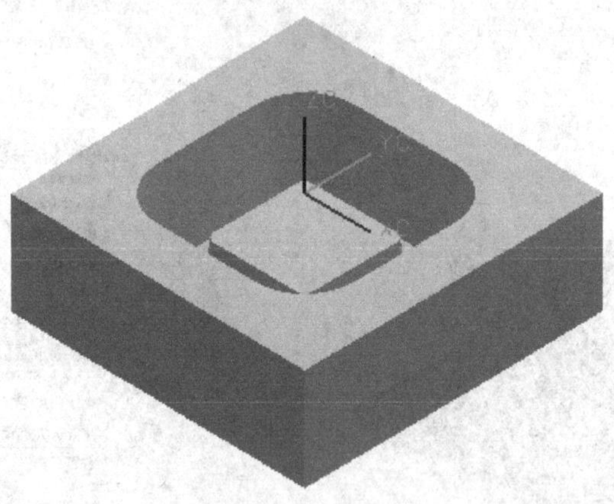

图 3-9　示例零件

➔ STEP 1 打开模型文件

启动 NX10，并打开文件 T3-1.PRT。

➔ STEP 2 进入加工模块

在工具条顶部的分类标签上单击“应用模块”，显示“应用模块”工具条，单击“加工”图标进入加工模块，如图 3-10 所示。系统会弹出“加工环境”对话框，设置“要创建的 CAM 设置”为 mill_contour，如图 3-11 所示。单击“确定”按钮进行加工环境的初始化设置，进入加工模块的工作界面。

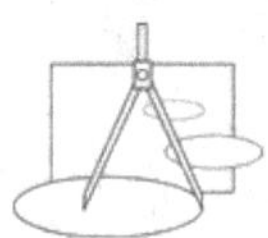

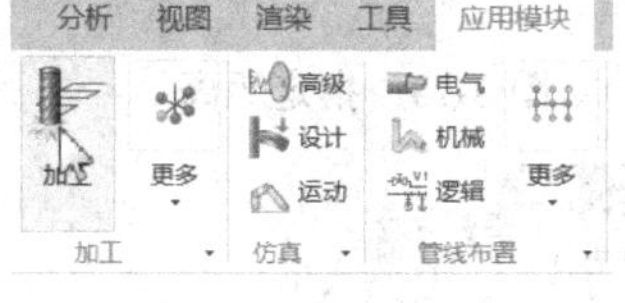

图 3-10　选择加工模块

图 3-11　加工环境设置

➔ STEP 3 创建型腔铣工序

单击工具条上的“创建工序”图标，打开“创建工序”对话框。如图 3-12 所示，选择类型和工序子类型，确认各选项后单击“确定”按钮，打开型腔铣工序对话框，如图 3-13 所示。

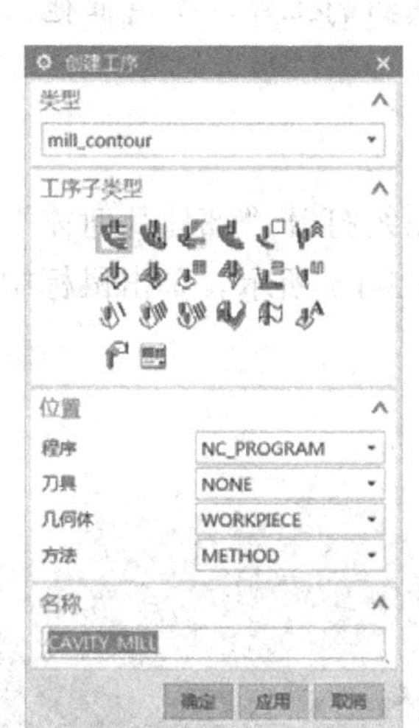

图 3-12　“创建工序”对话框

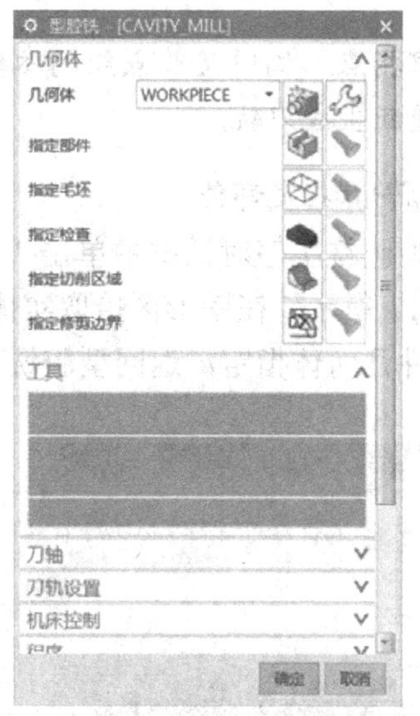

图 3-13　型腔铣工序对话框

➔ STEP 4 编辑几何体

在几何体后单击“编辑”图标，则弹出“MCS 铣削”对话框。在“安全设置选项”下拉列表框中选择“平面”选项，再将平面的指定方式指定为“ZC 值”，如图 3-14 所示。在平面上指定距离为 50，如图 3-15 所示。确定返回“MCS 铣削”对话框，再次单击鼠标中键返回型腔铣工序对话框。系统将出现如图 3-16 所示的警告信息，直接单击“确定”按钮即可。

图 3-14 “MCS 铣削”对话框

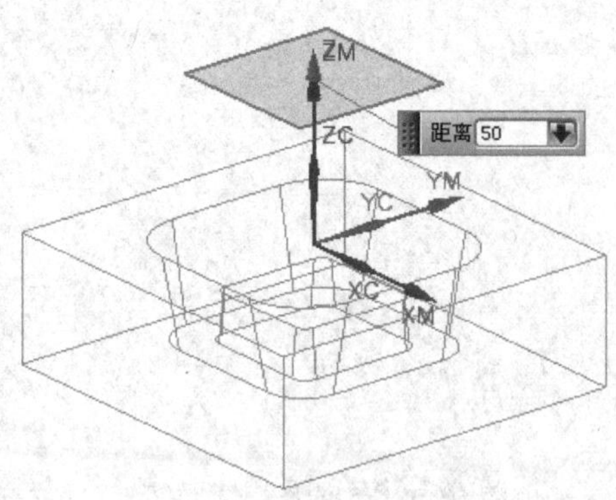

图 3-15 指定距离

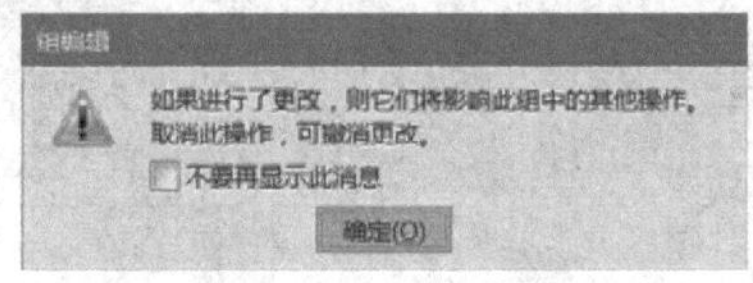

图 3-16 警告信息

专家指点：通过编辑几何体来确定安全平面高度。

专家指点：编辑父节点组的参数，将影响所有该节点组的工序，如有其他工序，则需要重新生成刀轨。

➔ STEP 5 指定部件

在型腔铣工序对话框中单击“指定部件”图标，系统打开“部件几何体”对话框，如图 3-17 所示。在图形区拾取实体为部件几何体，如图 3-18 所示。单击鼠标中键确定，完成部件几何体指定，返回型腔铣工序对话框。

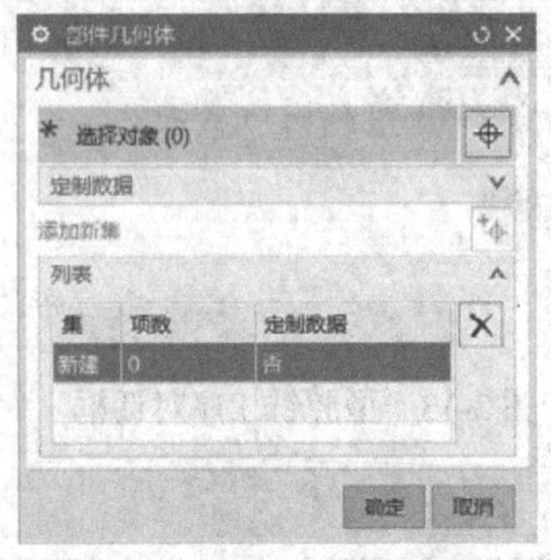

图 3-17 “部件几何体”对话框

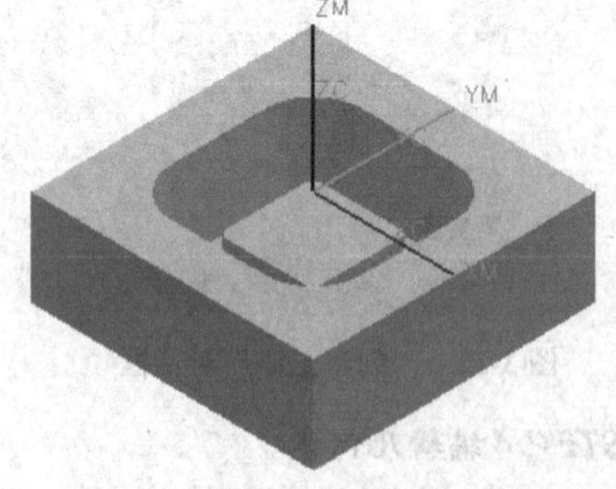

图 3-18 指定部件几何体

➔ STEP 6 新建刀具

在对话框中单击“几何体”将其折叠，再单击“刀具”将其展开，单击刀具后的“新建”

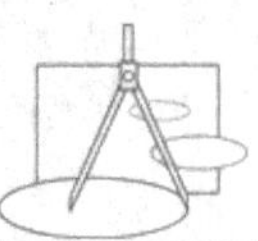

图标，如图 3-19 所示。打开“新建刀具”对话框，如图 3-20 所示，选择刀具子类型为“端铣刀”，并输入名称创建平底铣刀“D12”，单击“确定”按钮进入铣刀参数对话框。

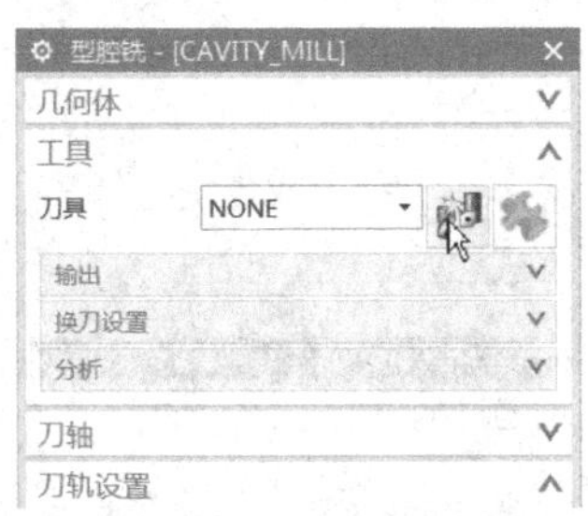

图 3-19　刀具组参数

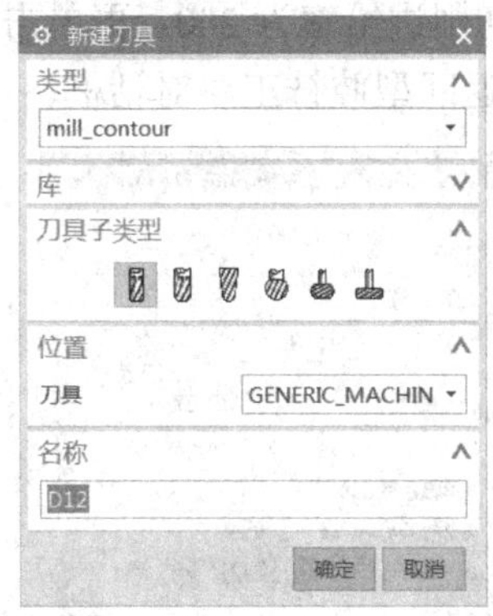

图 3-20　“新建刀具”对话框

系统打开“铣刀-5 参数”对话框，设置“直径”为 12，如图 3-21 所示，其余选项依照默认值设定，在图形上将显示预览的刀具，如图 3-22 所示。单击“确定”按钮完成刀具创建。

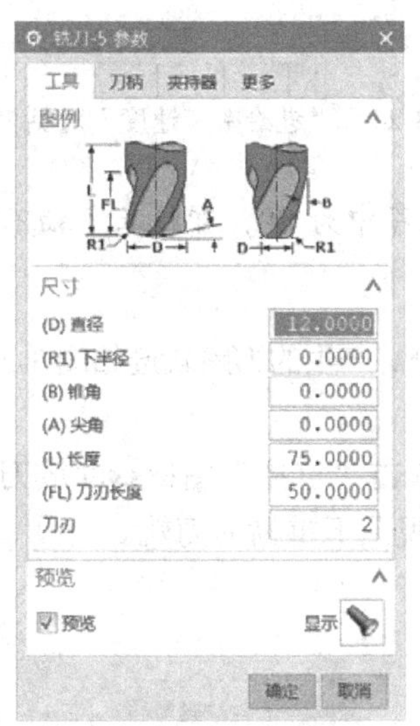

图 3-21　刀具参数

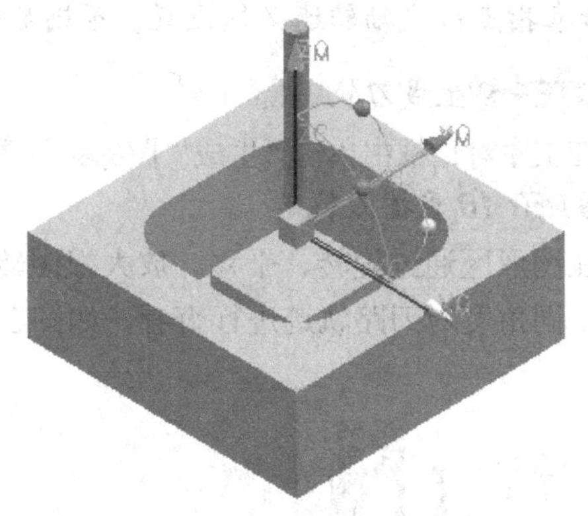

图 3-22　显示刀具

返回到型腔铣工序对话框，在刀具选项上将显示为 D12。

➔ STEP 7 刀轨设置

在型腔铣工序对话框中展开刀轨设置组，进行参数设置，如图 3-23 所示。在“切削模式”下拉列表框中选择“跟随周边”选项，设置“最大距离”为 2。

专家指点：本例创建一个简单的型腔铣工序，大部分参数使用默认值。

切削模式用“跟随周边”方式以环绕方式加工。

设置“公共每刀切削深度”为“恒定”，用最大距离来限定每层的切深，通常需要指定。

➔ STEP 8 设置进给率和速度

单击“进给率和速度”后的图标，弹出“进给率和速度”对话框，设置“主轴转速”为 600，切削进给率为 200，再单击后方的“计算”图标进行计算，如图 3-24 所示。单击鼠标中键返回型腔铣工序对话框。

图 3-23　刀轨设置

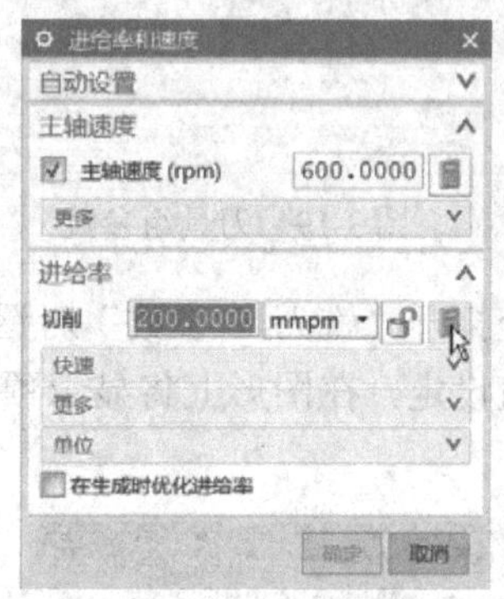

图 3-24　“进给率和速度”对话框

专家指点：主轴转速必须设置，否则后处理生成的程序中为 S0，即机床主轴不转动。

➔ STEP 9 生成刀轨

在工序对话框中单击“生成”图标计算生成刀路轨迹。产生的刀路轨迹如图 3-25 所示。

➔ STEP 10 重播刀轨

在图形区通过旋转、平移、放大视图转换视角，再单击“重播”图标回放刀轨。可以从不同角度对刀路轨迹进行查看，如图 3-26 所示为俯视图下重播的刀轨。

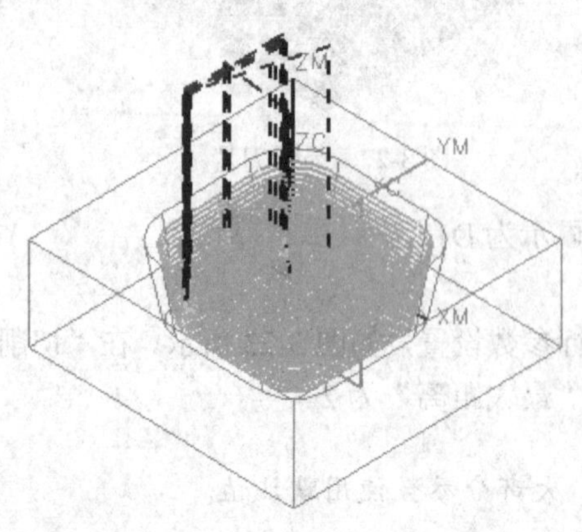

图 3-25　生成刀轨

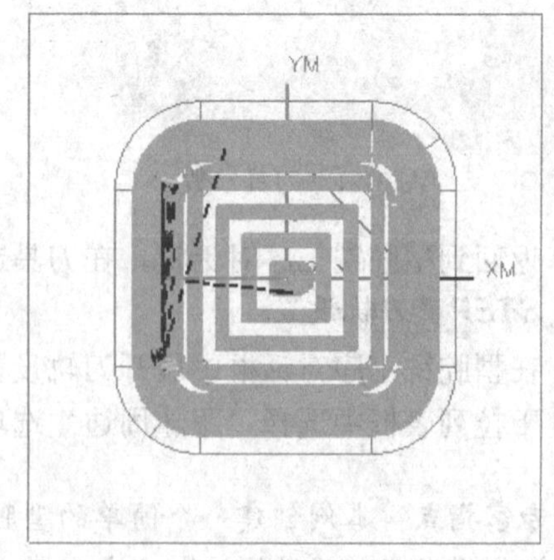

图 3-26　重播刀轨

➔ STEP 11 确定工序

确认刀轨后单击工序对话框底部的“确定”按钮接受刀轨并关闭工序对话框。

➔ STEP 12 保存文件

单击工具栏中的“保存”图标，保存文件。

3.3　型腔铣工序对话框的参数组简介

如图 3-27 所示的工序对话框，对完成一个工序所需的参数选项进行分组，有以下几组。

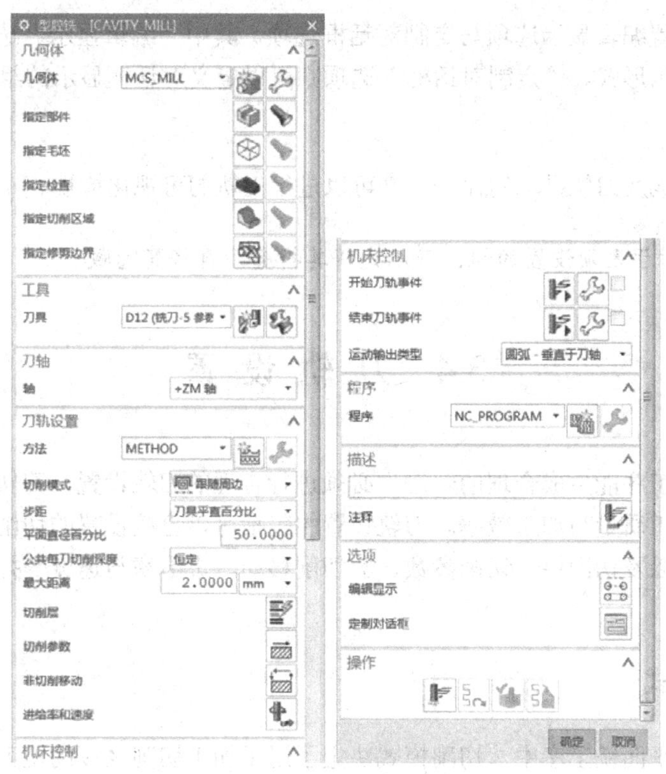

图 3-27　型腔铣的参数组

1. 几何体

选择几何体的父本组，并可以选择或编辑各种几何体。

2. 工具

工具组用于指定加工所用的刀具，是创建工序时必须选择的，可以在下拉选项中选择刀具，也可以新建刀具或者编辑刀具。

3. 刀轨设置

刀轨设置是创建工序时最主要的设置部分，包括常用选项设置，可以直接进行设置，如切削模式、步距等。另外还有切削层、切削参数、非切削移动、进给率与速度等下级对话框的成组参数设置。

4．机床控制

机床控制可以定义开始刀轨事件与结束刀轨事件，即定义后处理时增加一些指令，如冷却液开关、机床回零等。可以选择从其他刀轨中复制，也可自定义。

5．程序

程序用于重新选择程序组。程序分组可以方便管理。

6．选项

选项用于设置编辑显示选项与定制对话框选项。其中“编辑显示”选项可以控制刀轨的显示颜色与显示形式。“定制对话框”选项则可以定义对话框显示的组与选项。

7．操作

控制工序生成及刀轨显示的命令，并可以进行刀轨的可视化检视。

专家指点：对于无须设置的组，可以先将其折叠，再将其隐藏。

3.4 刀 轨 设 置

要使编制的工序能生成合理的轨迹，必须进行合理的刀轨设置，刀轨设置决定了最后的数控程序的加工质量与加工效率。刀轨设置中包括可以直接设置的切削模式、步距、切削深度等选项，以及切削层、切削参数、非切削移动、进给率与速度等打开下级对话框的成组参数设置。

3.4.1 切削模式

在型腔铣与平面铣工序中，切削模式决定了用于加工切削区域的走刀方式。在型腔铣中共有 7 种可用的切削模式，如图 3-28 所示。

1．往复

往复式切削的刀轨在切削区域内沿平行直线来回加工，刀轨示例如图 3-29 所示。往复式切削方法顺铣、逆铣交替产生，去除材料的效率较高。

专家指点：在往复切削过程中，刀具在限定的步距内跟随切削区域轮廓以保持连续的切削运动，并不一定完全保持平行状态。

2．单向

创建一系列沿一个方向切削的平行刀路。单向将保持一致的“顺铣”或“逆铣”。刀

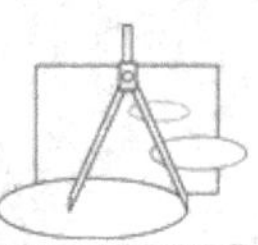

具从切削刀路的起点处进刀，并切削至刀路的终点；然后退刀，移动至下一刀路的起点，再进刀进行下一行的切削。如图 3-30 所示为单向切削的刀轨示例。

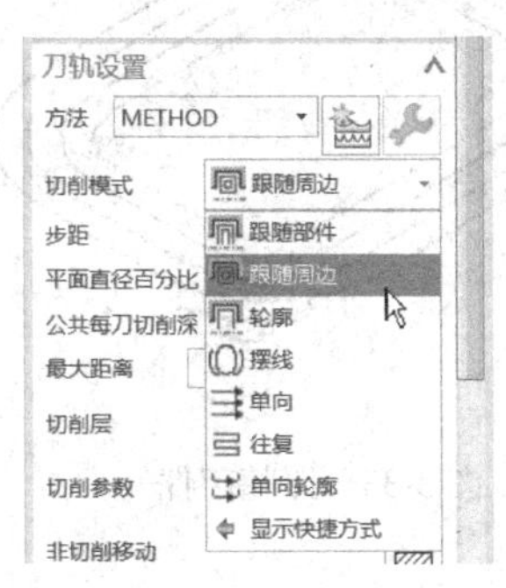

图 3-28　切削模式

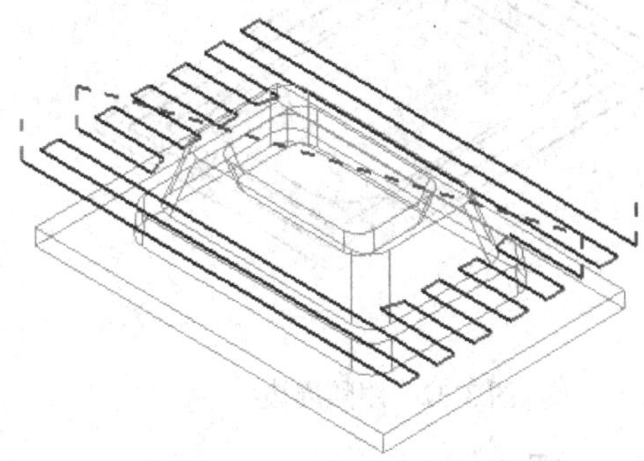

图 3-29　往复

3. 单向轮廓

与单向切削类似，但是在下刀时将下刀在前一行的起始点位置，然后沿轮廓切削到当前行的起点进行当前行的切削，切削到端点时，沿轮廓切削到前一行的端点。使用该方式将在轮廓周边不留残余。图 3-31 所示为单向轮廓方式切削的刀轨示例。

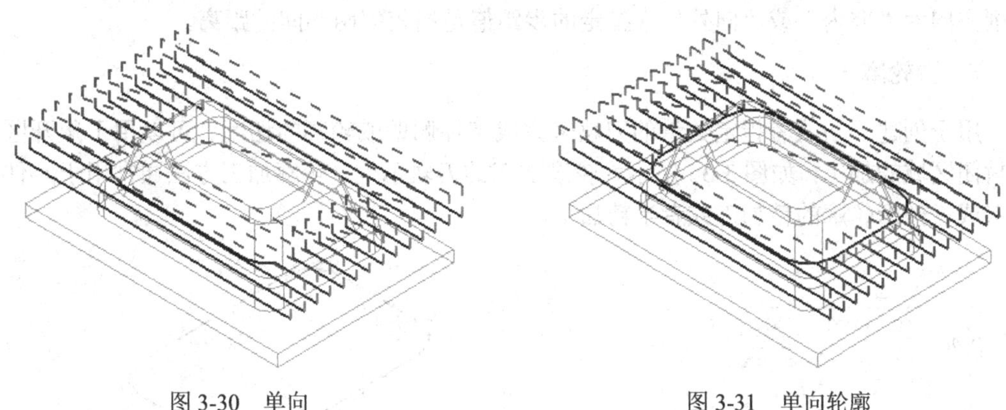

图 3-30　单向　　　　图 3-31　单向轮廓

以上 3 种切削模式生成的刀路都是平行的线性刀路，需要指定切削角。指定的步距表示相邻两行间的距离。

4. 跟随周边

跟随周边通过对切削区域的轮廓进行偏置产生环绕切削的刀轨。如图 3-32 所示为跟随周边切削轨迹示例。跟随周边切削模式适用于各种零件的粗加工。

5. 跟随部件

通过对所有指定的部件几何体进行偏置来产生刀轨。图 3-33 所示为跟随部件生成的刀路轨迹示例。跟随部件相对于跟随周边而言，将不考虑毛坯几何体的偏置，通常会在外边界产生较多的提刀。

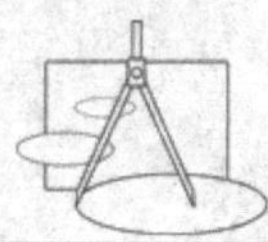

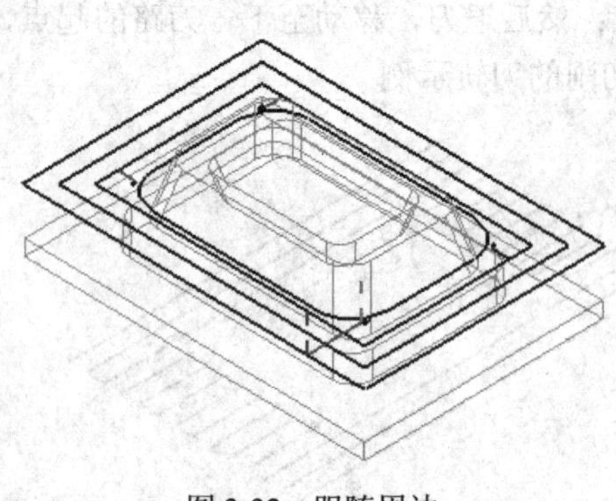

图 3-32　跟随周边

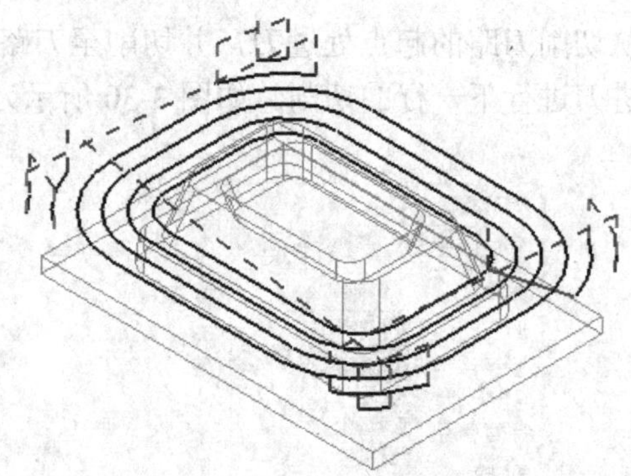

图 3-33　跟随部件

6．摆线

摆线加工通过产生一个小的回转圆圈，从而避免在切削时全刀切入时切削的材料量过大。如图 3-34 所示为摆线加工的示例。摆线加工适用于高速加工，可以减少刀具负荷。

专家指点：使用摆线切削模式时，步距距离不得超过刀具直径的 50%。

以上 3 种切削模式生成的刀路是环绕切削的刀路，通过轮廓偏置进行加工，可以指定切削方向为“向内”或“向外”，指定的步距值是指相邻两环间的距离。

7．轮廓

用于创建一条或者指定数量的刀轨来完成零件侧壁或轮廓的切削。可以用于敞开区域和封闭区域的加工，如图 3-35 所示为轮廓加工的刀轨示例。轮廓加工方法通常用于零件的侧壁或者外形轮廓的精加工或者半精加工。

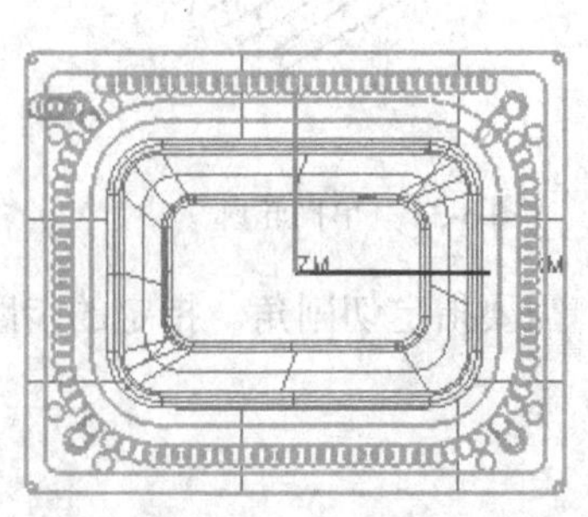

图 3-34　摆线加工

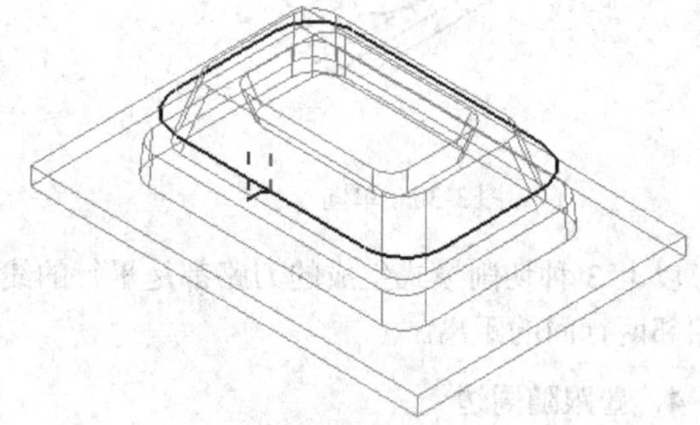

图 3-35　轮廓加工

专家指点：选择轮廓加工方式，刀轨设置的选项组中将增加附加刀路选项。

3.4.2　步距与切深设置

1．步距

步距定义两个切削路径之间的水平间隔距离，指两行间或者两环间的间距。NX 提供了多种设定间距的方式，如图 3-36 所示为步距设置方式的下拉菜单。选择不同的方式，需要设置的参数也不同，如图 3-37 所示。

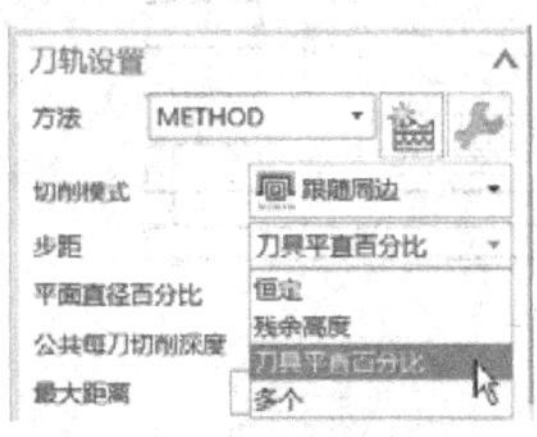

图 3-36　步距设置方式

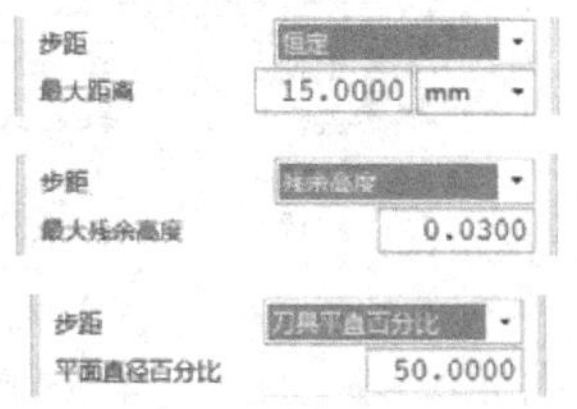

图 3-37　步距设置

（1）恒定：直接指定距离值为步距，这种方法设置直观明了。

（2）残余高度：需要输入允许的最大残余高度值，加工后的残余量不超过这一高度值。这种方法特别适用于使用球头刀进行加工时步距的计算。

（3）刀具平直百分比：步距为刀具直径的百分比。

专家指点：刀具直径的百分比方式设置步距，使用平底刀或者球头刀时，按实际刀具直径 D 计算；而使用圆角刀时，将去掉刀尖圆角半径部分即（Dj=D−2R）。

（4）多个：切削模式为“跟随周边”“跟随部件”“轮廓切削”时，步距可以使用“多个”方式设置；允许指定多个步距大小以及每个步距大小所对应的刀路数，列表中的第一个对应于距离边界最近的刀路，再逐行向远离轮廓的位置进行偏移，如图 3-38 所示。

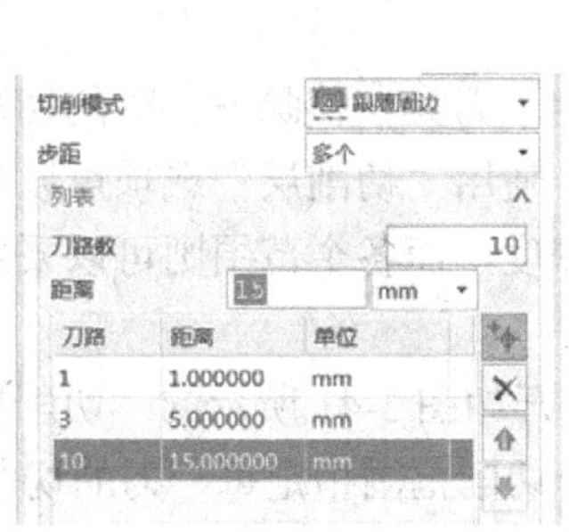

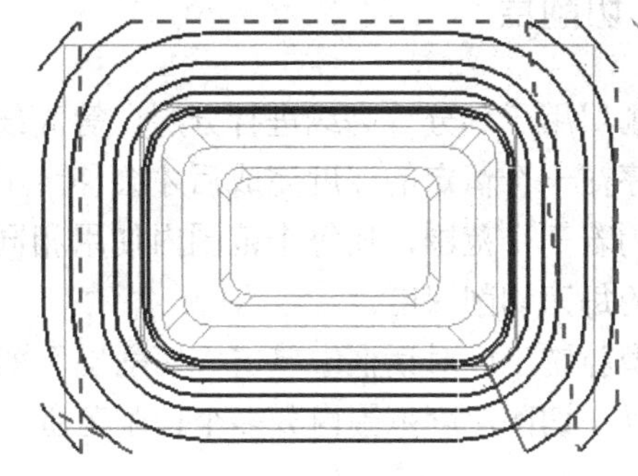

图 3-38　多个刀路

专家指点：当组合的“距离”和“刀路数”超出或无法填满要加工的区域时，系统将从切削区域的中心减去或添加一些刀路。

（5）变量平均值：设置可以变化的步距。切削模式为“往复”“单向”“单向轮廓”时，步距设置方式可以选择“变量平均值”，设置步距的最大值与最小值，系统将自动调整合适的步距值，如图 3-39 所示。

2. 附加刀路

附加刀路只在切削模式为轮廓加工时才能激活。在沿轮廓加工的刀轨以外再增加经偏置的刀轨，偏移距离为步距值。如图 3-40 所示为附加刀路为 2 的切削示例。

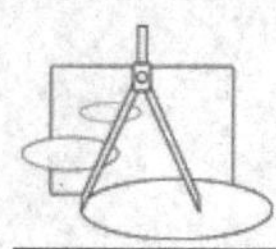

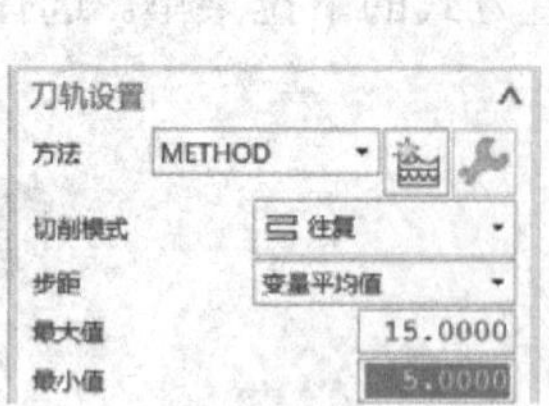

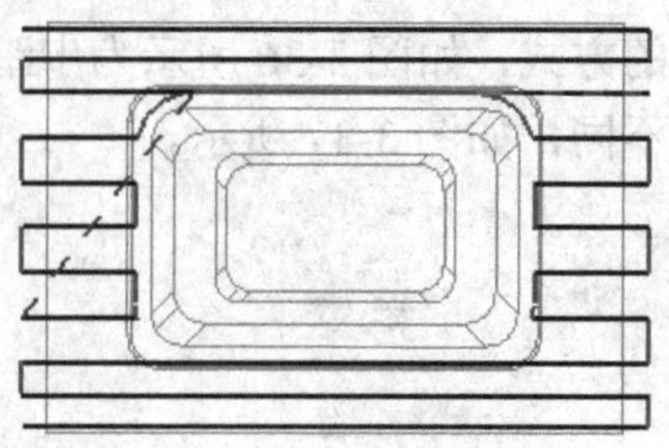

图 3-39　变量平均值步距

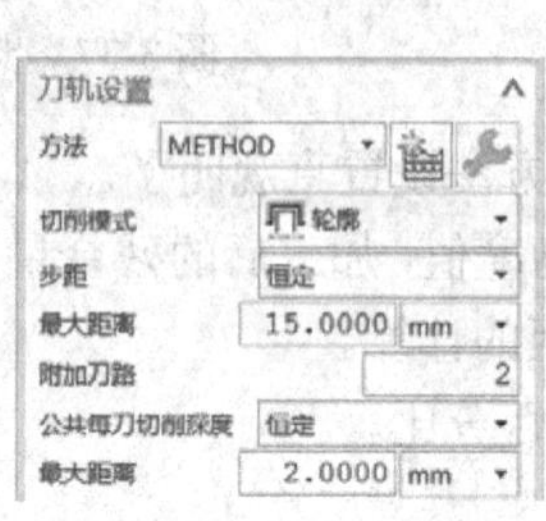

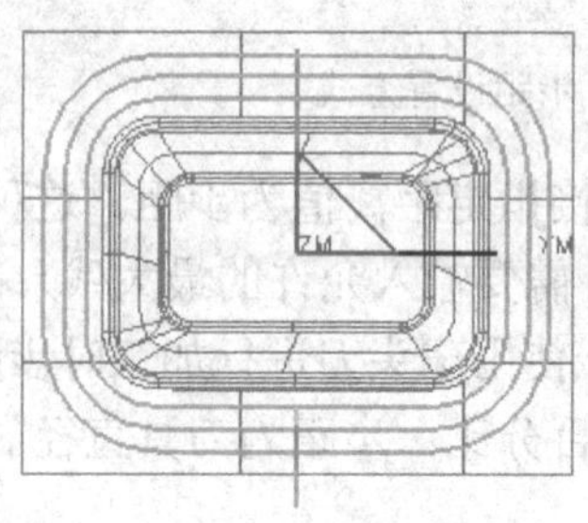

图 3-40　附加刀路

3．公共每刀切削深度

指定切削加工中所有切削层的默认的切削深度，可以采用“恒定”或者“残余高度”方式进行设置。设置的参数与切削层设置中的“公共每刀切削深度”为同一参数。

3.4.3　切削层

切削层用于划分等高线进行分层，等高线平面确定了刀具在移除材料时的切削深度。切削工序在一个恒定的深度完成后才会移至下一深度。使用“切削层”选项可以将一个零件划分为若干个范围，在每个范围内使用相同的每刀深度，而各个范围则可以采用相同的或不同的每刀切削深度。

在型腔铣工序对话框中单击“切削层”图标，打开如图 3-41 所示的“切削层”对话框，可以在切削深度范围内分多个切削范围，并为每个切削范围指定每一刀的切削深度。

专家指点：没有指定部件几何体时，将不能打开切削层选项。

1．范围类型

范围类型用于指定范围划分的方式，可以选择自动生成、单一范围或者用户定义的方式。

（1）自动生成：系统将自动判断部件上的水平面划分范围。如图 3-42 所示为自动生成范围层示例。

（2）单一范围：整个区域将只作为一个范围进行切削层的分布。如图 3-43 所示为单一范围的切削层示例。

（3）用户定义：对范围进行手工分割，可以对范围进行编辑和修改，并对每一范围的切深进行重新设定。如图 3-44 所示所示为用户定义的切削层。

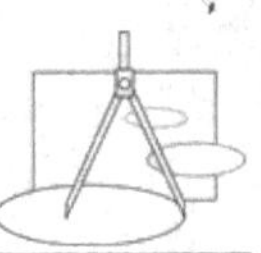

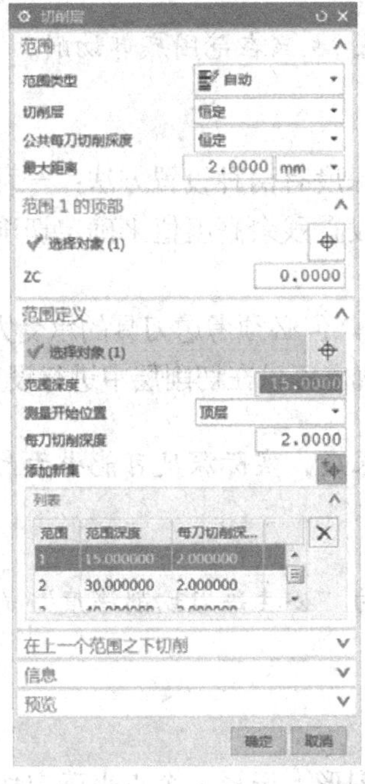

图 3-41 “切削层”对话框

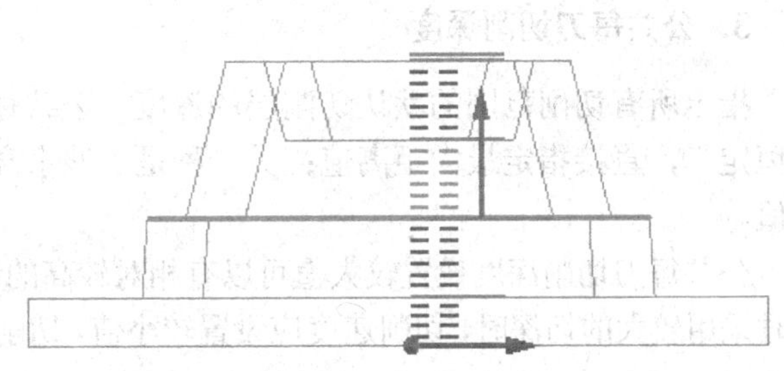

图 3-42 自动生成切削层

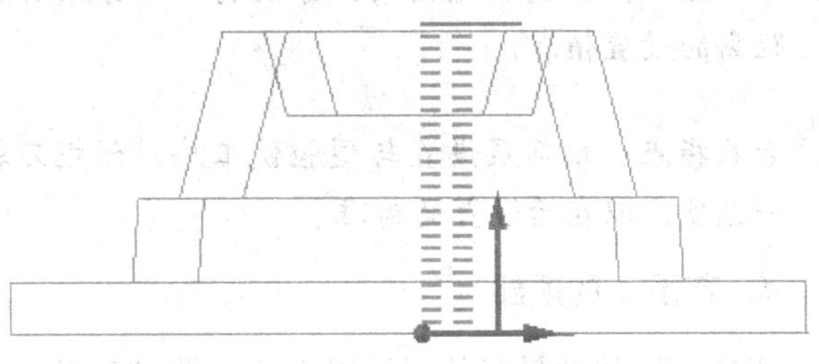

图 3-43 单一范围

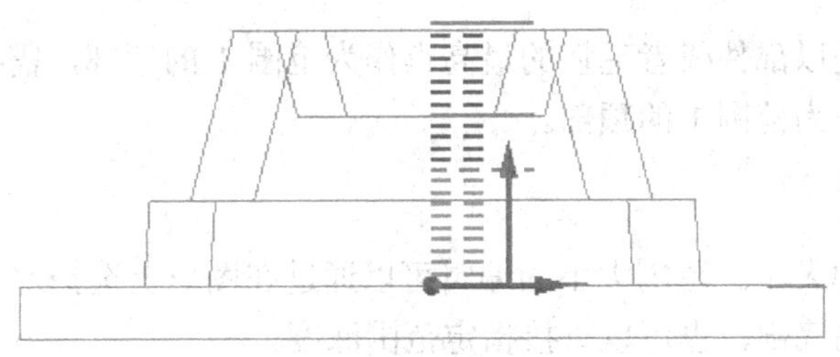

图 3-44 用户定义切削层

专家指点：用自动生成方式，在下方只要做任何修改，就自动切换到“用户定义”。

2. 切削层

切削层用于指定切削层的指定方式，可以选择“恒定”或者“仅在底部范围”。

（1）恒定：将切削深度保持在全局每刀深度值。

（2）仅在底部范围：只生成每一个切削范围的底部切削层，如图 3-45 所示为仅在底部范围切削的切削层示例。

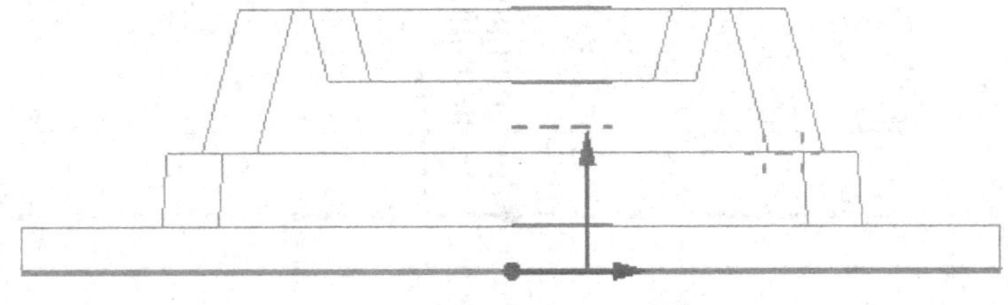

图 3-45 仅在底部范围切削

专家指点：如果将公共每刀切削深度的最大距离设置为 0，也只在范围底部切削。

3．公共每刀切削深度

指定所有切削范围的默认切削层的深度。公共每刀切削深度有两种设置方法：一种是“恒定”，直接指定最大距离值；另一种是“残余高度”，设置残余高度值来确定切削深度值。

公共每刀切削深度设置较大值可以有相对较高的切削效率，但必须考虑刀具的承受力，同时采用较大的切深时，切削速度应设置较小值。切削深度的值也可以在切削层中进行设置。

专家指点：在切削范围内，系统将平均分配各切削层的深度，实际深度可能小于最大距离的设置值。

专家指点：切削层设置与型腔铣工序对话框刀轨设置中的“公共每刀切削深度”是同一选项，以在后设置的为准。

4．范围 1 的顶部

指定切削层的最高处。可以直接设置 ZC 值，也可以在图形上选择一个点来确定切削层的顶部。

默认情况下，是以部件或者毛坯的最高点作为范围 1 的顶部，需要局部加工时，可以直接指定一个位置作为范围 1 的顶部。

5．范围定义

指定当前范围的大小。范围大小的编辑可以通过在图形上选择对象，以选择的对象所在位置为当前范围的底部，也可以直接指定范围深度。

另外也可以通过指定“范围深度”值的方式直接指定，指定范围深度有 4 个测量开始位置方式，分别是顶层、顶部范围、底部范围和工作坐标系原点，范围深度设定与指定的测量开始位置的相对值。

6．每刀切削深度

指定当前范围的每层切深。通过为不同范围指定不同的每刀切削深度，可以在不同倾斜程度的表面都可以取得较好的表面质量。如图 3-46 所示为两个范围指定了不同的每刀的深度值的切削层示例。

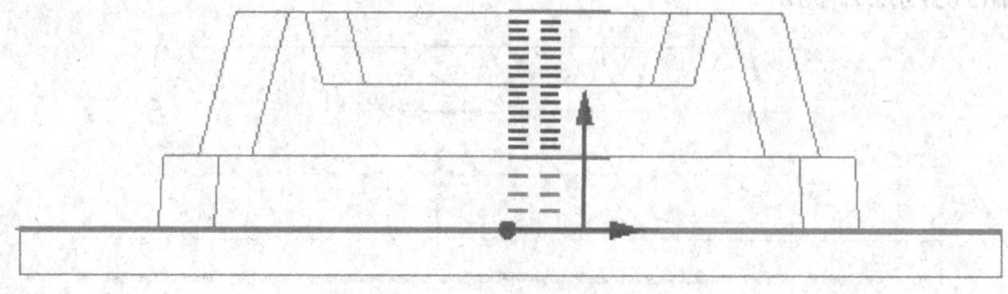

图 3-46　局部每刀的深度

7. 范围列表

选择范围进行编辑，或者插入、删除一个范围。

（1）添加范围：单击“添加新集”图标，在当前范围下插入一个新的范围，可通过定义底平面来创建一个新范围。可以选择一个点，一个面，或在“范围深度”文本框中输入一个数值，来定义新范围的底面。创建的范围就从指定位置延伸到上一个范围的底部，如图 3-47 所示。

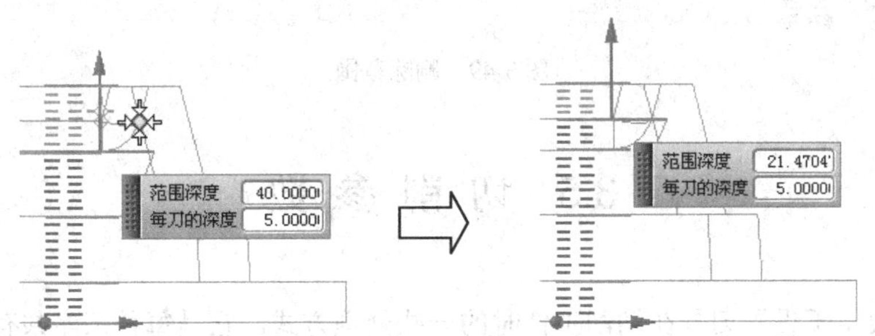

图 3-47　增加范围

专家指点：插入的范围将在当前选择的范围之前，因此如果原先中间有其他范围将被删除。

（2）编辑范围：在列表中选择的范围将在上方显示其参数，可以进行编辑，或者在工作区直接指定数值，拖动箭头进行编辑。可以指定新的范围底部，也可以指定当前范围的每刀深度。如图 3-48 所示为编辑范围的示例。

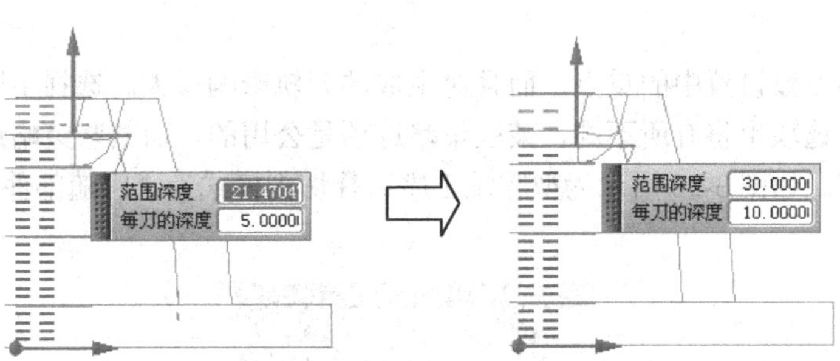

图 3-48　修改范围

专家指点：只有一个范围是激活范围，并高亮显示（默认为橙色），只能对当前激活范围进行修改或删除。

（3）删除范围：单击“删除”图标，可以删除一个范围。如果不是最后一个范围，则下一个范围的顶部会自动延伸，填充删除范围的间隙，延伸的范围将添加切削层。而如果是最后一个范围，则该范围将被删除。如图 3-49 所示为删除范围的应用示例。

8. 在上一个范围之下切削

在指定范围之下再切削一段距离。在精加工侧壁时，为保证底部不留残余，可以增加

一个延伸值来增加切削层。

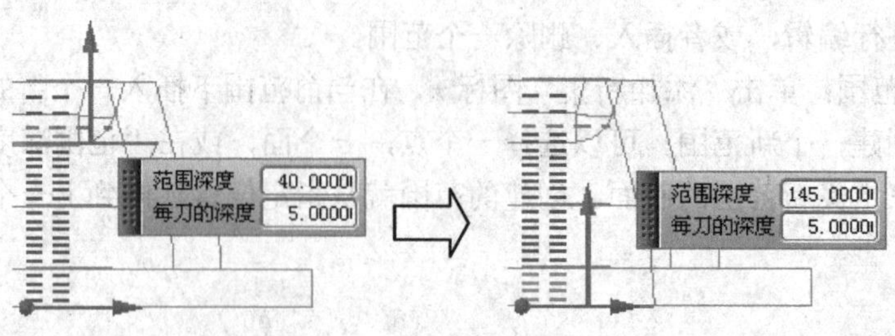

图 3-49　删除范围

3.5　切 削 参 数

切削参数用于设置刀具在切削工件时的一些处理方式。它是每种工序共有的选项，但某些选项随着工序类型的不同和切削模式或驱动方式的不同而变化。

在工序对话框中单击“切削参数”图标进入切削参数设置。切削参数被分为 6 个选项卡，分别是策略、余量、拐角、连接、空间范围、更多。选项卡可以通过顶部标签进行切换。

专家指点：切削参数中的部分选项是相关联的，当前一选项设置为指定某一选项时，将出现相关的选项。如选中“添加精加工刀路”复选框，将出现刀路数与精加工步距选项。

3.5.1　策略

策略是切削参数设置中的重点，而且对生成的刀轨影响最大。选择不同的切削模式，切削参数的策略选项也将有所不同，某些策略选项是公用的，而某些策略选项只在特定的切削模式下才有。如图 3-50 所示为型腔铣工序选择切削模式为“跟随部件”时的“策略”选项卡。

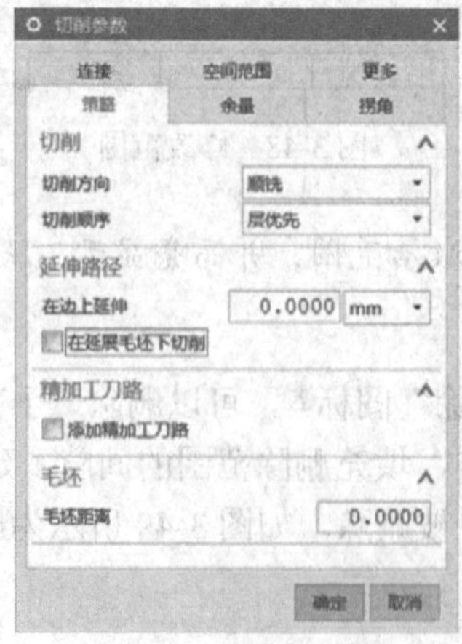

图 3-50　“策略”选项卡

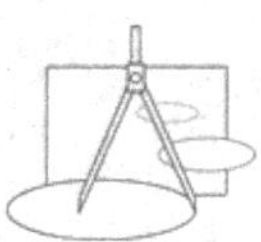

专家指点：切削参数设置中的大部分选项，将鼠标停在选项上时，将在右侧显示该选项的参数含义示意图。

1．切削方向

指定刀具切削的方向，其选项有“顺铣”“逆铣”“跟随周边”“边界反向”。如图 3-51 所示为不同切削方向的示意图。

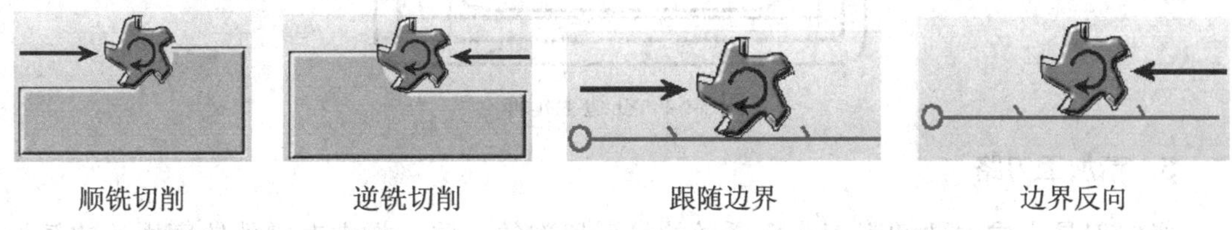

图 3-51 切削方向示意

（1）顺铣/逆铣：铣削方向用于设定平面铣加工时在切削区域内的刀具进给方向。一般数控加工多选用顺铣，有利于延长刀具的寿命并获得较好的表面加工质量。

（2）跟随边界/边界反向：系统根据边界的方向和刀具旋转的方向决定切削方向。刀具切削的方向决定于边界的方向。

2．切削顺序

切削顺序有“深度优先”和“层优先”两个选项。

（1）深度优先：在切削过程中按区域进行加工，加工完成一个切削后再转移到下一切削区域，如图 3-52 所示。一般加工优先选用“深度优先”方式，可以减少空行程。

（2）层优先：是指刀具先在一个深度上铣削所有的外形边界，再进行下一个深度的铣削，在切削过程中刀具在各个切削区域间不断转换。如图 3-53 所示切削顺序为“层优先”的示意图。层优先应用于对外形一致性要求高或者薄壁零件的加工。

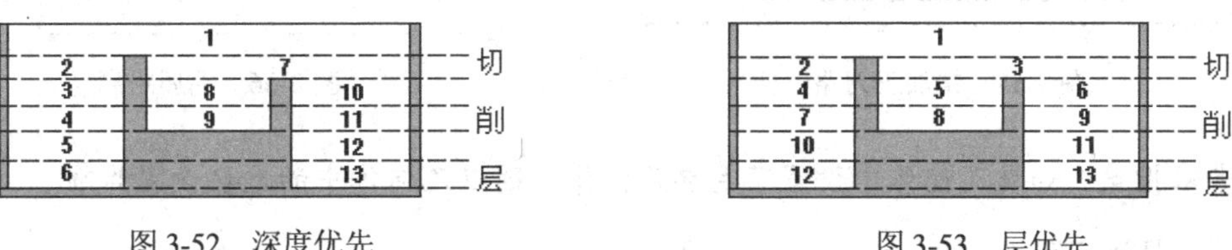

图 3-52 深度优先　　图 3-53 层优先

3．延伸路径

“在边上延伸”选项可以将切削区域向外延伸，在选择了切削区域几何体后才起作用。通过在边上延伸，可以保证边上不留残余。另外还可以在刀轨刀路的起点和终点添加切削运动，以确保刀具平滑地进入和退出部件。如图 3-54 所示为设置延伸刀轨的示例。

4．在延展毛坯下切削

在指定毛坯下方，继续切削，也就是可以将毛坯向下方无限延展。

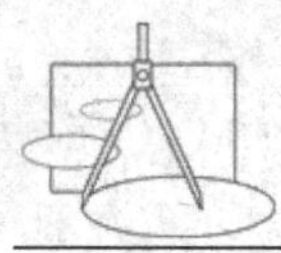

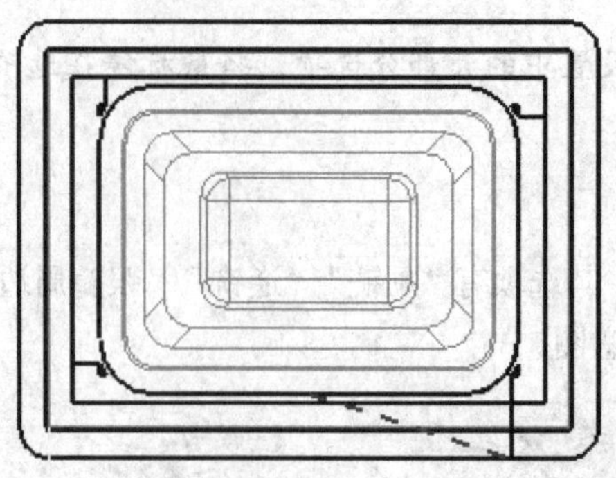

图 3-54　在边上延伸

5．精加工刀路

指定刀具完成主要切削刀路后所做的最后切削的刀路。指定在零件轮廓周边的精加工刀轨，可以设置加工刀路数与步距。如图 3-55 所示为设置了精加工刀路数为 2 的刀轨示例。

6．毛坯距离

以部件作偏置生成临时的毛坯几何体。如图 3-56 所示为设置了毛坯距离，生成的毛坯距离范围内的刀轨示例。

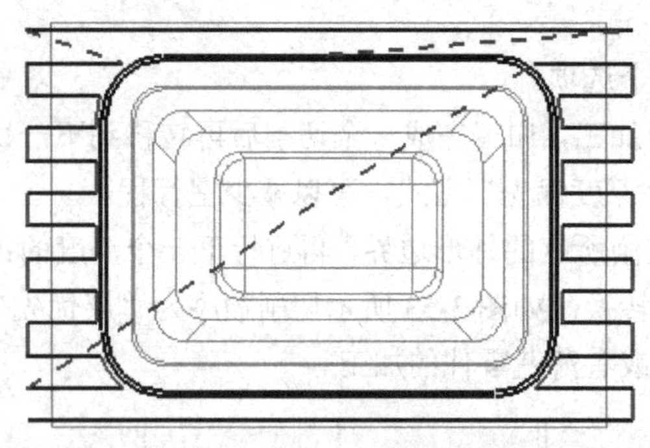

图 3-55　精加工刀路

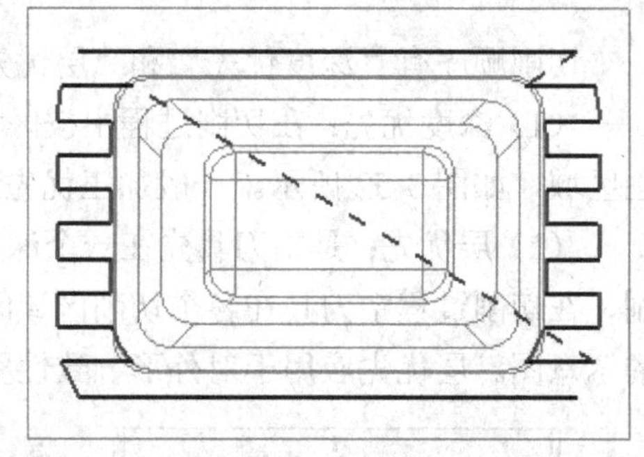

图 3-56　毛坯距离

专家指点：如果几何体中设置了毛坯几何体，则以几何体中的毛坯设置为准。

7．刀路方向

进行跟随周边的环绕加工时，可以设定刀路方向为“向内”或者“向外”。如图 3-57 所示为不同刀路方向的应用示例。

8．岛清根

岛清根用于清理岛屿四周的额外残余材料，该选项仅用于切削模式为“跟随周边”。选中“岛清根”复选框，则在每一个岛屿边界的周边都包含一条完整的刀路轨迹，用于清理残余材料。取消选中“岛清根”复选框，则不清理岛屿周边轮廓。如图 3-58 所示为两者的对比。

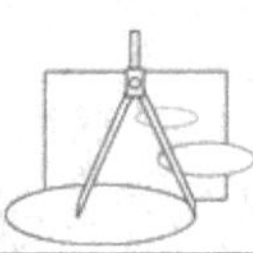

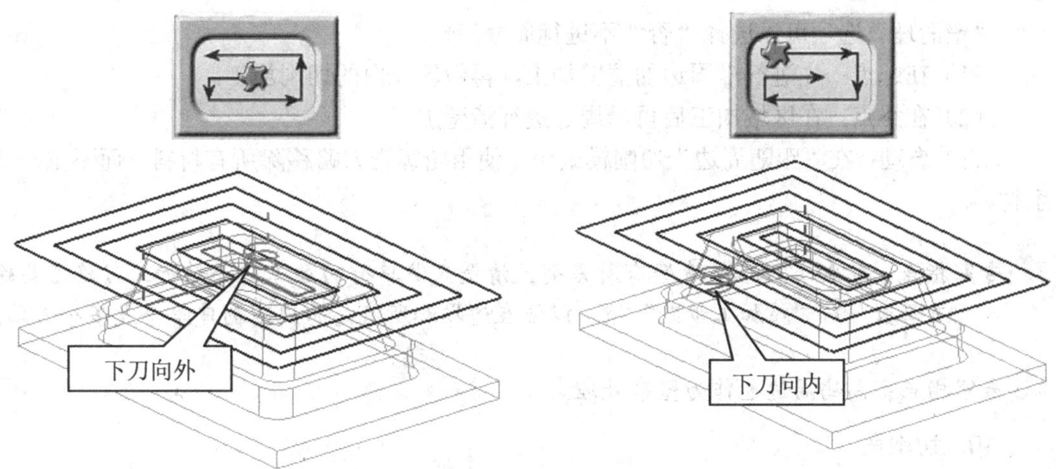

图 3-57　刀路方向

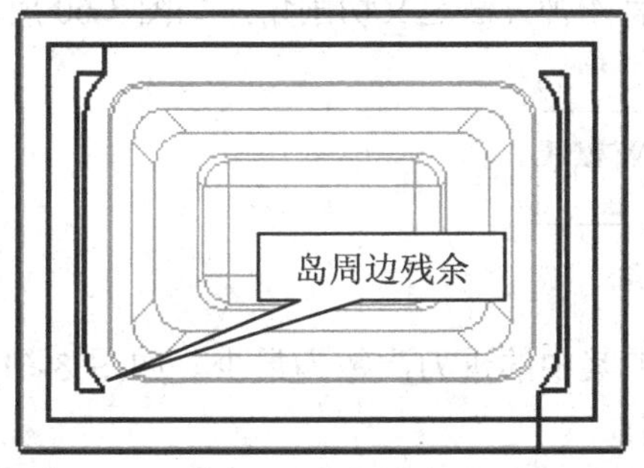

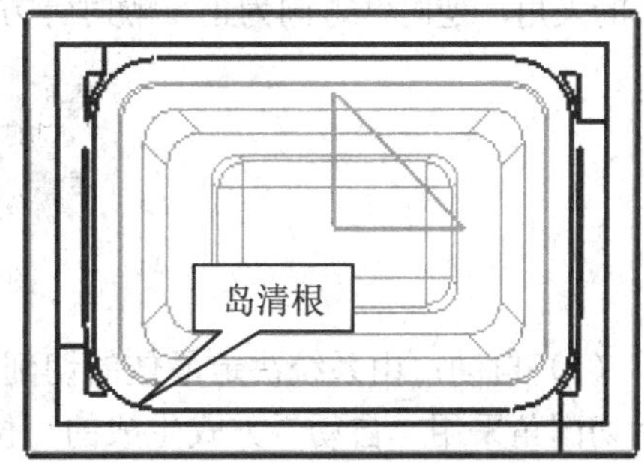

图 3-58　岛清根路径示例

专家指点：对于凹槽内有岛屿的零件，必须选中“岛清理”复选框，否则将在周边留下很不均匀的残余，并有可能在后续的加工层中一次切除很大残料。

9．壁清理

当使用“单向”、“往复”和“跟随周边”切削模式时，使用“壁清理”可以移除沿部件壁面出现的脊。系统通过在每个切削层插入一个轮廓刀路来完成清壁。使用平行切削生成刀路轨迹，是否进行清壁的切削效果如图 3-59 所示。

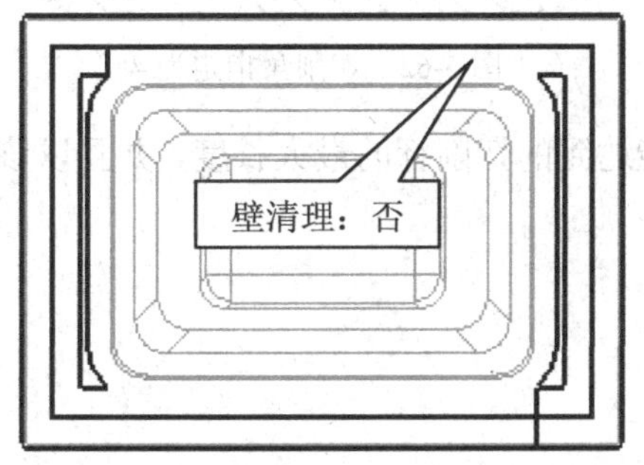

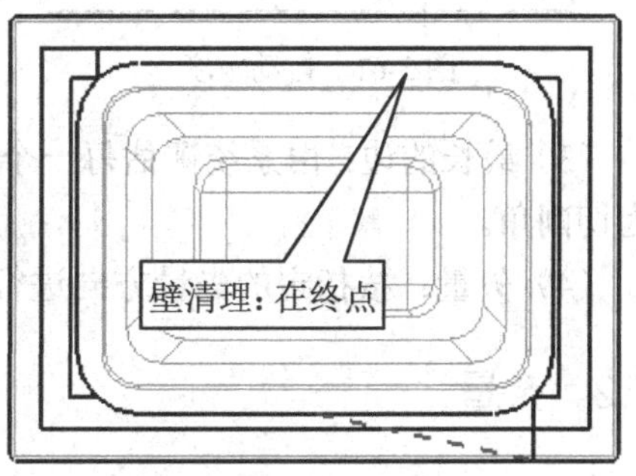

图 3-59　壁清理

“壁清理”选项可以选择“否”不进行周壁清理。

（1）在起点：先进行沿周边的清壁加工，再做区域内的切削加工。

（2）在终点：在区域加工后再沿周边进行清壁加工。

（3）自动：在“跟随周边”切削模式中，使用轮廓铣刀路移除所有材料，而不重新切削材料。

专家指点： 精加工刀路与清壁有所差别，清壁只做单行的加工；而精加工刀路需要输入“刀路数”与“精加工步距”值，以便在边界和所有岛的周围创建单个或多个刀路。

专家指点： 岛屿周边也作为壁来处理。

10. 切削角

当切削模式为“往复”、“单向”或“单向轮廓”时，需要指定平行切削的刀路轨迹与 X 轴的夹角，逆时针方向为正，顺时针方向为负。有 4 种方法定义切削角，如图 3-60 所示。

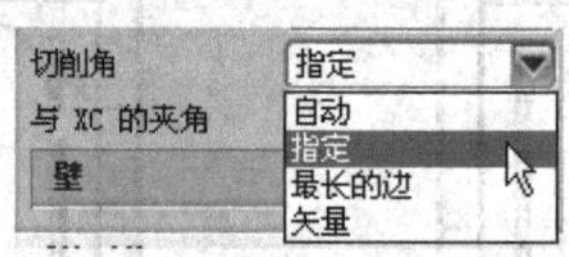

图 3-60 切削角

（1）自动：由系统决定最佳的切削角度，以使其中的进刀次数为最少。如图 3-61 所示为切削角采用“自动”方式生成的刀位轨迹示例。

（2）指定：选择“指定”，定义与 XC 轴的夹角，该角度是相对于工作坐标系 WCS 的 X 轴测量的。如图 3-62 所示为将切削角定义为 45° 时生成的往复加工刀位轨迹。

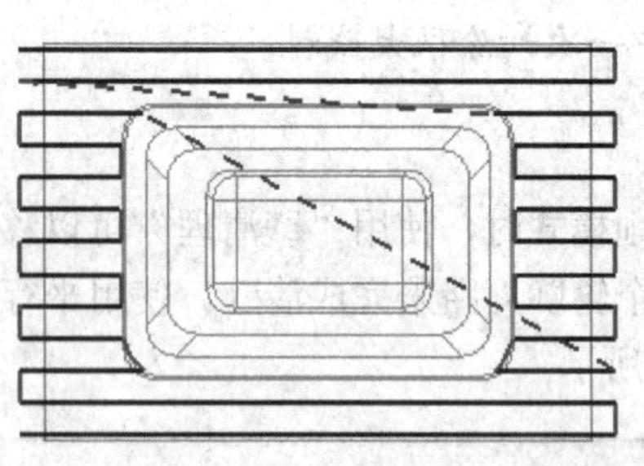

图 3-61 自动角度

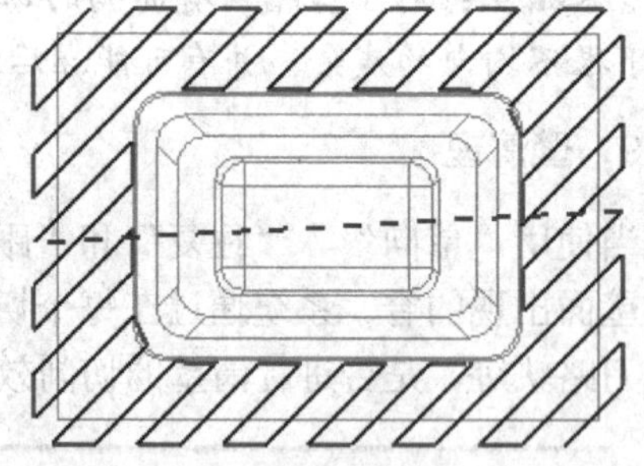

图 3-62 切削角指定为 45°

（3）最长的边：由系统评估每一个切削所能达到的切削行的最大长度，并且以该角度作为切削角。

（4）矢量：按指定的矢量方向进行切削。

3.5.2 余量

“余量”选项卡用于设置各几何体的余量以及公差，如图 3-63 所示。

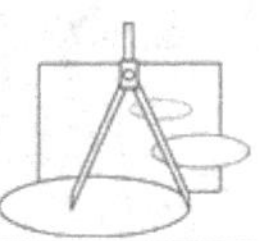

1．部件余量

部件上余量指定部件几何体周围包围着的、刀具不能切削的一层材料，在粗加工时通常设置大于 0 的余量以进行精加工。

部件侧面余量和部件底面余量分别表示在水平方向及垂直方向的余量。两者可以设置不同值，也可以打开“使底面余量与侧面余量一致”指定为相同的余量值。

单击“部件侧面余量”选项后的图标，选择“继承的”将直接使用加工方法中设置的余量值。

专家指点：部件余量可以设置负值，但一般不能大于刀具的下半径。

2．毛坯余量

毛坯余量设置选择毛坯几何体的余量，设置毛坯余量可以将毛坯放大或缩小。

3．检查余量与修剪余量

检查余量与修剪余量分别表示切削时刀具离开检查几何体和修剪几何体之间的距离。把一些重要的加工面或者夹具设置为检查几何体，加上余量的设置，可以防止刀具与这些几何体接触，以起到安全和保护的作用，这两个选项不能使用负值。

4．公差

公差定义了刀具偏离实际零件的允许范围，公差值越小，切削越准确，产生的轮廓越光顺。切削内公差设置刀具切入零件时的最大偏距，外公差设置刀具切削零件时离开零件的最大偏距。如图 3-64 所示为内外公差的示意图。

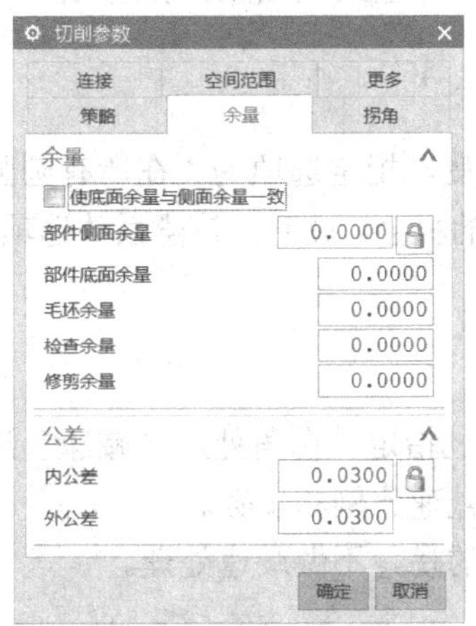

图 3-63　余量参数

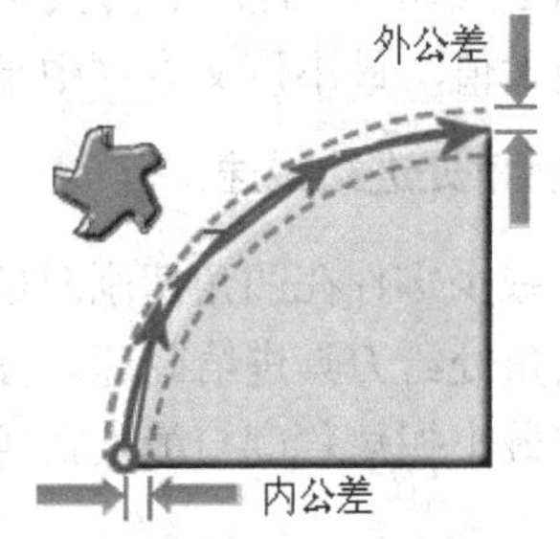

图 3-64　内外公差示意图

专家指点：可以设置外公差与内公差的其中一个为 0，但不能同时为 0。

3.5.3　拐角

“拐角”选项卡用于产生在拐角处平滑过渡的刀轨，有助于预防刀具在进入拐角处产

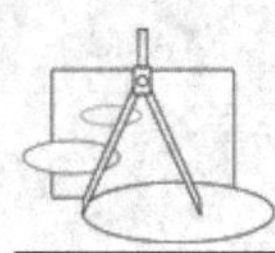

生偏离或过切，如图 3-65 所示。特别是对于高速铣加工，拐角控制可以保证加工的切削负荷均匀。

1．拐角处的刀轨形状

可以在刀轨转角处增加圆弧，以避免切削方向的突变，平滑过渡刀轨。“光顺”选项选择“无”不添加圆角，直接以尖角过渡，如图 3-66 所示；选择“所有刀路”添加圆角，并可以指定圆角半径，如图 3-67 所示为增加圆角示例。

图 3-65　拐角

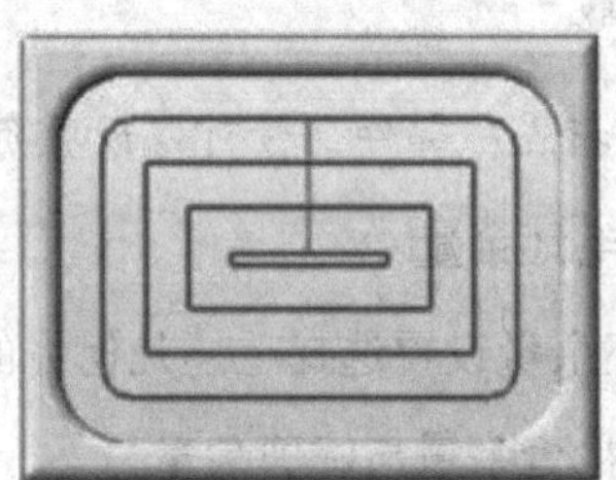

图 3-66　光顺：无

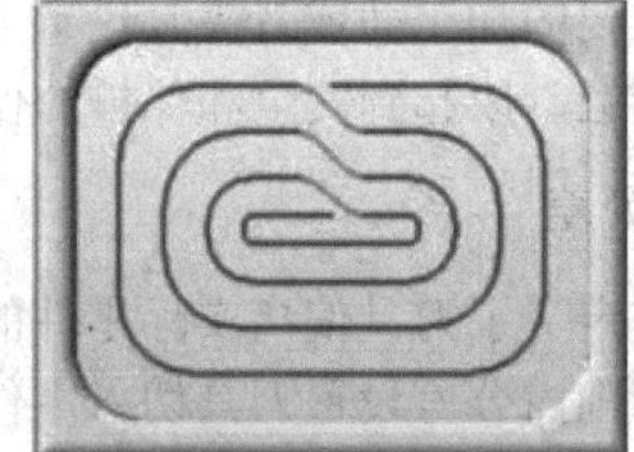

图 3-67　光顺：所有刀路

2．圆弧上进给调整

指刀具在铣削拐角时，保证刀具外侧切削速度不变。指定选项为“在所有圆弧上”，可使铣削更加均匀，也减少刀具切入或偏离拐角材料的机会。此时，补偿系数选项被激活，需要在最大值与最小值文本框中输入补偿因子。

3．拐角处进给减速

为了减少零件在凹角切削时的啃刀现象，可以通过指定“拐角处进给减速”选项，在零件的拐角处给刀具进给降速。减速需要设置长度、减速比例和步数。

指定最小拐角角度与最大拐角角度，在范围以外的拐角不做减速处理。

专家指点：创建高速加工的工序时必须进行拐角的处理，而一般的加工程序中加上拐角有利于刀轨平滑过渡，从而获得更好的加工效率。

3.5.4　连接

“连接”选项卡如图 3-68 所示，用于设置切削区域的连接方式。

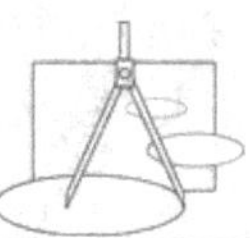

图 3-68　“连接”选项卡

1. 切削顺序

区域排序用于指定多个切削区域的加工顺序，可以选择“标准”“优化”“跟随起点”“跟随预钻点”等 4 个选项，其示意图如图 3-69 所示。一般选择“优化”以使空运行距离相对较短。

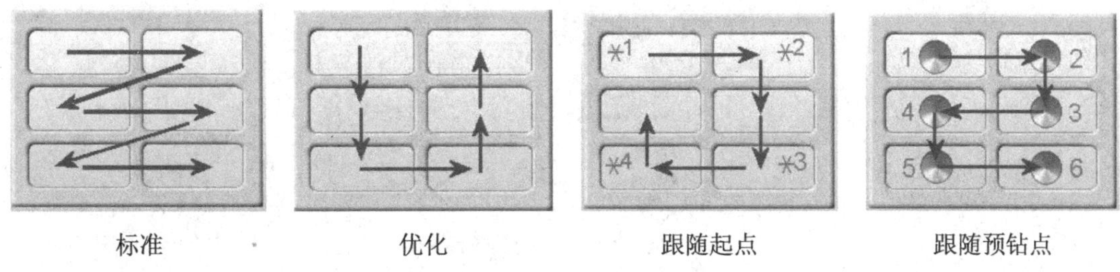

图 3-69　区域排序

2. 开放刀路

开放刀路可以选择“变换切削方向”或者“保持切削方向”，应用于切削模式为“跟随部件”形成的开放刀路，如图 3-70 所示。变换切削方向将以往复的方式进行加工，保持切削方向则使用单向加工方式，将产生抬刀。

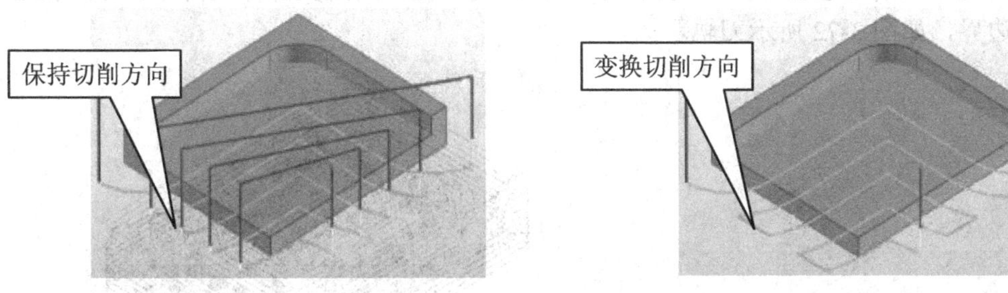

图 3-70　开放刀路选项

3. 优化

（1）跟随检查几何体：将检查几何体等同于部件几何体进行偏置。

（2）短距离移动上的进给：定义不切削时希望刀具沿部件进给的最长距离。当系统需要连接不同的切削区域时，如果这些区域之间的距离小于此值，则刀具将沿部件进给。如果该距离大于此值，则系统将使用当前转移方法来退刀、移刀并进刀至下一位置。可以用距离或刀具直径的百分比来指定。

专家指点： 优化的选项与切削模式的选择有关，同时与开放刀路的处理方式有关，如开放刀路设置为“保持切削方向”，则没有“短距离移动上的进给”选项。

3.5.5　空间范围

“空间范围”选项卡如图 3-71 所示，用于设置空间范围中毛坯、碰撞检测、参考刀具、陡峭选项。空间范围选项可以与几何体来共同限制加工范围。其中，“参考刀具”选项用于角落加工，“陡峭”选项用于深度轮廓加工，将在型腔铣的子类型中进行讲解。

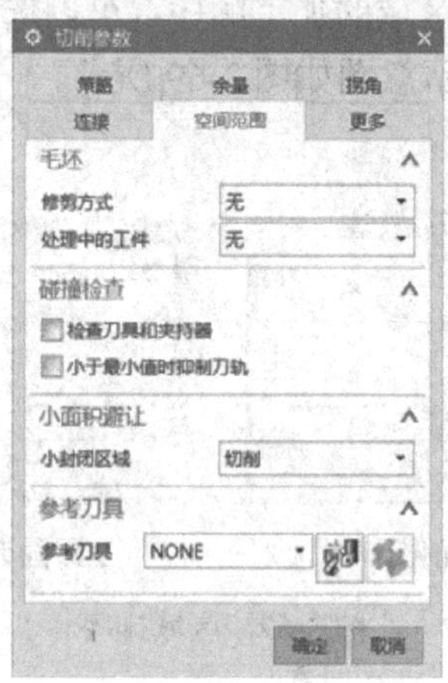

图 3-71　“空间范围”选项卡

1. 毛坯

（1）修剪方式：选择“无”，不使用修剪；选择“轮廓线”，可在没有明确定义毛坯几何体的情况下识别出型芯部件的毛坯几何体，系统将使用所定义部件几何体底部的轨迹作为修剪边界，如图 3-72 所示刀轨示例。

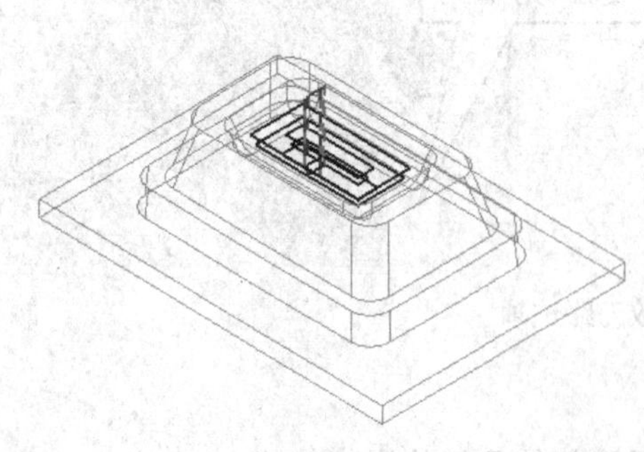

（a）修剪方式：无

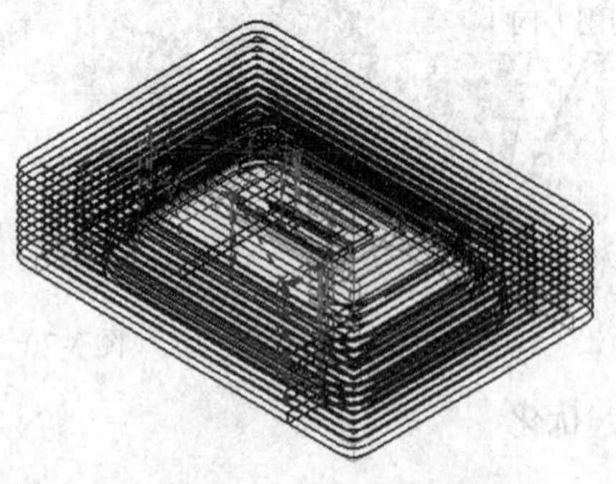

（b）修剪方式：轮廓线

图 3-72　修剪方式

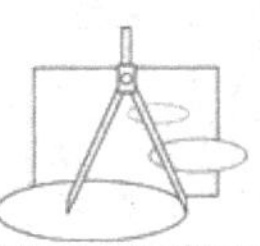

（2）处理中的工件：可以在型腔铣中自动计算并切削前一个工序余下来的工件材料。有 3 个选项，分别如下。

- 无：不使用生产中的工件，即以一个立方体作为毛坯。
- 使用 3D：3D 方式使用曲面偏置方式生成一个毛坯。
- 使用基于层：按层分布毛坯工件，与实际加工后毛坯基本接近。

如图 3-73 所示为不同选项的示意图。

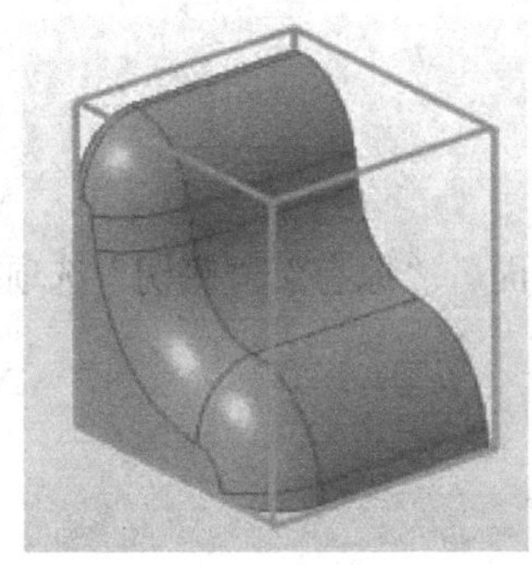

（a）无

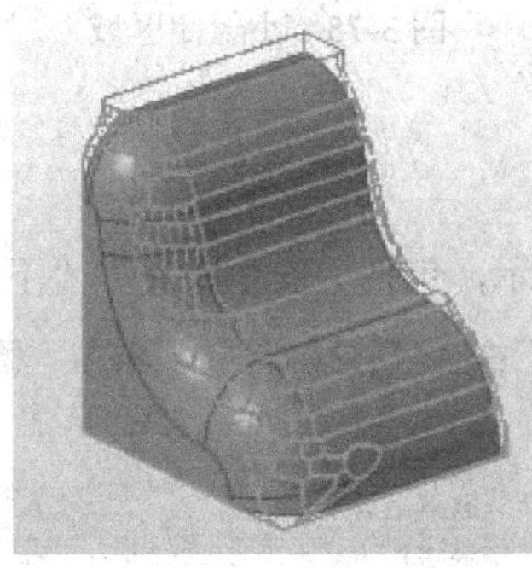

（b）使用 3D

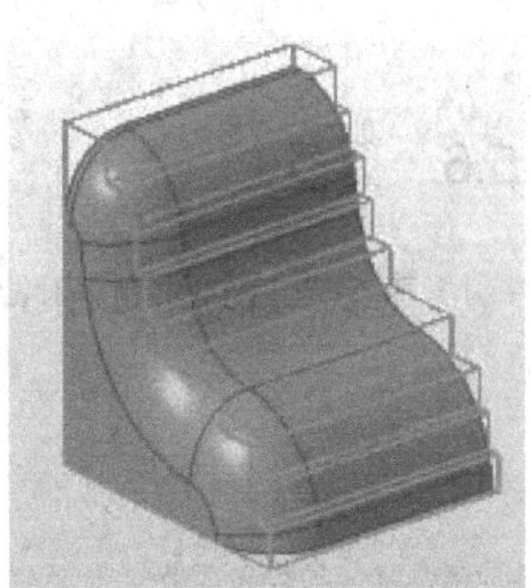

（c）使用基于层

图 3-73　处理中的工件

2．碰撞检查

取消选中“检查刀具和夹持器”复选框时，将不考虑刀柄与夹持部分。当加工复杂的零件时，可以准确地判断是否会发生刀具，以及刀柄、夹持器部分是否会与工件发生干涉，从而避开这一区域的加工，如图 3-74 所示。

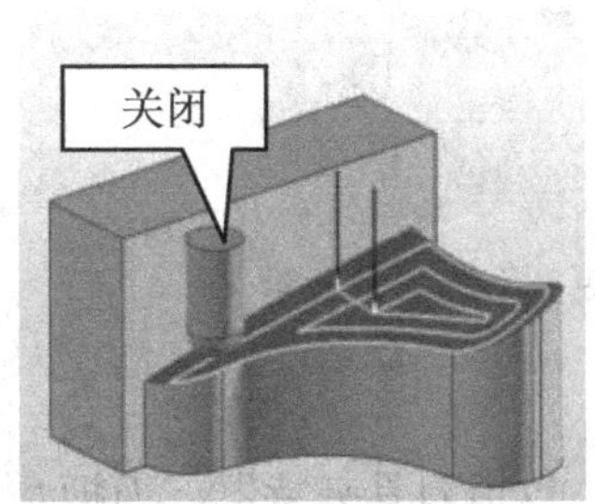

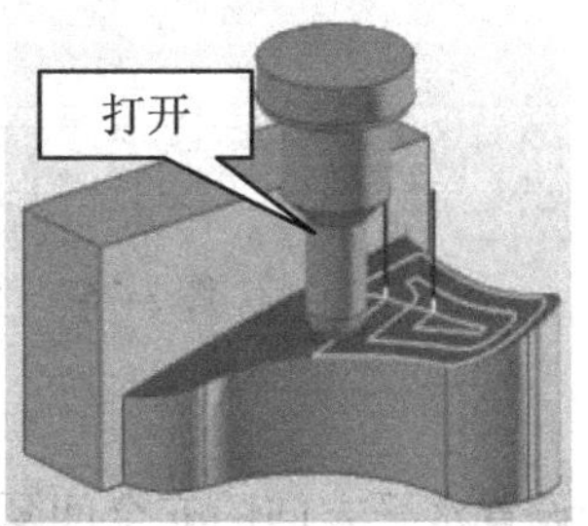

图 3-74　检查刀具与夹持器

小于最小值时抑制刀轨可以根据剩余材料体积的最小值来控制刀轨的输出，需要指定最小体积百分比。

3．小面积避让

“小面积避让”选项可以将很小的封闭切削区域进行忽略，以避免刀具受挤。如图 3-75 所示为小面积避让使用的示例，“小封闭区域”选择“忽略”将不加工面积小于指定大小的切削区域。

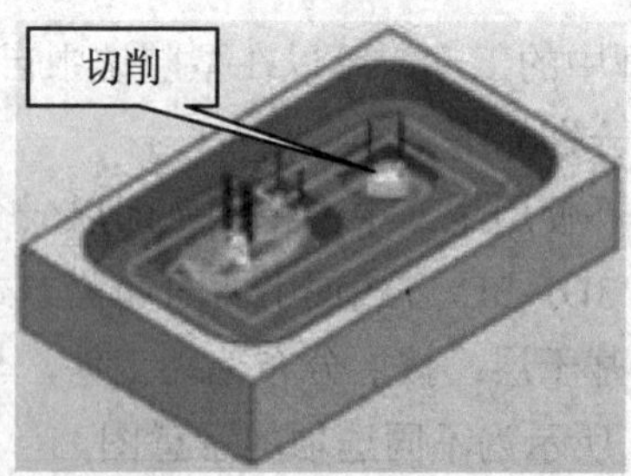

图 3-75　小封闭区域

3.5.6　更多

“更多”选项卡如图 3-76 所示，包括“安全距离”“下限平面”“原有”“底切”选项。

图 3-76　“更多”选项卡

1．安全距离

安全距离用于设置水平方向的安全间隔，包括刀具夹持器、刀柄、刀颈部位的最小安全距离。

2．原有

（1）区域连接：是指将分隔开的区域连接在同一平面上连接起来加工而不抬刀，如图 3-77 所示为区域连接的示意图。关闭区域连接可保证生成的刀轨不会出现重叠或过切。

（2）边界逼近：边界逼近方式打开时在远离轮廓时使用近似的边界，而不保证完全准确，如图 3-78 所示。

（3）容错加工：可准确地寻找不过切零件的可加工区域。在大多数切削工序中，该选项是激活的。激活该选项时，材料边仅与刀轴矢量有关，表面的刀具位置属性不管如何指

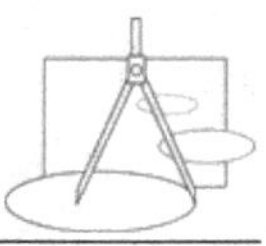

定，系统总是设置为“相切于”。

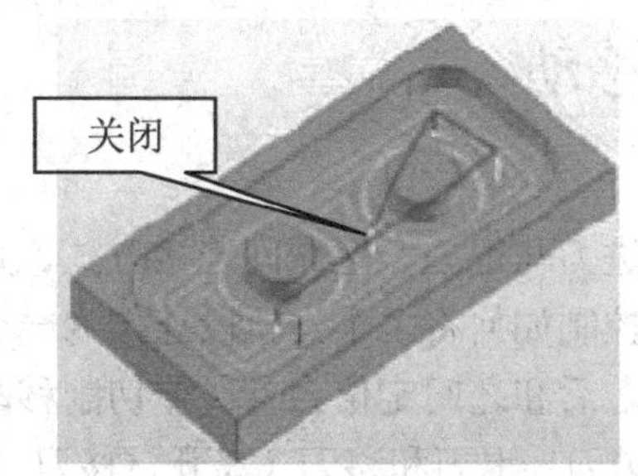

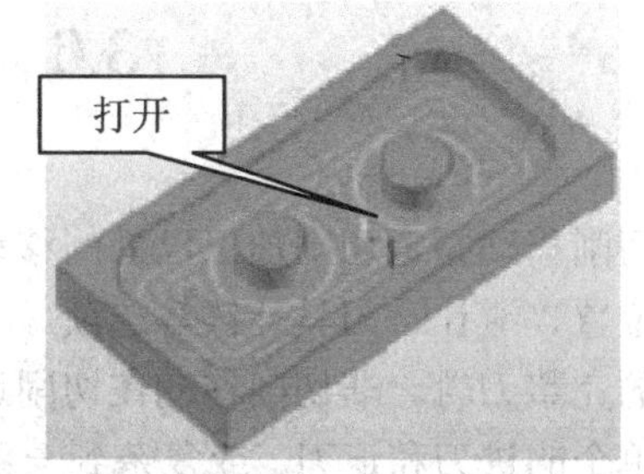

图 3-77　区域连接

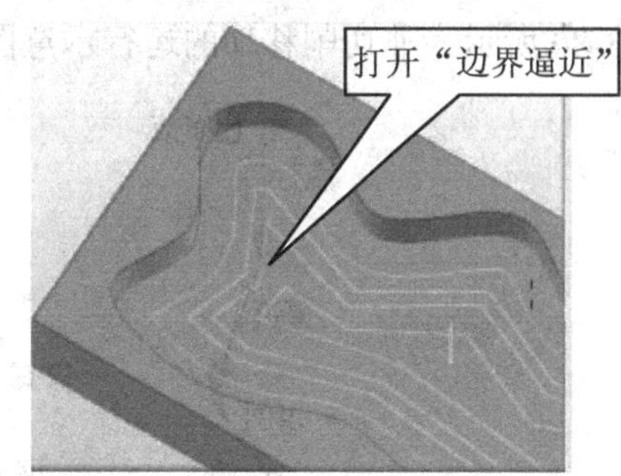

图 3-78　边界逼近

3．底切

允许底切可使系统根据底切几何调整刀路轨迹，防止刀杆磨擦零件几何。只有在取消选中“容错加工”复选框时，该选项才被激活。如图 3-79 所示为防止底切选项不同选择时的示意图。

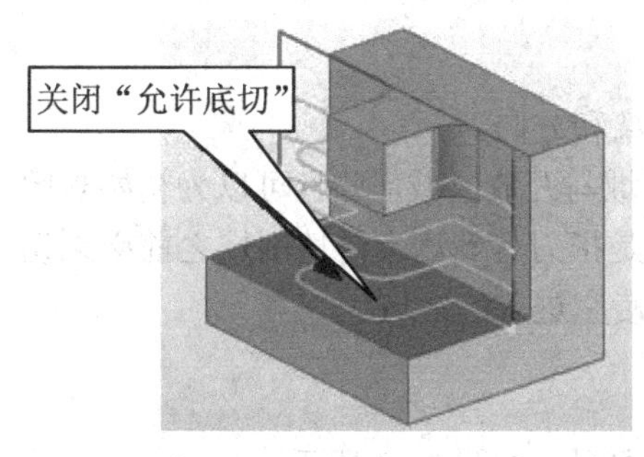

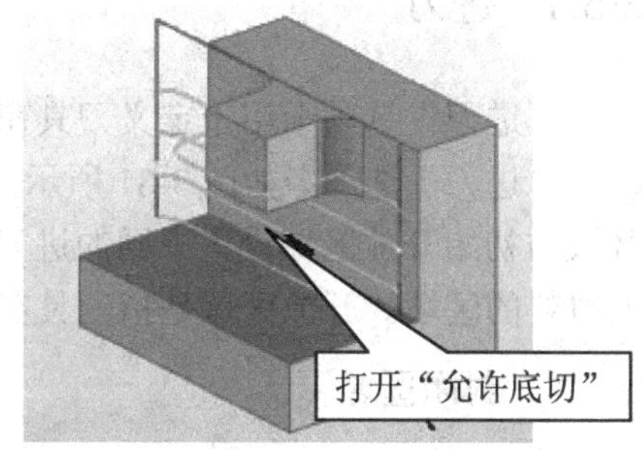

图 3-79　底切处理示意图

4．下限平面

下限平面指定加工时刀具所能到的最低位置，可以选择“使用继承的”以几何体中的设置为下限平面，也可以指定平面。对于下限平面以下的部位，可以选择操作方式为“沿刀轴”或者“垂直于平面”进行退刀；也可以选择“警告”，给出提示信息，但是正常生成刀轨。

3.6 非切削移动

非切削移动指定切削加工以外的移动方式，如进刀与退刀、区域间连接方式、切削区域起始位置、避让、刀具补偿等选项。非切削移动控制如何将多个刀轨段连接为一个工序中相连的完整刀轨。非切削移动在切削运动之前、之后和之间定位刀具。非切削移动可以简单到单个的进刀和退刀，或复杂到一系列定制的进刀、退刀和移刀（离开、移刀、逼近）运动，这些运动的设计目的是协调刀路之间的多个部件曲面、检查曲面和提升工序。如图 3-80 所示为非切削移动的运行示意图。

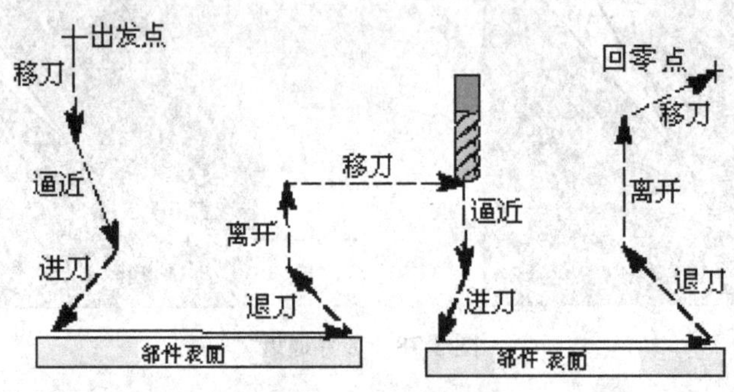

图 3-80　非切削移动

“非切削移动”对话框中包含“进刀”“退刀”“起点/钻点”“转移/快速”“避让”“更多”6 个选项卡。

3.6.1 进刀

“进刀”选项卡用于定义刀具在切入零件时的距离和方向。

“进刀”选项卡如图 3-81 所示，进刀分为封闭区域与开放区域，并且可以为初始封闭区域与初始开放区域设置不同的进刀方式。封闭区域是指刀具到达当前切削层之前必须切入材料的区域。开放区域是指刀具在当前切削层可以凌空进入的区域。

1. 封闭区域

在封闭区域中，可以选择的进刀类型有以下几种类型，如图 3-82 所示。

（1）螺旋：选择进刀类型为“螺旋”时，参数选项如图 3-81 所示，需要设置螺旋直径、斜角、高度等参数。进刀路线将以螺旋方式渐降，生成的刀轨如图 3-83 所示。

“最小安全距离”用来避免切削到零件侧壁；“最小倾斜长度”忽略距离很小的区域，将采用插铣下刀。

采用螺旋下刀方式可以避免刀具的底刃切削，螺旋线将在第一刀切削运动中创建无碰撞的螺旋形进刀移动。如果无法满足螺旋线移动的要求，则替换为具有相同参数的倾斜移动。

图 3-81　“进刀”选项卡

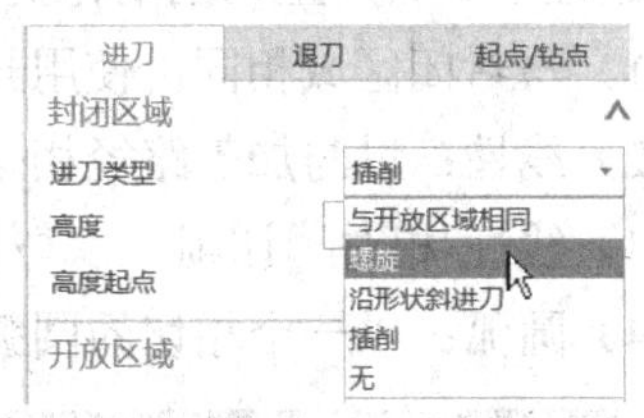

图 3-82　封闭区域进刀类型

（2）沿形状斜进刀：与“螺旋”方式相似采用斜下刀，不过其路径沿着所生成的切削行进行倾斜下刀，如图 3-84 所示。

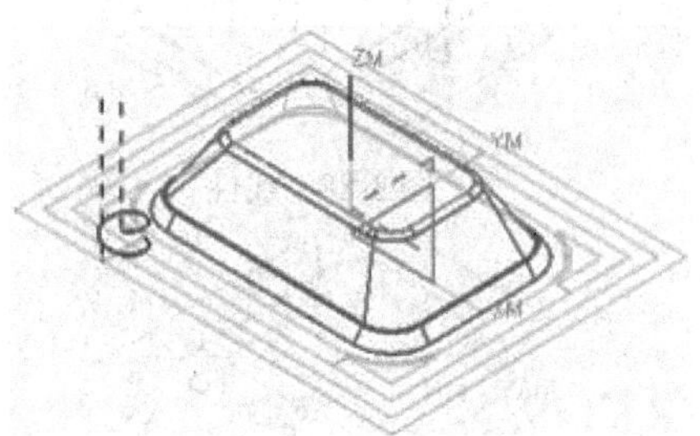

图 3-83　螺旋进刀示例

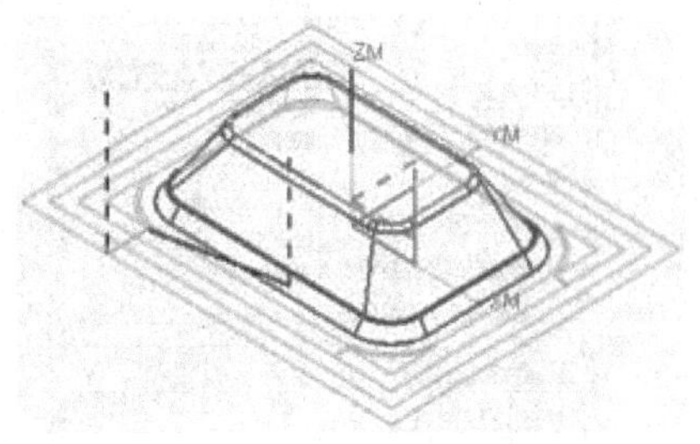

图 3-84　沿形状斜进刀

（3）插削：选择进刀类型为“插削”时，参数选项如图 3-85 所示，需要设置高度值，可以直接输入距离或者使用刀具直径的百分比；并指定高度起点为“前一层”或者“当前层”，进刀路线将沿刀轴向下，再指定高度值切换为“进刀进给率”，生成的刀轨如图 3-86 所示。插削直接从指定的高度进刀到部件内部，在切削深度不大，或者切削材料硬度不高的情况下可以缩短进刀运行的距离。

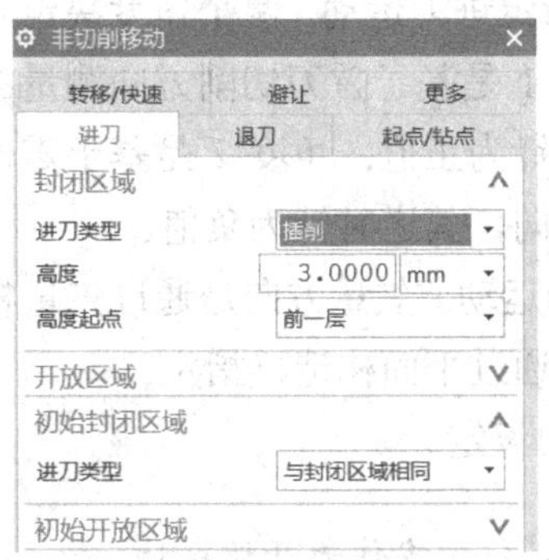

图 3-85　插削进刀

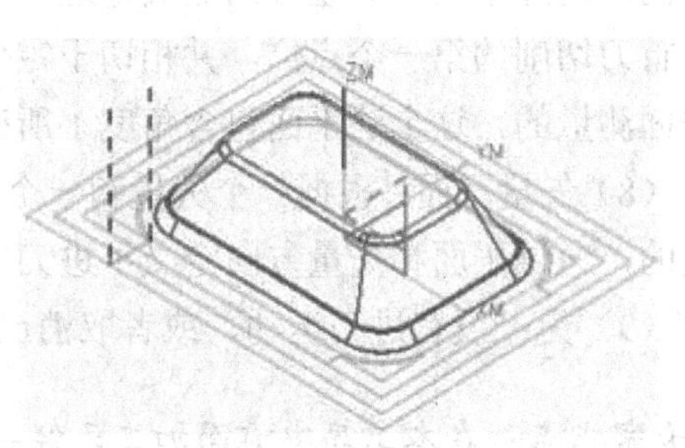

图 3-86　插削进刀示例

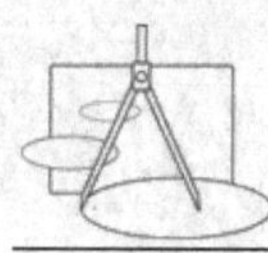

（4）无：不设置进刀段，直接快速下刀到切削位置。

（5）与开放区域相同：处理封闭区域的方式与开放区域类似，且使用开放区域移动定义。

2．开放区域

开放区域是指刀具可以凌空进入当前切削层的加工位置，也就是毛坯材料已被去除，在进刀过程中不会产生切削动作的区域。开放区域的进刀类型有多个选项，如图 3-87 所示。

（1）与封闭区域相同：使用封闭区域中设置的进刀方式。

（2）线性：以与加工路径相垂直方向的直线作为切入段，如图 3-88 所示。

（3）线性-相对于切削：以与切削路径相切方向延伸出一进刀段。

（4）圆弧：以一个相切的圆弧作为切入段，如图 3-89 所示。

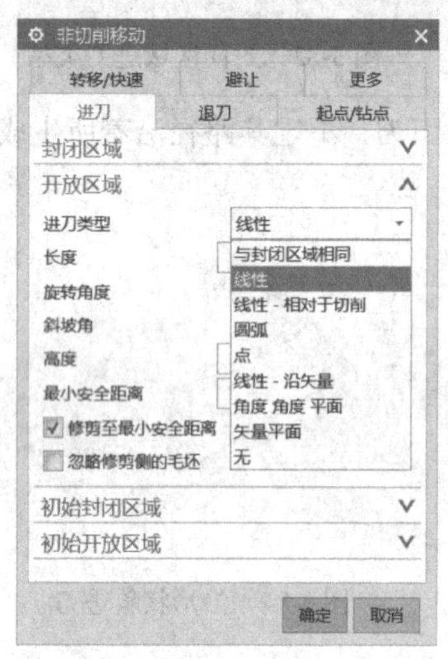

图 3-87　开放区域进刀类型

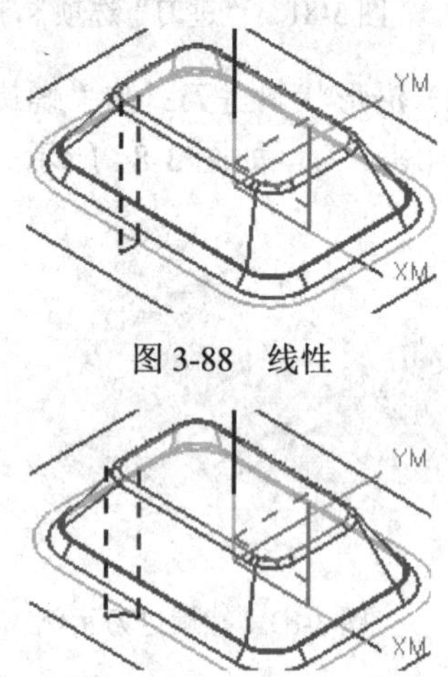

图 3-88　线性

图 3-89　圆弧

（5）点：指定一个点作为进刀/退刀的位置。点是通过点构造器来指定的。

（6）线性-沿矢量：根据一个矢量方向和距离来指定进刀运动，矢量方向是通过矢量构造器指定的，距离是指进刀运动的长度，通过键盘输入。

（7）角度+角度+平面：根据两个角度和一个平面指定进刀运动。两个角度决定了进刀的方向，通过平面和矢量方向定义了进刀的距离。角度 1 是基于首刀切削方向测量的，起始于首刀切削的第一个点位，并相切于零件面，其逆时针为正值；角度 2 是基于零件面的法平面测量的，这个法平面包含角度 1 所确定的矢量方向，其逆时针为负值。

（8）矢量平面：根据一个矢量和一个平面指定进刀运动。矢量方向是通过矢量构造器指定的，通过平面和矢量方向定义了进刀的距离，平面通过平面构造器指定。

（9）无：没有进刀运动，或者取消已经存在的进刀设定。

专家指点： 在本工序中前面加工已经去除材料后的部分也将作为开放区域。

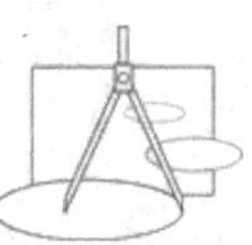

3.6.2　退刀

退刀用于定义刀具在切出零件时的距离和方向。

退刀选项可以设置与进刀选项相同，即与开放区域的进刀类型及参数相同。也可以单独设置，其设置方法与进刀选项相同。

设置开放区域的进刀类型为“圆弧”，而设置退刀类型为“线性”，生成刀轨示例如图 3-90 所示。

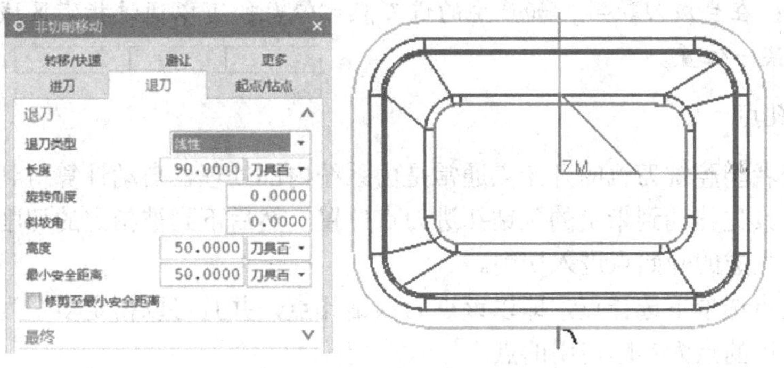

图 3-90　退刀

3.6.3　起点/钻点

起点/钻点主要用于设置切削区域的起点以及预钻点，可以通过指定点来限制切削的开始位置。

“起点/钻点”选项卡如图 3-91 所示，用于设置起始切削的位置相关选项，主要选项如下。

1．重叠距离

在进刀位置，由于初始切削时的切削条件与正常切削时有所差别，在进刀位置，可能产生较大让刀量，因而产生进刀痕，设置重叠距离将确保该处完全切削干净，消除进刀痕迹。使用重叠距离产生的刀具轨迹如图 3-92 所示。

图 3-91　“起点/钻点”选项卡

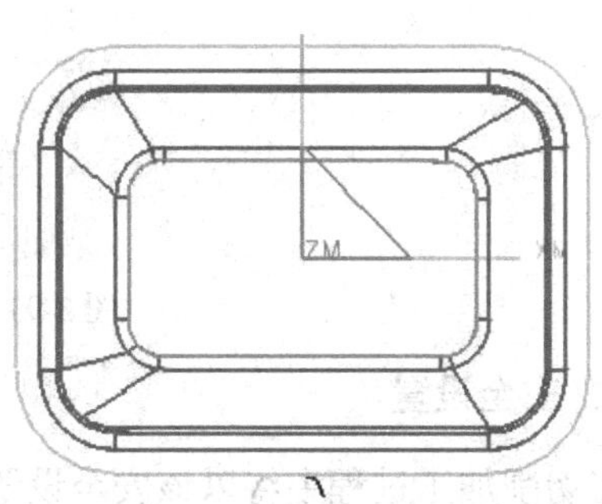

图 3-92　重叠距离

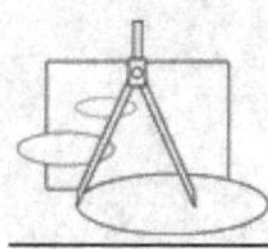

2．区域起点

指定切削加工的起始位置。可通过指定起点或默认区域起点来定义刀具进刀位置和步进方向。

使用“默认区域起点”选项由系统自动决定起点，默认的点位置可以是“角落点”或者是“中点”。另外也可以指定点，系统以选择的点为起点进行加工，系统将以最靠近指定点的位置作为区域起始位置。

专家指点：在生成刀轨后，如产生的进刀点比较乱，可以通过指定区域起点的方法将其统一在某一位置。

3．预钻孔点

平面铣或者型腔铣刀轨的开始点通常是由系统内部处理器自动计算得到的。指定预钻孔进刀点，刀具先移动到指定的预钻孔进刀点位置，然后下到被指定的切削层高度，接着移动到处理器生成的开始点进入切削。

在预钻孔点选项下选择点，即以该点为预钻孔点，并且可以指定多个为预钻孔点，系统将自动以最近的点为实际使用的点。

专家指点：在设置区域起点与预钻孔点时，都有“有效距离”选项，当距离过大时，将忽略指定的点。

3.6.4 转移/快速

转移/快速指定如何从一个切削刀路移动到另一个切削刀路。“转移/快速”选项卡如图3-93所示，其设置的选项如下。

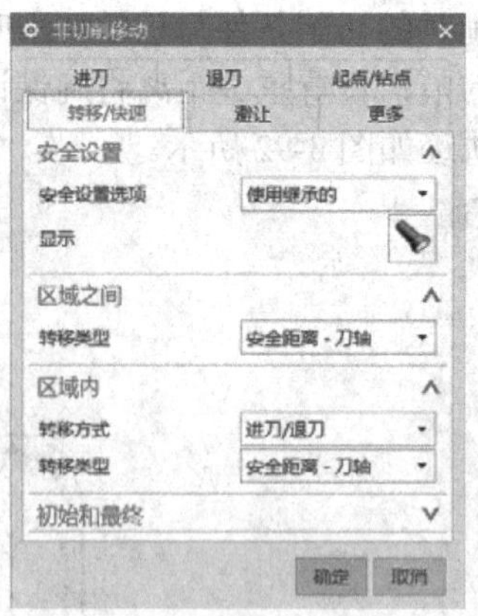

图3-93 “转移/快速”选项卡

1．安全设置

在切削加工过程中将以该安全设置选项作为安全距离进行退刀。安全设置选项包括4种方式。

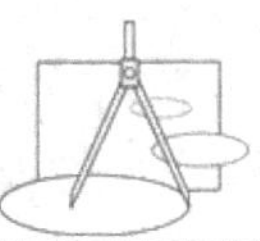

（1）使用继承的：以几何体中设置的安全设置选项作为当前工序的安全设置选项。

（2）无：不设置安全距离。

（3）自动：以安全距离避开加工件。安全距离是指当刀具转移到新的切削位置或者当刀具进刀到规定的深度时，刀具离开工件表面的距离。

（4）平面：指定一个平面作为安全平面。

专家指点：如果选择“使用继承的”，则一定要在选择的几何体中包含了安全设置选项，通常要求父组中有坐标系几何体。

2．区域之间

区域之间控制清除不同切削区域之间障碍的退刀、转移和进刀方式。设置区域之间的转移方式必须考虑其安全性。

区域之间的转移类型有 5 个选项，如图 3-94 所示为不同选项的示意图。

（1）安全距离-刀轴：退刀到安全设置选项指定的平面高度位置。

（2）前一平面：刀具将抬高到前一切削层上垂直距离高度。

（3）直接：不提刀，直接连接到下一切削起点。

（4）最小安全值：抬刀一个最小安全值，并保证在工件上有最小安全距离。

（5）毛坯平面：抬刀毛坯平面之上。

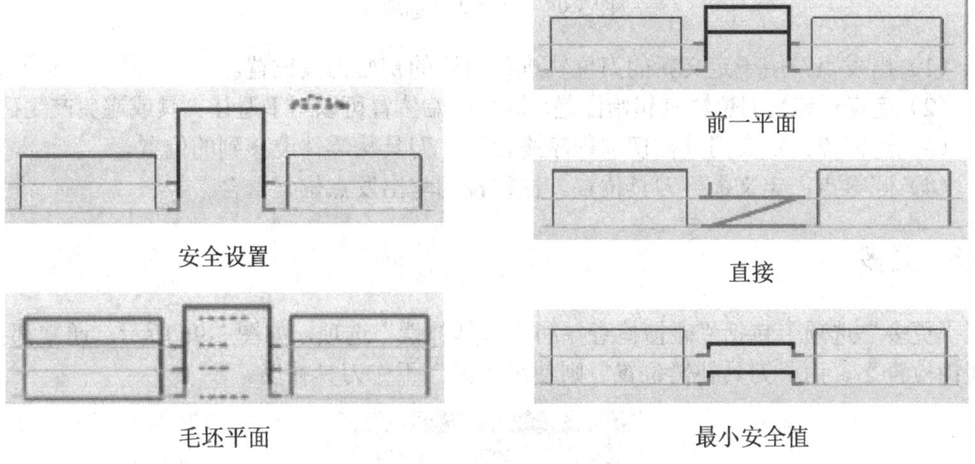

图 3-94　转移类型

3．区域内

区域内表示在同一切削区域范围中刀具的转移方式。需要指定转移方式与转移类型，可以使用的转移类型与区域之间相同。可以选择以下转移方式。

（1）进刀/退刀：以设置的进刀方式与退刀方式来实现转移。

（2）抬刀/插铣：抬刀一个指定的高度再移动到下一行起始处插铣下刀进入切削。

（3）无：直接连接。

4．初始和最终

指定初始加工逼近所采用的移动方式与最终离开时的移动方式，通常都使用“安全设置选项”以保证安全。

3.6.5 避让

避让用于定义刀具轨迹开始以前和切削以后的非切削移动的位置。“避让”选项卡如图 3-95 所示，包括以下 4 个类型的点，可以用点构造器来定义点。

图 3-95 “避让”选项卡

（1）出发点：用于定义新的刀位轨迹开始段的初始刀具位置。

（2）起点：定义刀位轨迹起始位置，这个起始位置可以用于避让夹具或避免产生碰撞。

（3）返回点：定义刀具在切削程序终止时，刀具从零件上移到的位置。

（4）回零点：定义最终刀具位置。往往设为与出发点位置重合。

3.6.6 更多

“更多”选项卡包括“碰撞检查”和“刀具补偿”选项，如图 3-96 所示，通常都打开“碰撞检查”，而“刀具补偿位置”则使用“无”不作刀具补偿。

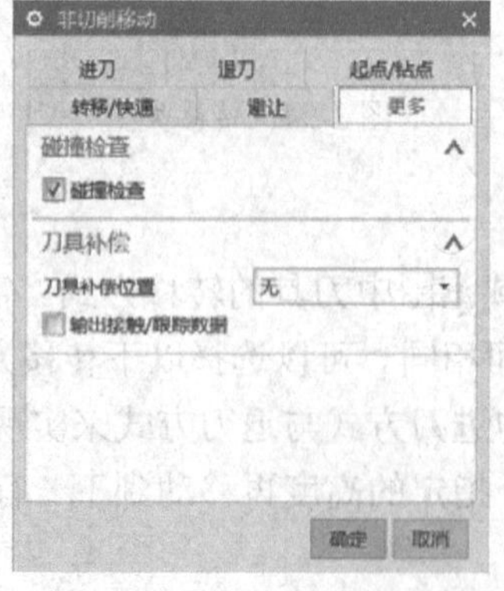

图 3-96 “更多”选项卡

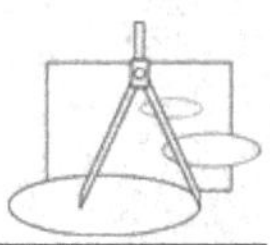

专家指点：如果要使用机床上的刀补功能进行多次加工，则需要指定“刀具补偿位置”为“最终精加工刀路”；但要注意在路径中不能有内凹的小圆角与凹槽等，否则加刀补可能会失败。

3.7　进给率和速度

进给率和速度用于设置主轴转速与进给率，单击“进给率和速度”后的图标，弹出“进给率和速度”对话框，展开进给率的“更多”选项显示不同运动状态的进给率设置，如图 3-97 所示。

图 3-97　“进给率和速度”对话框

1．自动设置

在自动设置中输入表面速度与每齿进给量，单击“计算”图标得到主轴转速与切削进给率。

表面速度即切削线速度，是指刀具切削刃上的某一点相对于待加工表面在主运动方向上的瞬时速度，单位为 m/min。输入表面速度 V_c，系统按公式 $n=V_c\times1000/(\pi\times D_{ia})$进行计算得到主轴转速。

每齿进给量设置主轴旋转一周，刀具上单个刀刃相对工件在进给方向上的位移。指定每齿进给量 f_z 后，按公式 $F=z*n*f_z$ 进行计算得到切削进给率。

专家指点：在主轴转速与切削进给率调整后，也需要重新计算得到新的表面速度与每齿进给量。

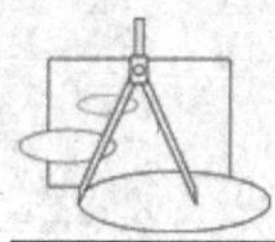

2．主轴转速

指定主轴转速，输入数值的单位为“转/分”。

在“更多”选项中，可以选择主轴的旋转方向，有 3 个选项：主轴正转（CLW）、主轴反转（CCLW）和主轴不旋转（否）。除非绝对必要并有十分把握，否则主轴反转或者主轴不旋转是不应使用的。

3．切削进给率

切削进给率是指机床工作台工作插位即切削时的进给速度，在 G 代码的 NC 文件中以 F_来表示。

进给速度直接关系到加工质量和加工效率。一般来说，同一刀具在同样转速下，进给速度越高，所得到的加工表面质量会越差。实际加工时，进给率跟机床、刀具系统及加工环境等有很大关系，需要不断地积累经验。

4．更多进给率选项

NX 提供了不同的刀具运动类型下设定不同进给率的功能，展开“更多”选项可以设置不同运动状态下的进给率。如图 3-98 所示为各种切削进给速度的示意图。

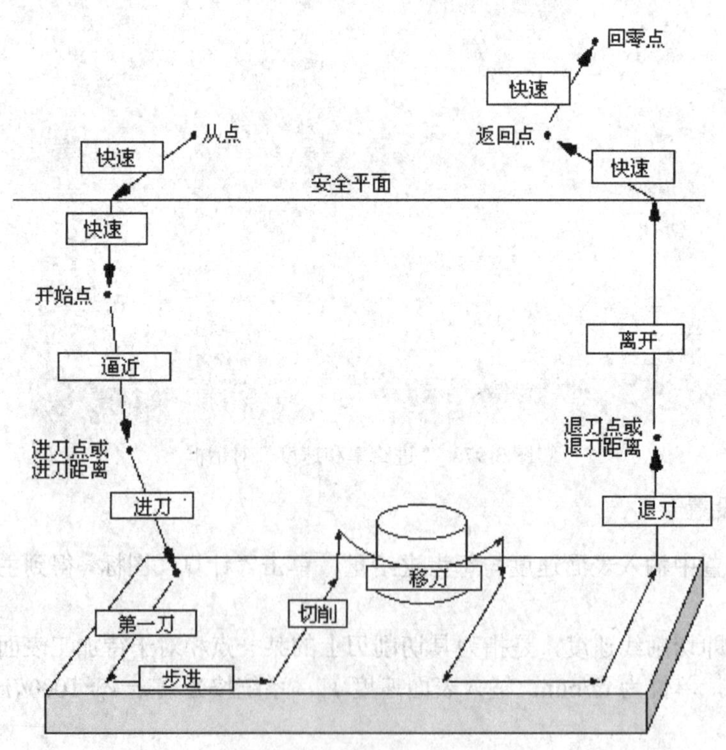

图 3-98　进给率应用示意图

在进给各选项的后面都有单位选择，可以设置为毫米/分钟（mmpm）或者毫米/转（mmpr），或者选择切削进给率的百分比、快速移动。

（1）快速：用于设置快速运动时的进给，通常指定输出方式为 G00。

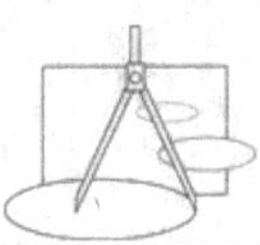

（2）逼近：用于设置接近速度，即刀具从起刀点到进刀点的进给速度。在平面铣或型腔铣中，接近速度控制刀具从一个切削层到下一个切削层的移动速度。

（3）进刀：用于设置进刀速度，即刀具切入零件时的进给速度。是从刀具进刀点到初始切削位置的移动速度。

（4）第一刀切削：设置水平方向第一刀切削时的进给速度。

（5）步进：设置刀具进入下一行切削时的进给速度。

（6）移刀：设置刀具从一个切削区域跨越到另一个切削区域时做水平非切削移动时刀具移动速度。

（7）退刀：设置退刀速度，即刀具切出零件材料时的进给速度，即刀具完成切削退刀到退刀点的运动速度。

（8）离开：设置离开速度，即刀具从退刀点到返回点的移动速度。

专家指点：逼近、移刀、退刀、离开等非切削移动的进给率设置为快速方式，使用 G00 快速定位；进刀、第一刀切削、步进等选项的进给率可以使用相对于切削进给率稍慢的速度。在进刀时产生端切削，第一刀切削时刀具嵌入材料可以设置相对较低的进给率。

任务 3-2　创建凸模零件的型腔铣工序

如图 3-99 所示某凸模零件的加工，该零件分上下两部分，上半部分的斜度较大并且为配合面，而小半部分的拨模角较小，底面精度要求不高。零件毛坯为立方块。使用 ϕ16R4 的圆角刀进行粗加工，再用 ϕ8 的平底刀进行精加工。

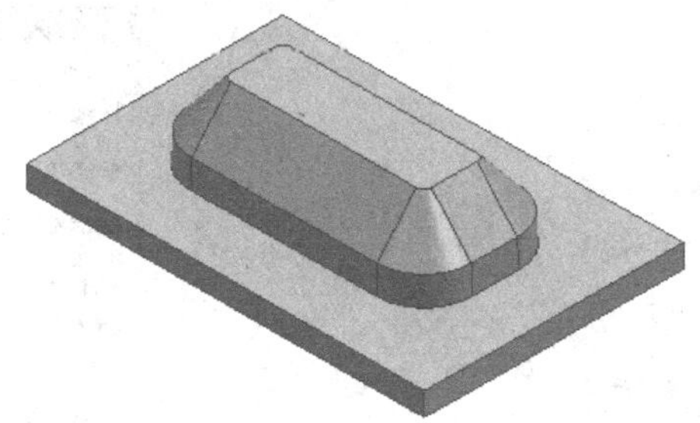

图 3-99　示例零件

➔ STEP 1 打开模型文件

启动 NX，打开 T3-2.PRT。

➔ STEP 2 进入加工模块

按 Ctrl+Alt+M 组合键，进入加工模块，系统会弹出“加工环境”对话框，选择 CAM 设置为 mill_contour。单击“确定”按钮进行加工环境的初始化设置。

➔ STEP 3 创建刀具

单击工具条上的“创建刀具”图标，指定名称为 T1-D16R4，确定进入刀具参数。设置刀具“直径”为 16，“下半径”为 4，如图 3-100 所示，确定创建铣刀 T1-D16R4。

单击“创建刀具”图标，指定名称为 T2-D8，确定进入刀具参数中设置。设置刀具

“直径”为 8，“下半径”为 0，如图 3-101 所示，确定创建铣刀 T2-D8。

图 3-100 创建刀具 T1-D16R4

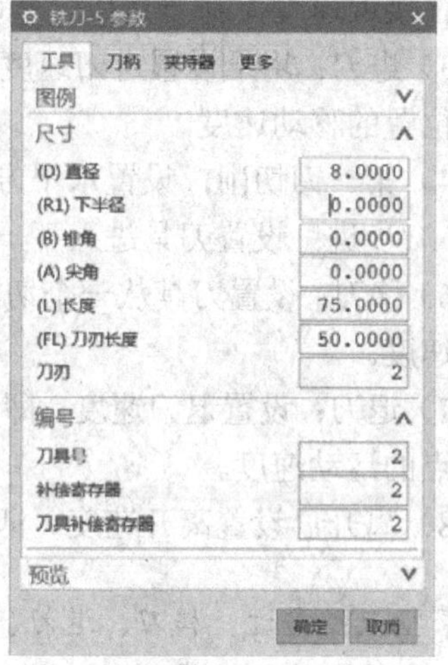

图 3-101 创建刀具 T2-D8

👍**专家指点：**可以将一个部件加工所需使用的刀具全部创建好。

➔ STEP 4 编辑工件几何体

单击“工序导航器”图标显示工序导航器，并切换到几何视图，再单击“+”号展开组，如图 3-102 所示。双击 WORKPIECE 编辑工件几何体，系统打开“工件”对话框，如图 3-103 所示。

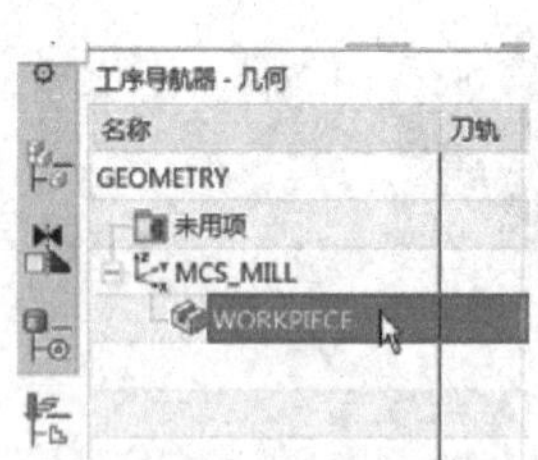

图 3-102 创建几何体

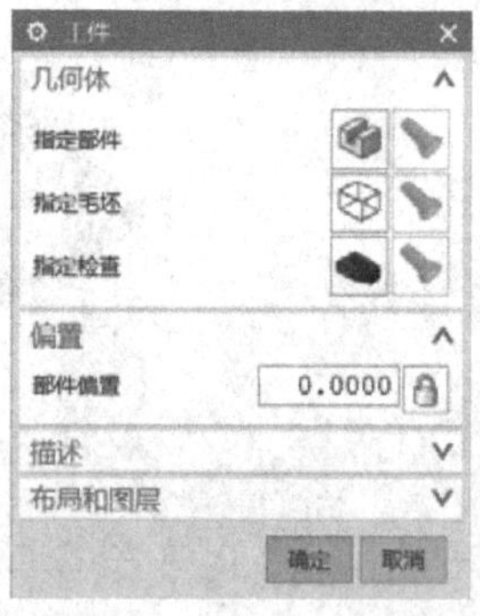

图 3-103 “工件”对话框

👍**专家指点：**通过编辑几何体 WORKPIECE 可以减少几何体组，避免混乱。建议简单的零件编程时，都可以通过编辑默认的坐标系几何体 MCS_MILL 与工件几何体 WORKPIECE，而在创建工序时，统一选择 WORKPIECE。

单击“指定部件”图标，拾取实体为部件几何体，如图 3-104 所示。

再单击“指定毛坯”图标，选择“包容块”方式创建毛坯，如图 3-105 所示。连续单击鼠标中键完成几何体的创建。

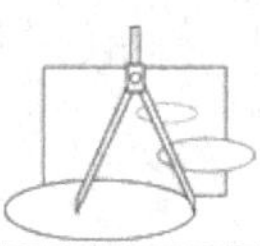

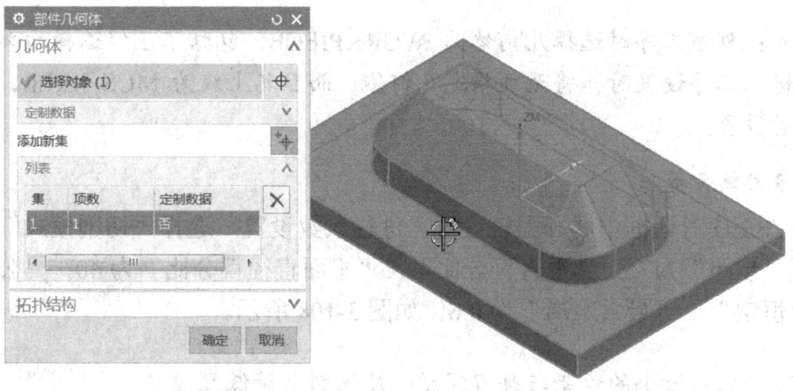

图 3-104　指定部件

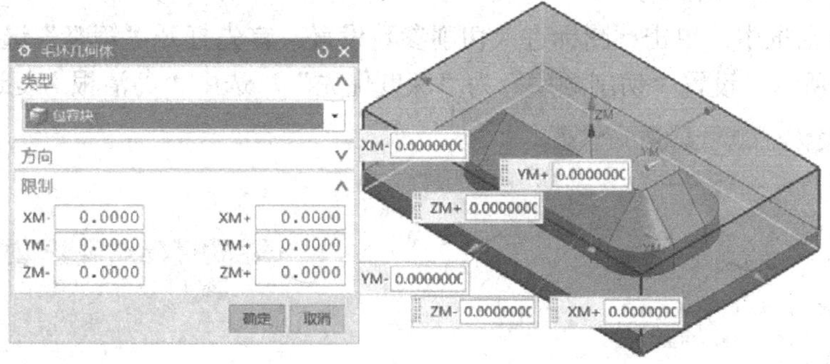

图 3-105　指定毛坯

→ *STEP 5* 创建型腔铣工序

单击工具条上的"创建工序"图标，弹出"创建工序"对话框，选择工序子类型为"型腔铣（Cavity MILL）"，如图 3-106 所示。确认选项后单击"确定"按钮，打开型腔铣工序对话框，如图 3-107 所示。

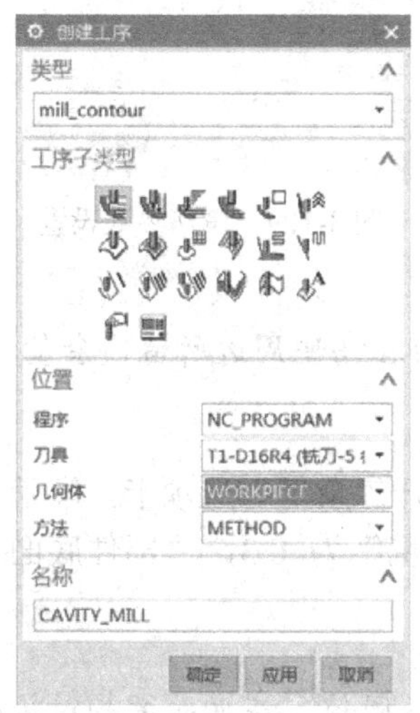

图 3-106　"创建工序"对话框

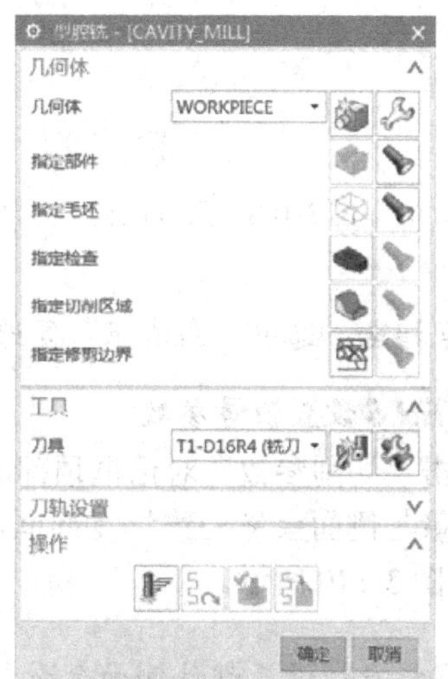

图 3-107　型腔铣

专家指点： 创建工序时选择几何体为 WORKPIECE，包括了已经选择的部件和毛坯几何体，进入工序设置时，将无须指定几何体；而且其上级为 MCS_MILL，包括了安全几何体的设置。

➔ *STEP 6* 刀轨设置

在型腔铣工序对话框中展开刀轨设置，进行参数设置，选择“切削模式”为“跟随周边”，设置“步距”为“刀具平直百分比”，“平面直径百分比”为 40，“公共每刀切削深度”为“恒定”，“最大距离”为 0.6，如图 3-108 所示。

专家指点： 采用较小的步距与每刀深度，使切削负荷低且稳定。

➔ *STEP 7* 设置切削策略参数

在工序对话框中，单击图标进入切削参数设置。首先打开“策略”选项卡，设置参数如图 3-109 所示。设置“切削顺序”为“深度优先”，选中“岛清根”复选框。

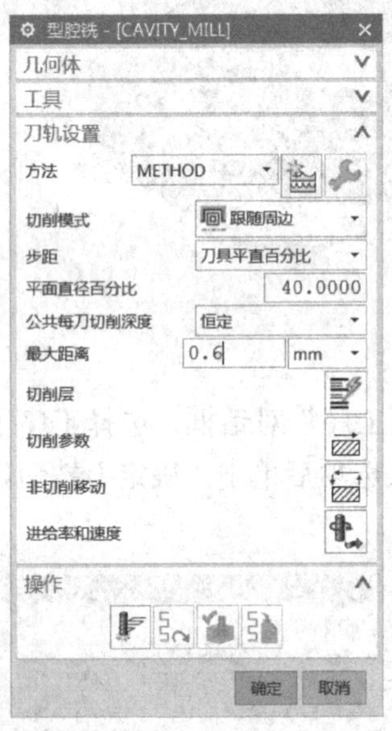

图 3-108　刀轨设置

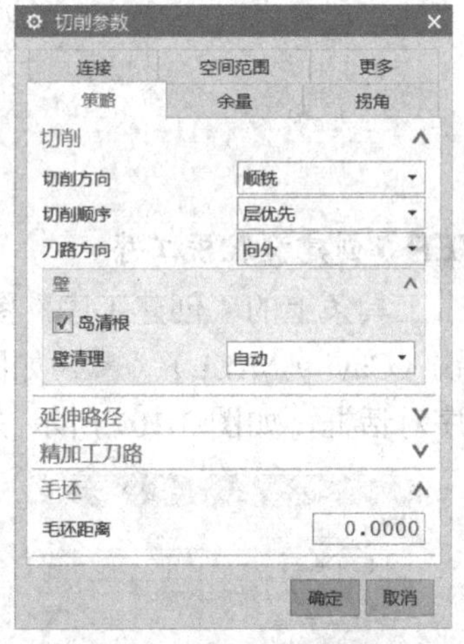

图 3-109　策略参数设置

专家指点： 选中“岛清根”复选框保证每一层切削后在岛屿周边所留残余量均匀。

➔ *STEP 8* 设置余量参数

单击“切削参数”对话框顶部的“余量”标签，打开“余量”选项卡，取消选中“使底面余量与侧面余量一致”复选框，设置“部件侧面余量”为 0.3，“部件底面余量”为 0.1，如图 3-110 所示。

专家指点： 设置部件侧面余量与部件的底部面余量不同值，在底面留相对较小的切削余量。粗加工时设置相对较大的公差值，有利于提高计算速度。

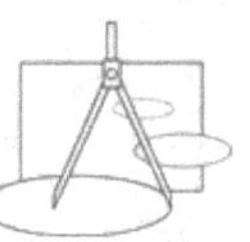

➔ STEP 9 设置拐角参数

单击“切削参数”对话框顶部的“拐角”标签，打开“拐角”选项卡，如图 3-111 所示进行设置。设置“光顺”为“所有刀路”，“减速距离”为“当前刀具”。完成设置后单击“确定”按钮完成切削参数的设置，返回型腔铣工序对话框。

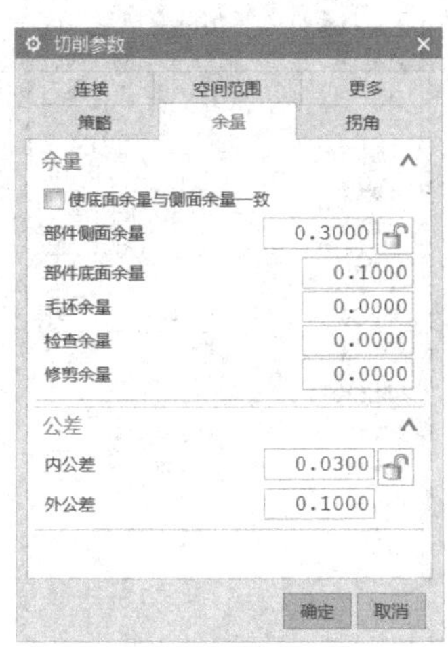

图 3-110　余量参数设置

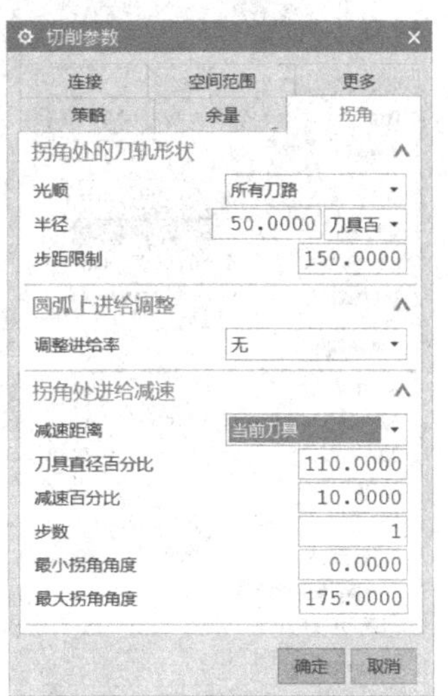

图 3-111　“拐角”选项卡

专家指点： 设置“光顺”为“所有刀路”，避免尖角的转弯，保持切削稳定。

打开减速选项，在转角降低进给速度，保持切削负荷稳定。

➔ STEP 10 设置进刀选项

在工序对话框中单击“非切削移动”后的图标，在弹出的如图 3-112 所示对话框中设置进刀参数。

专家指点： 在封闭区域采用“螺旋”方式下刀，将进刀角度设置为 8，有利于刀具以均匀的切削负荷进入切削。“高度起点”设置在“当前层”，即从当前层上方的高度位置开始螺旋进刀。

➔ STEP 11 设置转移方法

选择“转移/快速”选项卡，设置“安全设置选项”为“自动平面”，“安全距离”为 30；区域之间内的“转移类型”为“毛坯平面”，“安全距离”为 3，区域内的“转移类型”为“直接”，如图 3-113 所示。

单击鼠标中键返回型腔铣工序对话框。

专家指点： 选择区域之间的转移方式为“毛坯平面”，在保证安全的前提下减少抬刀行程；区域内“直接”连接，以减小抬刀空行程。

➔ STEP 12 设置进给率和速度

单击“进给率和速度”后的图标，弹出“进给率和速度”对话框，设置“表面速度”

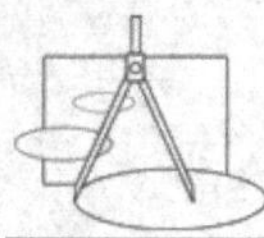

为 250，“每齿进给量”为 0.18，如图 3-114 所示，再单击“计算”图标进行计算，得到主轴转速与切削进给率。

图 3-112　设置进刀参数

图 3-113　“转移/快速”选项卡

将切削进给率取整，再将进给率下的“更多”选项展开，设置进刀为 50%的切削进给率，第一刀切削为 80%的切削进给率，如图 3-115 所示。

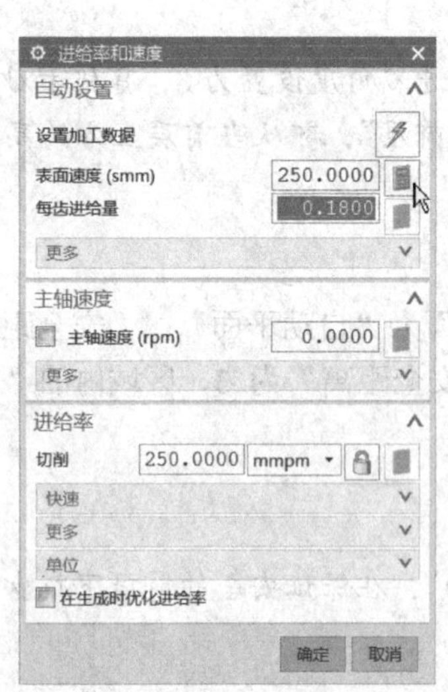

图 3-114　“进给率和速度”对话框

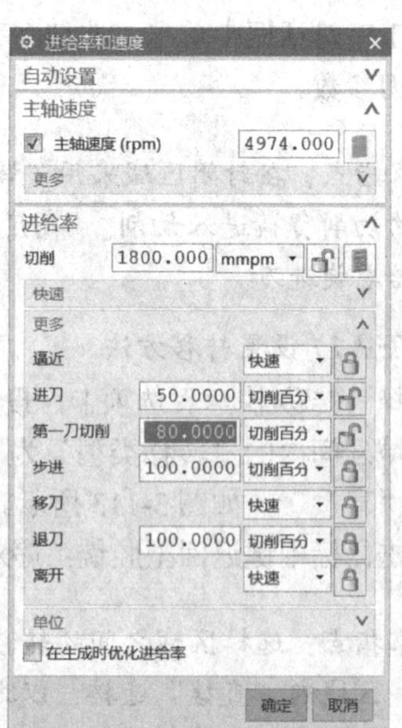

图 3-115　设置进给

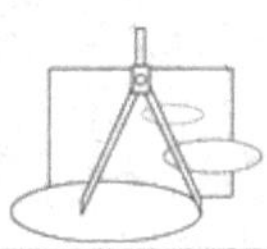

专家指点：设置表面速度与每齿进给量，按公式计算得到主轴转速与切削进给率。在进刀时，刀具向下切削，切削负荷较大。第一刀切削时，两边都要受力，因而可以设置相对较低的进给。

单击鼠标中键返回型腔铣工序对话框。

➔ STEP 13 生成刀轨

确认其他选项参数设置。在工序对话框中单击“生成”图标计算生成刀轨。产生的刀路轨迹如图 3-116 所示。

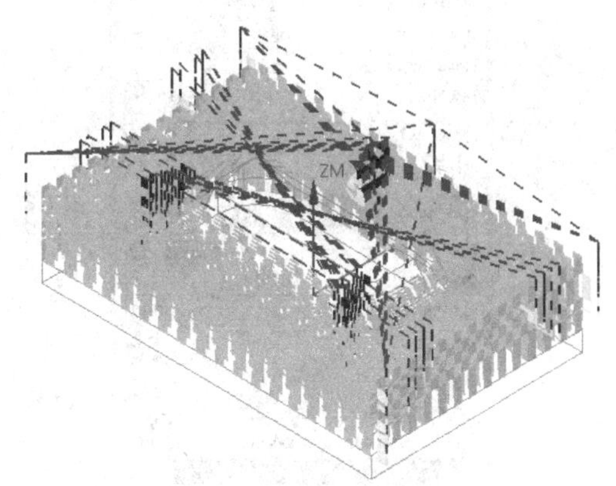

图 3-116　生成刀轨

➔ STEP 14 确定工序

对生成的刀轨进行检视，确认刀轨后单击工序对话框底部的“确定”按钮接受刀轨并关闭工序对话框。

➔ STEP 15 创建型腔铣工序

单击工具条上的“创建工序”图标，弹出“创建工序”对话框，选择工序子类型为“型腔铣（Cavity MILL）”，选择“刀具”为 T2-D8，如图 3-117 所示。确认选项后单击“确定”按钮，打开型腔铣工序对话框。

➔ STEP 16 刀轨设置

在型腔铣工序对话框中展开刀轨设置，进行参数设置，选择“切削模式”为“轮廓”，如图 3-118 所示。

图 3-117　“创建工序”对话框

图 3-118　刀轨设置

➔ STEP 17 设置切削层

在刀轨设置中单击“切削层”图标，系统打开“切削层”对话框，如图 3-119 所示，在列表中选择范围 2，单击✕图标删除该范围；设置公共每刀切削深度的最大距离为 0.4，如图 3-120 所示。单击“添加新集”图标，在图形上拾取倾斜面与竖直面的交点，如图 3-121 所示；在显示框中输入每刀的深度为 0.2，如图 3-122 所示，指定范围 1 的每刀深度。

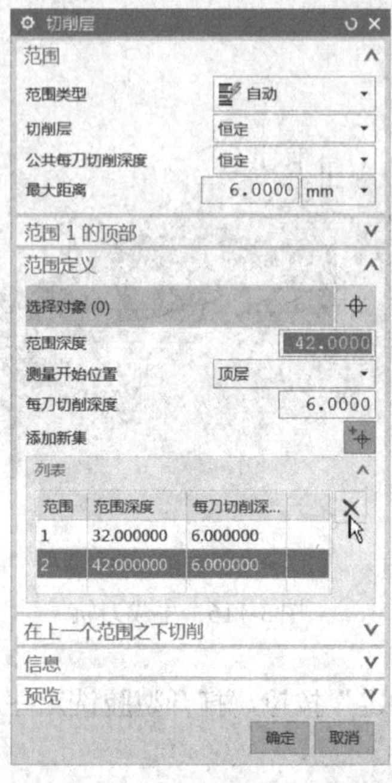

图 3-119 “切削层”对话框

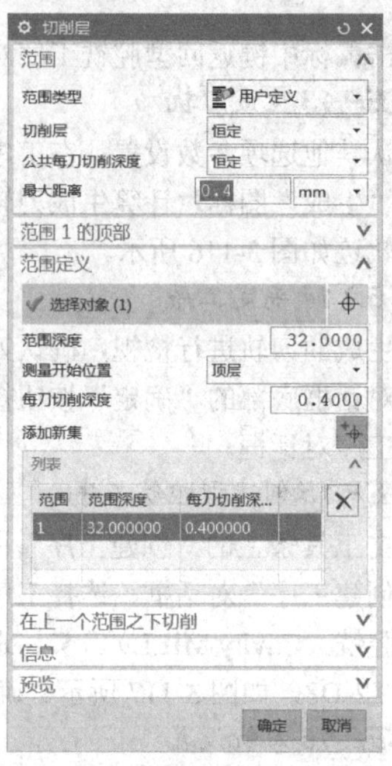

图 3-120 删除范围

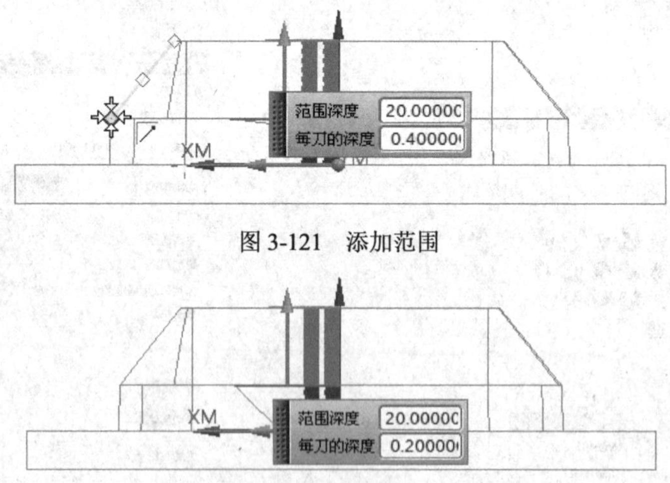

图 3-121 添加范围

图 3-122 修改每刀的深度

在图形上显示的切削范围与切削层如图 3-123 所示。确定返回工序对话框。

专家指点：划分为两个切削范围，上部的侧面倾斜度较大，采用相对较小的每刀深度；而下部较为陡峭，采用相对较大的每刀深度，可以做到质量与效率兼顾。

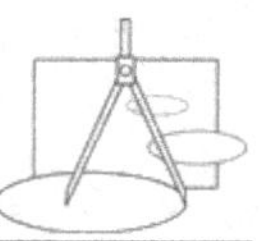

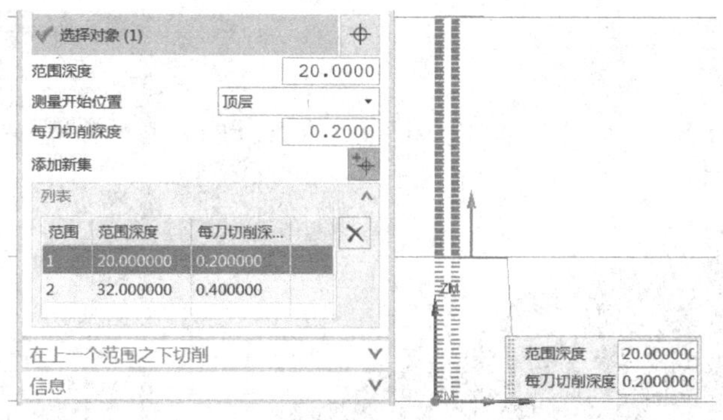

图 3-123　切削层显示

➔ STEP 18 设置进刀选项

在工序对话框中单击“非切削移动”后的图标，打开“非切削移动”对话框，首先显示“进刀”选项卡，如图 3-124 所示设置进刀参数，开放区域的“进刀类型”为“圆弧”，“半径”为 3，“高度”与“最小安全距离”均为 0。

➔ STEP 19 设置起点/钻点参数

选择“起点/钻点”选项卡，设置“重叠距离”为 2，如图 3-125 所示。

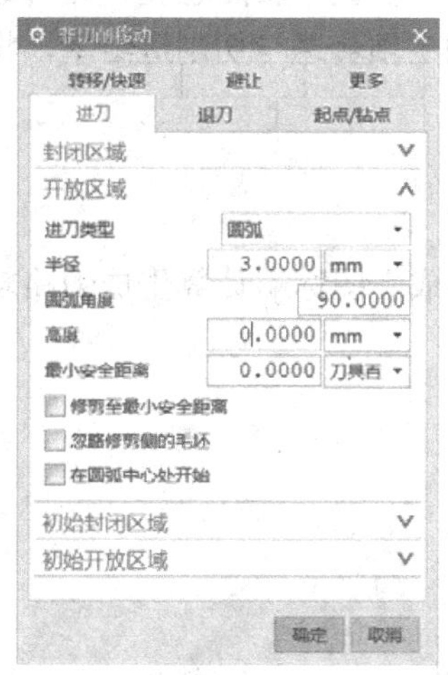

图 3-124　“进刀”选项卡

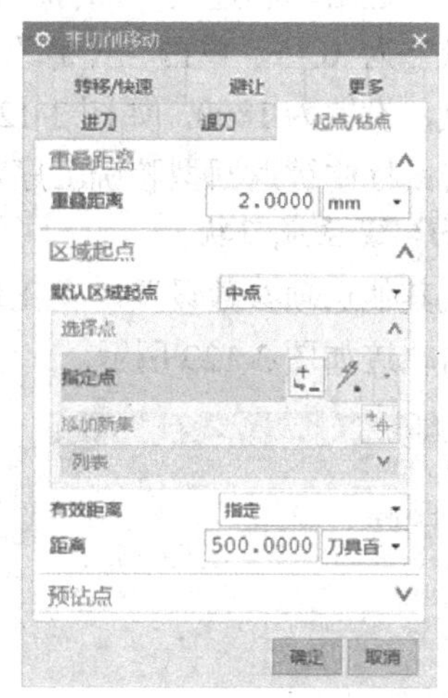

图 3-125　“起点/钻点”选项卡

在区域起点的选择点下单击指定点，在图形上拾取下方直线的中点，以该点为区域起点，如图 3-126 所示。

专家指点： 设置圆弧方式进退刀，并且有“重叠距离”为 2，可以减少进刀痕；指定区域起点可以将进刀点定在质量影响较小，或者是方便观察的位置。

➔ STEP 20 设置转移/快速参数

选择“转移/快速”选项卡，设置“安全设置选项”为“使用继承的”。指定区域之间的“转移类型”为“安全距离-刀轴”，区域内的“转移类型”为“直接”，如图 3-127 所示。

单击鼠标中键返回型腔铣工序对话框。

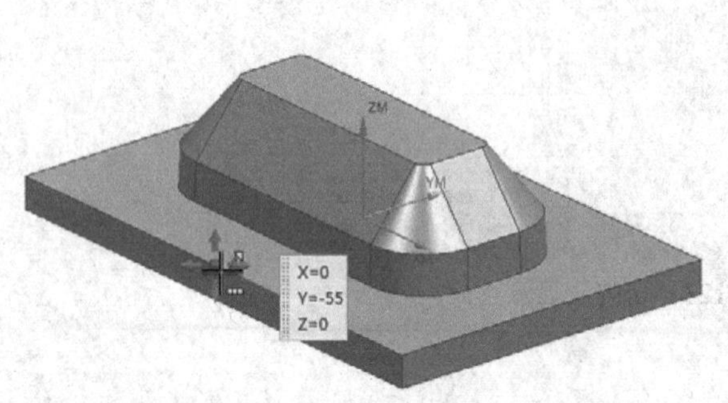

图 3-126　指定起点

图 3-127　“转移/快速”选项卡

专家指点：区域内“转移类型”为“直接”，避免抬刀再下刀的空行程。

➔ STEP 21 设置进给率和速度

单击“进给率和速度”图标，在弹出的对话框中，设置“表面速度”为 150，“每齿进给量”为 0.15，单击“计算”图标进行计算得到主轴转速与切削进给率，将切削进给率取整，设置为 1800，如图 3-128 所示。

单击鼠标中键返回型腔铣工序对话框。

➔ STEP 22 生成刀轨

确认其他选项参数设置。在工序对话框中单击“生成”图标计算生成刀路轨迹。产生的刀路轨迹如图 3-129 所示。

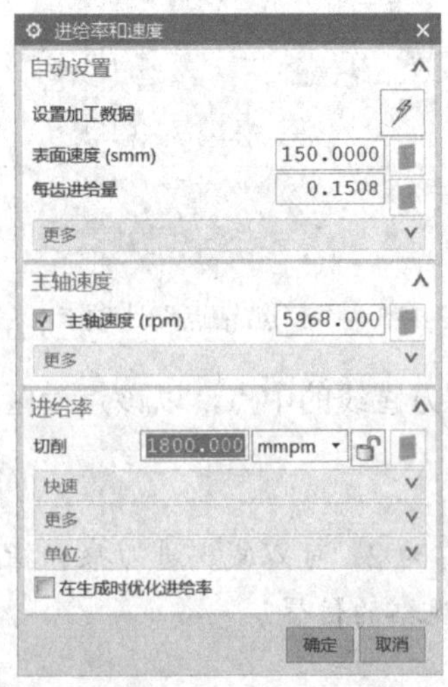

图 3-128　“进给率和速度”对话框

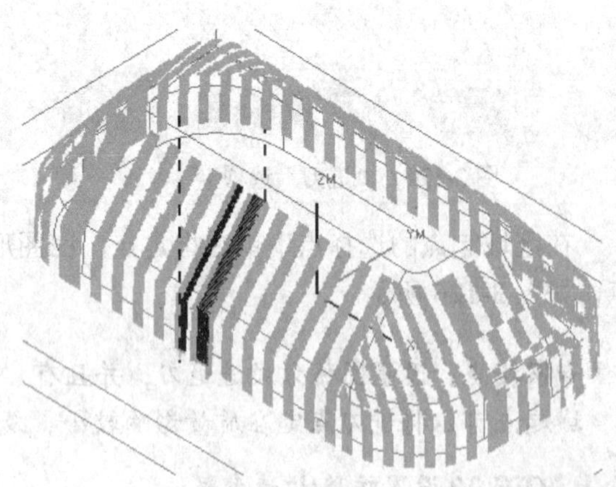

图 3-129　精加工刀轨

➔ STEP 23 检视刀轨

在图形区通过旋转、平移、放大视图转换视角，再单击“重播”图标回放刀轨。可

以从不同角度对刀路轨迹进行查看。

➔ STEP 24 确定工序

确认刀轨后单击工序对话框底部的“确定”按钮接受刀轨并关闭工序对话框。

➔ STEP 25 保存文件

单击工具栏上的“保存”图标，保存文件。

专家指点： 侧面精加工采用型腔铣工序要选择切削模式为“轮廓”，本工序创建时为保证轮廓表面质量，对不同斜度的表面采用不同的切削深度；另外在精加工时注意不要产生不规则的抬刀或者过多的抬刀。

3.8　型腔铣工序的几何体

型腔铣的加工区域是由曲面或者实体几何来定义的，如果选择的几何体组中没有指定部件几何体、毛坯几何体等，在创建工序时可以直接指定几何体。

如图 3-130 所示为型腔铣的几何体选项。它包括有几何体父节点组和部件、毛坯、检查、切削区域、修剪边界 5 种类型。

1．几何体

选择包含此工序将要继承的几何体定义的位置，几何体的选择确定当前工序在工序导航器-几何视图中所处的位置。创建工序前，如果已经做了完整的几何体父节点组创建，在创建工序时直接选用即可。

几何体父节点组可以从下拉选项中选择一个已经创建的几何体，选择的几何体将包含其创建时所设定的坐标系位置、安全选项设置、部件几何体、毛坯几何体、检查几何体等。

单击图标新建一个几何体，新建的几何体可以被其他工序所引用。

单击图标编辑当前选择的几何体，允许编辑各个选项参数，并可以向几何体组添加或移除几何体。完成编辑时，系统在应用前将请求确认。

专家指点： 对于几何体组中已经选择了部件几何体、毛坯几何体或者检查几何体的，不能进行重新选择与编辑操作。

2．指定部件

部件几何体定义的是加工完成后的零件。部件几何体是型腔铣工序必需的加工对象，如果在选择的几何体父节点组中未包括有部件几何体，则必须选择。

在型腔铣工序对话框中单击“指定部件”图标，弹出如图 3-131 所示的“部件几何体”对话框。设置选择对象的过滤方法，然后在绘图区中选择对象。如图 3-132 所示为选择实体作为部件几何体创建的一个工序。

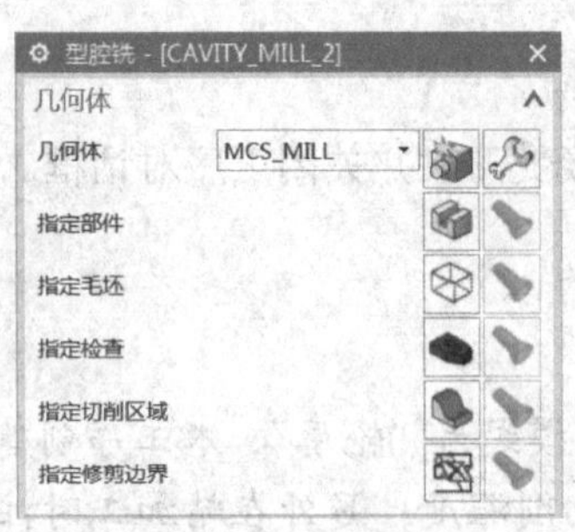

图 3-130　几何体

图 3-131　“部件几何体”对话框 1

单击“添加新集”图标，可以选择下一组的部件对象，并且可以为不同组输入定制数据，指定不同的公差与余量，如图 3-133 所示。

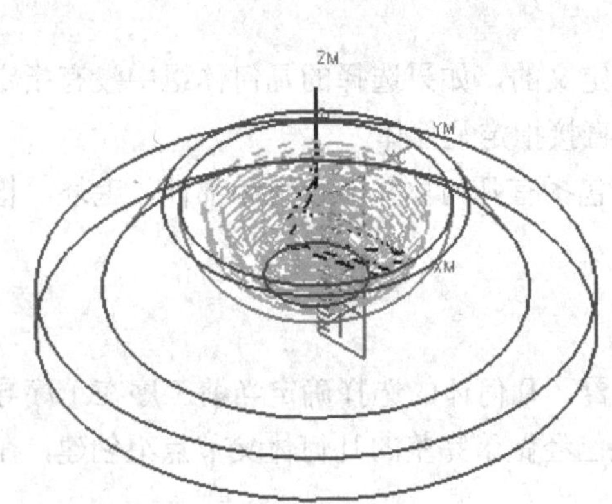

图 3-132　指定部件几何的刀轨

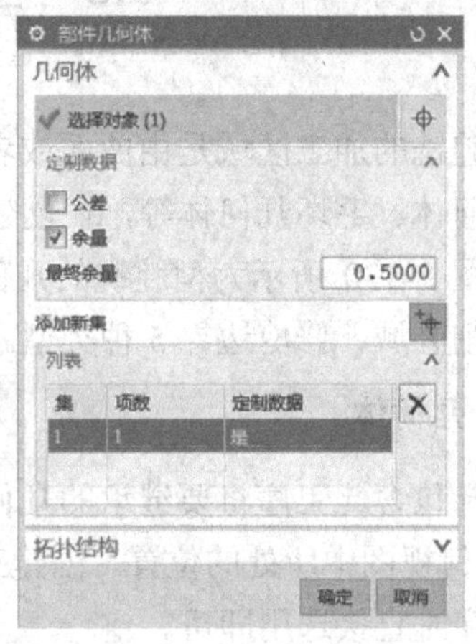

图 3-133　“部件几何体”对话框 2

专家指点：通常选择所有体和面作为部件几何体，以保证安全，需要局部加工时再指定切削区域。

专家指点：系统默认选择过滤器为“实体”，当模型为片体时，需要变更过滤方式。

3. 指定毛坯

毛坯几何体是将要加工的原始材料，可以用实体或面来定义毛坯几何体。在型腔铣工序对话框中单击“指定毛坯”图标，将弹出“毛坯几何体”对话框。设置选择对象的过滤方法，然后在绘图区中选择对象。如图 3-134 所示为指定一个方块作为毛坯几何体生成的刀轨示例。

专家指点：创建型腔铣中指定毛坯只能选择几何体，不能使用“包容块”等选项。

4. 指定检查

检查几何体是刀具在切削过程中要避让的几何体，可以保护不需要加工的表面，如夹具和其他已加工过的重要表面。检查几何体也经常用于进行加工区域范围的限制。如图 3-135

所示为将外围的部分曲面选择为检查几何体生成的刀轨示例。

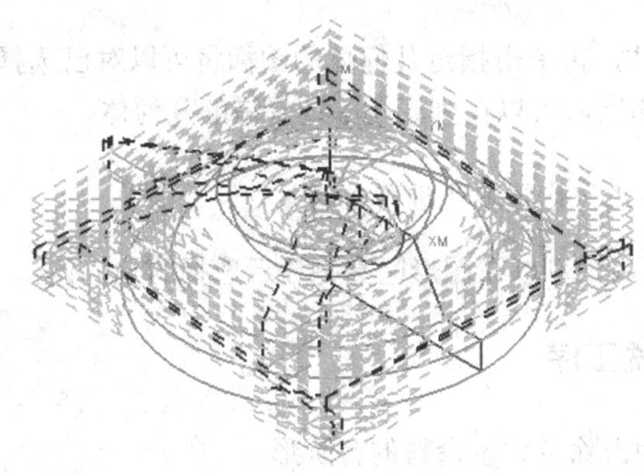

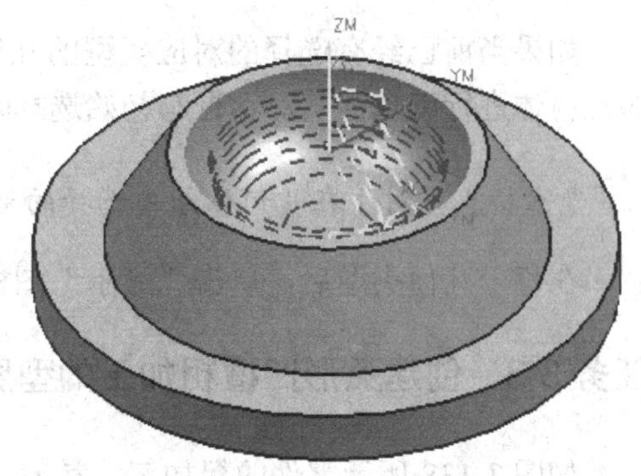

图 3-135　指定检查几何体

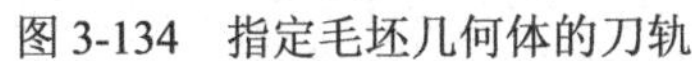

图 3-134　指定毛坯几何体的刀轨

毛坯几何体、检查几何体的选择方法与部件几何体相同，都可以选择体或者面。

专家指点： 如果一个面既选择为部件几何体，又选择为检查几何体时，检查几何体也将发挥作用，因而将不在该曲面生成刀轨。

5. 指定切削区域

指定部件上被加工的区域，可以是部件几何体的一部分。切削区域几何体只能选择部件几何体中的面。不指定切削区域时将对整个零件进行加工；指定切削区域则只在切削区域上方生成刀轨，需要局部加工时，可以指定切削区域几何体。如图 3-136 所示为选择外围的部分曲面为铣削区域几何体生成的刀轨示例。

专家指点： 切削区域中的每个成员必须包含在已选择的部件几何体中。

6. 指定修剪边界

修剪边界几何体用一个边界对生成的刀轨做进一步的修剪。修剪几何体可以限定生成刀轨的切削区域，如指定局部加工或者角落加工。如图 3-137 所示为选择平面的边缘为修剪边界几何体生成的刀轨示例。

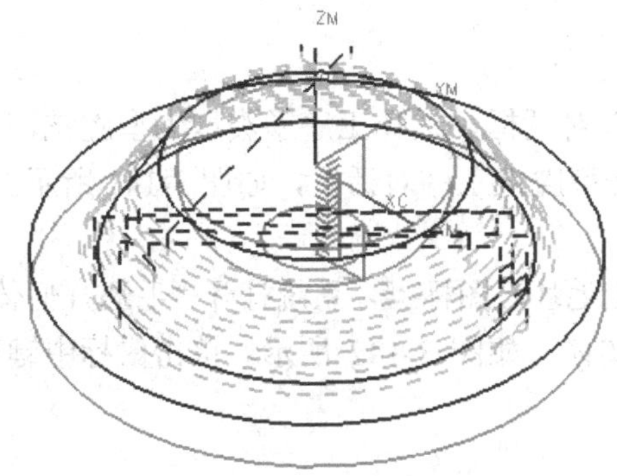

图 3-136　指定切削区域

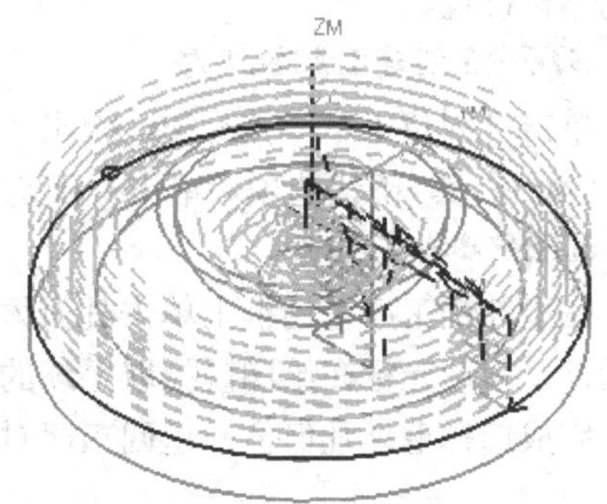

图 3-137　指定修剪边界几何体

专家指点：在选择修剪边界时一定要注意修剪侧的正确性。

如果当前已经有选择的对应类型的几何体，再单击指定几何体的图标将可以对已选择的几何体进行编辑，其对话框与初始选择时相同，可以在列表删除选择错的几何体。

专家指点：对于在几何体组中选择的部件几何体将不能进行编辑。

在每一几何类型后，单击“显示”图标，则可以在图形区高亮显示选择的几何体。

任务 3-3　创建弧形凹槽粗加工的型腔铣工序

如图 3-138 所示零件的粗加工，其毛坯为去除了大量余料的台阶形。

➔ ***STEP 1*** 打开模型文件

启动 NX，打开 T3-3.stp，打开的部件显示如图 3-139 所示，对模型进行检视。

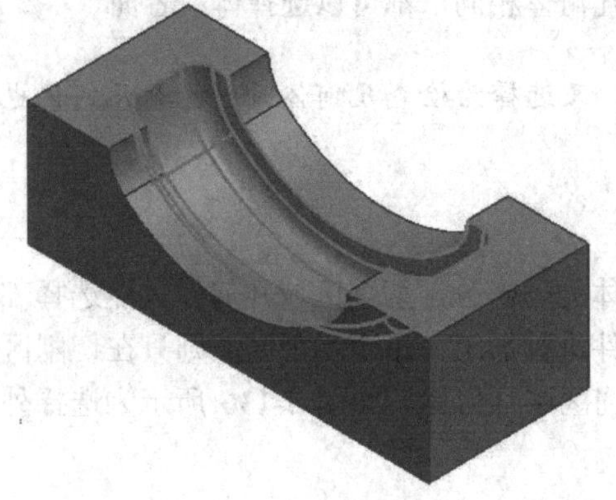

图 3-138　示例零件

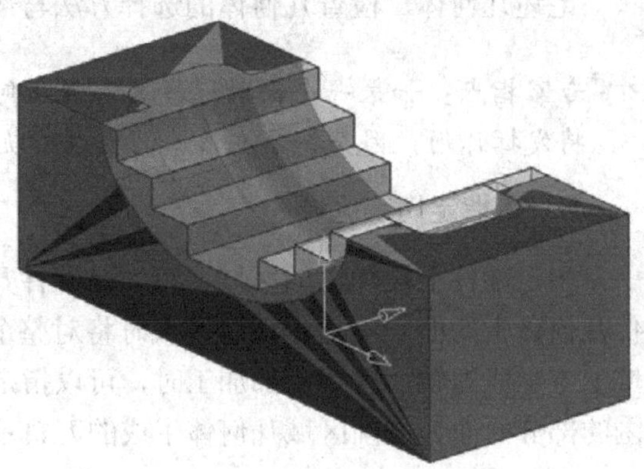

图 3-139　打开的部件

专家指点：NX 可以直接打开 IGS、STP 等标准格式的三维模型。

➔ ***STEP 2*** 进入加工模块

在工具条上单击“起始”按钮，在下拉选项中选择“加工”。进入加工模块，系统会弹出“加工环境”对话框，选择 CAM 设置为 mill_contour。单击“初始化”进行加工环境的初始化设置。

➔ ***STEP 3*** 创建型腔铣工序

单击“创建工序”图标，弹出“创建工序”对话框，选择工序子类型为型腔铣，如图 3-140 所示。确认选项后单击“确定”按钮打开型腔铣工序对话框，如图 3-141 所示。

➔ ***STEP 4*** 指定毛坯

在型腔铣工序对话框上单击几何体下的“指定毛坯”图标，系统打开“毛坯几何体”对话框，移动光标在绘图区拾取毛坯的台阶状的实体，如图 3-142 所示。单击鼠标中键确定，完成选择毛坯几何体，返回工序对话框。

专家指点：对于毛坯本身有特殊形状的，应该选择该形状的实体特征为毛坯。

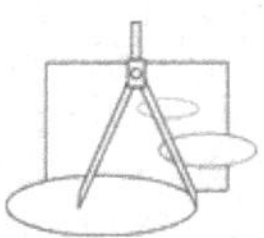

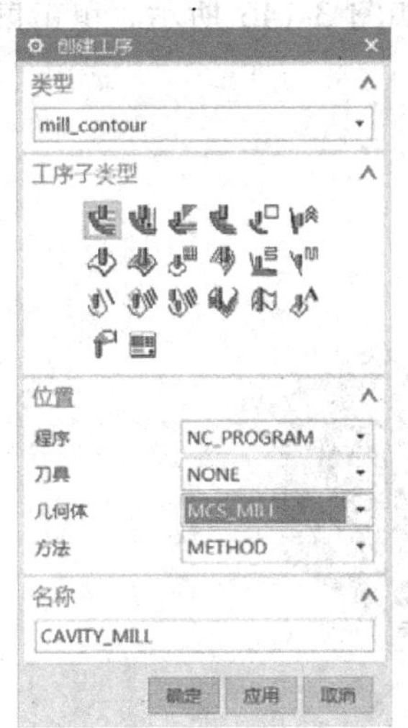

图 3-140　“创建工序”对话框

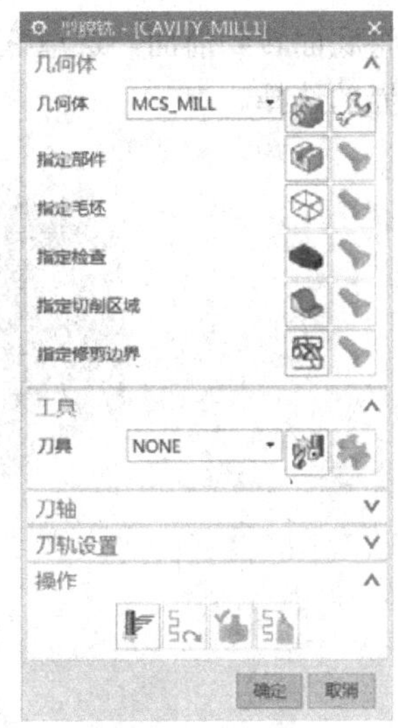

图 3-141　型腔铣工序对话框

➔ STEP 5 隐藏毛坯几何体

按 Ctrl+B 快捷键，打开隐藏对话框，拾取毛坯形状实体，将该实体隐藏，只保留部件模型，显示的实体如图 3-143 所示。

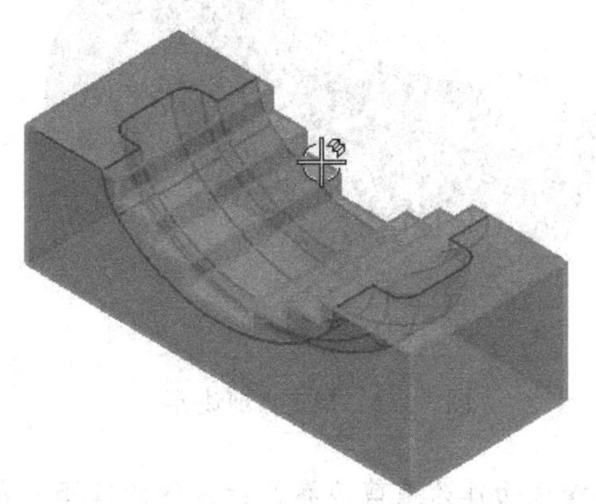

图 3-142　拾取毛坯几何体

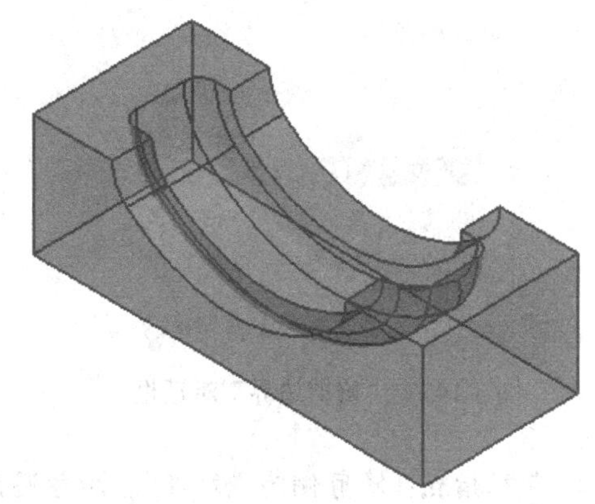

图 3-143　隐藏毛坯

专家指点：暂时不用的几何体，可以将其隐藏，以免干扰，但不能删除。

➔ STEP 6 指定部件几何体

在型腔铣工序对话框中单击几何体下的“指定部件”图标，选择工件形状的实体为部件几何体，如图 3-144 所示。单击鼠标中键确定，完成选择部件几何体，返回工序对话框。

专家指点：毛坯显示时，较难选到部件实体，因此可以先指定毛坯。

➔ STEP 7 指定修剪边界

单击工序对话框中的“指定修剪边界”图标，系统打开“修剪边界”对话框，如图 3-145 所示，将过滤类型选择为“面”，并指定“修剪侧”为“外部”。在绘图区通过动态旋转的方法将底面转到前面，选取底面，指定修剪边界，如图 3-146 所示。单击鼠标中键确定修剪边界的选择。

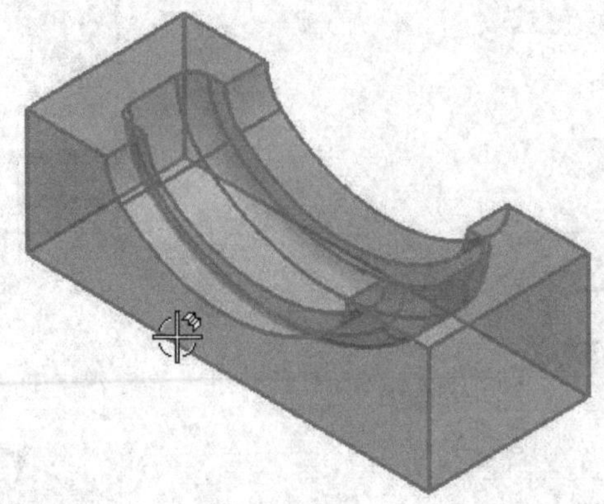

图 3-144　指定部件几何体

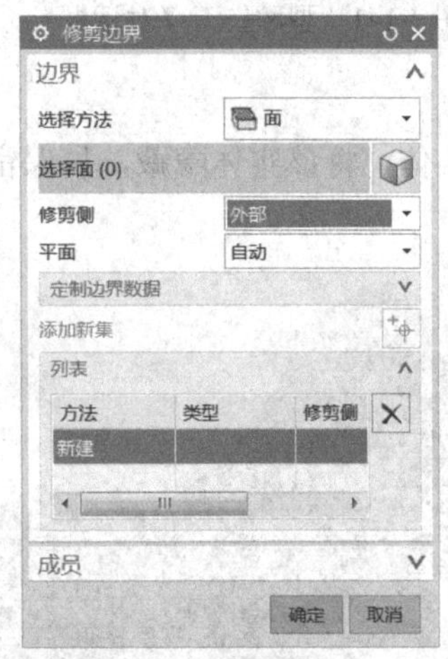

图 3-145　“修剪边界”对话框

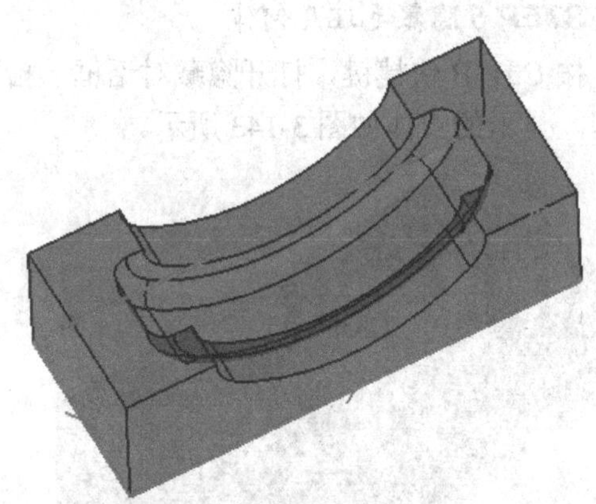

图 3-146　指定修剪边界

专家指点：修剪侧为“外部”，切勿漏设。选择底面作为裁剪边界是最方便的选择方式。

专家指点：设置裁剪边界可以使刀具中心加工到毛坯边缘，如果没有裁剪边界，也可以生成刀轨，但刀具将超出毛坯，有多余路径。

➔ *STEP 8* 新建刀具

单击“刀具”将其展开刀具组，单击“刀具后的新建”图标，打开“新建刀具”对话框，输入名称创建铣刀 B25R5，如图 3-147 所示，单击“确定”按钮进入铣刀参数对话框。系统默认新建铣刀为 5 参数铣刀，设定“直径”为 25，“下半径”为 5，如图 3-148 所示。其余选项依照默认值设定，在图形上将显示预览的刀具。单击“确定”按钮完成刀具创建。返回到型腔铣工序对话框，在刀具选项上将显示为 B25R5。

➔ *STEP 9* 刀轨设置

在型腔铣工序对话框中展开刀轨设置，设置“步距”为“恒定”，其“最大距离”为

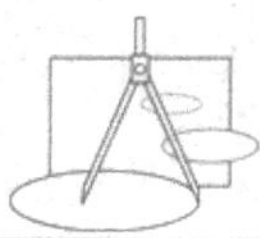

12，“公共每刀切削深度”为“恒定”，其“最大距离”为 1.2，如图 3-149 所示。

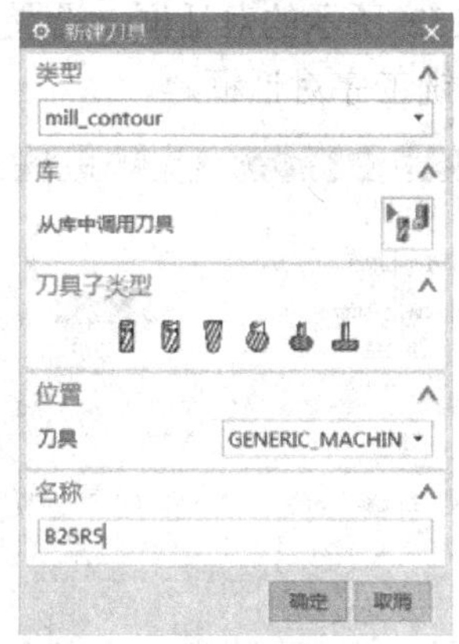

图 3-147　“新建刀具”对话框

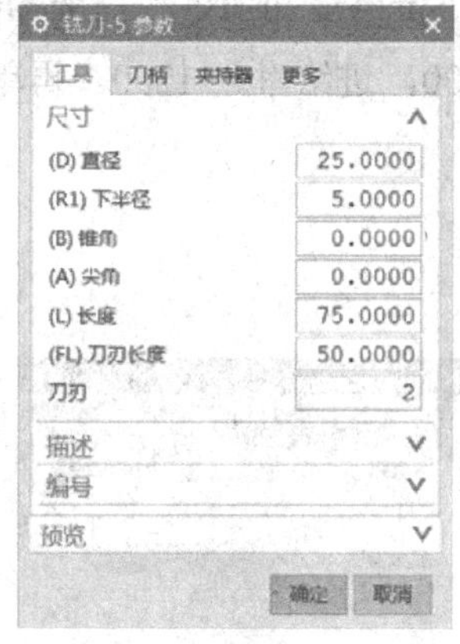

图 3-148　设置刀具参数

专家指点：“切削模式”用“跟随部件”，步距为 12，切深为 1.2。

STEP 10 切削参数设置

在工序对话框中，单击图标进入切削参数设置。选择“余量”选项卡，设置参数如图 3-150 所示，设置“部件侧面余量”为 0.6，“内/外公差”均为 0.08。

图 3-149　刀轨设置

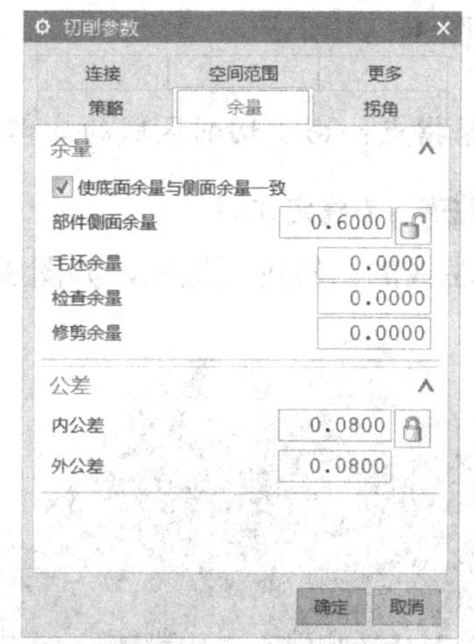

图 3-150　余量设置

STEP 11 非切削移动设置

在工序对话框中单击“非切削移动”图标，选择“退刀”选项卡，设置“退刀类型”为“无”，如图 3-151 所示，确定返回型腔铣工序对话框。

专家指点：进刀时从部件外下刀再水平进刀，进刀距离较长，退刀设置为“无”缩短空行程。

➔ STEP 12 设置进给率和速度

单击“进给率和速度”后的图标，则弹出如图 3-152 所示的对话框，设置“主轴转速”为 2500，进给率为 1200。再单击鼠标中键返回型腔铣工序对话框。

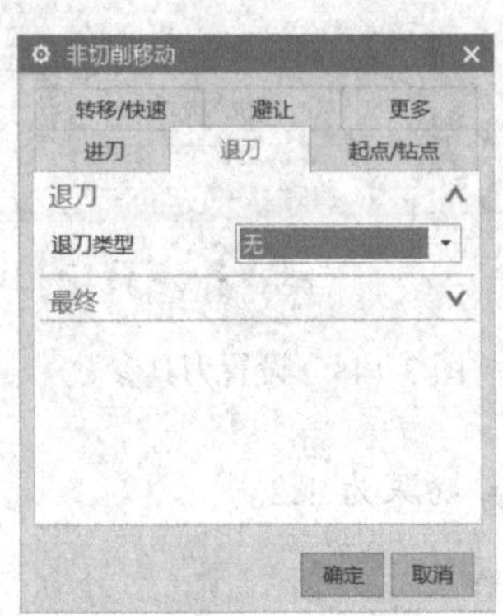

图 3-151 “退刀”选项卡

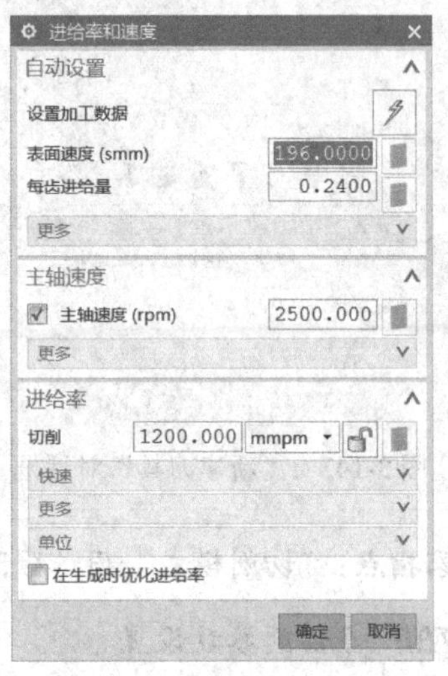

图 3-152 “进给率和速度”对话框

➔ STEP 13 生成刀轨

确认其他选项参数设置。在工序对话框中单击“生成”图标计算生成刀轨。

在计算完成后，系统会弹出一个警告信息，直接单击“确定”按钮即可。产生的刀路轨迹如图 3-153 所示。

专家指点：由于切削区域的底部非平面，刀具不能进入，将发出警告。

➔ STEP 14 确定工序

对生成的刀轨进行检视，如图 3-154 所示为进行 2D 动态刀轨可视化检验的过程。

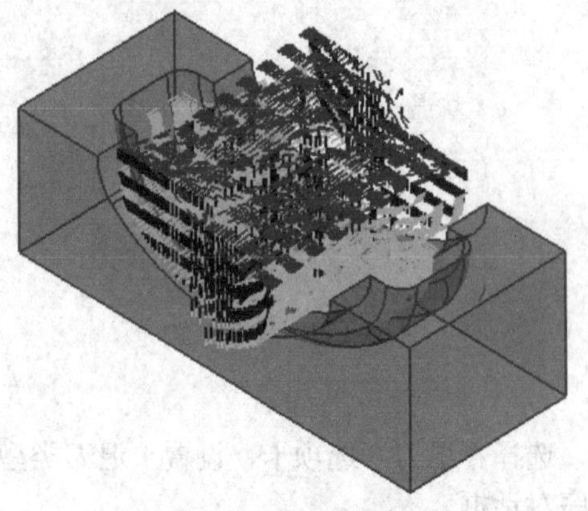

图 3-153 生成的刀轨

图 3-154 动态确认

确认刀轨后单击工序对话框底部的“确定”按钮接受刀轨并关闭工序对话框。

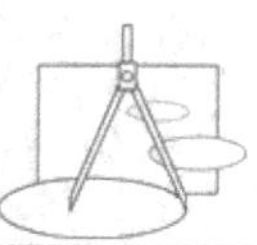

➔ STEP 15 保存文件

单击工具栏上的“保存”图标，保存文件。

专家指点：对于特定毛坯形状的零件加工，在创建几何时应该创建与实际形状对应的毛坯，这样可以减少空刀。

3.9　型腔铣的子类型

创建工序时，选择类型为 mill_contour，可以选择多种工序子类型，第 1 行的 6 种工序子类型属于型腔铣的子类型，如图 3-155 所示。各种子类型的说明如表 3-1 所示。不同的子类型的加工对象选择、切削方法、加工区域判断将有所差别。

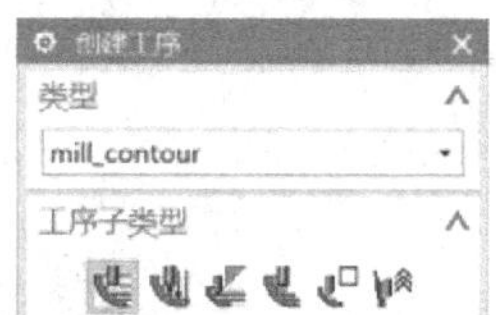

图 3-155　型腔铣的子类型

表 3-1　型腔铣的子选项

图　标	英　文	中 文 含 义	说　明
	CAVITY_MILL	型腔铣	标准型腔铣
	PLUNGE_MILLING	插铣	以钻削方法去除材料的铣削加工
	CORNER_ROUGH	拐角粗加工	清理角落残料的型腔铣
	REST_MILLING	剩余铣	以残余材料为毛坯的型腔铣
	ZLEVEL_PROFILE	深度轮廓加工	切削模式为沿着轮廓的型腔铣
	ZLEVEL_CORNER	深度加工拐角	清理角落部位的等高轮廓铣

3.9.1　深度轮廓加工

深度轮廓加工（ZLEVEL_PROFILE）也称为等高轮廓铣，是一种特殊的型腔铣工序，只加工零件实体轮廓与表面轮廓，与型腔铣中指定切削模式为“轮廓”有点类似。深度轮廓加工通常用于陡峭侧壁的精加工。

深度轮廓加工与型腔铣的主要差别在于以下方面。

（1）深度轮廓加工可以指定陡峭空间范围，限定只加工陡峭区域。

（2）深度轮廓加工可以设置更加丰富的层间连接策略。

（3）深度轮廓加工不需要毛坯，可以直接针对部件几何体生成刀轨。

（4）深度轮廓加工的切削层设置可使用最优化方式，根据不同的陡峭程序分布切削层。

深度轮廓加工的创建与型腔铣的创建步骤相同，在创建工序时选择子类型为，创建深度轮廓加工，设置工序对话框的相关参数，选择几何体，指定刀具，再进行刀轨设置，包括

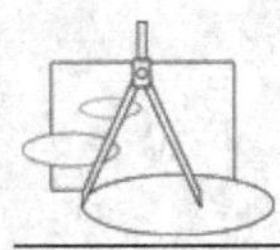

切削层与切削参数、非切削移动、进给率和速度等选项设置，完成所有设置后生成刀轨。

如图 3-156 所示为深度轮廓加工工序对话框，深度轮廓加工的大部分选项与型腔铣是相同的，在几何体中，不需要选择毛坯几何体。而在刀轨设置中，不需选择切削模式，增加了陡峭空间范围、合并距离、最小切削深度等选项。深度轮廓加工的刀轨设置除了与型腔铣相同的公用参数以外，有部分参数是其特有的，下面介绍这些选项。

1．陡峭空间范围

深度轮廓加工与型腔铣中指定为轮廓铣削的最大差别在于深度轮廓加工可以区别陡峭程度，只加工陡峭的壁面。陡峭空间范围可以选择“无”或者“仅陡峭的”。

（1）无：整个零件轮廓将被加工，如图 3-157（a）所示。

（2）仅陡峭的：需要指定角度。只有陡峭度大于指定陡峭“角度”的区域被加工，非陡峭区域就不加工，如图 3-157（b）所示为指定陡角为 65 产生的刀轨。

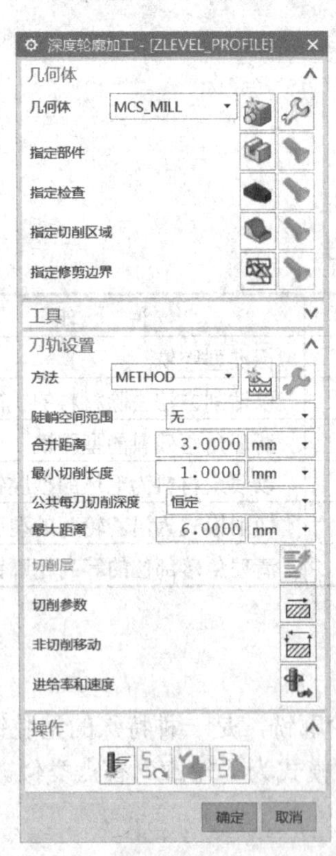

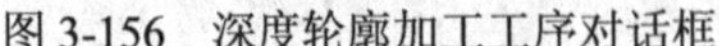

图 3-156　深度轮廓加工工序对话框

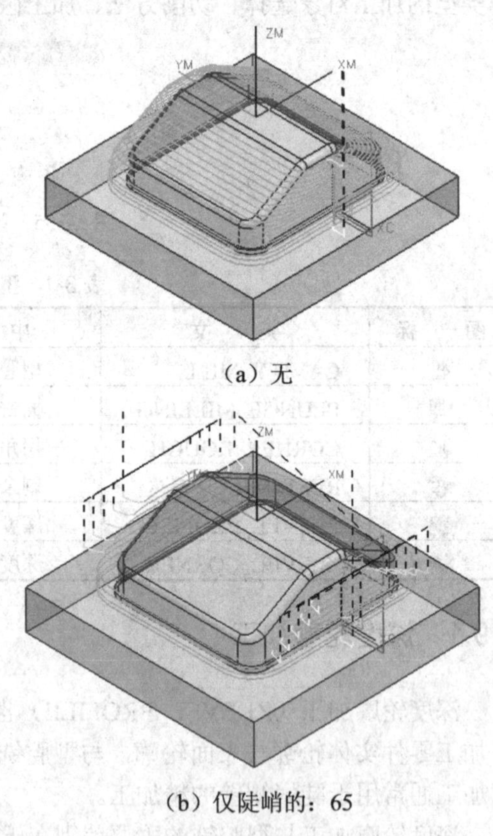

（a）无

（b）仅陡峭的：65

图 3-157　陡峭空间范围

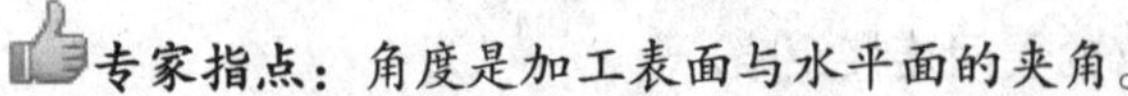

专家指点：角度是加工表面与水平面的夹角。

2．合并距离

将小于指定距离的切削移动的结束点连接起来以消除不必要的刀具退刀。当部件表面陡峭度变化较多，在非常接近指定的陡峭角度时，陡峭度的微小变化引起退刀，另外在表

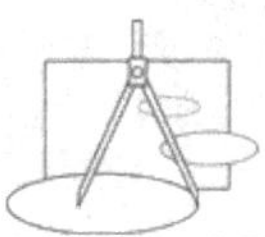

面间存在小的间隙时，应用合并距离可以减少退刀。

专家指点： 刀轨有较多接近的退刀与进刀路径时，将合并距离稍稍改大点可以减少进退刀次数。

3. 最小切削深度

消除小于指定值的刀轨段。

4. 切削层：最优化

在深度轮廓加工的“切削层”选项中，除“固定”“仅在范围底部”外，还可以选择“最优化”选项，如图3-158所示。使用“最优化”选项，系统将根据不同的陡峭程度来设置切削层，使加工后的表面残余相对一致。如图3-159所示为使用最优化的切削刀轨示例。

图3-158　切削层

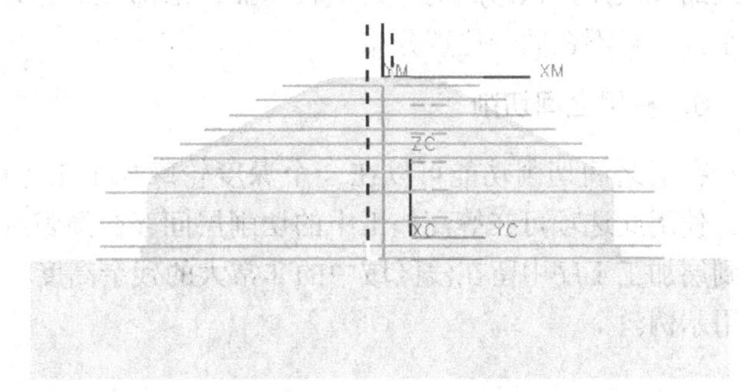

图3-159　最优化切削层示例

5. 层到层

层到层用于设置上一层向下一层转移时的移动方式。在切削参数中打开“连接”选项卡，如图3-160所示，与型腔铣有较大的差别。

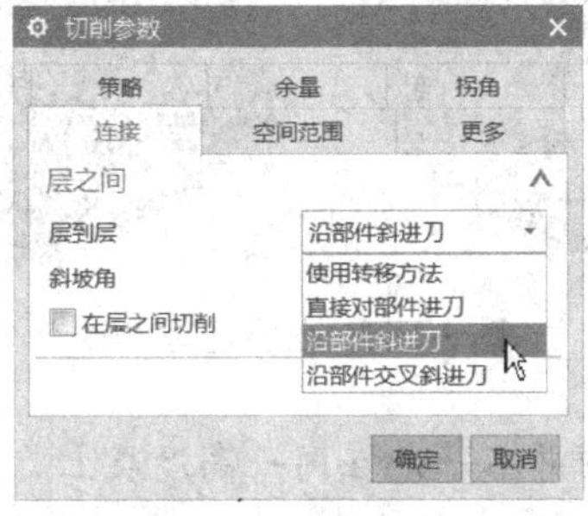

图3-160　连接参数

层到层有以下4个选项，不同移动方式的应用示例如图3-161所示。

（1）使用转移方法：使用非切削移动中设置的转移方法，通常要抬刀。

（2）直接对部件进刀：直接沿着加工表面下插到下一切削层。

（3）沿部件斜进刀：沿着加工表面按一定角度倾斜地下插到下一切削层。

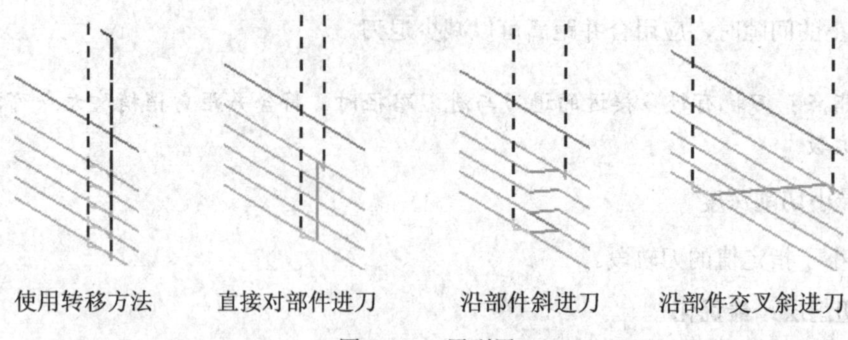

图 3-161　层到层

（4）沿部件交叉斜进刀：沿着加工表面倾斜下插，但起点在前一切削层的终点。

使用转移方式需要抬刀，空行程较多，并且其进刀点位置可能较为凌乱；直接对部件方式路径最短，但形成的进刀痕较明显；沿部件斜进刀与对部件交叉进刀相对来说进刀痕较小，并且不在同一位置分布。

6．在层之间切削

在层之间切削功能可以在一个深度轮廓加工工序中同时对陡峭区域和非陡峭区域加工。使用此选项可在等高加工中的切削层间存在间隙时创建额外的切削路径，消除在标准层到层加工工序中留在浅区域中的非常大的残余高度，如图 3-162 所示“在层之间切削”应用示例。

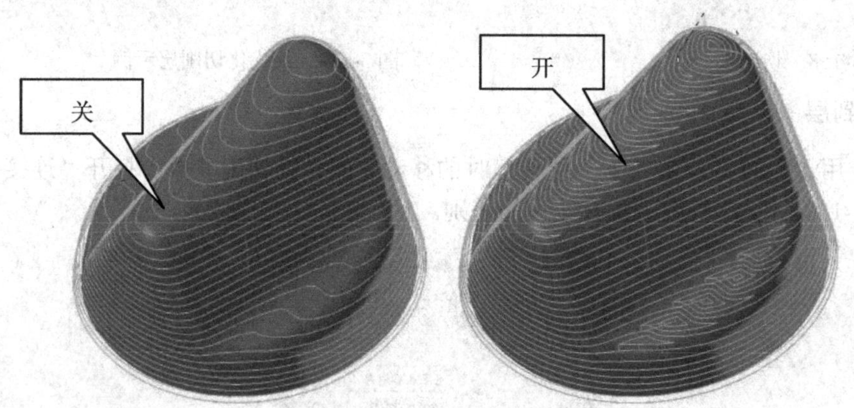

图 3-162　在层之间切削

专家指点：*在层之间的切削并不一定在同一高度层上。*

选中“在层之间切削”复选框后，需要设置的选项参数如图 3-163 所示。

（1）步距：指定水平切削步距，可以选择“使用切削深度”“恒定”“刀具直径百分比”“残余高度”方式。

（2）矩距离移动上的进给：在层间移动时的移动距离较小时可以选择进给方式，关闭该选项将可以采用退刀方式。选择短距离移动上的进给方式时，需要指定最大移刀距离，超过这一距离的将退刀。

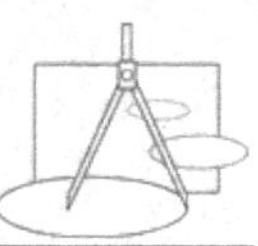

7. 在刀具接触点下继续切削

“在刀具接触点下继续切削”选项用于指定当零件下方出现空的区域，即不存在刀具接触点时是否继续切削。在“切削参数”对话框的“策略”选项卡中，选择打开或关闭“在刀具接触点下继续切削”选项的应用示意图如图 3-164 所示。

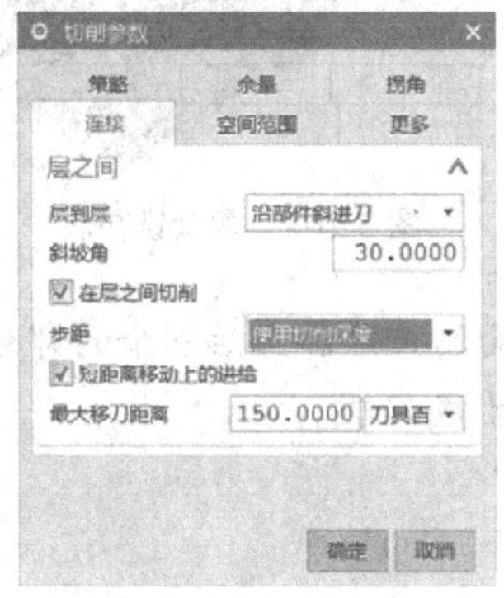

图 3-163　在层之间切削

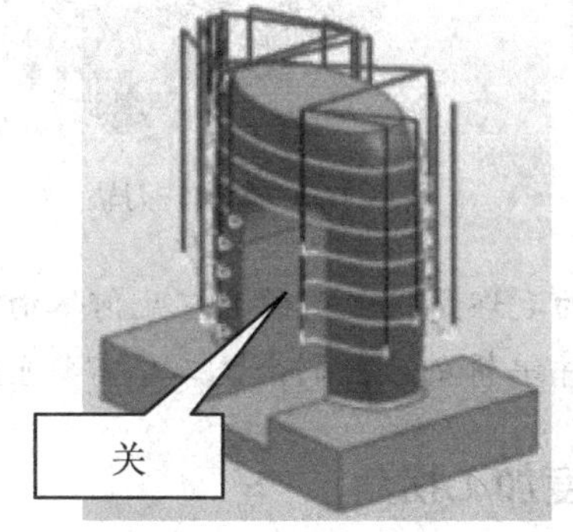

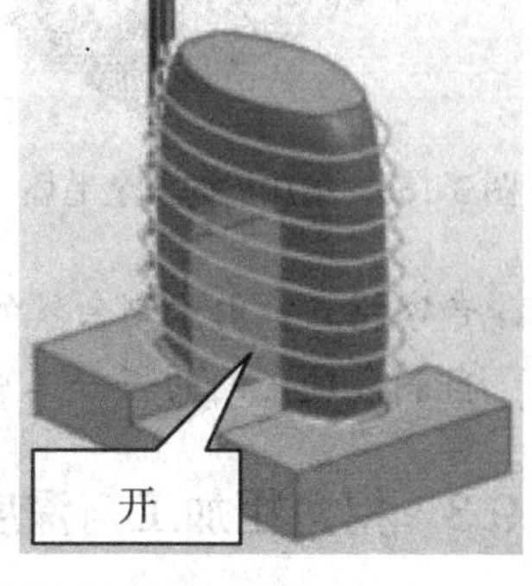

图 3-164　在刀具接触点下继续切削

3.9.2　剩余铣

剩余铣也称为残料铣削，是一种二次开粗的方式，用于切削前一工序的剩余材料。这种加工方式常用于形状较为复杂，且凹角比较多的情况之下。如较大型零件在粗加工时为了保证效率，需要选择直径较大的刀具进行粗加工，由于刀具直径较大，那么在细小的窄槽将无法进入因而会留下较多残料。对于这种残料，就可以选择剩余铣方式来创建一个二次开粗的工序，使用较小的刀具来清除前一刀具无法加工的部位。剩余铣工序的创建与型腔铣工序创建是同样的，但是它将自动以前面工序残余的部分材料作为毛坯进行加工。

在创建工序时，在 Mill_contour 模板中选择，创建剩余铣工序，工序对话框如图 3-165 所示，可以看到其与型腔铣工序的选项是完全相同的。

专家指点：创建剩余铣工序，通常要选择指定部件与毛坯的几何体父节点组。

如图 3-166 所示某零件在粗加工后留有较大的残料，创建剩余铣加工工序，生成的刀轨如图 3-167 所示，以前一工序残留下来的毛坯为毛坯生成刀轨，其 2D 动态仿真结果如图 3-168 所示。

图 3-165　剩余铣

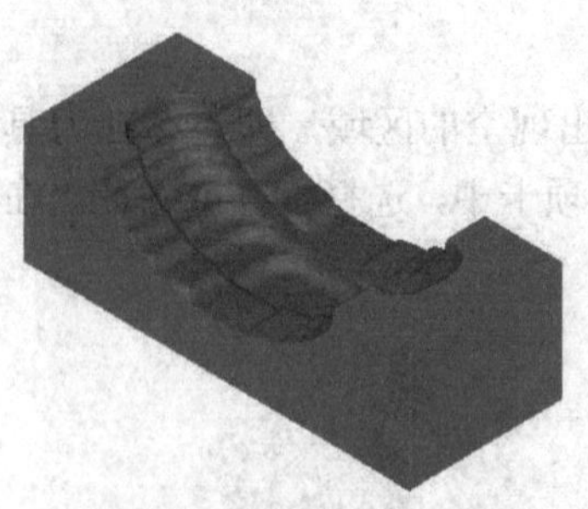
图 3-166　粗加后的残余毛坯

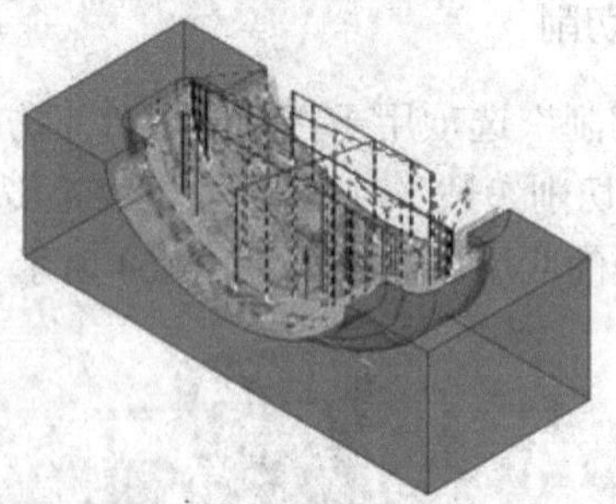
图 3-167　剩余铣刀轨

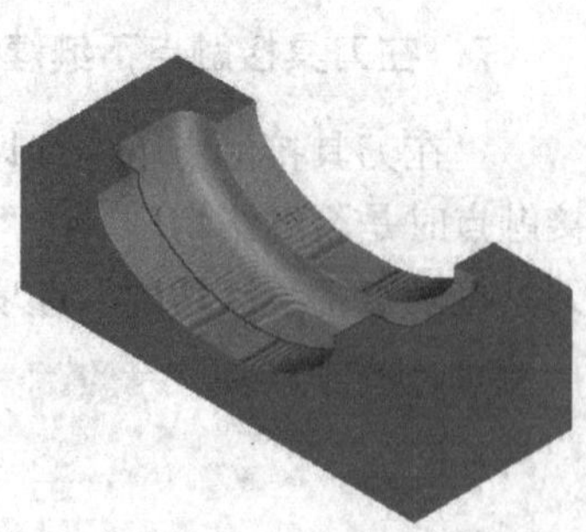
图 3-168　剩余铣仿真

专家指点：由于剩余铣的毛坯是在之前的毛坯几何体由前面的工序加工后剩余的部分，当剩余铣之间的任一工序编辑之后，剩余铣工序需要重新生成刀轨。

3.9.3　拐角粗加工与深度加工拐角

拐角粗加工对使用较大直径刀具无法加工到的工件凹角或窄槽，使用较小直径的刀具直接加工前面刀具残余材料。

NX 引入了参考刀具功能，可以智能快速识别上把刀具所残留的未切削部分而留下的台阶，设置为本次切削的毛坯，按照设置的参数生成型腔铣工序。

1．拐角粗加工

拐角粗加工在默认的 Mill_contour 模板集中显示为，如图 3-169 所示为拐角粗加工示例。

2．深度加工拐角

深度加工拐角只沿轮廓侧壁加工清除前一刀具残留的部分材料。相当于深度轮廓加工与拐角粗加工的结合。深度加工拐角可以指定切削区域和设置陡峭空间范围，特别适用于垂直方向的清角加工。

深度加工拐角在默认的 Mill_contour 模板集中显示为，如图 3-170 所示为深度加工拐角示例。

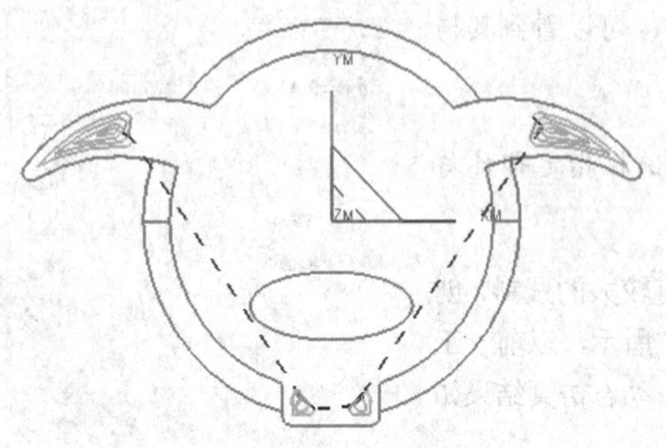

图 3-169　拐角粗加工示例

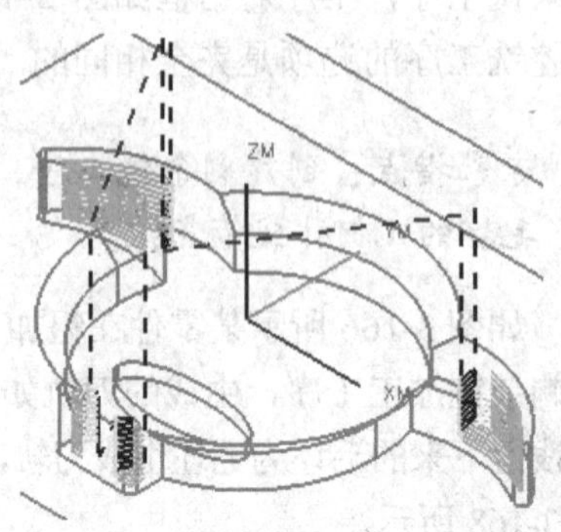

图 3-170　深度加工拐角示例

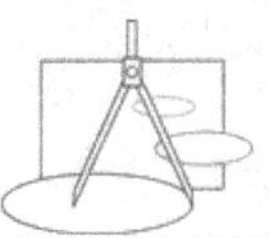

拐角粗加工与深度加工拐角增加了一个选项：参考刀具。如图 3-171 所示为深度加工拐角工序对话框。该参数也可以在“切削参数”对话框的“空间范围”选项卡中进行设置，如图 3-172 所示。

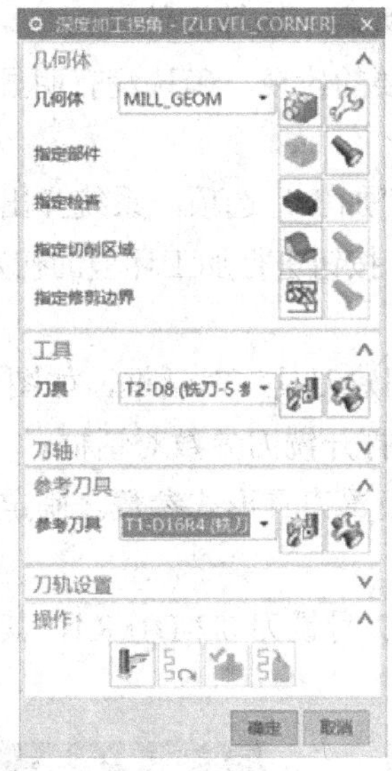

图 3-171　深度加工拐角工序对话框

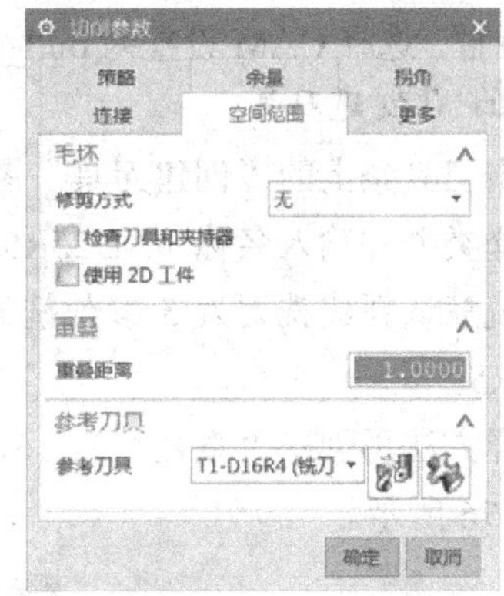

图 3-172　空间范围参数

“参考刀具”选项用于选择前一加工刀具，可以在下拉列表中选择一个刀具作为参考刀具，也可以新建一个刀具，与刀具组中设置相同。

参考刀具的大小将决定残余毛坯的大小以及本次加工的切削区域。在设置参考刀具时，不一定是前面工序使用的刀具，可以按需要的大小自行定义。

选择参考刀具后，还可设置一个重叠距离，使当前刀轨与前一刀轨有一定的重叠量，保证彻底去除残料。

专家指点：刀具可以新建，不一定与前面工序所用的刀具完全一致。

任务 3-4　创建凸模零件加工粗、精加工程序

如图 3-173 所示的凸模零件加工，要求完成粗加工与精加工程序的创建。

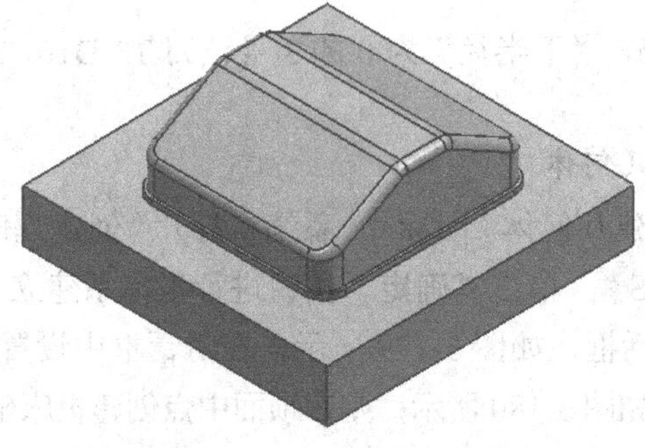

图 3-173　加工零件模型

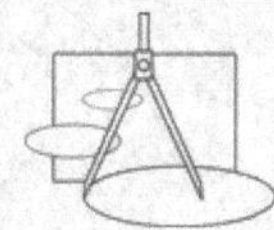

这个工件需要先进行粗加工，再进行侧面的精加工与底面的精加工，最后还需要使用平底刀进行清角加工。

➔ **STEP 1 打开模型文件**

启动 NX，单击“打开文件”图标，在弹出的文件列表中选择文件名为 T3-4.prt 的部件文件，单击 OK 按钮，打开 T3-4.PRT，对模型进行必要的检视，确认没有明显的错误。

➔ **STEP 2 进入加工模块**

在工具条上单击“起始”按钮，在下拉列表中选择“加工”选项，系统弹出“加工环境”对话框，选择 CAM 设置为 mill_contour。单击“确定”按钮进行加工环境的初始化设置。

➔ **STEP 3 创建刀具**

单击工具条上的“创建刀具”图标，系统弹出“创建刀具”对话框，如图 3-174 所示，选择类型并输入名称 T1-D25R5，单击“确定”按钮打开铣刀参数对话框。

系统默认新建铣刀为 5 参数铣刀，如图 3-175 所示设置刀具形式参数。确定创建铣刀 T1-D25R5。

同样方法再创建“直径”为 16，“下半径”为 4 的 2 号铣刀 T2-D16R4，其刀具参数如图 3-176 所示。

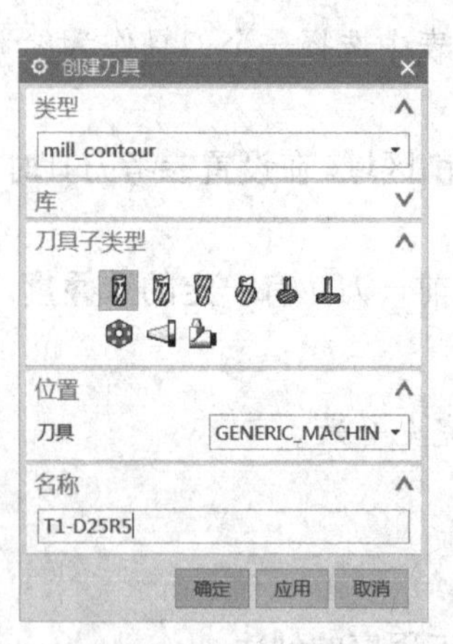

图 3-174 “创建刀具”对话框

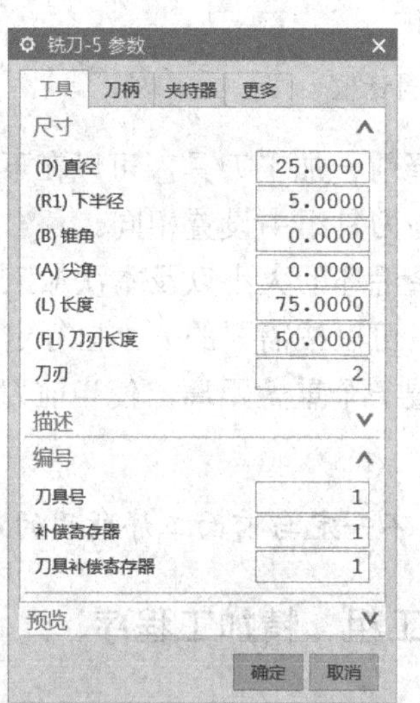

图 3-175 设置刀具参数

图 3-176 创建刀具 T2-D16R4

再创建“直径”为 16，“下半径”为 0 的 3 号铣刀 T3-D16，其刀具参数如图 3-177 所示。

➔ **STEP 4 创建坐标系几何体**

单击工具条中的“创建几何体”图标，系统将打开“创建几何体”对话框，如图 3-178 所示。选择子类型为 MCS，单击“确定”按钮进行坐标系建立。

系统将打开 MCS 对话框，如图 3-179 所示，在对话框中设置“安全距离”为 50。

在图形上选择顶面，如图 3-180 所示；则在顶面中点创建机床坐标系，如图 3-181 所示。

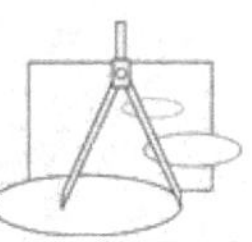

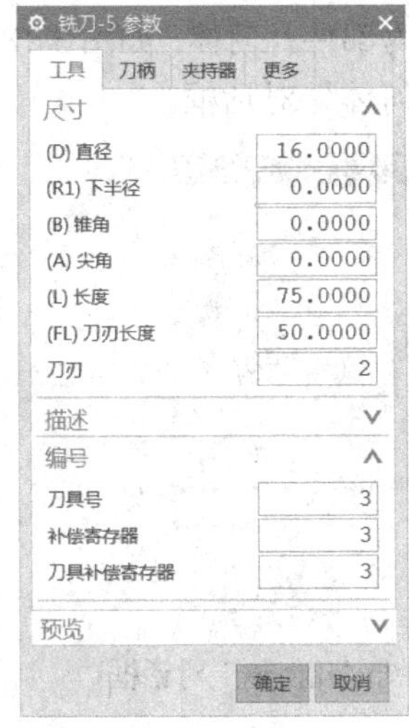

图 3-177　创建刀具 T3-D16

图 3-178　“创建几何体”对话框

图 3-179　MCS 设置

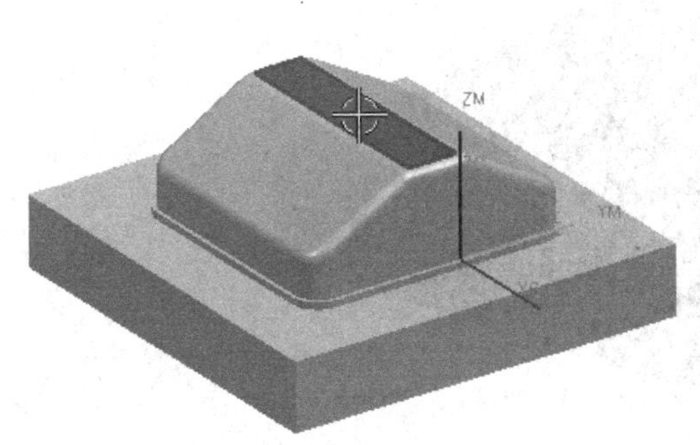

图 3-180　选择面

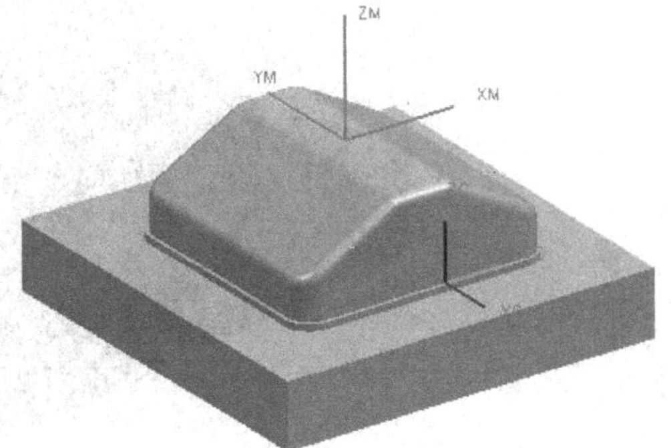

图 3-181　创建坐标系

单击鼠标中键退出，确定创建坐标系几何体。

专家指点：为了方便对刀，应该重新设置坐标系，将坐标系设置在顶面中点最方便对刀，而且安全性相对较高。

专家指点：选择面时，系统将自动以面的中心点为原点来创建坐标系，需要确认其方向，在填写工序单时需注明零件的放置方向。

➔ STEP 5 创建铣削几何体

再次单击工具条中的“创建几何体”图标，系统将打开“创建几何体”对话框，选择几何体子类型为铣削几何体，选择位置几何体为 MCS，如图 3-182 所示，单击“确定”按钮进行铣削几何体建立。

专家指点：选择位置为 MCS，继承前面设置的坐标系与安全平面。

➔ STEP 6 指定部件

系统将打开“铣削几何体”对话框，如图 3-183 所示，在对话框中单击“指定部件”图

标。在图形上选择实体，所选实体将改变颜色显示表示已经选中为部件几何体，如图 3-184 所示。单击“确认”按钮完成部件几何体的选择，返回“铣削几何体”对话框。

图 3-182 “创建几何体”对话框

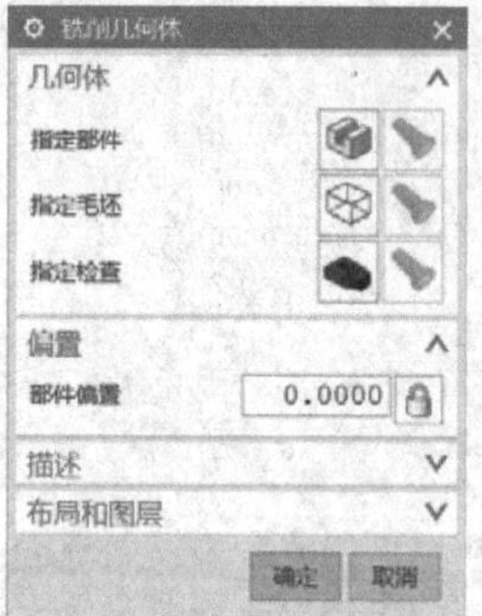

图 3-183 “铣削几何体”对话框

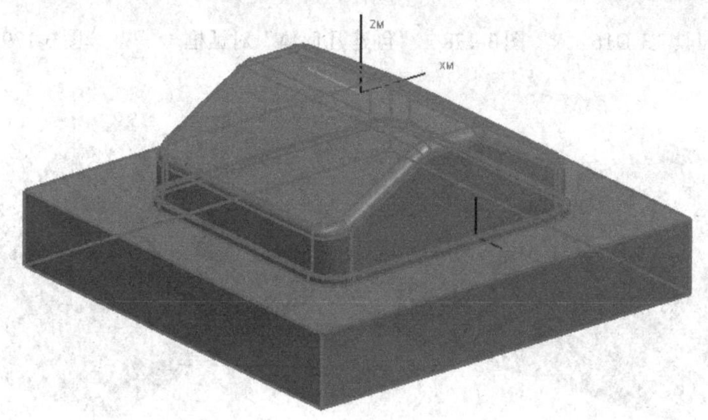

图 3-184 选中的部件几何体

➔ STEP 7 指定毛坯几何体

在对话框中单击“毛坯几何体”图标，系统弹出“毛坯几何体”对话框，选择“类型”为“包容块”，如图 3-185 所示，则图形上显示箭头表示毛坯范围，如图 3-186 所示。确定完成毛坯几何图形的选择，返回“铣削几何体”对话框。

毛坯几何体
类型
包容块
方向
限制
XM- 0.0000 XM+ 0.0000
YM- 0.0000 YM+ 0.0000
ZM- 0.0000 ZM+ 0.0000
确定 取消

图 3-185 “毛坯几何体”对话框

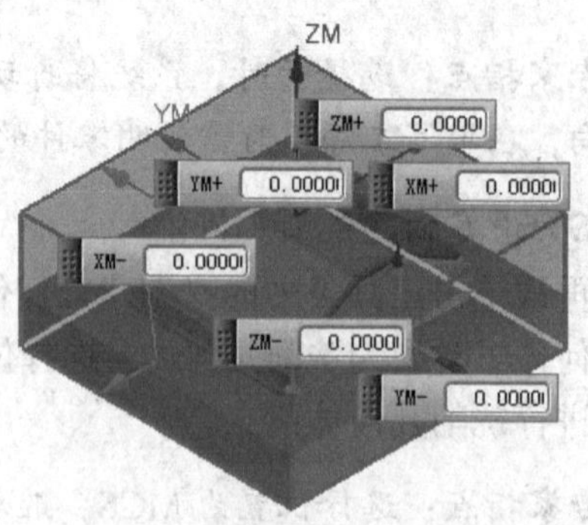

图 3-186 自动块毛坯预览

单击“确定”按钮完成几何体的创建。

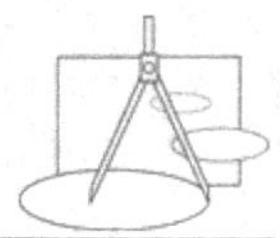

专家指点：使用“包容块”方式可以包容所有部件，快速方便。

STEP 8 创建型腔铣工序

单击工具条上的“创建工序”图标，弹出“创建工序”对话框，选择型腔铣的类型及各个位置选项，如图 3-187 所示。确认选项后单击“确定”按钮开始型腔铣工序的创建。

专家指点：选择工序子类型为型腔铣（CAVITY_MILL）；选择几何体为 A，已经设置安全平面，并选择了部件几何体与毛坯几何体；选择刀具 T1-D25R5 的直径为 ϕ25，底圆角半径为 R5 的圆角刀。选择方法为 MILL_ROUGH，直接使用粗加工的预设参数。

STEP 9 刀轨设置

在型腔铣工序对话框的刀轨设置选项组中选择“切削模式”为“跟随周边”，并设置“步距”为“恒定”，其“最大距离”为 14，“公共每刀切削深度”为“恒定”，其“最大距离”为 1.5，如图 3-188 所示。

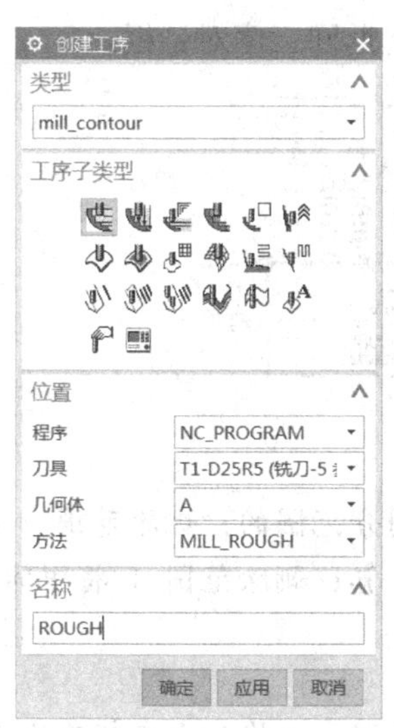

图 3-187　“创建工序”对话框

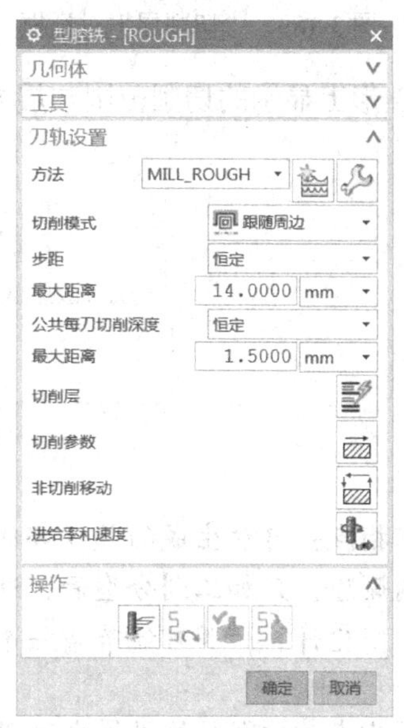

图 3-188　刀轨设置

专家指点：选择“切削模式”为“跟随周边”，生成环绕切削的刀轨。

步距直接以恒定值设置为 14，比刀具的有效直径稍小，D25R5 的有效直径为 15；每一刀的全局深度为恒定值“1.5”。

STEP 10 设置切削层

在型腔铣工序对话框中单击“切削层”图标，系统打开“切削层”对话框，如图 3-189 所示。

在列表中选择范围 3，单击“移除”图标，删除底部的范围。

再选择范围 1，再单击“删除”图标，删除范围。最后只剩余一个范围，如图 3-190 所示。

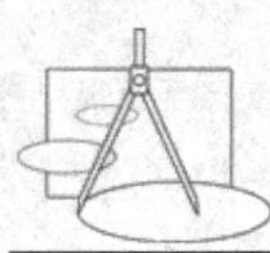

图 3-189 “切削层”对话框

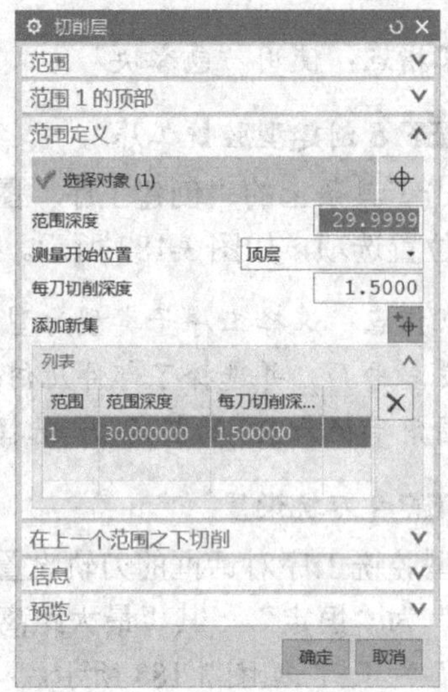

图 3-190 切削范围

在图形上显示的切削范围与层如图 3-191 所示。确定返回工序对话框。

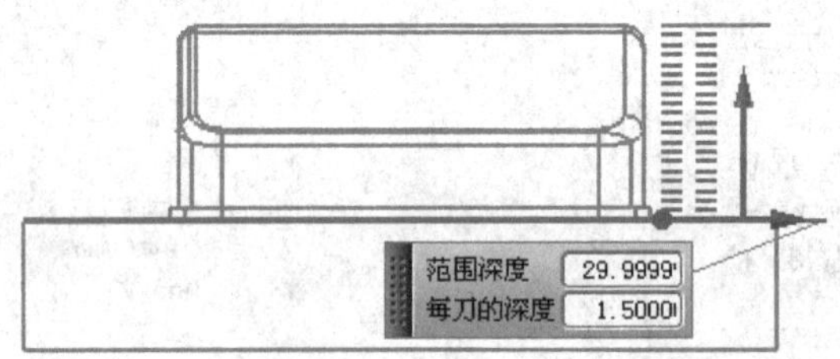

图 3-191 显示切削层

专家指点：自动生成的是以部件几何体上的平面来划分范围的；删除范围 3 将底部的范围删除，只加工到分型面，这样可以避免往下面计算；删除范围 1 将中间小平面忽略，简化计算，并可能节省一个切削层的刀轨。

专家指点：切削层的设置也可以采用先指定为单一范围，再将范围底部改为 30 或者选择水平面上的点来确定加工范围的底部。

➔ STEP 11 设置切削参数

在工序对话框中，单击图标进入切削参数设置，首先设置策略参数如图 3-192 所示，设置“刀路方向”为“向内”，选中“岛清根”复选框，“壁清理”设置为“无”。

专家指点：选中“岛清理”复选框，否则加工后将可能留有很大且不均匀的残料。

➔ STEP 12 设置空间范围参数

单击“切削参数”对话框顶部的“空间范围”标签，如图 3-193 所示设置空间范围参数。完成设置后单击“确定”按钮完成切削参数的设置，返回工序对话框。

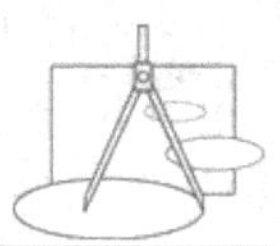

图 3-192　切削策略参数

图 3-193　“空间范围”选项卡

专家指点：将“修剪方式”设置为“轮廓线”，以零件外轮廓作为修剪边界。

STEP 13 设置非切削移动

在工序对话框中单击“非切削移动”后的图标，弹出“非切削移动”对话框，如图 3-194 所示设置进刀参数，选择开放区域的“进刀类型”为“线性”，长度为 50%的刀具直径。

专家指点：本例零件全部在开放区域进刀。

选择“起点/钻点”选项卡，在区域起点下单击“指定点”，如图 3-195 所示，在图形上拾取零件的水平直线的中点，如图 3-196 所示。

图 3-194　设置进刀参数

图 3-195　“起点/钻点”选项卡

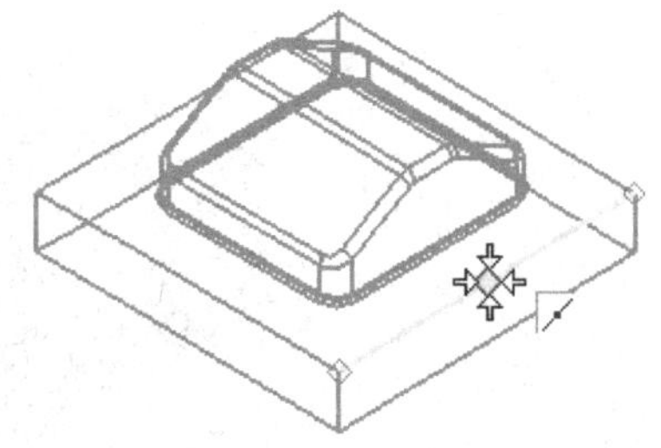

图 3-196　指定区域起点

专家指点：指定区域起点可将下刀点进行对齐，方便查看。

选择“转移/快速”选项卡，设置区域内的转移类型，如图 3-197 所示。单击鼠标中键返回型腔铣工序对话框。

专家指点：在区域内部选择转移方式为“前一平面”，可以减小抬刀高度。

STEP 14 设置进给率和速度

单击“进给率和速度”后的图标，弹出“进给率和速度”对话框，设置“表面速度”为 250，“每齿进给量”为 0.2，单击“计算”图标计算得到主轴转速与切削进给率，如图 3-198 所示。

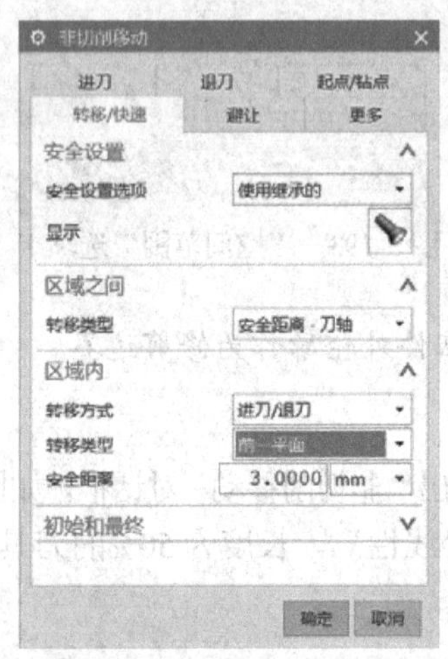

图 3-197　“转移/快速”选项卡

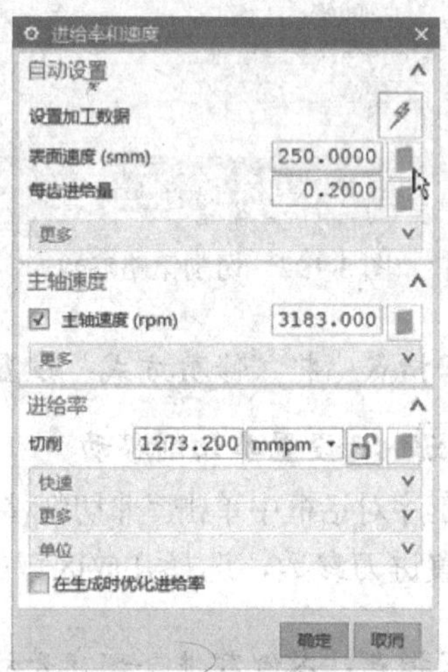

图 3-198　“进给率和速度”对话框

单击鼠标中键返回型腔铣工序对话框。

STEP 15 生成刀轨

在工序对话框中单击“生成”图标计算生成刀路轨迹。计算完成的刀路轨迹如图 3-199 所示。

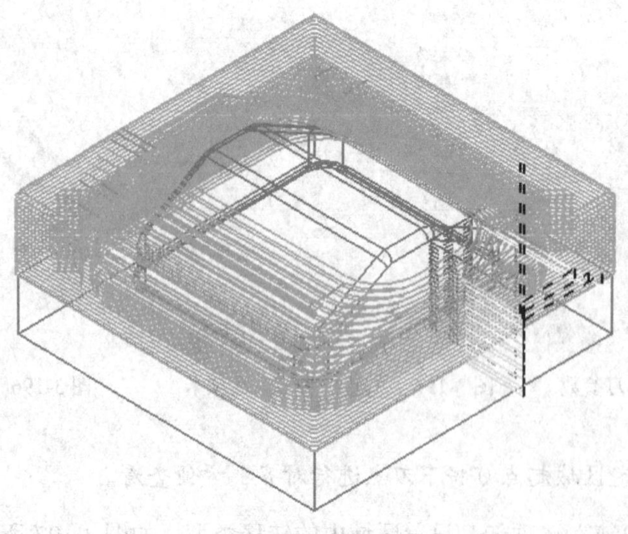

图 3-199　生成工序

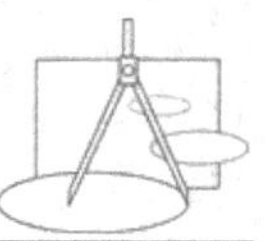

➔ STEP 16 确定工序

对生成的刀轨进行检视，可以从不同角度不同局部进行检视。确认刀轨后单击工序对话框底部的“确定”按钮接受刀轨并关闭工序对话框。

➔ STEP 17 保存文件

单击工具栏上的“保存”图标，保存文件。

专家指点： 创建这一粗加工的型腔铣工序的设置要点在于：创建工序前先创建好刀具、几何体，在创建工序时直接选用。选择加工方法为 Mill_Rough 粗加工方法，选择“切削模式”为“跟随周边”。设置切削层为单个范围，并删除底部的切削层。

➔ STEP 18 创建工序

单击工具条上的“创建工序”图标，弹出“创建工序”对话框，选择工序子类型为深度轮廓加工（ZLEVEL_PROFILE），选择刀具为 T2-D16R4，如图 3-200 所示。确认选项后单击“确定”按钮，打开深度轮廓加工工序对话框，如图 3-201 所示。

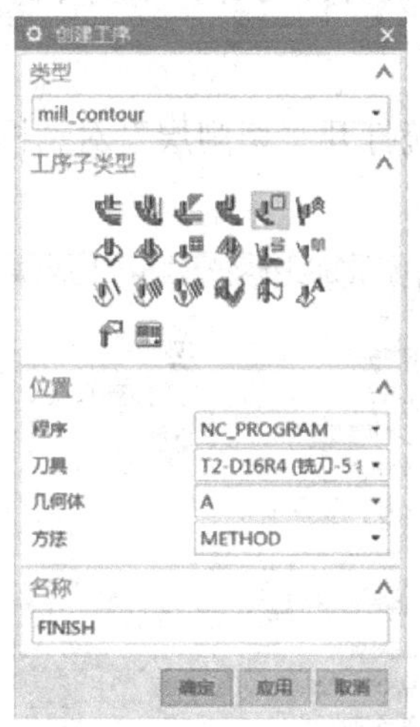

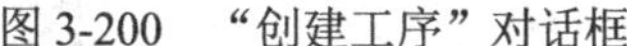

图 3-200　“创建工序”对话框

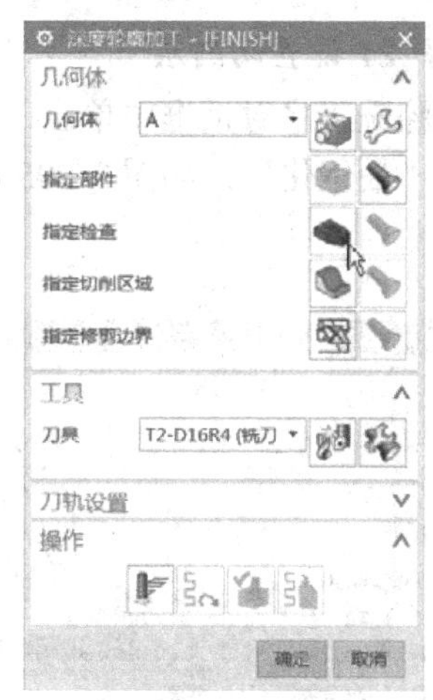

图 3-201　深度轮廓加工工序对话框

专家指点： 选择子类型为 ZLEVEL_PROFILE 创建深度轮廓加工工序。
选择“几何体”为 A；选择“刀具”为 T2-D16R4，方法为 MILL_FINISH 精加工。
使用圆角刀进行带有斜度的零件侧面加工效果要明显好于平底刀。

➔ STEP 19 指定检查

单击工序对话框中的“指定检查”图标，系统打开“检查几何体”对话框，如图 3-202 所示，将选择过滤器改为“面”，在图形上拾取零件的顶部平面，如图 3-203 所示。确定完成检查几何体的指定。

专家指点： 需要将选择过滤器改为“面”。
本例中将采用在层之间切削的方法加工水平面，指定顶面为检查几何体，避免在顶面上生成刀轨。另一种避免顶面加工的方法是在切削层设置中将范围 1 的顶部设置一个略低于顶面高度的数值。

图 3-202　修剪边界

图 3-203　拾取平面

➔ ***STEP 20*** **刀轨设置**

在型腔铣工序对话框中进行参数设置，如图 3-204 所示。

专家指点：陡峭空间范围为“无”加工整个零件，指定每刀的公共深度的恒定值 0.5。

➔ ***STEP 21*** **设置切削层**

在型腔铣工序对话框中单击“切削层”图标，系统打开“切削层”对话框。修改切削选项为“最优化”，如图 3-205 所示。

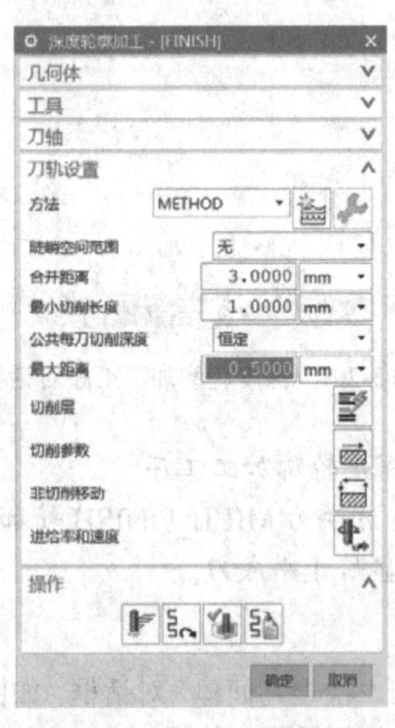

图 3-204　刀轨设置

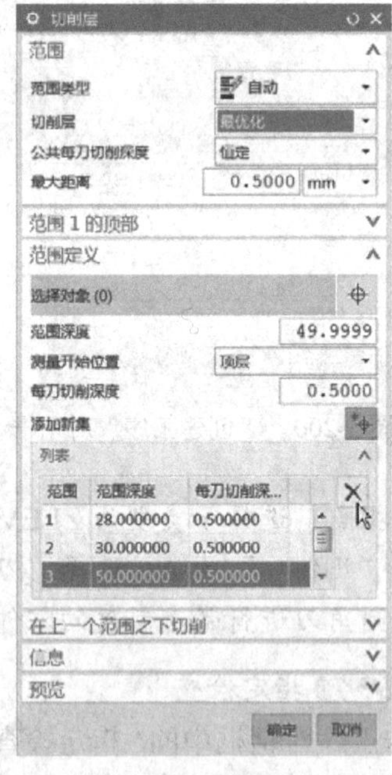

图 3-205　切削层

在列表中选择范围 3，单击“删除”图标，删除这一范围。确定返回工序对话框。

专家指点：设置切削层方式为“最优化”，系统将自动根据倾斜程序进行切削层深度分配。

➔ ***STEP 22*** **设置切削参数**

在工序对话框中，单击图标进入切削参数设置，设置策略参数如图 3-206 所示。

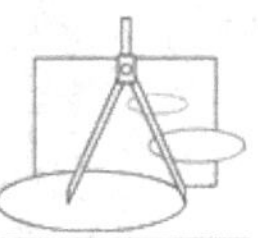

选择“连接”选项卡，如图 3-207 所示设置连接参数。

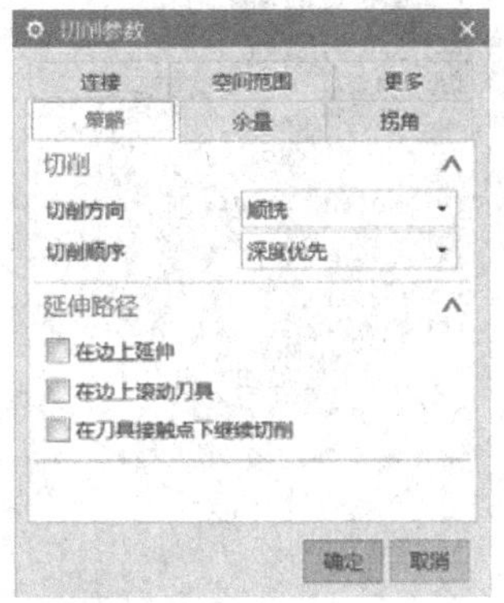

图 3-206　切削参数

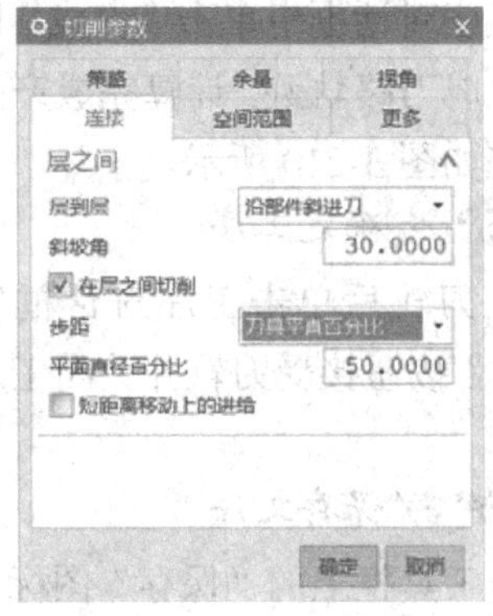

图 3-207　连接参数

设置完成后单击鼠标中键返回工序对话框。

专家指点：设置连接的层到层方式为“沿部件斜进刀”，在零件上沿侧壁倾斜下刀而不作抬刀；选中“在层之间切削”复选框，可以同时加工水平面。

➔ STEP 23 设置非切削移动

在工序对话框中单击非切削移动后的图标，设置进刀参数如图 3-208 所示，开放区域的“进刀类型”为“圆弧”，半径为 20%的刀具直径。确定返回深度轮廓加工工序对话框。

专家指点：在开放区域设置为圆弧进退刀，并将“最小安全距离”设置为 0。由于层之间的连接采用沿部件斜进刀，非切削移动中的起点/钻点等选项无须设置。

➔ STEP 24 设置进给率和速度

单击“进给率和速度”后的图标，弹出“进给率和速度”对话框，设置“表面速度”为 200，“每齿进给量”为 0.18，单击“计算”图标计算得到主轴转速与切削进给率，如图 3-209 所示。单击鼠标中键返回深度轮廓加工工序对话框。

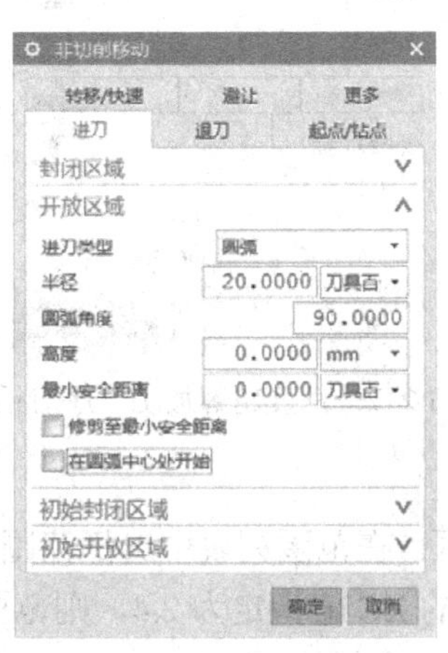

图 3-208　设置进刀参数

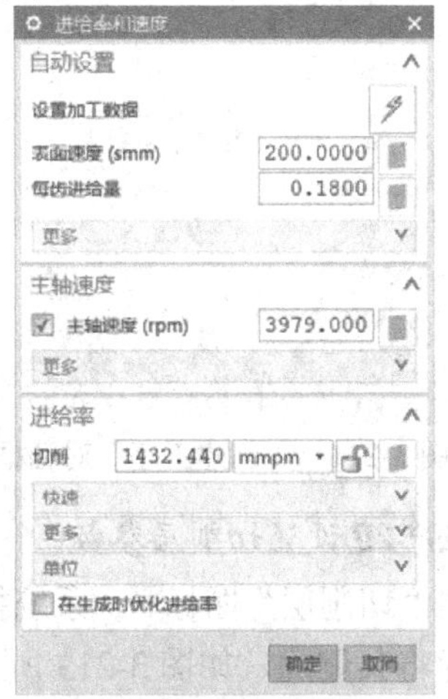

图 3-209　“进给率和速度”对话框

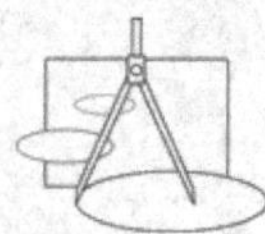

➔ **STEP 25** **生成刀轨**

在工序对话框中单击“生成”图标计算生成刀路轨迹。计算完成产生的刀路轨迹如图 3-210 所示。

➔ **STEP 26** **确定工序**

确认刀轨后单击工序对话框底部的“确定”按钮接受刀轨并关闭工序对话框。

➔ **STEP 27** **保存文件**

单击工具栏上的“保存”图标，保存文件。

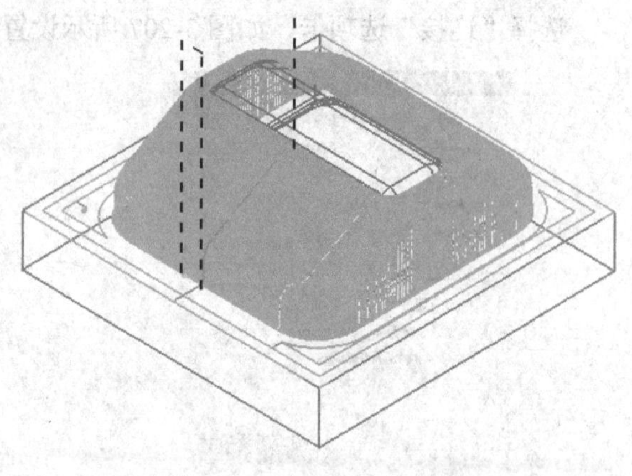

图 3-210　侧面精加工刀轨

专家指点：创建侧面精加工的深度轮廓加工工序的设置要点在于：创建工序时直接选择创建好的刀具、几何体、方法；在切削层中设置切削层选项为“优化层”；设置层到层的连接方式为“沿部件斜进刀”，并选中“在层之间切削”复选框。

➔ **STEP 28** **创建工序**

单击工具条上的“创建工序”图标，弹出“创建工序”对话框，选择工序子类型及各位置选项，如图 3-211 所示创建深度轮廓加工工序。确认选项后单击“确定”按钮开始深度轮廓加工工序创建，打开如图 3-212 所示的对话框。

图 3-211　“创建工序”对话框

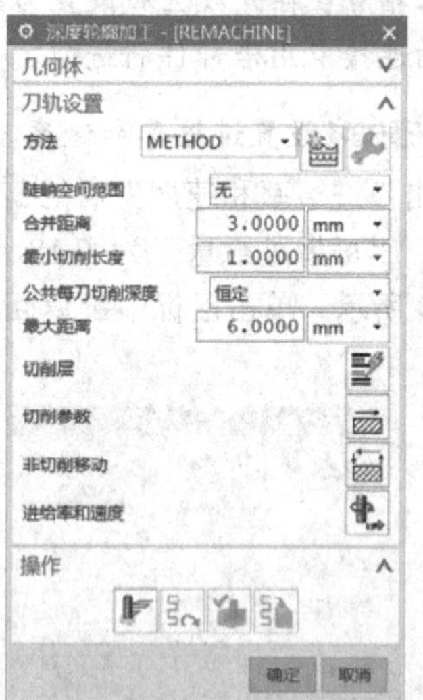

图 3-212　深度轮廓加工工序对话框

➔ **STEP 29** **设置切削层参数**

单击“切削层”图标，系统打开“切削层”对话框。在范围列表中选择范围 3，单击移除图标将其删除，如图 3-213 所示；将范围 1 的顶部的 ZC 值指定为 2.4，则范围深度将发生改变，设置全局每刀深度为 0.2，如图 3-214 所示。

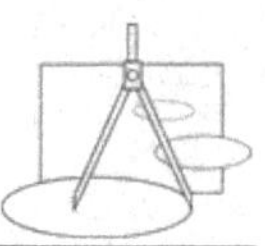

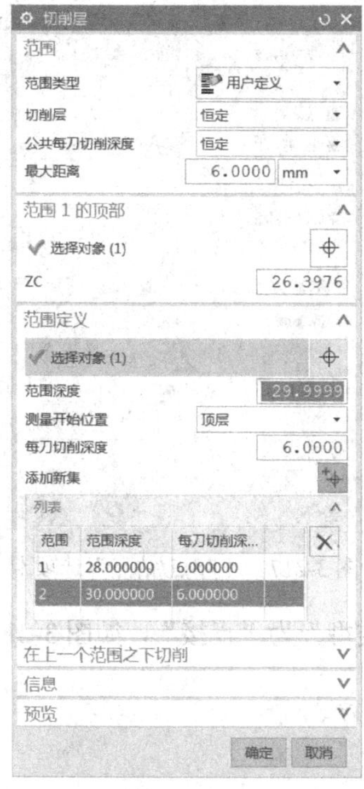

图 3-213　切削层设置

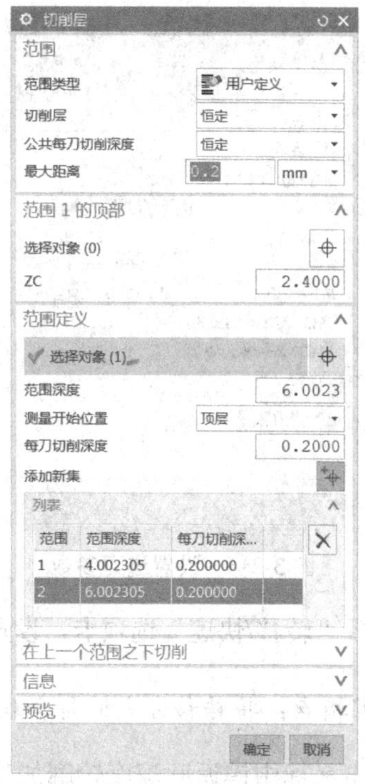

图 3-214　设置范围 1 的顶部

在操作过程中，图形上显示的切削范围与切削层显示变化如图 3-215 所示。

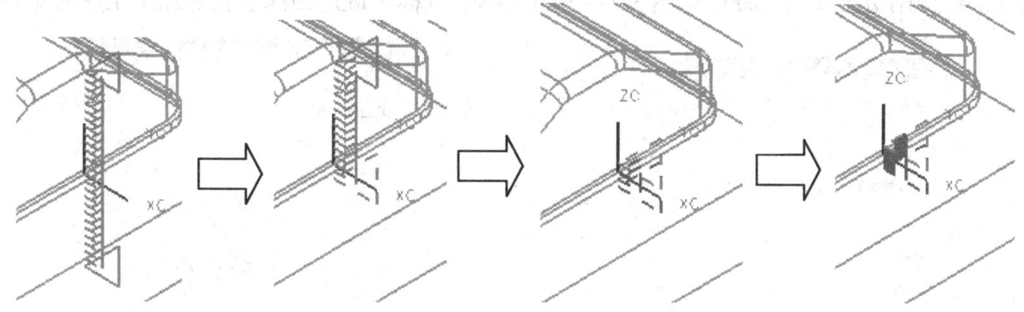

图 3-215　显示范围与切削层

专家指点：范围 1 的顶部设置后，应该在平面上加工前一圆角刀的下半径值，设置切削层只加工前面圆角刀不能加工到位的部分。

➔ STEP 30 设置非切削移动

在工序对话框中单击“非切削移动”后的图标，则弹出如图 3-216 所示的对话框，设置开放区域的进刀参数。

专家指点：设置开放区域为圆弧的进退刀，而且限定一个较短的距离。

选择“起点/钻点”选项卡，设置重叠距离，如图 3-217 所示。

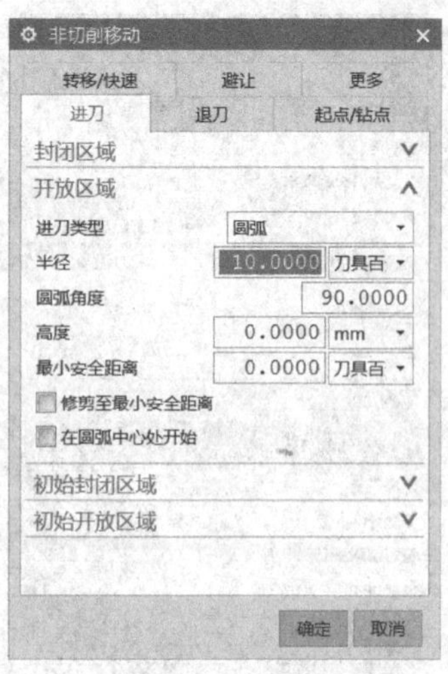

图 3-216　设置进刀参数

图 3-217　“起点/钻点”选项卡

选择“转移/快速”选项卡，设置区域内的“转移类型”为“直接”，如图 3-218 所示。

专家指点：将转移方式进行合理设置，可以减少抬刀。

单击鼠标中键返回深度轮廓加工工序对话框。

➔ STEP 31 设置进给参数

单击“进给率和速度”后的图标，弹出“进给率和速度”对话框，设置“主轴转速”为 3200，切削进给率为 1200，如图 3-219 所示。单击鼠标中键返回深度轮廓加工工序对话框。

图 3-218　“转移/快速”选项卡

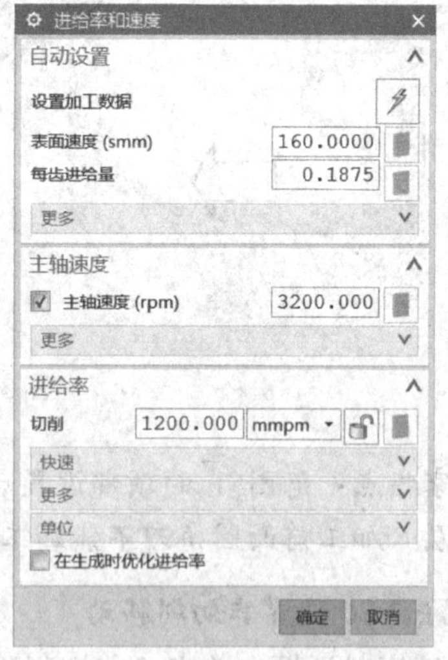

图 3-219　“进给率和速度”对话框

➔ STEP 32 生成刀轨

在工序对话框中单击“生成”图标计算生成刀路轨迹。计算完成产生的刀路轨迹如图 3-220 所示。

专家指点：创建底面清角加工工序的要点在于：在切削层中设置顶层，生成去除圆角残留部分的刀轨。设置合理的非切削移动参数可以减少抬刀，并保证侧面加工质量；当然也可以采用层到层之间直接对部件下刀的连接方式。

STEP 33 确定工序

确认刀轨后单击工序对话框底部的“确定”按钮接受刀轨并关闭工序对话框。

STEP 34 可视化检验

单击“工序导航器”图标显示工序导航器，可以查看当前创建的工序。选择程序组 NC_PROGRAM，单击工具条上的“确认刀轨”图标，弹出“刀轨可视化”对话框。在对话框中部单击“2D 动态”标签，如图 3-221 所示。单击“播放”按钮开始实体仿真切削，如图 3-222 所示为动态过程，切削模拟结果如图 3-223 所示。

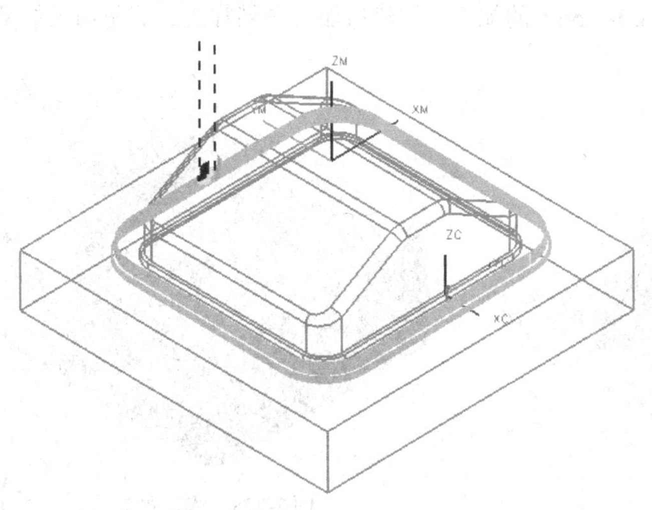

图 3-220　清角加工刀轨

图 3-221　“刀轨可视化”对话框

STEP 35 保存文件

单击工具栏上的“保存”图标，保存文件。

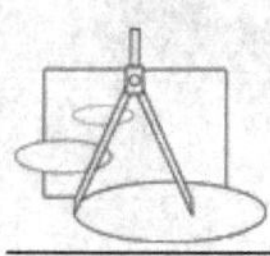

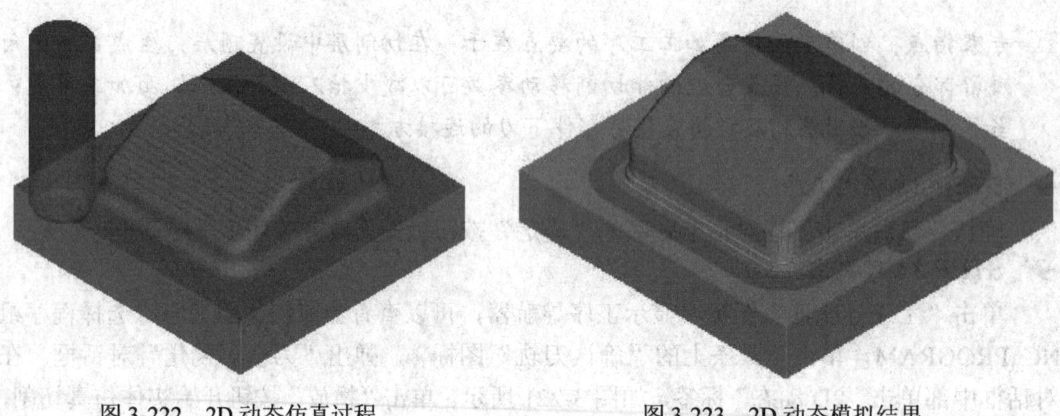

图 3-222　2D 动态仿真过程　　　图 3-223　2D 动态模拟结果

思考与练习

1．型腔铣的几何体包括哪几种类型？

2．切削层是依据什么来划分范围，每一刀的深度如何确定？

3．设置非切削移动的目的是什么，通常需要设置的选项是哪几项？

4．型腔铣的切削模式有几种，各有什么特点？

5．完成如图 3-224 所示零件（E3-1.prt）的加工，创建粗加工与精加工、清角加工的型腔铣工序。

6．完成如图 3-225 所示零件（E3-2.prt）的加工，创建粗加工与精加工、清角加工的型腔铣工序。

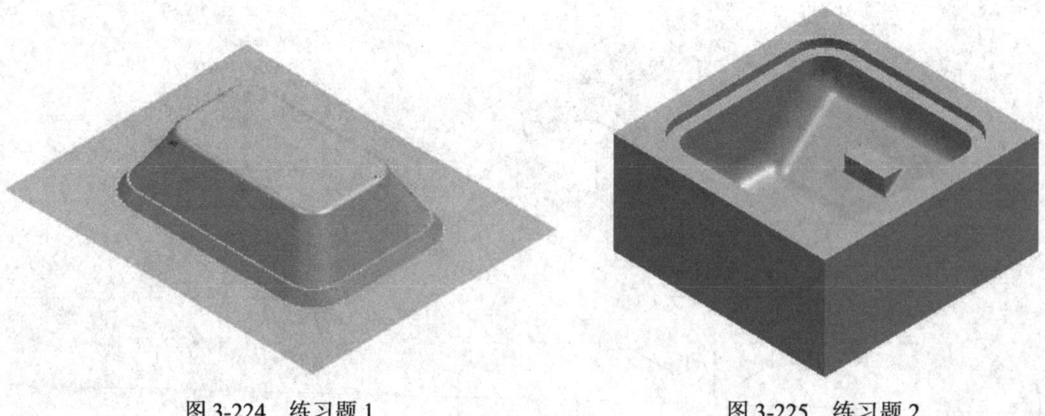

图 3-224　练习题 1　　　图 3-225　练习题 2

第4章 平 面 铣

本章主要内容：

- 平面铣的特点与应用
- 边界几何体的选择
- 平面铣的刀轨设置
- 平面铣的子类型及其应用

4.1 平面铣简介

1．平面铣的特点与应用

平面铣是一种 2.5 轴的加工方式，在加工过程中产生在水平方向的 XY 两轴联动，而 Z 轴方向只在完成一层加工后进入下一层时才做单独的动作。平面铣的加工对象是边界，是以曲线/边界来限制切削区域的。

平面铣只能加工与刀轴垂直的几何体，即只能加工出直壁平底的工件。平面铣建立的平面边界定义了零件几何体的切削区域，并且一直切削到指定的底平面为止。每一层刀路除了深度不同外，形状与上一个或下一个切削层严格相同。

平面铣用于直壁的、并且岛屿顶面和槽腔底面为平面零件的加工。平面铣有着其独特的优点。

（1）可以无须制作出完整的造型而依据 2D 图形直接进行刀具路径的生成。

（2）可以通过边界和不同的材料侧方向，定义任意区域的任一切削深度。

（3）调整方便，能很好地控制刀具在边界上的位置。

一般情形下，对于直壁的、水平底面为平面的零件，可以选用平面铣工序做粗加工和精加工，如加工产品的基准面、内腔的底面、敞开的外形轮廓等；在薄壁结构件的加工中，平面铣广泛使用。通过选择不同的切削模式，平面铣可以完成挖槽或者是轮廓外形的加工。使用平面铣工序进行数控加工程序的编制，可以取代手工编程，提高编程效率与正确性。

2．平面铣与型腔铣的相同点

平面铣和型腔铣工序都是在水平切削层上创建的刀位轨迹，用来去除工件上的材料余量，两者有很多相同或相似之处。

（1）二者的刀具轴都垂直于切削层平面，生成的刀轨都是按层进行切削，完成一层切削后再进行下一层切削。

（2）刀具路径的切削方法基本相同，都包含区域切削和轮廓铣削。

（3）大部分的选项参数相同：如刀轨设置中的切削参数、非切削移动、进给率和速度，以及机床控制等选项。

3．平面铣与型腔铣的不同点

平面铣与型腔铣的不同点如下。

（1）几何体定义方式不同。平面铣用边界定义零件材料，边界是一种几何实体，可用曲线/边界、面（平面的边界）、点定义临时边界或选用永久边界。而型腔铣可用任何几何体以及曲面区域和小面模型来定义零件材料。

（2）切削层的定义不同。平面铣通过所指定的边界和底面的高度差来定义总的切削深度，并且有 5 种方式定义切削层，切削深度选项如图 4-1 所示；而型腔铣通过切削范围定义切削深度，切削层选项如图 4-2 所示。

图 4-1　平面铣的切削层

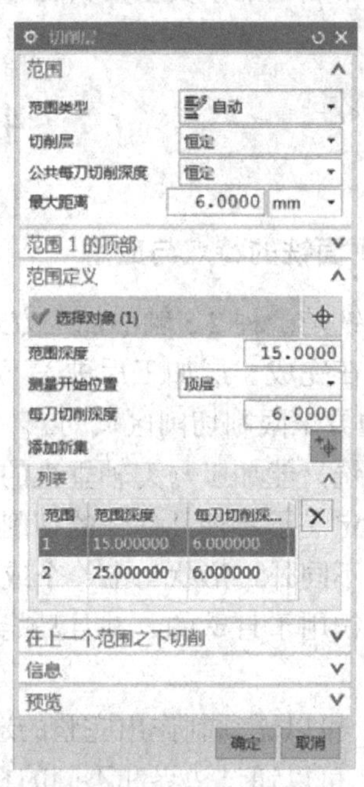

图 4-2　型腔铣的切削层

（3）切削参数选项有所不同。切削参数中大部分参数都是一样的，但型腔铣的参数选项稍多一些。

专家指点： 如果已经完成了实体设计，则使用型腔铣工序进行加工可以有更高的安全性。

4.2　平面铣工序的创建

创建平面铣工序的步骤与创建型腔铣相似，选择类型为 Mill_planar，子类型为▣，创建平面铣，接下来在平面铣工序对话框中从上到下进行设置，包括指定几何体，选择刀具、

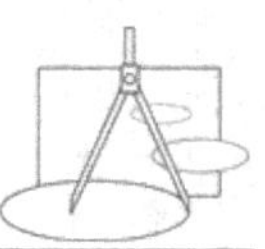

设定刀轨设置的选项参数，再打开下级对话框进行切削参数、非切削移动、进给率和速度等参数的设置，完成设置后生成刀轨并检验，最后确定完成平面铣工序的创建。

任务 4-1　创建心形凹槽平面铣工序

完成如图 4-3 所示零件的凹槽加工。

➔ *STEP 1* 打开模型文件

启动 NX，单击“打开文件”图标，打开 T4-1.PRT。

➔ *STEP 2* 进入加工模块

在工具条上单击“应用”标签显示应用模块的工具按钮，单击“加工”图标。

➔ *STEP 3* 设置加工环境

系统弹出“加工环境”对话框，如图 4-4 所示，选择“CAM 会话配置”与“要创建的 CAM 设置”。单击“确定”按钮进行加工环境的初始化设置。

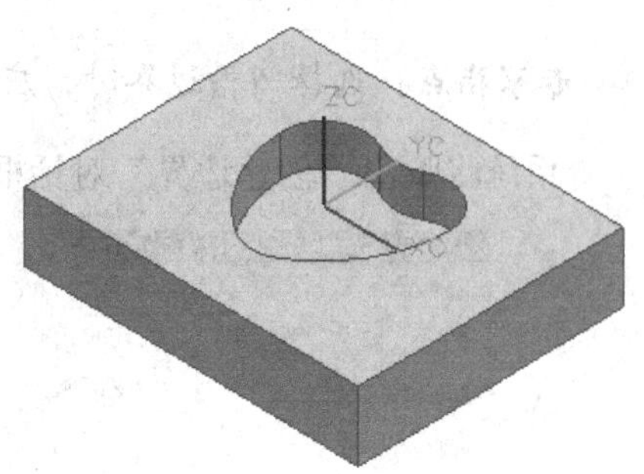

图 4-3　零件

专家指点： 选择“要创建的 CAM 设置”为 mill_planar，创建工序时默认的模板集将是平面铣类型 mill_planar。

➔ *STEP 4* 创建平面铣工序

单击工具条上的“创建工序”图标，系统打开“创建工序”对话框。如图 4-5 所示，选择工序子类型为平面铣（mill_planar），单击“确定”按钮打开平面铣工序对话框，如图 4-6 所示。

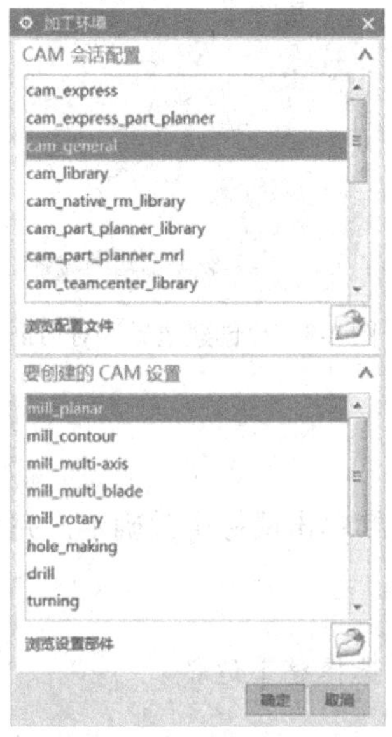

图 4-4　加工环境设置

图 4-5　“创建工序”对话框

专家指点：如果没有工序子类型，将上方的类型改为 mill_planar。

➔ STEP 5 指定部件边界

在平面铣工序对话框中单击“指定部件边界”图标。系统打开“边界几何体”对话框，如图 4-7 所示，更改边界选择模式为“曲线/边…”。

专家指点：选择凹槽边界时，应该使用“曲线/边…”方式。

系统将弹出“创建边界”对话框，按图 4-8 所示设置边界参数。

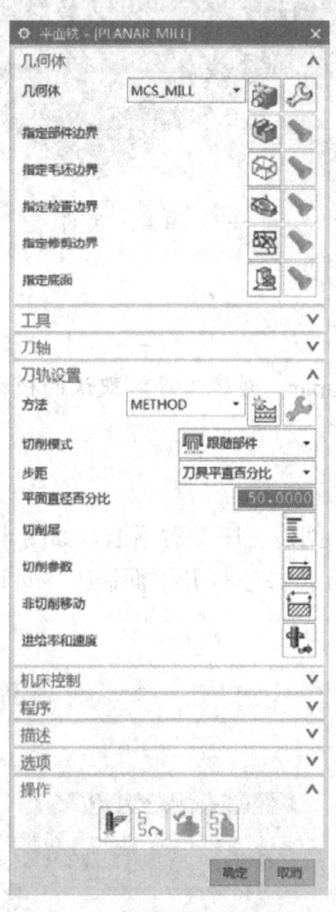

图 4-6　平面铣工序对话框

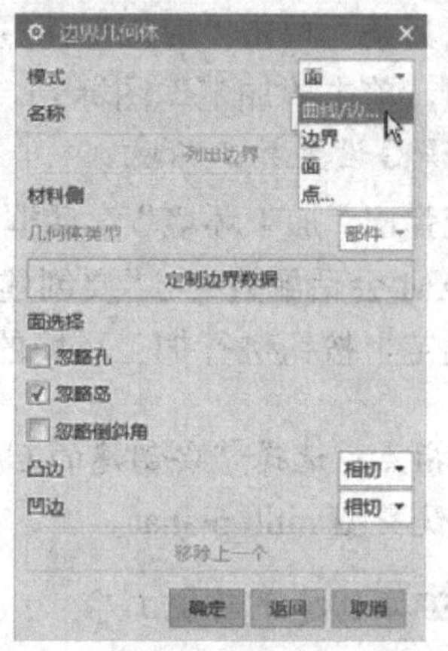

图 4-7　“边界几何体”对话框

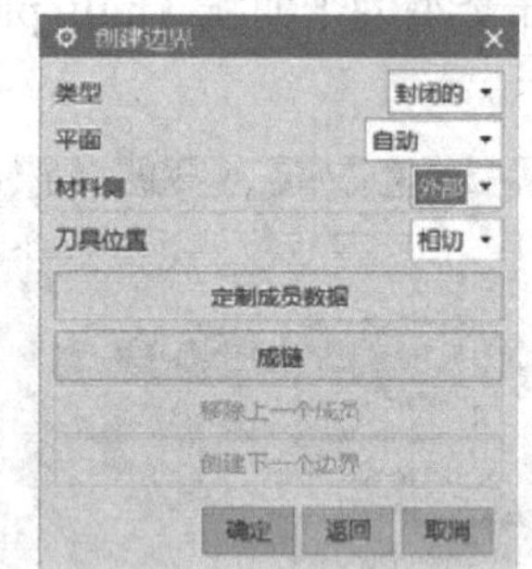

图 4-8　“创建边界”对话框

专家指点：指定部件几何体的材料侧为“外部”。

移动鼠标选取凹槽周边的边界，形成封闭曲线后连续单击鼠标中键确定，完成部件边界几何体选择，如图 4-9 所示。

专家指点：将选择意图改为“相切曲线”，可以快速选择整个边界。

专家指点：如果单个选择，则一定要依次序逐个选择。

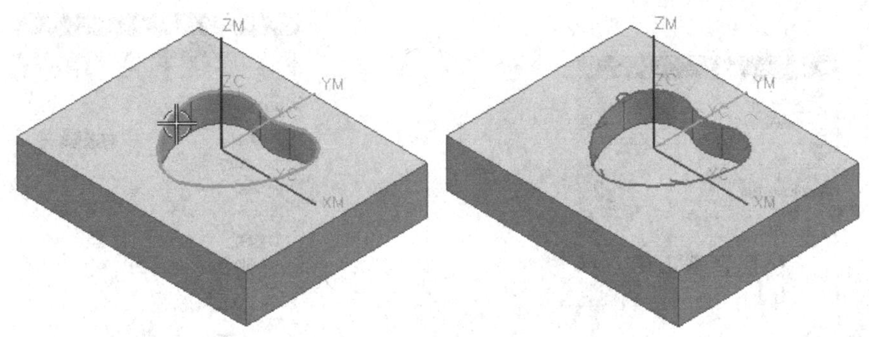

图 4-9　选择边界几何体

再次单击鼠标中键返回到工序对话框。

➔ STEP 6 指定底面

在平面铣工序对话框中单击“指定底面”图标。系统将弹出“平面”对话框，如图 4-10 所示，在图形上选择凹槽的底平面，如图 4-11 所示。再单击鼠标中键确定，并返回工序对话框。

图 4-10　“平面”对话框

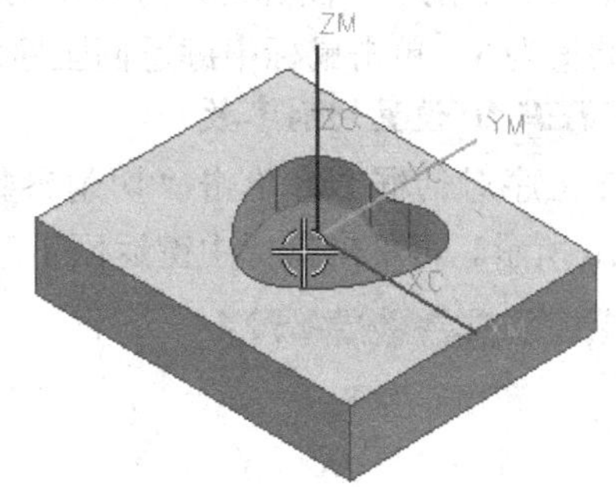

图 4-11　选择底面

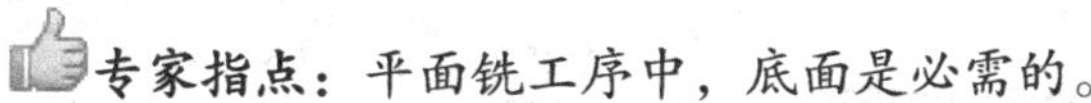
专家指点：平面铣工序中，底面是必需的。

➔ STEP 7 新建刀具

在平面铣工序对话框中，单击“刀具”将其展开，选取刀具后单击图标，打开“新建刀具”对话框，如图 4-12 所示，选择类型和子类型并输入名称创建平底铣刀 D12，单击“确定”按钮进入铣刀参数对话框。

在铣刀参数对话框中设定“直径”为 12，如图 4-13 所示，在图形上将显示预览的刀具。单击“确定”按钮完成刀具创建。

返回到工序对话框，在刀具选项上将显示为 D12。

➔ STEP 8 刀轨设置

在平面铣工序对话框中展开刀轨设置，进行参数设置，按图 4-14 所示选择切削模式，再设置步距值。

专家指点：切削模式为“跟随周边”；步距为 60%的刀具平面直径。

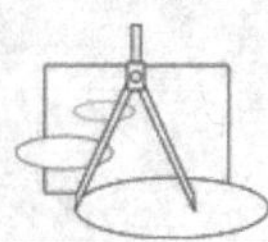

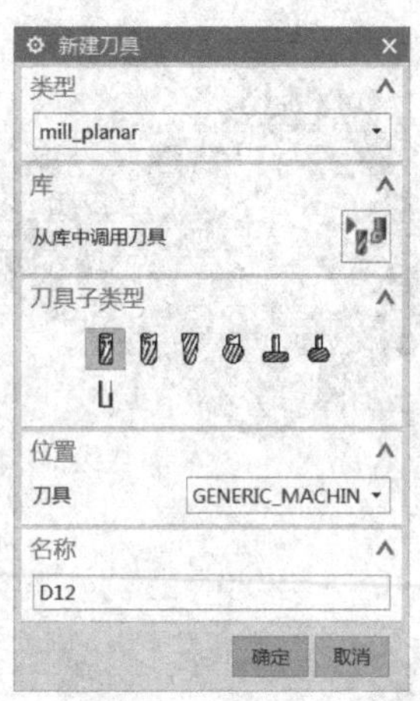

图 4-12　“新建刀具”对话框

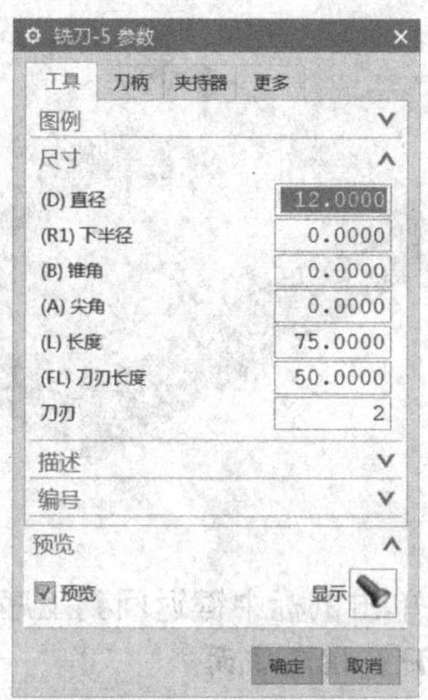

图 4-13　设置刀具参数

➔ STEP 9 切削层设置

单击“切削层”图标，打开“切削层”对话框，如图 4-15 所示，设置每刀切削深度的公共值为 3。单击鼠标中键返回工序对话框。

➔ STEP 10 设置切削参数

在工序对话框中，单击“切削参数”图标进入切削参数设置，设置策略参数，如图 4-16 所示。再单击鼠标中键返回工序对话框。

图 4-14　刀轨设置

图 4-15　切削深度参数

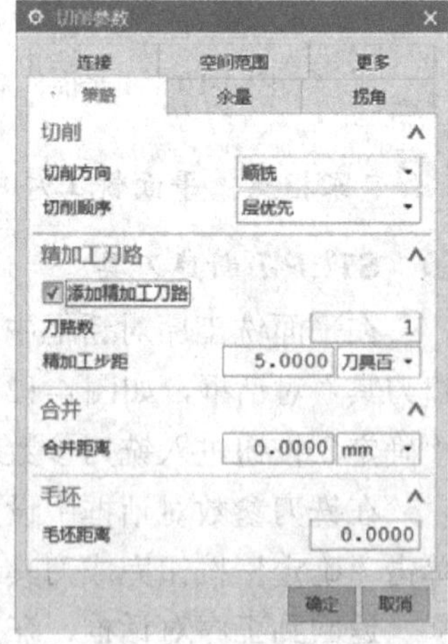

图 4-16　切削参数

专家指点：添加精加工刀路，一次性完成粗加工与精加工。

➔ STEP 11 设置非切削移动

在工序对话框中单击“非切削移动”图标，则弹出如图 4-17 所示的“非切削移动”

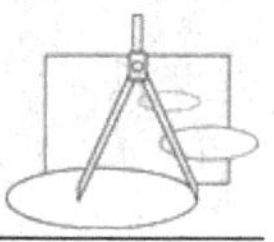

对话框，设置进刀参数。

专家指点：封闭区域采用螺旋进刀，开放区域采用圆弧进刀。

➔ STEP 12 设置进给率和速度

单击“进给率和速度”后的图标，弹出“进给率和速度”对话框，如图 4-18 所示。设置主轴转速与进给率，单击鼠标中键返回工序对话框。

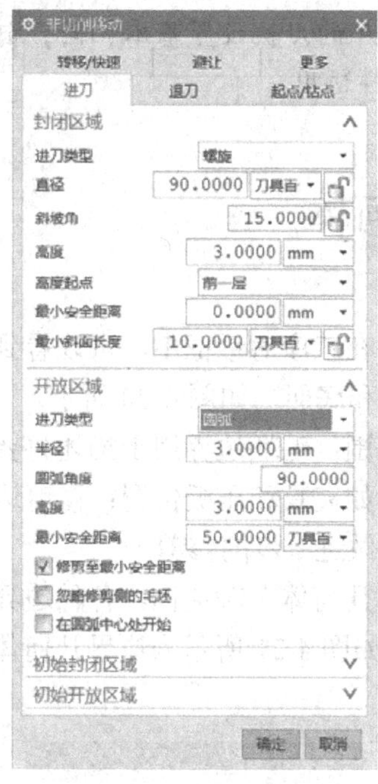

图 4-17　设置进刀参数

图 4-18　“进给率和速度”对话框

➔ STEP 13 生成刀轨

确认各个选项的参数设置。在工序对话框中单击“生成”图标计算生成刀路轨迹，产生的刀路轨迹如图 4-19 所示。

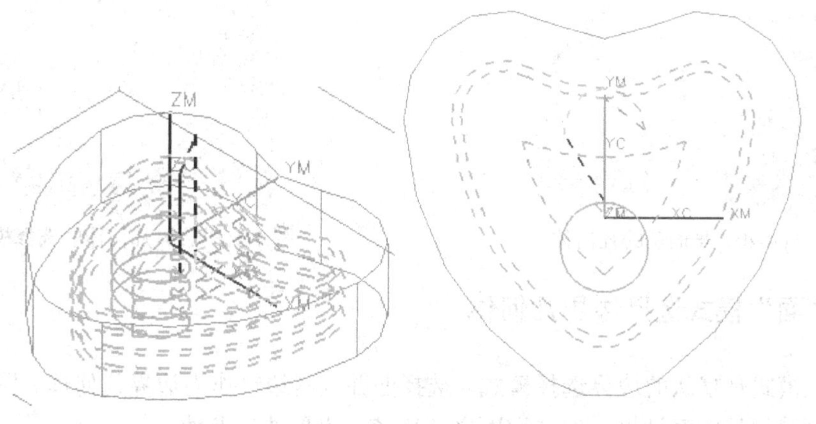

图 4-19　生成的刀轨

➔ **STEP 14** 确定工序

检视刀轨，确认刀轨后单击工序对话框底部的“确定”按钮接受刀轨并关闭工序对话框，完成一个平面铣工序的创建。

专家指点： 平面铣工序要进行 2D 或 3D 的动态可视化检视，必须在选择的几何体父节点中有毛坯几何体存在。

专家指点： 平面铣工序创建的刀轨设置与型腔铣工序的刀轨设置基本相同，前面在型腔铣工序中介绍的设置要点在平面铣工序创建时同样适用。

4.3　平面铣的几何体

平面铣加工时，其刀路是由边界几何体所限制的，在工序对话框中，可以看到几何体中需要指定部件边界、毛坯边界、检查边界、修剪边界和底面，如图 4-20 所示。

部件边界用于描述完成的零件，控制刀具运动的范围；毛坯边界用于描述将要被加工的材料范围；检查边界用于描述刀具不能碰撞的区域，如夹具和压板位置；修剪边界用于进一步控制刀具的运动范围，对由部件边界生成的刀轨做进一步的修剪。

在对话框中选择一种边界几何体后，则打开“边界几何体”对话框，各种边界几何体都可以通过选择面、曲线/边、点和永久边界进行定义，如图 4-21 所示为边界几何体的选择模式。

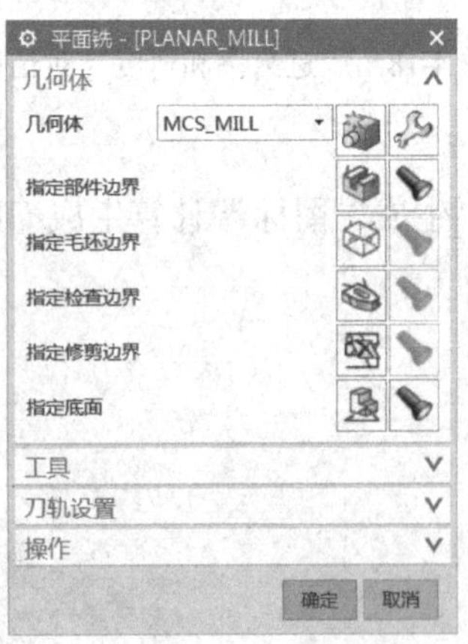

图 4-20　平面铣的几何体

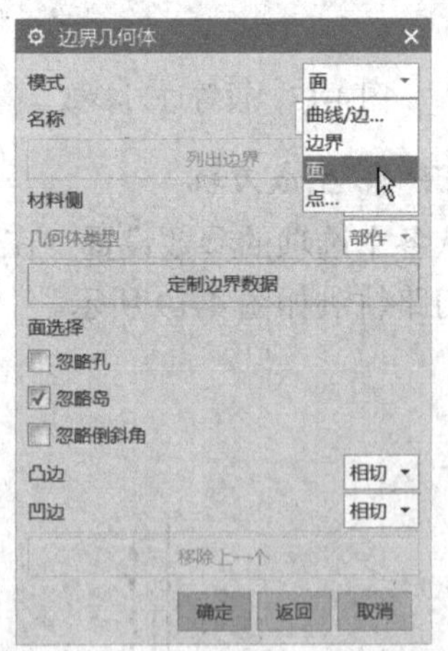

图 4-21　边界几何体的选择模式

4.3.1　“面”模式选择边界几何体

“面”模式是默认的边界选择模式，选择面并以其边缘作为边界几何体。图 4-22 所示为面模式创建边界的对话框，在选取面之前应该先设置选项参数。

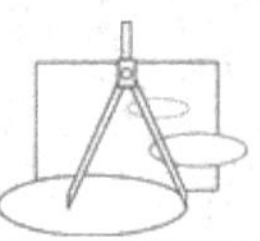

1．材料侧

定义工件的材料在边界的内外侧，以确定切削范围。如图 4-23 所示为同一部件边界几何体设置不同的材料侧生成的刀轨。

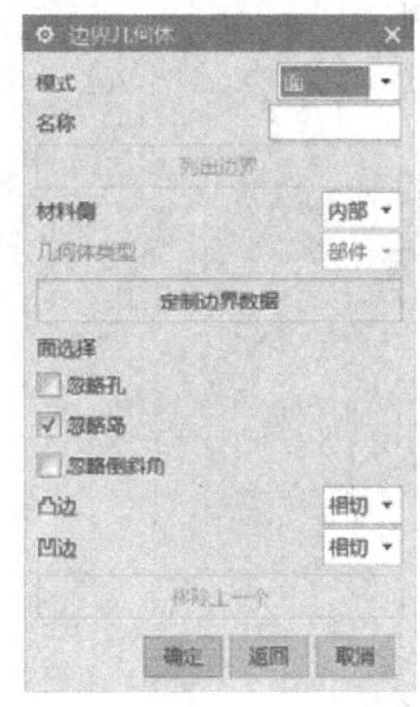

图 4-22　面选择参数

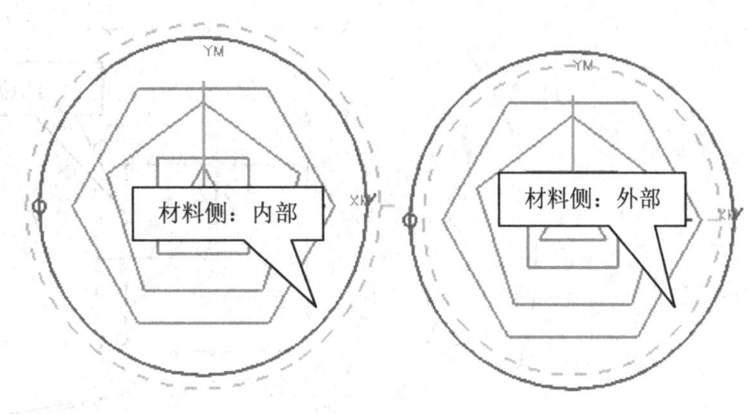

图 4-23　材料侧

专家指点：不同类型的边界材料侧的设置与判断有所不同。部件边界的材料侧为保留部分；毛坯边界的材料侧为切除部分；检查边界的材料侧是保留部分；修剪边界的裁剪侧为保留材料的部分。设置错误或遗忘设置材料侧（裁剪侧）参数将可能导致刀轨生成失败。

专家指点：在不忽略孔的情况下，孔边缘与外形轮廓边界的材料侧是“相反”的。

2．忽略孔/岛/倒斜角

在选择面时可以选择是否忽略面中孔/岛屿的边缘以及是否忽略倒斜角。如果打开这一选项，将不考虑在面上的一些细节特征。如图 4-24 所示为使用是否忽略岛指定的边界示例。

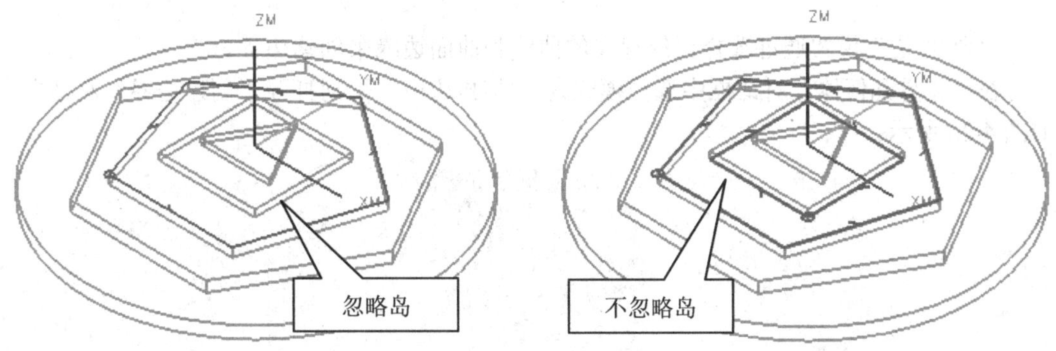

图 4-24　忽略岛

专家指点：如果零件是曲面（片体）形式的，而且为实体，则即使中间有凸出的结构，其内部边界也将作为孔而非岛屿。

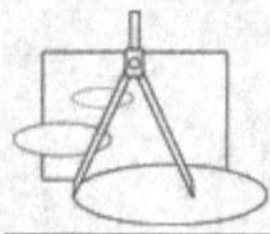

3．凸边与凹边

凸边与凹边用于指定加工最终轮廓的刀具位置。由于凸边通常为开放的区域，因此可以将刀具位置设为“上”，可以完全切除此处的材料。而凹边通常会有直立的相邻面，刀具在内角凹边的位置，一般应为“相切”。如图 4-25 所示为刀轨示例。

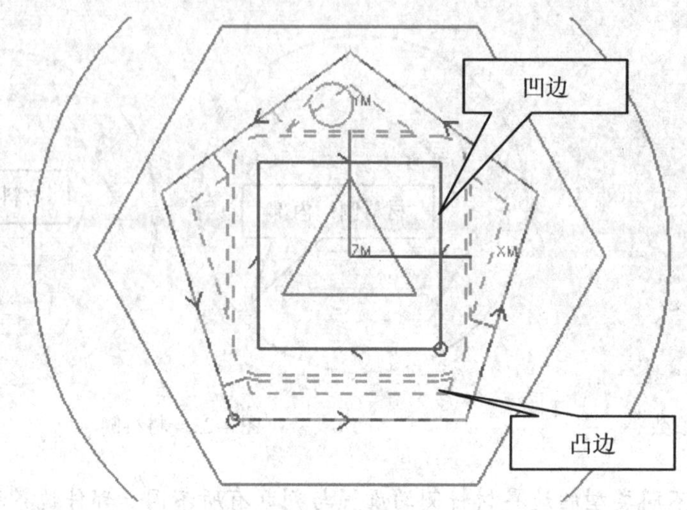

图 4-25　凸边与凹边

在设置参数后，就可以在图形上拾取平的曲面，以其边缘作为边界，如果有多个曲面，可以连续选择，选择完成后单击鼠标中键退出。

专家指点：拾取的面必须是平面，不能选择非平面的曲面。

专家指点：拾取的面如果与底面不平行，则只能在底面上生成刀轨。

4.3.2　“曲线/边”模式创建边界

“曲线/边”模式通过选择已经存在的曲线和曲面边缘来创建边界。

在“边界几何体”对话框中选择模式为“曲线/边…”，则打开“创建边界”对话框，如图 4-26 所示。

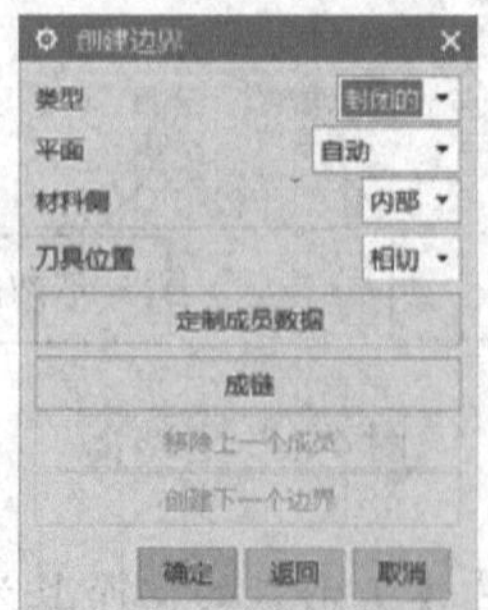

图 4-26　“创建边界”对话框

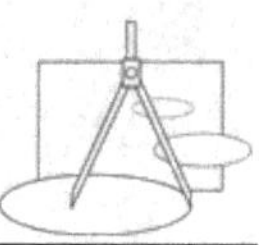

下面是对话框中部分选项的含义。

1．类型

类型选项包括“开放的”与“封闭的”。开放边界可以是不封闭的，如图 4-27 所示，而封闭的边界必须首尾相接，选择不相连的曲线，系统将作延长封闭，而图 4-28 所示为拾取同样的边缘产生的封闭边界。

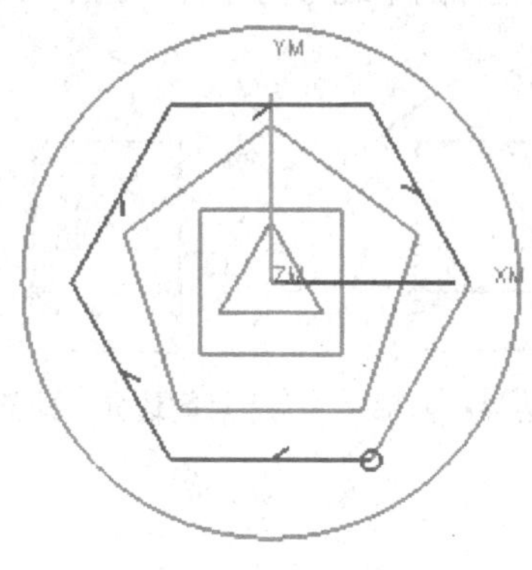

图 4-27　开放的

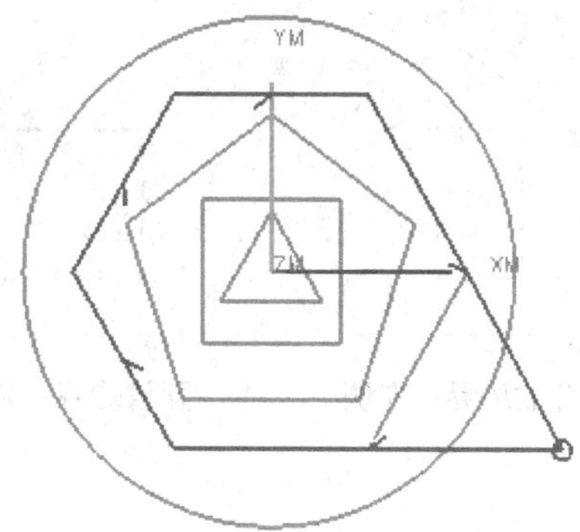

图 4-28　封闭的

专家指点：开放轮廓进行平面铣的粗加工时，将把始端与末端直接连接，当成封闭轮廓进行加工。

2．平面

平面有两个选项，分别为“用户定义”和“自动”。“自动”选项是默认的，边界平面将取决于选择的几何体。

专家指点：如果所选择的元素不在同一平面上，则以所选择的前两个元素的顺序 3 个端点所定义的平面为边界平面。当系统无法根据选择的曲线或边缘定义平面时，边界将产生在 XC-YC 平面上。

而使用“用户定义”方式时，将弹出“平面”对话框，如图 4-29 所示，选择一个平面，并可以指定偏置值。指定平面后，创建的平面轮廓将投影到平面内，如图 4-30 所示。

图 4-29　指定平面

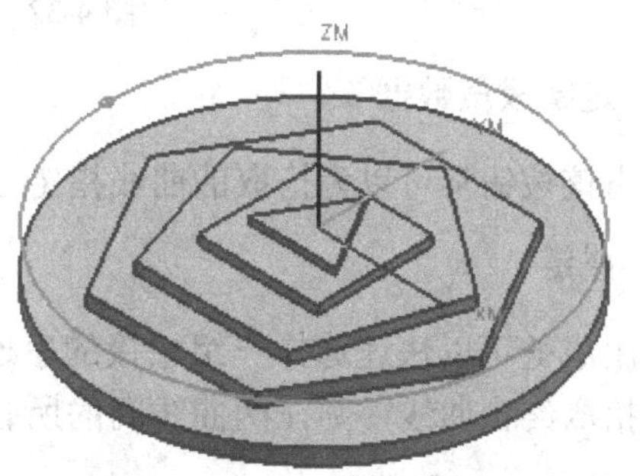

图 4-30　用户定义平面生成的边界

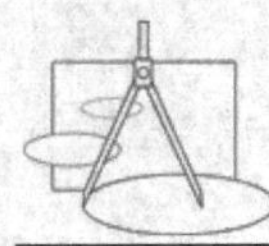

专家指点：平面铣加工中，指定部件边界与毛坯边界、检查边界时，在边界所在平面以上的部位将不起作用；但修剪边界则是上下无限延伸的。

3．材料侧

定义材料在边界的左右（开放的边界）或边界的内外（封闭的边界）；部件边界的材料侧将是保留的一侧，也就是刀路是在另一侧。左右是相对于边界的串连方向而言，如图 4-31 所示。

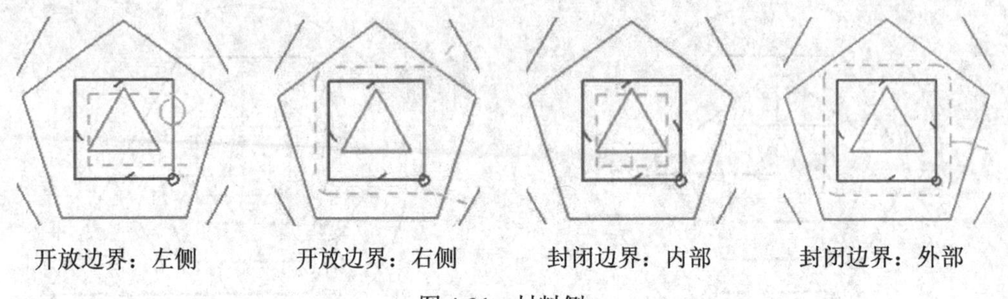

图 4-31　材料侧

专家指点：指定修剪边界时，需要指定修剪侧，修剪侧的刀路轨迹将被去除。

4．刀具位置

刀具位置有“相切”和“对中”两种状态。“相切”表示刀具与边界相切；“对中”表示刀具中心处于边界上。如图 4-32 所示为两者的刀具轨迹对比。

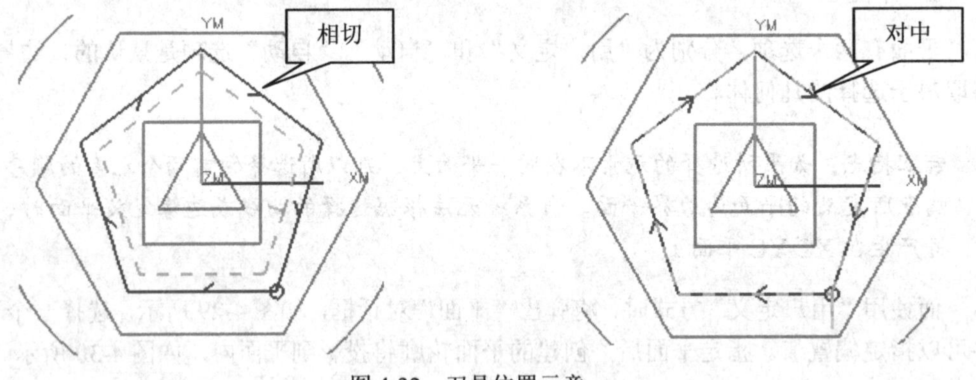

图 4-32　刀具位置示意

5．定制成员数据

单击该按钮将可以为拾取的曲线指定公差、余量、切削进给率等参数项。

6．成链

使用成链可以快速选择一组相接的串连外形曲线。单击“成链”按钮后，拾取起始曲线，再拾取终止曲线，则在两曲线间的所有串连曲线都将被选择并连接。

7．移除上一个成员

单击“移除上一个成员”按钮可以移除最后一次选取的物体。

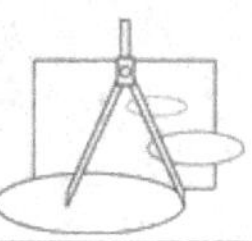

8．创建下一个边界

单击“创建下一个边界”按钮可以确认当前边界，接下来选择新的边界曲线。

完成参数设置后在工作区拾取轮廓，可以在图形上拾取曲线或者是曲面的边缘。选择完成后单击鼠标中键确认，完成边界几何体的选择需要再次确认。如图 4-33 所示为“曲线/边”方式的选择边界示例。

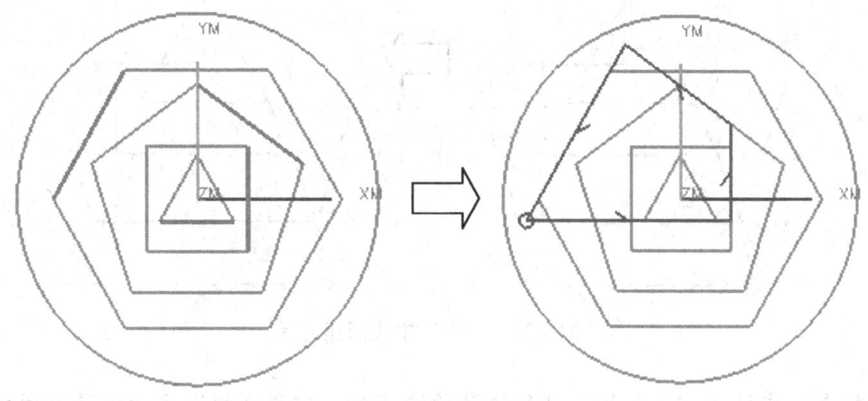

图 4-33　创建边界

专家指点：选择的轮廓线可以不在一个平面内。

专家指点：选择的后一曲线必须与前一曲线存在交点或者可以延伸相交；拾取曲线时必须要注意选择的顺序。

专家指点：选择开放轮廓时需要注意选择位置对串连方向的影响。

4.3.3　“点”模式创建边界

在“边界几何体”对话框的“模式”选项中选择“点”时，将显示“创建边界”对话框，如图 4-34 所示。其选项与“曲线/边…”模式基本一致。

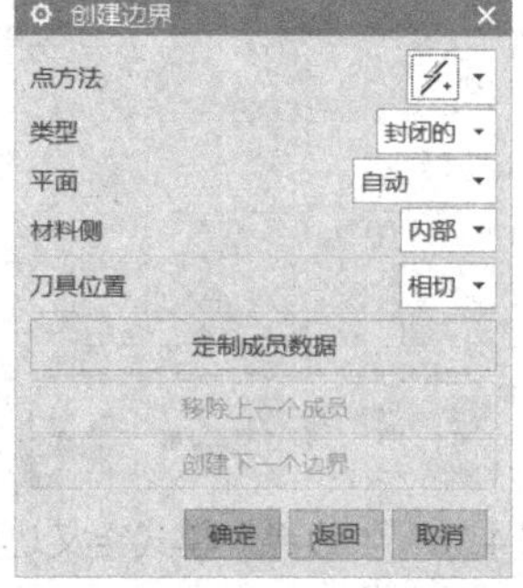

图 4-34　“点”模式创建边界

“点方法”选项通过点构造器定义点。系统在点与点之间以直线相连接，形成一个开放的或封闭的边界。如图 4-35 所示为“点”模式创建边界的示例。

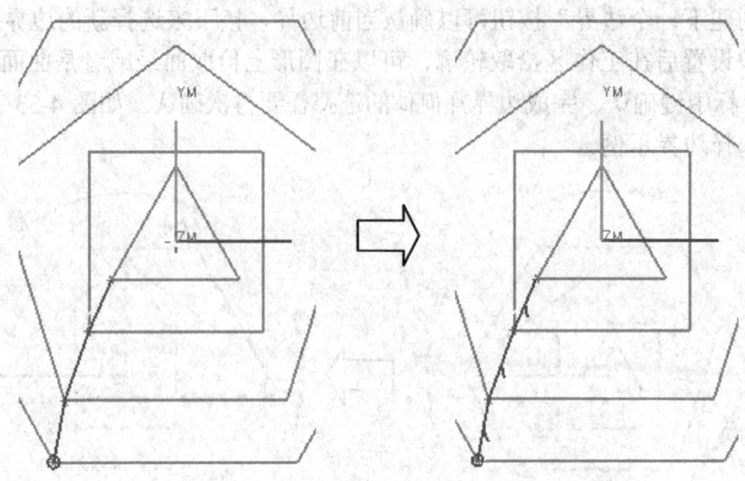

图 4-35 “点”模式创建边界

专家指点：在使用“点”模式进行边界的选择时，建议将视图方向设置为顶视图，这样可以准确地确定点的位置，并直观地显示边界范围。

4.3.4 “边界”模式创建边界

在“边界几何体”对话框中选择“模式”为“边界”，如图 4-36 所示。可以选择永久边界作为平面铣加工的几何体。选择永久边界作为边界时，定义方式比较简单，由于部分参数在创建永久边界时已经确定了，所以只需选择某一永久边界，并指定其材料侧即可完成边界的定义。单击“列出边界”按钮可以显示当前已经创建的边界。

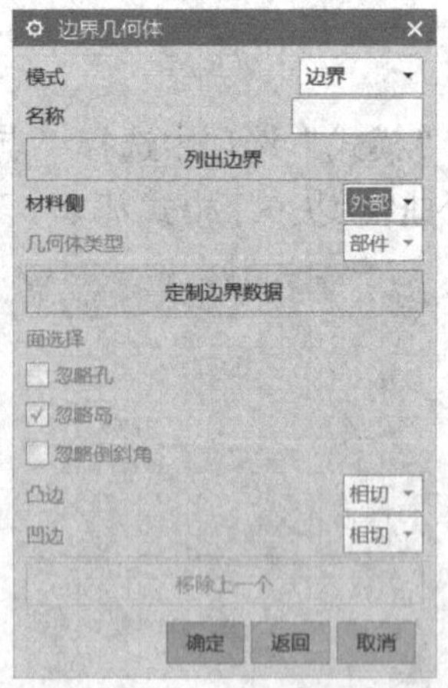

图 4-36 “边界”模式定义边界

专家指点：永久边界可以通过菜单中的“工具”→“边界”命令进行创建和管理。

4.3.5 边界的编辑

在各个边界几何体中，如果已经做了选择，而再次单击“指定边界”按钮时，将打开如图 4-37 所示的“编辑边界”对话框。可以对已选择的边界进行修改。

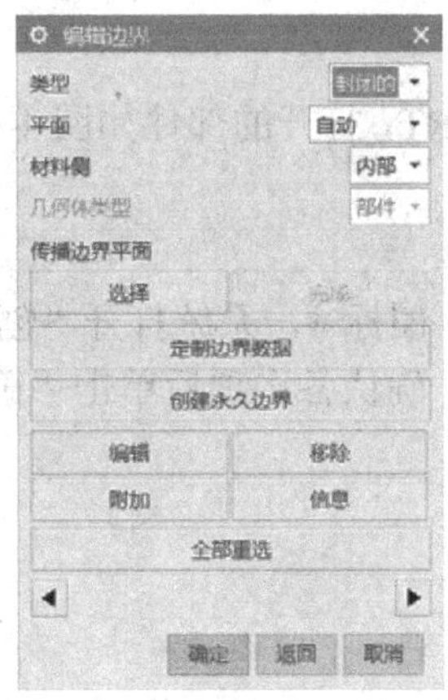

图 4-37 “编辑边界”对话框

通过对话框中的▶或◀按钮来依次选择边界，也可以直接在图形上单击某一边界线而对其参数进行修改，当前选择的边界将高亮显示。在“编辑边界”对话框中，部分参数是与使用曲线/边缘模式定义边界相同的。

单击“移除”按钮可以删除当前边界，单击“附加”按钮则继续选择边界，单击“全部重选”按钮将重置所有边界。

专家指点： 编辑边界时一定要选择对所要编辑的边界再设置参数，否则仅修改参数是不起作用的。

4.3.6 底面

单击工序对话框中的“指定底面”图标，弹出如图 4-38 所示的“平面”对话框。可以直接选择用于定义平面的对象，如面、基准、曲线等，并可以指定偏置。对于直接指定切削深度范围的，常用 XC-YC 平面方式进行定义，可以直接指定距离作为 Z 坐标值，如图 4-39 所示。

图 4-38 “平面”对话框

图 4-39 XC-YC 平面

专家指点：底面只能选择与刀具轴垂直的平面，不能选择非平面的曲面。每一个工序中仅能有一个底面，第二个选取的面会自动替代第一个选取的面成为底面。

任务 4-2　创建凸轮平面铣工序

➔ *STEP 1* 打开文件

启动 NX，并打开文件 T4-2.PRT，打开的部件如图 4-40 所示，该零件已经进行过 CAM 设置，并创建了刀具。

➔ *STEP 2* 创建平面铣工序

单击工具条上的“创建工序”图标，系统打开“创建工序”对话框。按图 4-41 所示设置参数，创建一个平面铣工序。确认各选项后单击“确定”按钮，打开平面铣工序对话框，如图 4-42 所示。

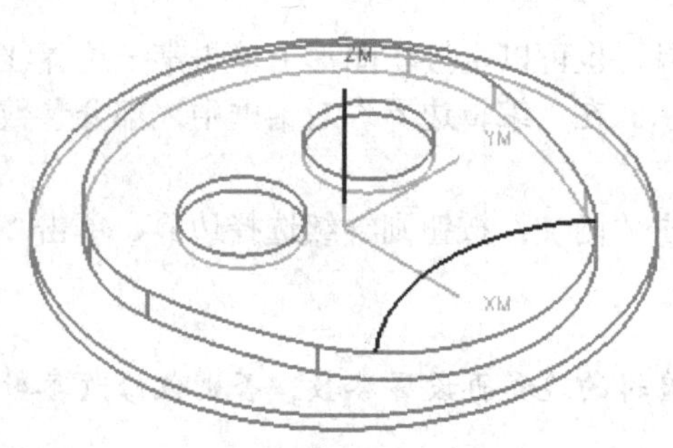

图 4-40　打开的部件

图 4-41　“创建工序”对话框

专家指点：创建工序时选择工序子类型为平面铣（PLANAR_MILL）；选择刀具为 D12”；几何体为 MCS_MILL；方法为 METHOD 等位置参数。

➔ *STEP 3* 指定部件边界

在平面铣工序对话框中单击“指定部件边界”图标，打开“边界几何体”对话框，如图 4-43 所示，选择“模式”为“面”，确认参数选项设置。选择顶平面，再选择两个圆形凹槽的底面，并确认退出，如图 4-44 所示为选择的边界几何体。

专家指点：选择部件几何体的材料侧为“内部”；不可忽略孔，孔边缘的材料侧自动设为“外部”。

专家指点：凹槽的底面选择为部件边界，并且材料侧为内部，则该边界以下的部位将不能生成刀轨，与检查边界相似，但部件边界可以在切削层中作为临界深度，在该高度将会生成一层刀轨，而检查边界则不能作为临界深度。

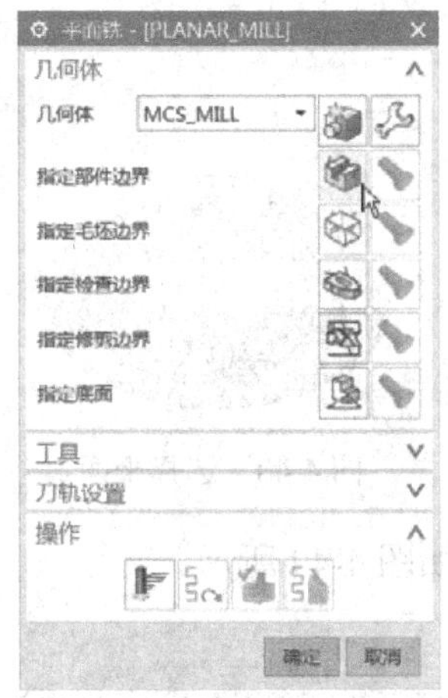

图 4-42　平面铣

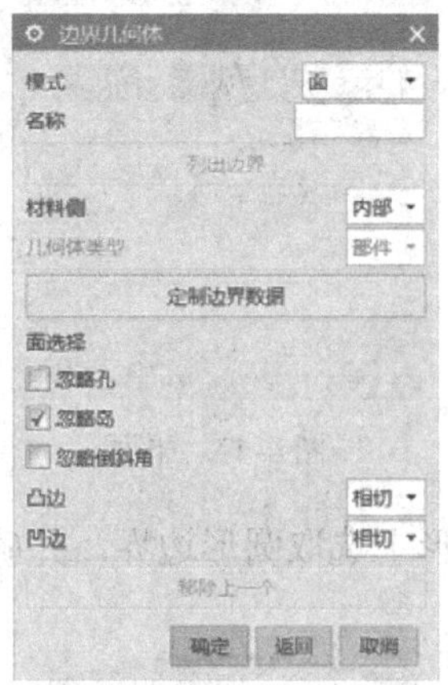

图 4-43　“边界几何体”对话框

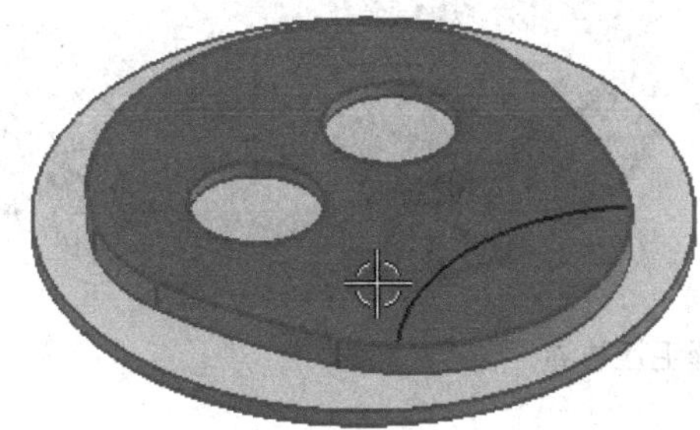

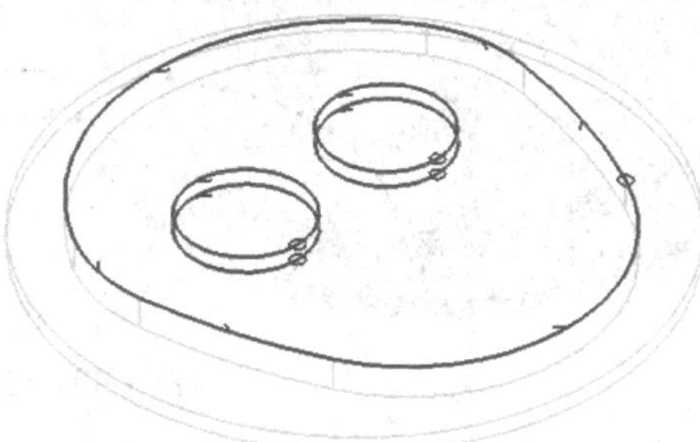

图 4-44　指定部件边界

➔ STEP 4 指定毛坯边界

在平面铣工序对话框中单击“指定毛坯边界”图标，系统打开“边界几何体”对话框，选择“模式”为“曲线/边…”，如图 4-45 所示，打开“创建边界”对话框。

选择“平面”选项为“用户定义”，如图 4-46 所示，出现平面构造器，如图 4-47 所示；选择凸台顶面，如图 4-48 所示，并确认退出。

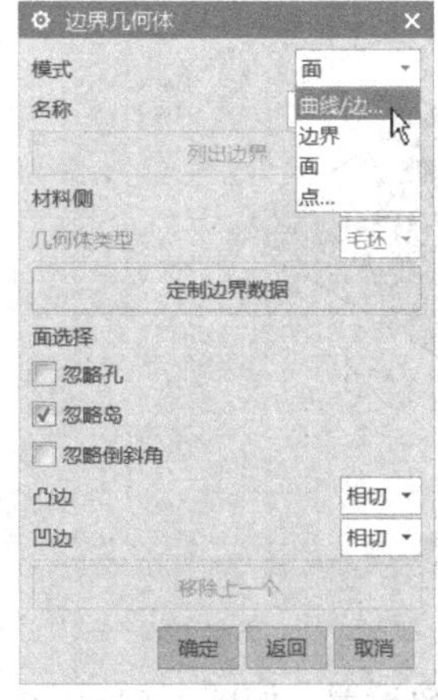

图 4-45　选择模式

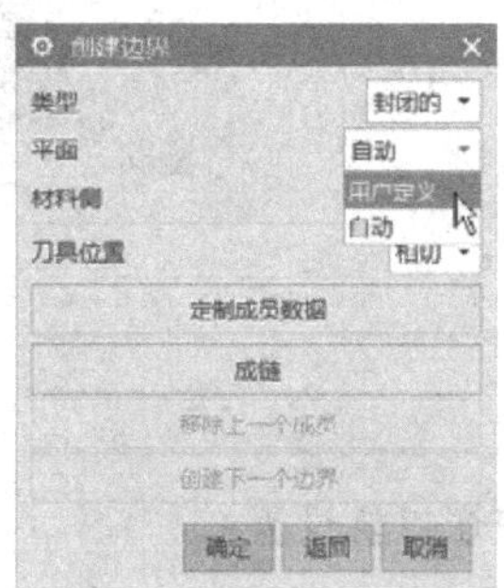

图 4-46　设置参数

图 4-47　平面

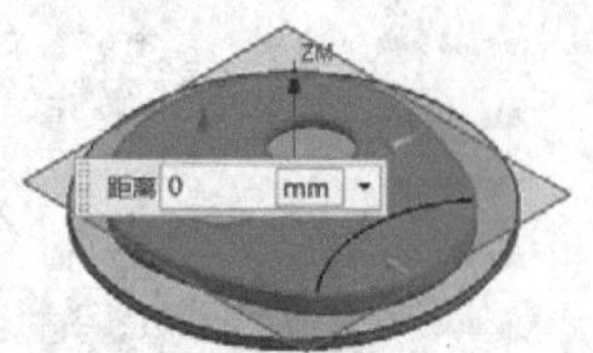

图 4-48　选择平面

在图形上选取圆形边界，并确认创建毛坯几何体，如图 4-49 所示。

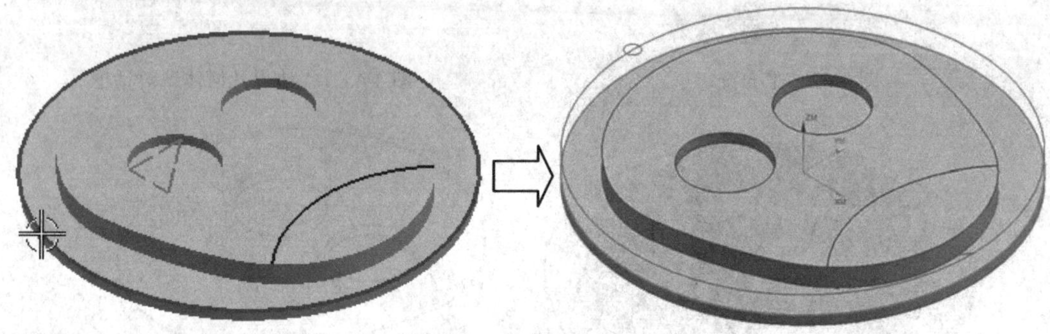

图 4-49　选择毛坯边界

专家指点：设置“平面”为“用户定义”，从顶部开始加工；否则毛坯不起作用。

专家指点：选择毛坯几何体可以限制加工范围，否则只生成两个圆孔内的刀轨。

➔ STEP 5 指定底面

在平面铣工序对话框中单击“指定底面”图标，系统将弹出平面构造器，在图形上选择台阶平面，如图 4-50 所示，再单击鼠标中键确定，并返回工序对话框。

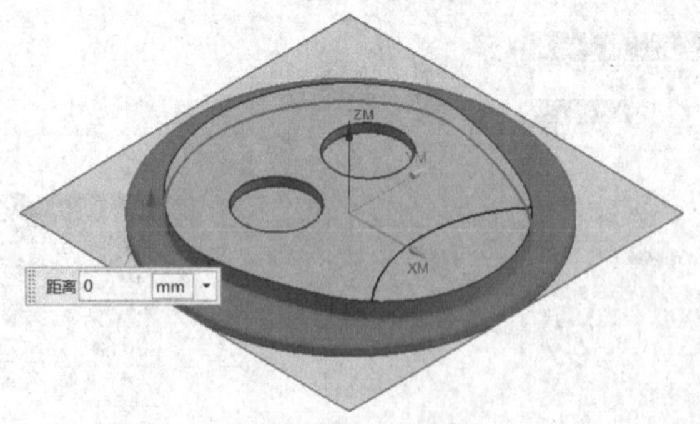

图 4-50　指定底面

➔ STEP 6 刀轨设置

在平面铣工序对话框中展开刀轨设置参数组，进行参数设置，如图 4-51 所示，选择“切

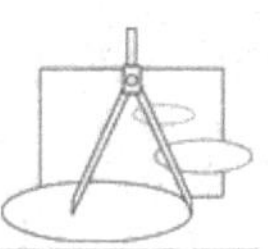

削模式”为“跟随部件”，“步距”为“刀具平直百分比”，“平面直径百分比”为 40%。

专家指点：平面铣的刀轨设置与型腔铣类似，对于周边余量大致相等的工件，采用“切削模式”为“跟随部件”可以生成切削负荷均匀的刀路轨迹。

STEP 7 切削层设置

单击“切削层”图标，打开“切削层”对话框，如图 4-52 所示，设置“类型”为“恒定”，每刀深度的公共值为 1.2。再单击鼠标中键返回工序对话框。

专家指点：平面铣工序必须设置切削层选项，否则只生成底面上的刀轨。

STEP 8 设置切削参数

在工序对话框中，单击图标进入切削参数设置。首先打开“策略”选项卡，设置参数，如图 4-53 所示。设置“切削顺序”为“深度优先”。

图 4-51　刀轨设置

图 4-52　“切削层”对话框

图 4-53　切削参数

专家指点：“切削顺序”为“深度优先”时，将按区域进行加工。

STEP 9 设置余量参数

单击“切削参数”对话框顶部的“余量”标签，打开“余量”选项卡，如图 4-54 所示，设置余量与公差参数。

专家指点：设置毛坯余量为负值，可以减小在毛坯范围外的空行程。

STEP 10 设置进给率和速度

单击“进给率和速度”后的图标，则弹出“进给率和速度”对话框，如图 4-55 所示，设置“主轴速度”为 600，切削进给率为 250，单击鼠标中键返回工序对话框。

图 4-54　刀轨设置

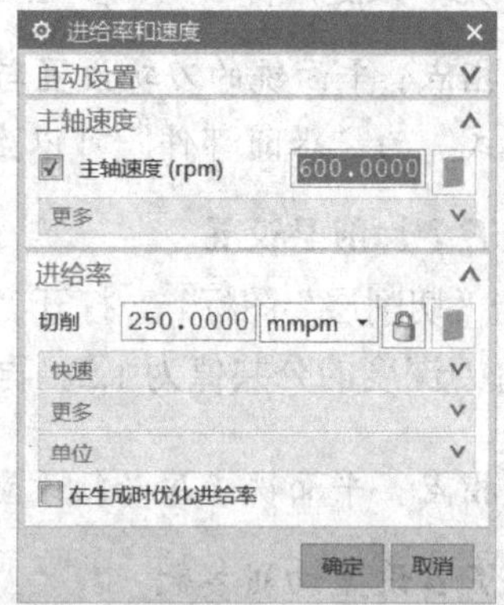

图 4-55　“进给率和速度”对话框

➔ STEP 11 生成刀轨

确认各个选项参数设置。在工序对话框中单击“生成”图标计算并生成刀路轨迹。产生的刀路轨迹如图 4-56 所示。

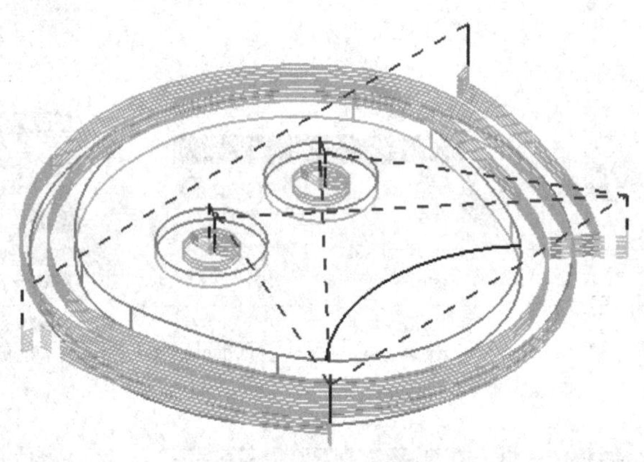

图 4-56　生成刀轨

➔ STEP 12 确定工序

检视并确认刀轨后单击工序对话框底部的“确定”按钮接受刀轨并关闭工序对话框。

➔ STEP 13 创建平面铣工序

单击工具条上的“创建工序”图标，系统打开“创建工序”对话框。按图 4-57 所示设置参数，创建一个平面铣工序。确认各选项后单击“确定”按钮，打开平面铣工序对话框。

专家指点：创建工序时系统默认上一次的选项，更改刀具为 D5。

➔ STEP 14 指定部件边界

在平面铣工序对话框中单击“指定部件边界”图标，打开“边界几何体”对话框，选择“模式”为“曲线/边…”，如图 4-58 所示，打开“创建边界”对话框，指定边界类型为“开放的”，“刀具位置”为“对中”，如图 4-59 所示。

在图形上选取圆弧，确认指定部件边界几何体，如图 4-60 所示。

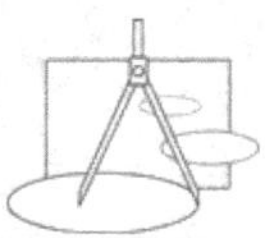

图 4-57　“创建工序”对话框

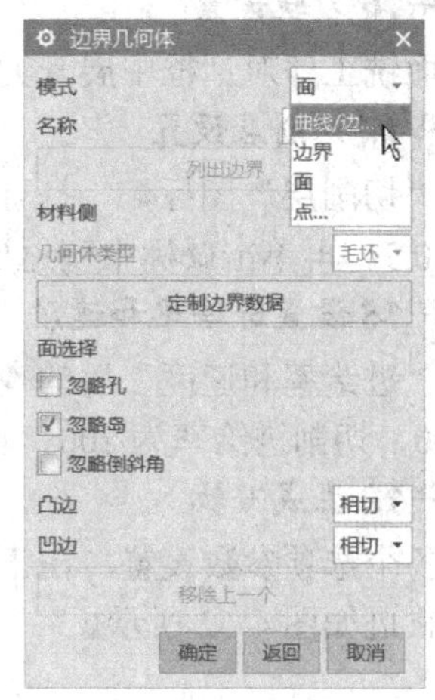

图 4-58　选择模式

图 4-59　“创建边界”对话框

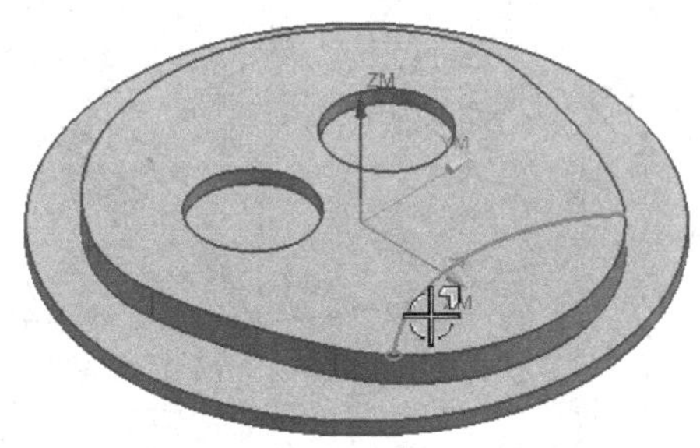

图 4-60　指定部件边界

专家指点：选择做轮廓加工时，要选择“刀具位置”为“对中”，“类型”为“开放的”。

➔ STEP 15 指定底面

在平面铣工序对话框中单击“指定底面”图标，系统将弹出平面构造器，拾取零件顶面，并指定偏置距离为-2，如图 4-61 所示，再单击鼠标中键确定，返回工序对话框。

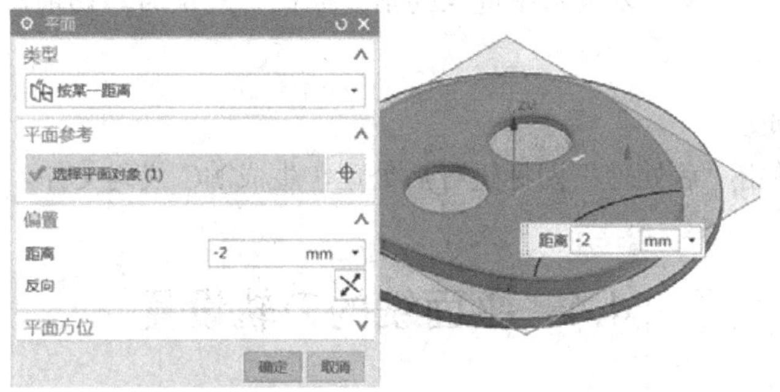

图 4-61　指定底面

专家指点：在顶面上下凹，也可以单击“反向”按钮，再设置偏置距离。

➔ **STEP 16 刀轨设置**

在平面铣工序对话框中展开刀轨设置参数组，进行参数设置，选择切削模式为“轮廓”。

➔ **STEP 17 切削层设置**

单击“切削层”图标，打开“切削层”对话框，设置类型为“恒定”，每刀深度的公共值为 0.5。再单击鼠标中键返回工序对话框。

➔ **STEP 18 设置进给率和速度**

单击“进给率和速度”后的图标，则弹出“进给率和速度”对话框，设置“主轴转速”为 800，切削进给率为 200，单击鼠标中键返回工序对话框。

➔ **STEP 19 生成刀轨**

确认各个选项参数设置。在工序对话框中单击“生成”图标计算生成刀路轨迹。产生的刀路轨迹如图 4-62 所示。

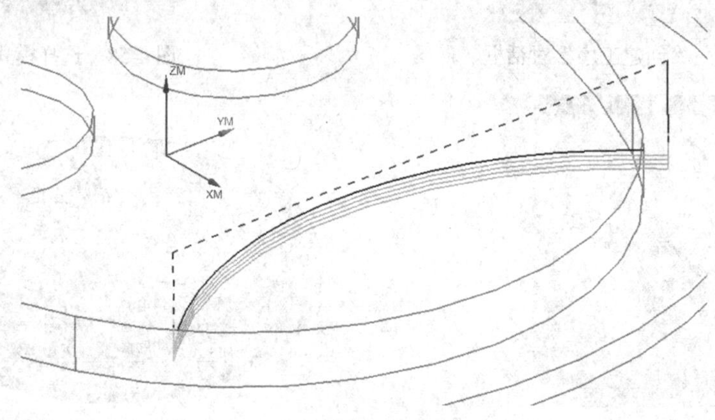

图 4-62　生成刀轨

➔ **STEP 20 确定工序**

检视刀路轨迹并确认刀轨后，单击工序对话框底部的“确定”按钮接受刀轨并关闭工序对话框。

专家指点：检视刀轨可以发现其进退刀位置是做了线性的延伸，可以避免刀具直接插入，而是在空的位置下刀再水平进入切削，因此，默认的非切削移动中的进退刀选项可以直接应用。

➔ **STEP 21 后处理**

选择工序，单击“后处理”图标进行后处理，生成 NC 代码文件。

4.4　平面铣的刀轨设置

4.4.1　刀轨设置

平面铣的刀轨设置选项与型腔铣基本相同，但个别选项有所区别。

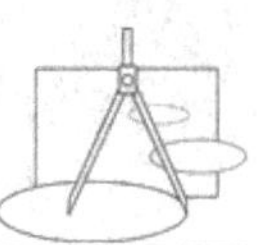

在切削模式中，平面铣增加了一个选项：标准驱动，如图 4-63 所示。标准驱动的切削模式与轮廓切削模式的加工轨迹基本相同，但是当选择的部件边界有交叉时，标准驱动严格地沿着指定的边界驱动刀具运动，排除了在轮廓加工中使用自动边界修剪的功能。使用这种切削方法时，默认允许刀轨自相交，如图 4-64 所示为标准驱动切削模式的切削策略参数，可以看到其中有“自相交”复选框。如图 4-65 所示为标准驱动与轮廓两种切削模式对于同一边界加工的刀轨示意图。

图 4-63　刀轨设置

图 4-64　标准驱动模式下的切削策略参数

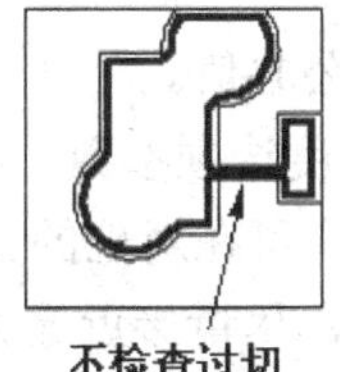

（a）标准驱动

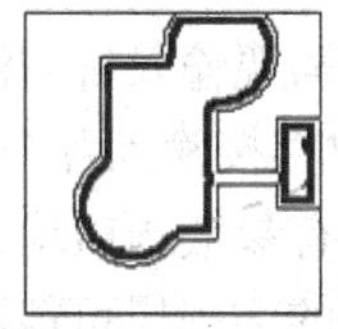

（b）轮廓加工

图 4-65　标准驱动与轮廓加工的比较

标准驱动适用于雕花、刻字等轨迹重叠或者相交的加工操作。

专家指点：“切削模式”选择为“标准驱动”时，需要在非切削移动设置的“更多”选项卡中将“碰撞检查”复选框取消选中。

4.4.2　切削层

平面铣的切削层确定多深度加工的每层切削深度，将切削范围划分为多个层进行加工。在刀轨设置中单击“切削层”图标，将弹出如图 4-66 所示的“切削层”对话框。可以采用多种不同的方法定义切削深度参数。

1. 类型

深度类型有 5 个选项，如图 4-67 所示。

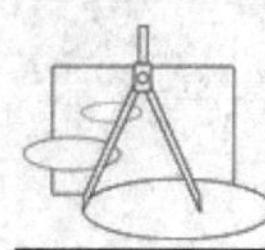

图 4-66 “切削层”对话框

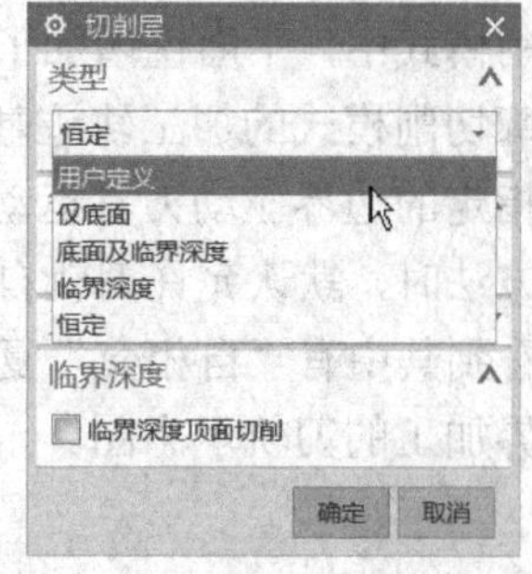

图 4-67 切削层类型选项

（1）恒定：指定一个固定的深度值来产生多个切削层。除最后一层外的所有层的切削深度保持一致。如图 4-68 所示为恒定深度的刀轨示例。固定深度方式产生的刀轨切削负荷均匀，但在某些岛屿平面上会有较多的残余。

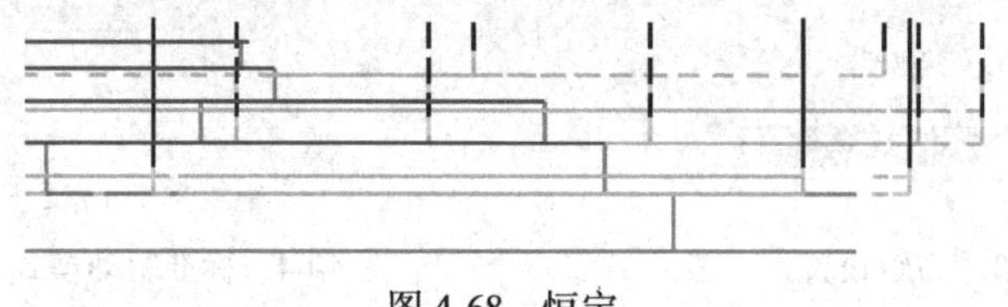

图 4-68 恒定

选择“恒定”方式后，需要输入每刀深度的公共值。

（2）用户定义：由用户直接输入各个切削深度选项参数。选择该选项时，可以定义的选项最多，对话框下部的所有参数选项均被激活，可在对应的文本框中输入数值。

“用户定义”方式生成的切削层可能不均等，尽量接近最大深度值，当岛屿顶部在最大深度与最小深度值之间时将生成一个切削层。如图 4-69 所示为切削层示例。

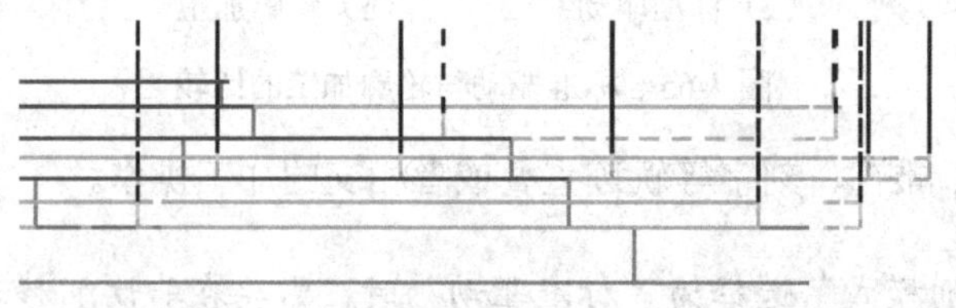

图 4-69 用户定义

（3）仅底面：只在底面创建一个唯一的切削层，路径示例如图 4-70 所示。

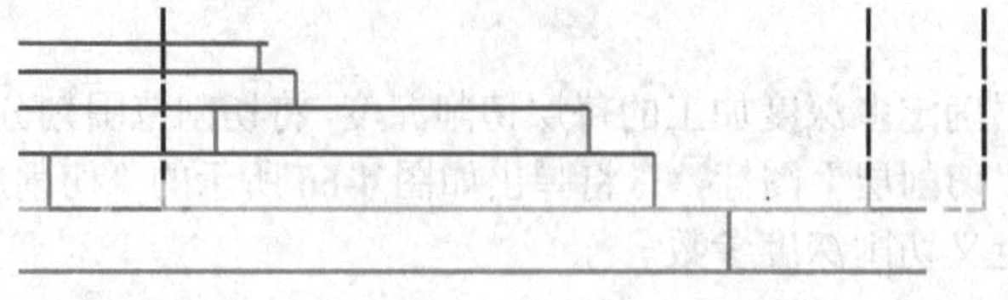

图 4-70 仅底面

（4）底面及临界深度：在底面与岛屿顶面创建切削层。岛屿顶面的切削层不会超出定义的岛屿边界，路径示例如图 4-71 所示。

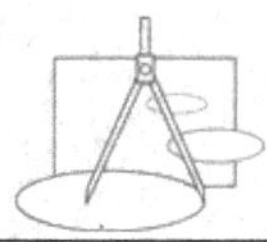

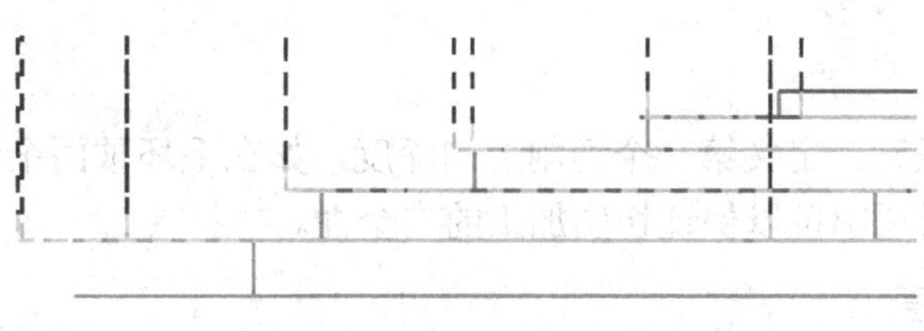

图 4-71　底面及临界深度

（5）临界深度：在岛屿的顶面创建一个平面的切削层，该选项与“底面及临界深度”的区别在于所生成的切削层的刀具路径将完全切除切削层平面上的所有毛坯材料，加工刀轨示例如图 4-72 所示。

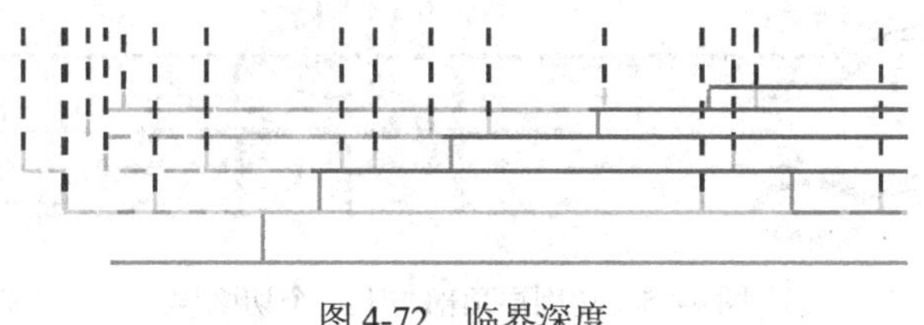

图 4-72　临界深度

选择不同的深度类型，下方可以设置的选项也有所不同，如图 4-73 所示为“用户定义”下的切削层选项，包括的选项最齐全。

2．每刀切削深度

确定了切削深度的范围，系统尽量用接近公共的深度值来创建切削层。若岛屿顶面在指定的范围内，就在其顶面创建一个切削层，但小于最小值的将不创建。如图 4-74 所示为设定最大切削深度为 2，最小切削深度为 0.8 产生的刀具路径示意图。

图 4-73　用户定义切削层

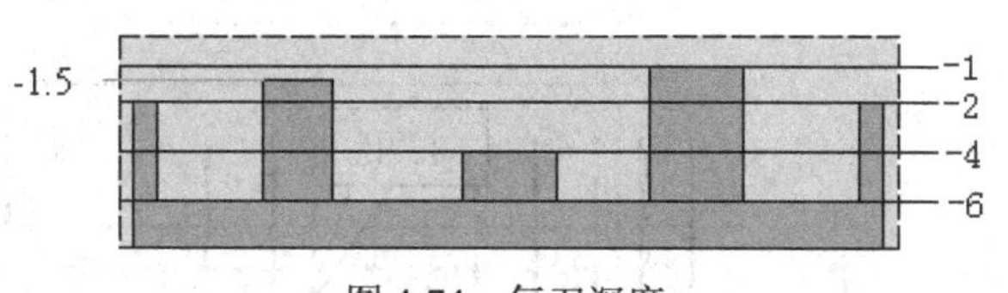

图 4-74　每刀深度

专家指点： 在生成刀轨对切削层进行检视，对某些岛屿顶部没有加工，可以通过微调每刀深度的公共值与最小值使岛屿顶部能在生成切削层的位置。

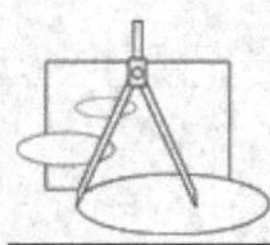

3．切削层顶部

设置离顶面的距离，定义第一个切削层的深度，如在毛坯顶面余量不均的情况下，设置一个较小的切削层顶部可以保证切削加工的安全性。

4．上一个切削层

设置离底面的距离定义最后一个切削层的深度。为精加工底面，可以设置上一个切削层为较小值，使最后一层加工余量较小。如图 4-75 所示是为离顶面的距离与离底面的距离设置了小于公共的切削深度值的刀轨示例。

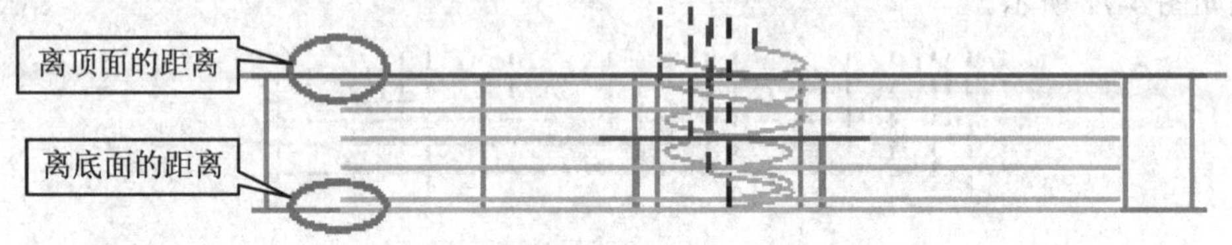

图 4-75　切削层顶部与上一个切削层

5．刀颈安全距离

刀颈安全距离可以为多深度平面铣的每一个后续切削层增加一个侧面余量增量，向切削区域内偏置，如图 4-76 所示。设置侧面余量增量可以生成带有拔模角的零件，通过计算切削深度以及一个拔模角产生的侧面余量增量，可以生成一个带拔模角度的零件。

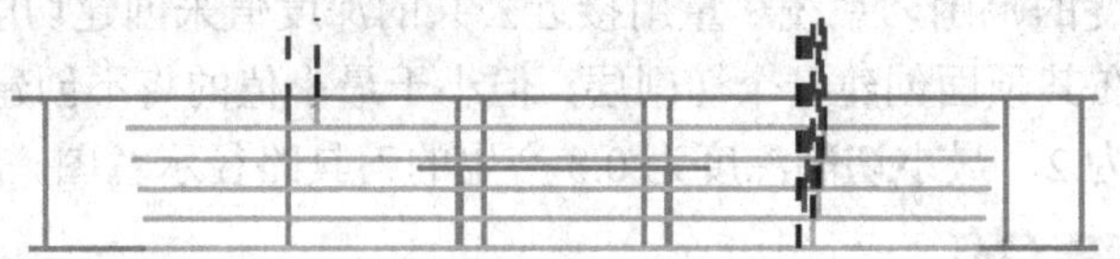

图 4-76　侧面余量增量示例

6．临界深度

选中“临界深度顶面切削”复选框，系统会在每一个岛屿的顶部创建一条独立的路径，如图 4-77 所示。

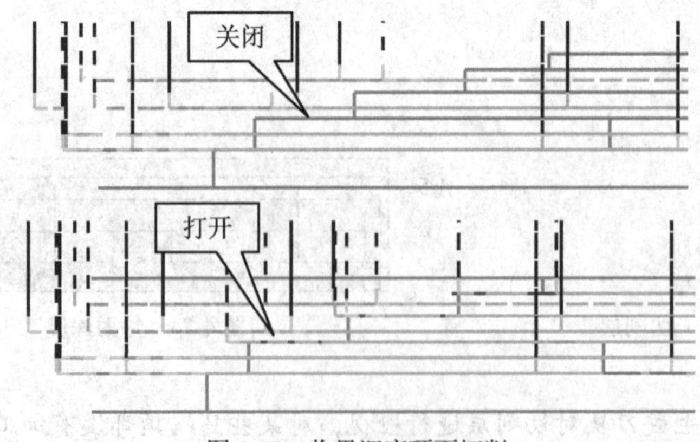

图 4-77　临界深度顶面切削

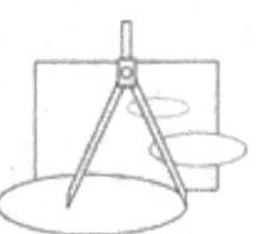

4.5 平面铣工序子类型

创建工序时，选择类型为 mill_planar，可以选择多种工序子类型，如图 4-78 所示。不同的子类型的切削方法、加工区域判断将有所差别。各种子类型的说明如表 4-1 所示。前面介绍的平面铣加工（PLANAR_MILL）是基本类型，也是最常用的一种平面铣工序。

图 4-78 平面铣的工序子类型

表 4-1 平面铣各子类型说明

图 标	英 文	中 文	说 明
	PLARNAR-MILL	平面铣	用平面边界定义切削区域，切削到底平面
	FLOOR_WALL	底壁加工	切削底面和侧壁
	FLOOR_WALL_IPW	带IPW的底壁加工	使用IPW切削底面和侧壁
	FACE-MILLING	面铣削	基本的面切削工序，用于切削实体上的平面
	FACE-MILLING-MANUAL	手工面铣削	切削垂直于刀轴的平面，并且可以手工设置不同区域的切削模式
	PLARNAR-PROFILE	平面轮廓铣	默认切削方法为轮廓铣削的平面铣
	CLEARNUP-CORNERS	清理拐角	使用来自于前一工序的二维IPW，以跟随部件切削类型进行平面铣
	FINISH-WALLS	精铣侧壁	默认切削方法为轮廓铣削，默认深度为只有底面的平面铣
	FINISH-FLOOR	精铣底面	默认切削方法为跟随零件铣削，默认深度为只有底面的平面铣
	GROOVE_MILLING	槽切削	使用T形刀切削单个线性槽
	HOLE_MILLING	孔铣	使用螺旋方式切削孔或凸台

续表

图　标	英　文	中　文	说　明
	THEARD-MILLING	螺纹铣	建立加工螺纹的工序
	PLANAR-TEXT	文本铣削	对文字曲线进行雕刻加工
	MILL-CONTROL	机床控制	建立机床控制工序，添加相关后置处理命令
	MILL-USER	自定义方式	自定义参数建立工序

专家指点：在老版本中有面铣削区域的工序子类型，NX8.5 以上不再保留，可以用底壁加工进行替代。

4.5.1 平面轮廓铣

平面轮廓铣是应用于侧壁精加工的一种平面铣，产生的刀轨也与平面铣中选择切削模式为轮廓平面铣工序刀轨类似。选择子类型为平面轮廓铣时，打开平面轮廓铣工序对话框，如图 4-79 所示。

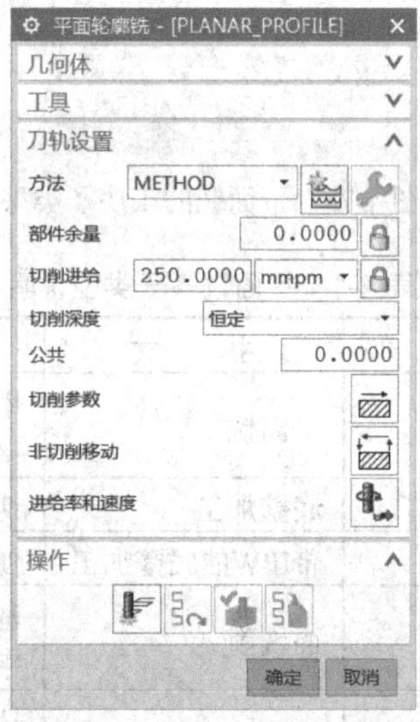

图 4-79　轮廓铣的工序对话框

创建平面轮廓铣工序与平面铣工序基本相同，而且大部分的参数设置也是一致的，平面轮廓铣的切削参数相比于平面铣而言选项较少。平面轮廓铣的刀轨设置中直接可以设置部件余量、切削进给率、切削深度等常用参数。而没有切削方式选择、附加刀路参数。

专家指点：刀轨设置中的选项参数在切削参数、切削层、进给率和速度中也可以设置，设置的是同一个参数，并且以后设置的为准。

如图 4-80 所示为轮廓铣工序的示例。

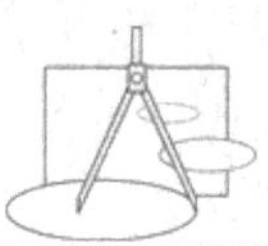

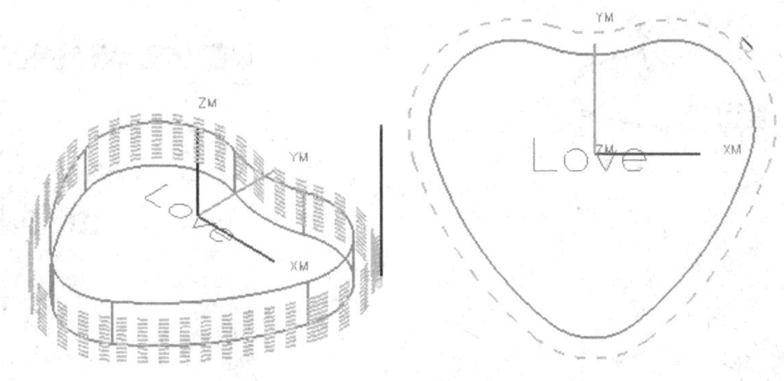

图 4-80 平面轮廓铣刀轨示例

4.5.2 面铣

面铣是一种特殊的平面铣加工，以面为加工对象。面铣最适合于切削实体上的平面，如进行毛坯顶面的加工。在创建工序时，选择类型为 mill_planar，可以选择面铣工序子类型来创建面铣加工，如图 4-81 所示。

面铣的几何体组如图 4-82 所示。必须要指定面边界，并可以指定部件、检查体与检查边界。“指定部件”用于表示完成的部件，“指定检查体”或“指定检查边界”允许指定体或边界用于表示夹具，生成的刀轨将避开这些区域。

面边界包含封闭的边界，由边界内部的材料指明要加工的区域。选择面几何体时将弹出如图 4-83 所示的“毛坯边界”对话框。

图 4-81 “创建工序”对话框

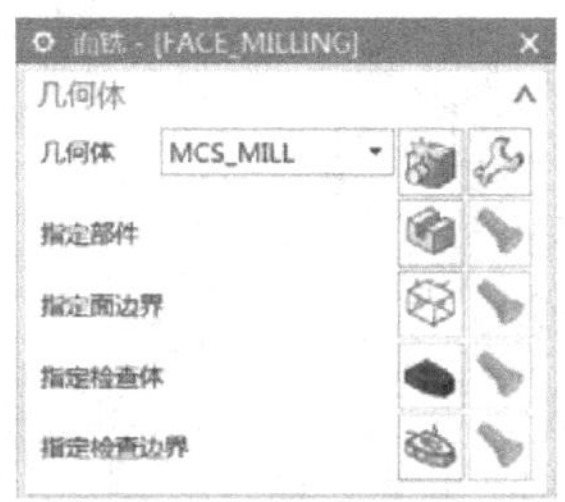

图 4-82 面铣的几何体

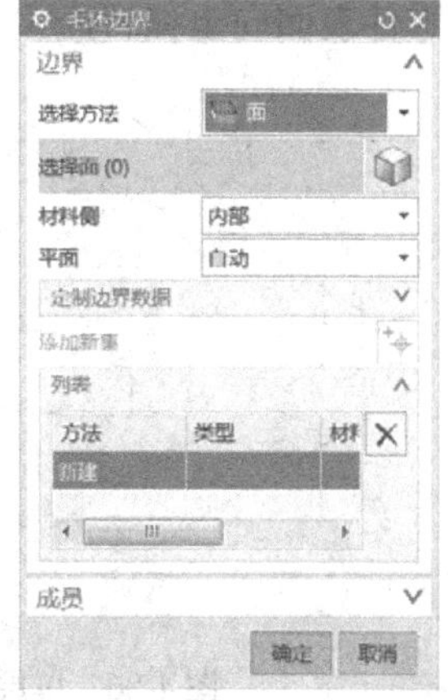

图 4-83 “毛坯边界”对话框

面边界几何体可以通过面、曲线、点方式进行定义，与定义一个毛坯边界相似。如图 4-84 所示为使用曲线方式选择的面边界几何体。

面铣削的刀轨设置如图 4-85 所示，可以选择切削模式，指定步距，并可以通过设置毛坯距离、最终底面余量与每刀深度来实现多层加工。下面介绍面铣中特有的参数选项。

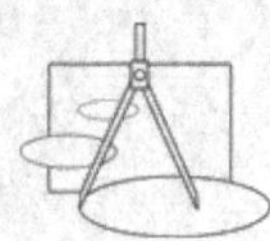

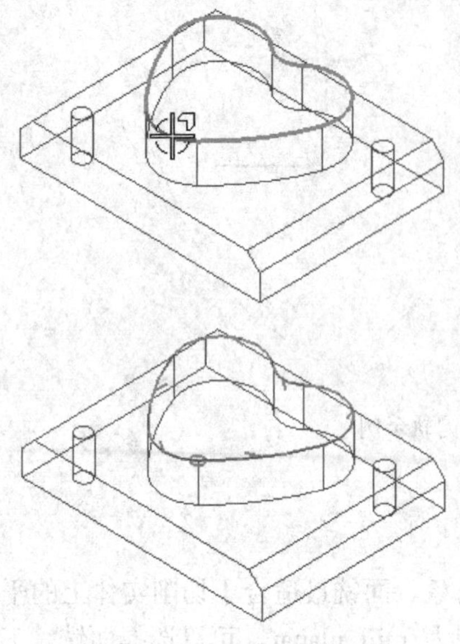

图 4-84　曲线定义面边界

图 4-85　面铣的工序对话框

1. 毛坯距离与最终底面余量

毛坯距离定义了要去除的材料总厚度；最终底面余量定义在面几何体的上方剩余未切削材料的厚度。

毛坯距离与最终底面余量的差值为加工的总厚度，当两者的差值为 0 或者每刀切削深度为 0 时，将只生成一层的刀轨，如图 4-86 所示。

当毛坯距离与最终底面余量的差值大于 0 并且每刀深度不为 0 时，将进行分层加工，从零件表面向上偏置产生多层刀轨，层间的距离为每刀深度值，如图 4-87 所示。

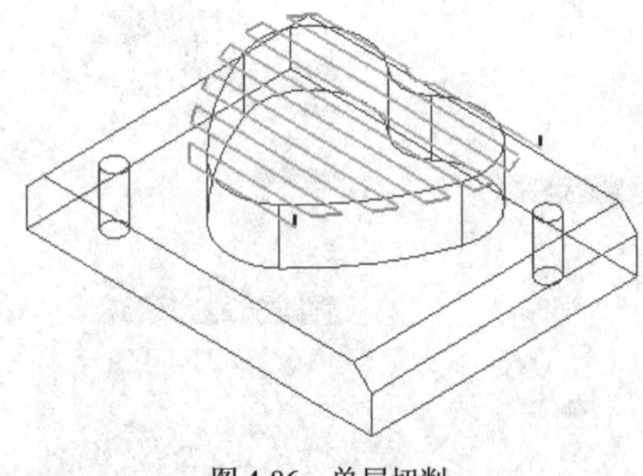

图 4-86　单层切削

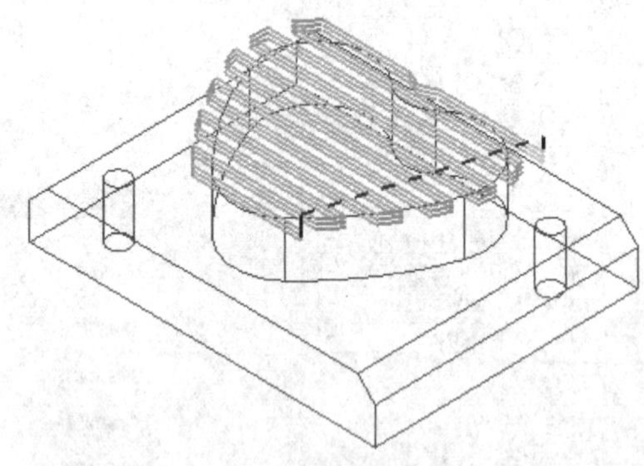

图 4-87　多层切削

2. 切削区域

面铣削的切削参数中大部分为通用参数，在切削参数的“策略”选项卡中，有切削区域参数组，如图 4-88 所示。

（1）毛坯距离：指定面上的毛坯切削总余量，与刀轨设置界面的毛坯距离是同一参数。

（2）延伸到部件轮廓：选中该复选框将以部件边界投影到面上边界作为切削区域，如

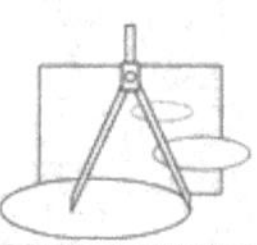

图 4-89 所示。

图 4-88　“切削参数”对话框

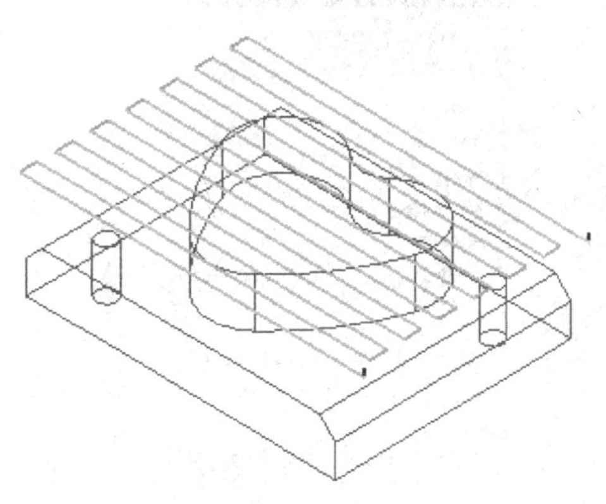

图 4-89　延伸到部件轮廓

（3）简化形状：可以选择“凸包”或者“最小包围盒”，通过设置可以将小的角落忽略，成为规则形状，从而减少抬刀，如图 4-90 所示。

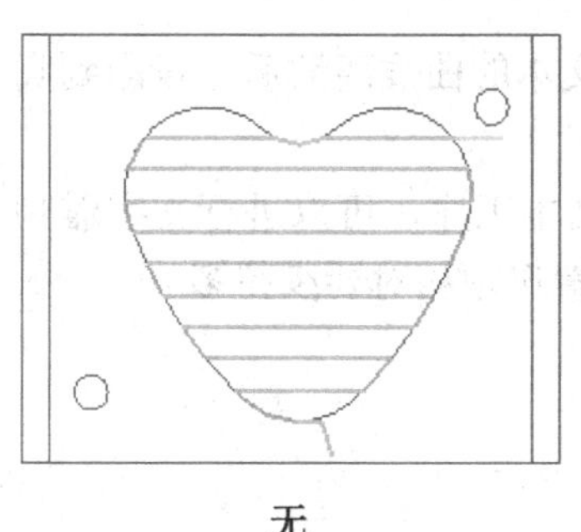

无

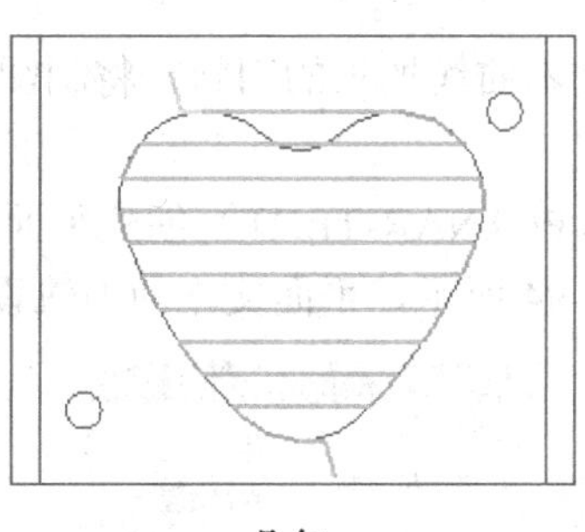

凸包

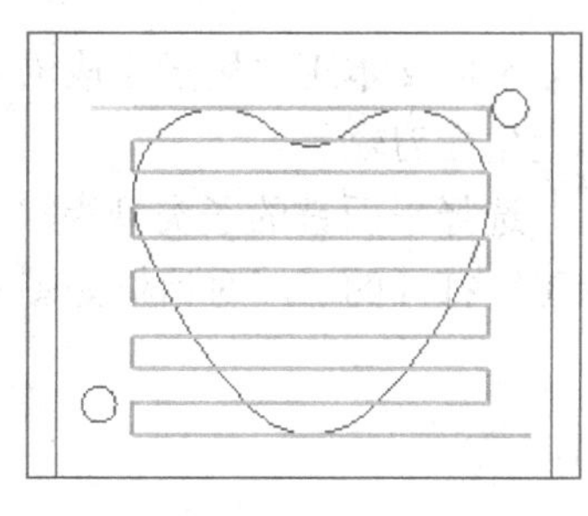

最小包围盒

图 4-90　简化形状

（4）刀具延展量：指定刀具在切削边界向外延展的距离，可以采用刀具的百分比或者直接指定距离值的方法来指定延展距离。如图 4-91 所示为不同延展值的刀轨示例。

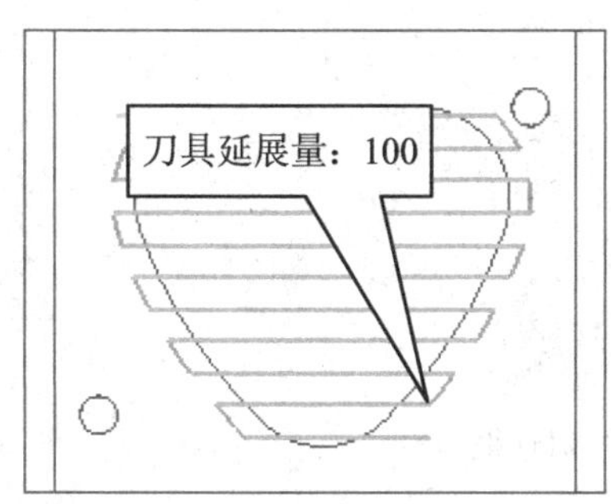

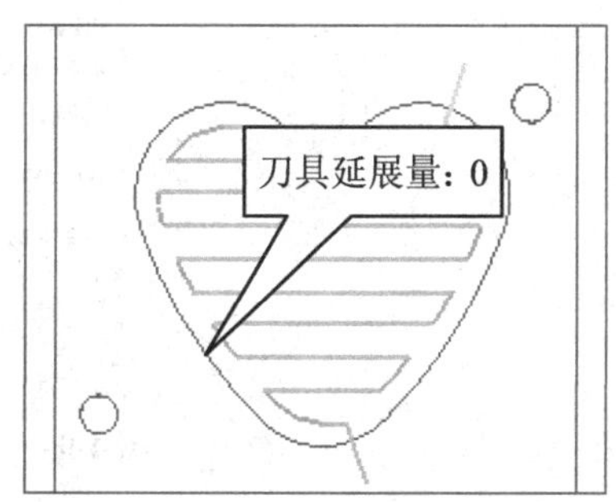

图 4-91　刀具延展量

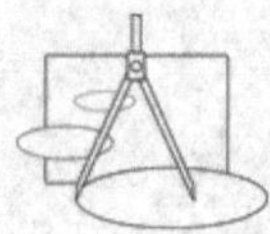

3．余量

面铣削的余量选项如图 4-92 所示。除部件余量以外，还可以设置壁余量与最终底面余量。如图 4-93 所示为设置壁余量大于 0，则可以在侧壁保持安全的间隙，避免重复切削。

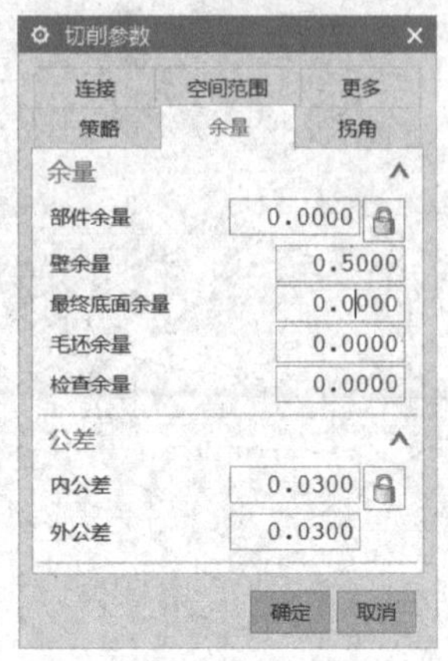

图 4-92　面铣削的余量选项

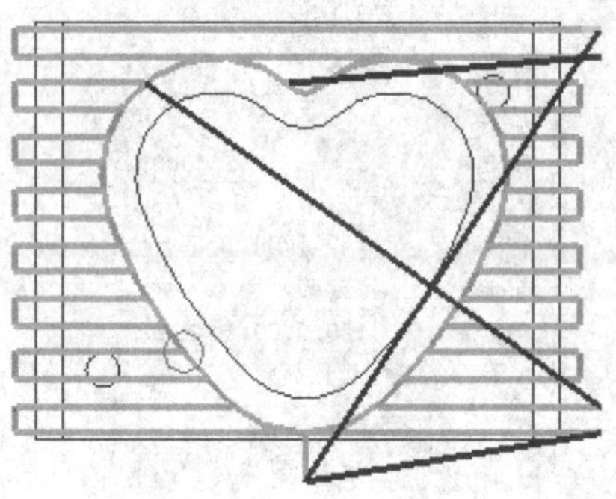

图 4-93　避开壁

4.5.3　平面文本铣削

平面文本工序用于生成沿文本曲线加工的刀轨，将制图文本的曲线离散后，投影到底面上生成刀轨。

选择平面铣的子类型为（PLANAR-TEXT）创建平面文本工序，可以进行文字雕刻加工。打开的工序对话框如图 4-94 所示，平面文本的刀轨设置选项相对要少得多。

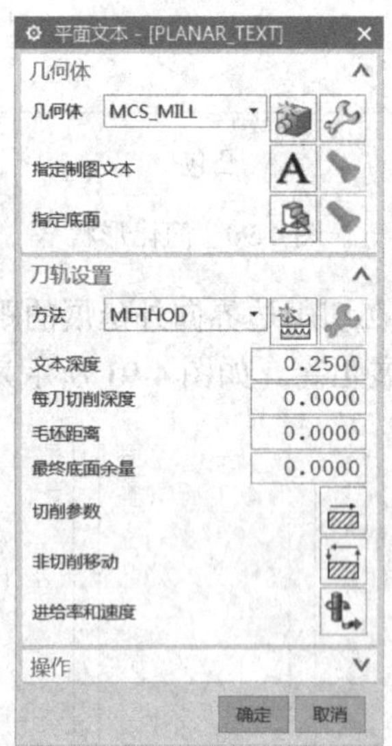

图 4-94　“平面文本”对话框

文本铣削生成的刀轨与标准驱动的平面铣类似，其刀具位置只能“对中”，而且文本

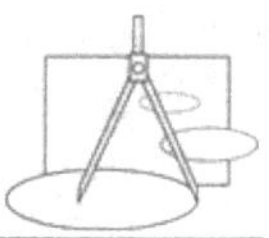

铣削是从底面开始加工，向下加工一个指定的文本深度。

1．几何体的选择

文本铣削的加工对象只有文本和底面选项，在工序对话框中选择文本几何体A并进入选择，系统打开“文本几何体”对话框，如图 4-95 所示。直接在图形上拾取注释文字，如图 4-96 所示。

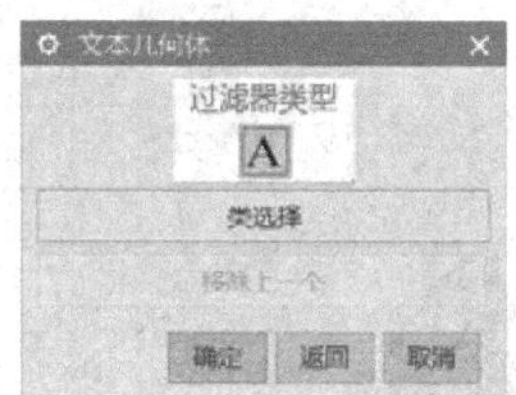

图 4-95　“文本几何体”对话框

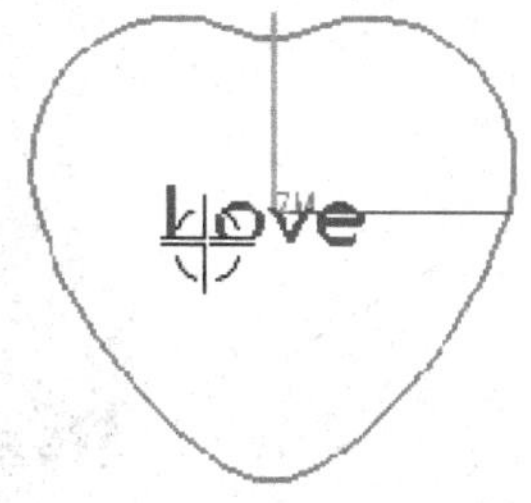

图 4-96　选择文本几何体

专家指点：文本几何体可以选择在制图模块中创建的文本，或者使用“插入注释”功能创建的文本，但不能使用“插入”→“曲线”→“文字”功能创建的文字。

2．文本深度

在工序对话框中，需要设置文本深度值，这个深度值是文本加工到底面以下的深度距离。

专家指点：文本深度值使用正值表示向下的深度。

文本深度较大时，可以设置最终底面余量与每刀切削深度进行分次加工，与面铣削的设置方法相同。

工序对话框中的其他参数设置与平面铣工序或者表面铣工序的参数设置相同。确认参数生成工序，如图 4-97 所示为文字雕刻的刀轨示例。

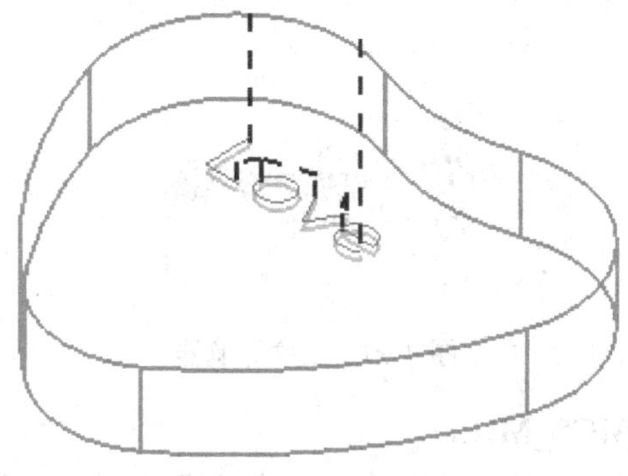

图 4-97　文字雕刻示例

专家指点：平面文本加工时使用的进刀方式通常采用插削方式直接下刀，而不能采用螺旋式下刀，否则会破坏文字的完整性。

任务 4-3 创建箱盖平面铣工序

完成如图 4-98 所示零件加工，毛坯为立方块。需要进行顶面的精加工、侧面的粗加工、精加工和文本雕刻加工。顶面与侧面的加工使用 ϕ16 的平底刀，文本加工使用 ϕ2 的球刀。

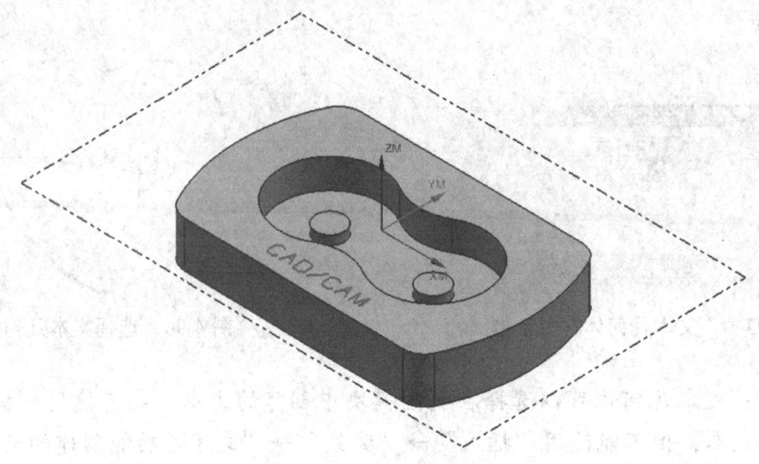

图 4-98 示例零件

➔ **STEP 1** 打开文件

启动 NX，并打开文件 T4-3.PRT。

➔ **STEP 2** 进入加工模块

在工具条上单击“开始”按钮，在下拉选项中选择“加工”进入加工模块。在“加工环境”对话框中指定“要创建的 CAM 设置”为 mill_planar。确定进入加工模块。

➔ **STEP 3** 显示工序导航器的几何体视图

单击屏幕左侧资源条上的“工序导航器”图标显示工序导航器。

单击工具条上的图标切换到几何视图，展开几何体，如图 4-99 所示。

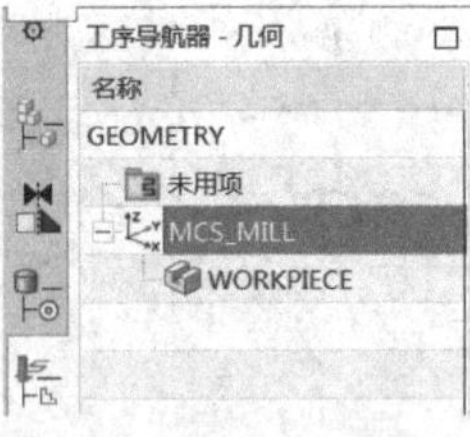

图 4-99 工序导航器

➔ **STEP 4** 编辑几何体 MCS_MILL

双击几何体 MCS_MILL，系统弹出“MCS 铣削”对话框，修改“安全距离”为 40，如图 4-100 所示，确定完成坐标系几何体的修改。

专家指点：编辑几何体可以简化几何体的管理与应用，当前坐标系的方向与位置均正确，只需设置安全高度。

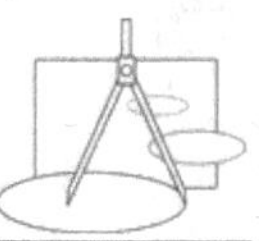

➔ STEP 5 编辑几何体 WORKPIECE

在工序导航器中双击几何体 WORKPIECE，系统弹出“工件”对话框，如图 4-101 所示。

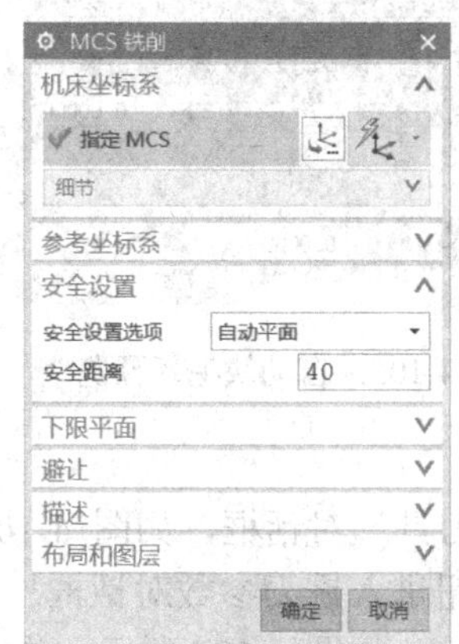

图 4-100　“MCS 铣削”对话框

图 4-101　“工件”对话框

在该对话框中单击“指定部件”后的图标，系统弹出“部件几何体”对话框，如图 4-102 所示，选择实体与曲线，如图 4-103 所示，选择 5 个对象后单击“确定”按钮完成零件几何图形的选择，返回铣削几何体对话框。

图 4-102　“部件几何体”对话框

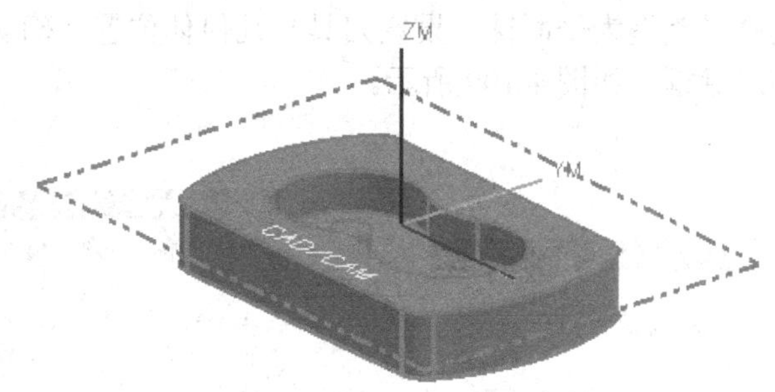

图 4-103　选中的部件几何体

专家指点：选择实体后要改变过滤方式，再选择曲线，选择曲线可以准确地确定毛坯大小。

在对话框中单击“毛坯几何体”图标，系统弹出“毛坯几何体”对话框，选择类型为“包容块”，如图 4-104 所示，则图形上显示箭头表示毛坯范围，如图 4-105 所示。确定完成毛坯几何图形的选择，返回工序对话框。单击“确定”按钮完成铣削几何体的修改。

专家指点：毛坯几何体并不影响刀轨，但可以做确认；如果不指定工件与毛坯，则平面铣的工序将无法进行 2D 动态或 3D 动态的可视化确认。

专家指点：将 ZM+方向设置为 1，在 2D 动态确认时有较好的效果。

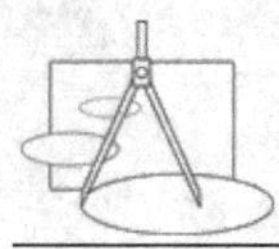

图 4-104　“毛坯几何体”对话框

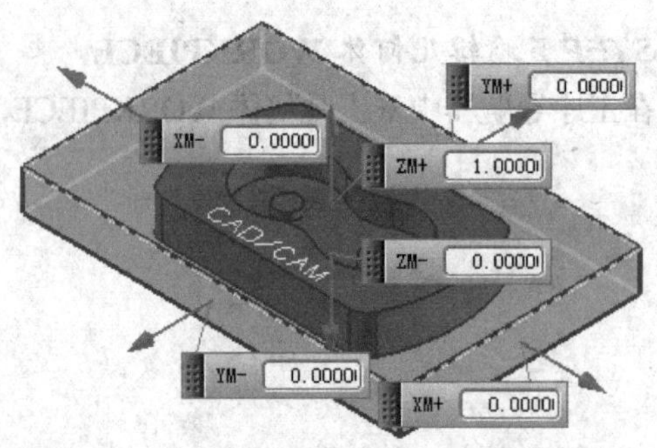

图 4-105　自动块毛坯预览

➔ STEP 6 新建刀具

在工具条上单击“创建刀具”图标，打开“创建刀具”对话框，如图 4-106 所示，选择子类型并输入名称创建铣刀 D16，单击“确定”按钮进入铣刀参数对话框。

系统默认新建铣刀为 5 参数铣刀，设定“直径”为 16，如图 4-107 所示。单击“确定”按钮完成刀具创建，返回到工序对话框。

再次单击创建工具条上的“创建刀具”图标，在弹出的“创建刀具”对话框中输入名称 B2，单击“确定”按钮打开铣刀参数对话框。设置刀具直径为 2，下半径为 1，确定创建球头铣刀 B2。

➔ STEP 7 创建平面铣工序

单击工具条上的“创建工序”图标，打开“创建工序”对话框，如图 4-108 所示，选择子类型为平面铣，设置刀具与几何体位置，确认后单击“确定”按钮，打开平面铣工序对话框，如图 4-109 所示。

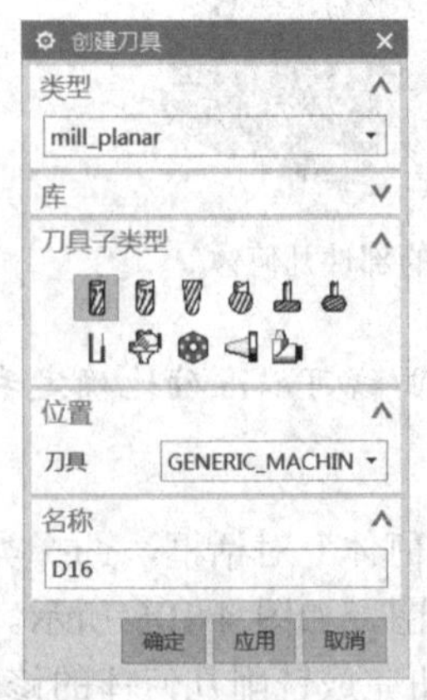

图 4-106　“创建刀具”对话框

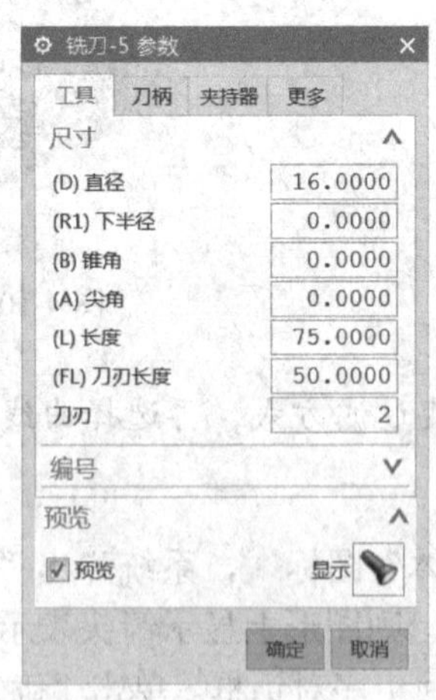

图 4-107　设置刀具参数

图 4-108　“创建工序”对话框

专家指点：创建工序时选择正确的几何体、刀具、方法等位置选项，特别要注意几何体要选择指定了部件与毛坯的几何体 WORKPIECE。

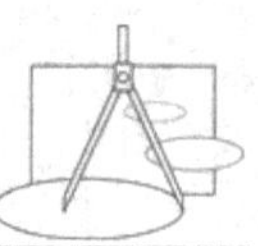

➔ STEP 8 指定部件边界

在平面铣工序对话框中单击“指定部件边界”图标，系统打开“边界几何体”对话框，默认地选择“模式”为“面”，如图 4-110 所示。

图 4-109　平面铣工序对话框

图 4-110　“边界几何体”对话框

在图形拾取顶面，系统将自动选择外边界与凹槽边界线，如图 4-111 所示。

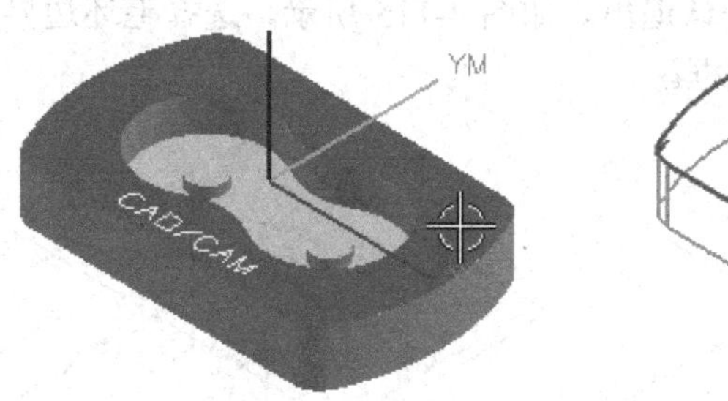

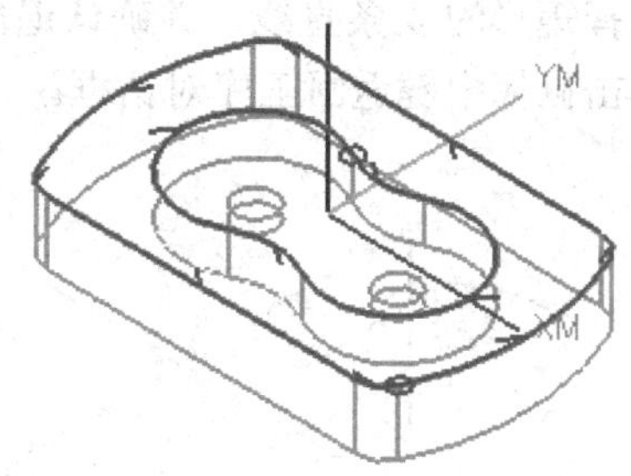

图 4-111　选择面边界

再拾取中间两个圆柱的顶面，拾取凹槽的底面，显示的部件边界如图 4-112 所示。完成选择后单击鼠标中键返回工序对话框。

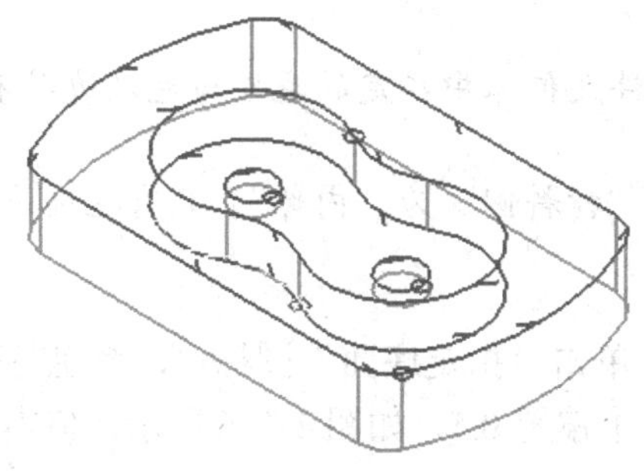

图 4-112　选择的部件边界

专家指点：确认“材料侧”为“内部”。从顶部看，所有可见的面都要指定为部件边界。

➔ STEP 9 指定毛坯边界

在平面铣工序对话框中单击“指定毛坯边界”图标，系统打开“边界几何体”对话框，选择“模式”为“曲线/边…”，如图 4-113 所示，打开“创建边界”对话框，如图 4-114 所示。

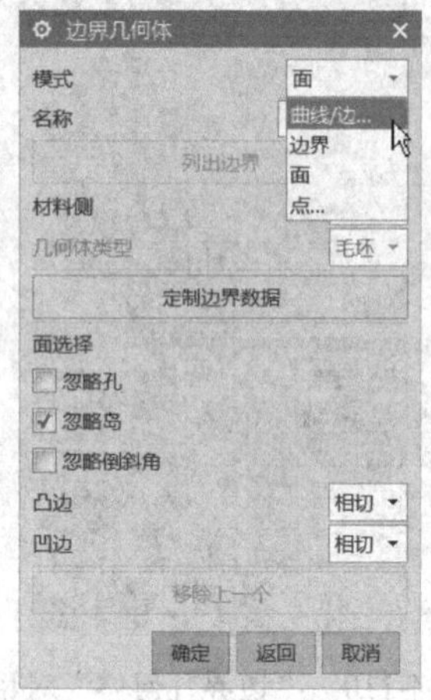

图 4-113 “边界几何体”对话框

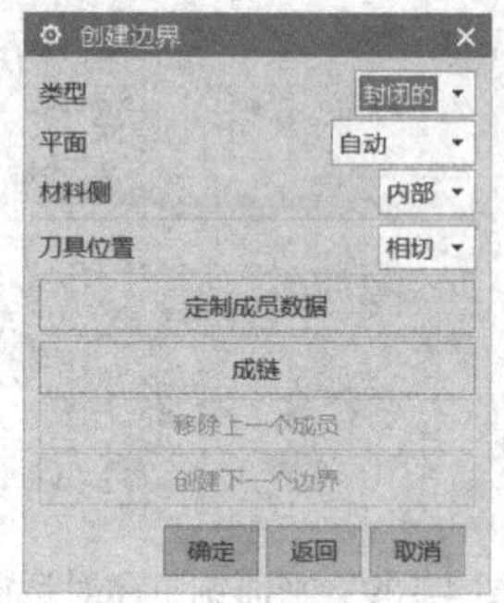

图 4-114 “创建边界”对话框

依次选择矩形的 4 条直线，并确认退出。如图 4-115 所示，选择毛坯边界几何体。完成选择后单击鼠标中键返回工序对话框。

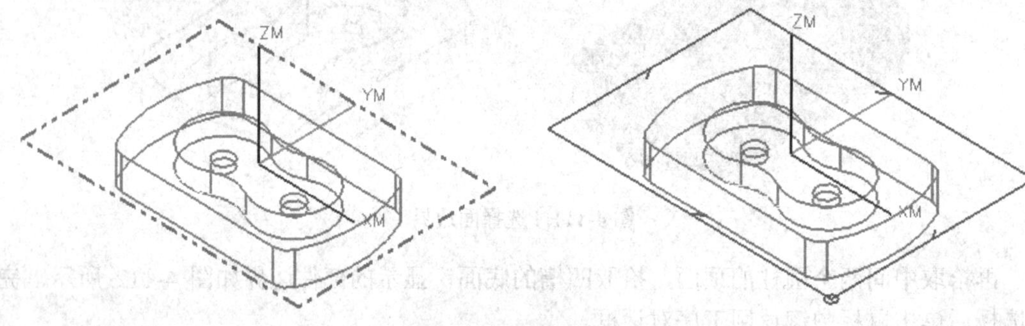

图 4-115 选择毛坯边界

专家指点：几何体的工件几何体中指定的毛坯与毛坯边界不冲突。

专家指点：毛坯边界的“材料侧”为“内部”，只有毛坯边界范围内生成刀轨。

➔ STEP 10 指定底面

在平面铣工序对话框中单击“指定底面”图标，系统将弹出平面构造器，在图形上选择零件的底面，再指定向下偏置 0.5，如图 4-116 所示，单击鼠标中键确定，并返回工序对话框。

专家指点：指定一个向下偏置的距离，可以确保零件周边不留残余。

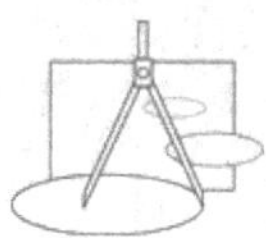

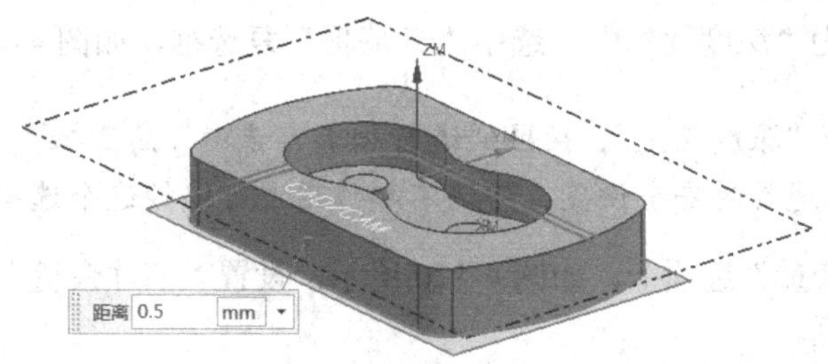

图 4-116 选择底面

STEP 11 刀轨设置

在平面铣工序对话框中展开“刀轨设置”栏，进行参数设置，如图 4-117 所示。选择“切削模式”为“跟随周边”，再指定“步距”为“刀具平直百分比”，“平面直径百分比”为 50%。

专家指点：使用“切削模式”为“跟随周边”，是最常用的一种粗加工切削模式，采用环绕加工的方式，并且不会有太多的抬刀。

STEP 12 切削层设置

单击“切削层”图标，打开“切削层”对话框，如图 4-118 所示，选择类型为“用户定义”，并设置切削深度的公共值与最小值。单击鼠标中键返回工序对话框。

图 4-117 刀轨设置

图 4-118 切削层

专家指点：使用“用户定义”方式，指定最大值与最小值，产生的切削可以在指定值范围内进行分配，以使平面部分能最好地进行切削。同时设置离顶面的距离与离底面的距离相对较小值，在第一刀与最后一刀切削时，切削余量相对较小。

STEP 13 设置切削参数

在工序对话框中，单击“切削参数”图标进入切削参数设置，首先设置策略参数，

设置“切削顺序”为“深度优先”，选中“岛清根”复选框，如图 4-119 所示。

专家指点：选择“深度优先”，按区域进行加工，选中“岛清根”复选框保证岛屿周边余量均等，这是通常的安全设置，即使不起作用也可以按这个选项进行设置。

在顶部选择“余量”选项卡，如图 4-120 所示，设置“部件余量”为 0.4，再单击鼠标中键返回工序对话框。

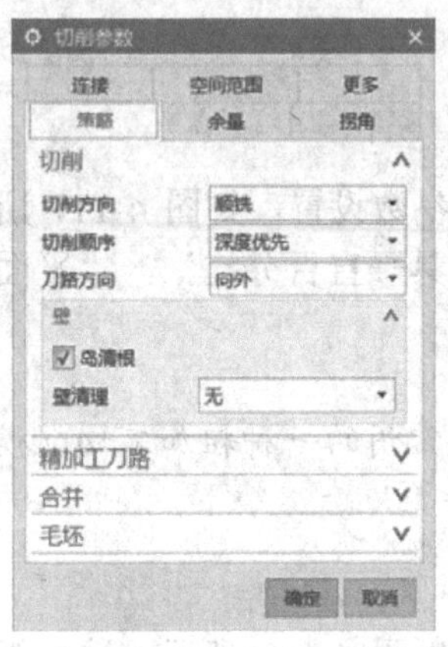

图 4-119　切削策略

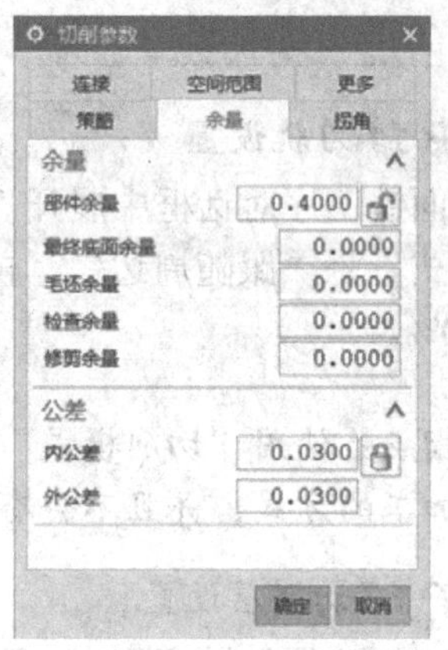

图 4-120　余量

专家指点：设置部件余量以做精加工，底面则是直接加工到位。设置的部件余量是指定部件边界的余量，与工件几何体中的部件无关。

➔ *STEP 14* 设置进给率和速度

单击“进给率和速度”后的图标，弹出“进给率和速度”对话框，设置“表面速度”为 40，“每齿进给量”为 0.2，单击“计算”图标得到主轴速度与切削进给率，如图 4-121 所示。展开进给率下的“更多”选项，设置“进刀”为 30%的切削进给率，“第一刀切削”为 70%的切削进给率，如图 4-122 所示。单击鼠标中键返回工序对话框。

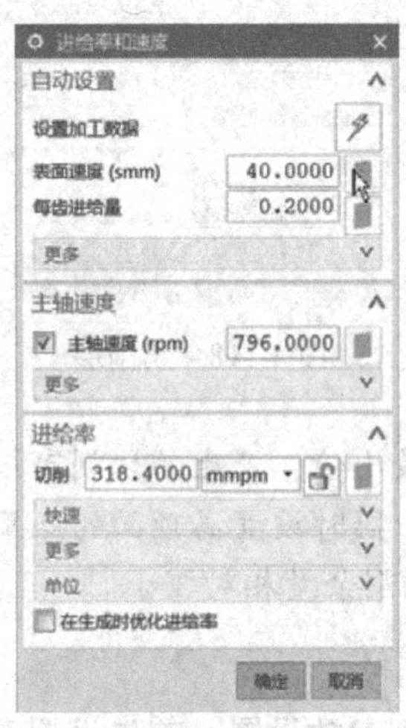

图 4-121　“进给率和速度”对话框

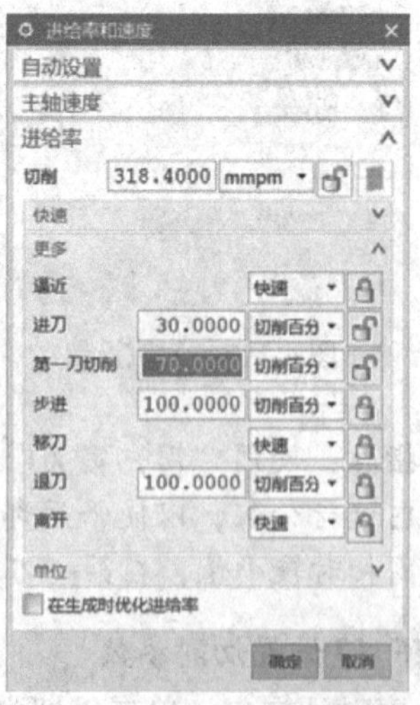

图 4-122　更多进给率选项

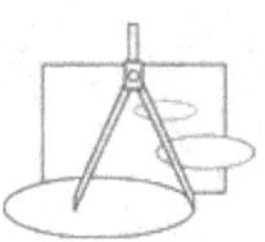

➔ STEP 15 生成刀轨

确认各个选项参数设置。在工序对话框中单击“生成”图标计算生成刀路轨迹。产生的刀路轨迹如图 4-123 所示。

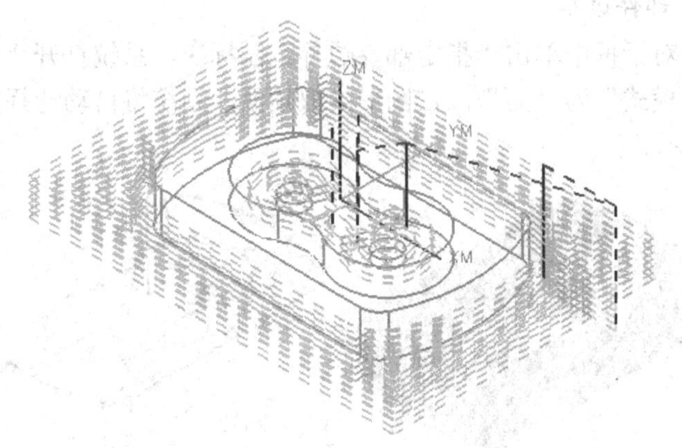

图 4-123　生成的刀轨

➔ STEP 16 确定工序

确认刀轨后单击工序对话框底部的“确定”按钮接受刀轨并关闭工序对话框。

专家指点： 粗加工工序创建时最常用的切削模式是跟随周边，使用“跟随周边”切削模式时，通常要选中“岛清根”复选框以保证安全；粗加工应该要保留部件余量；在非切削移动中开放区域采用直线进刀，封闭区域采用螺旋进刀。

➔ STEP 17 创建平面轮廓铣工序

单击工具条上的“创建工序”图标，系统打开“创建工序”对话框。如图 4-124 所示，选择工序子类型为平面轮廓铣，创建一个平面轮廓铣工序，打开平面轮廓铣工序对话框，如图 4-125 所示。

图 4-124　“创建工序”对话框

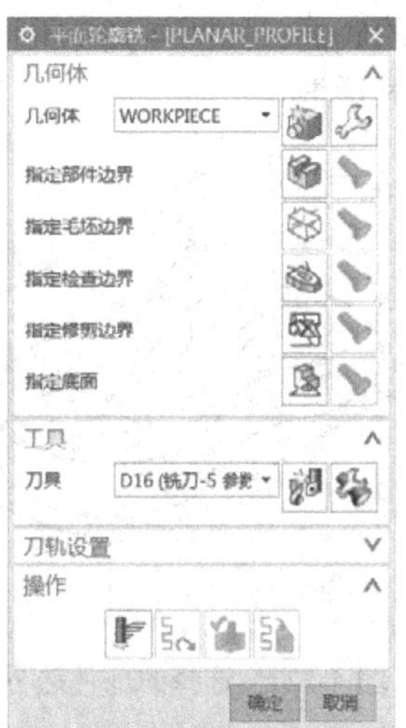

图 4-125　轮廓铣工序对话框

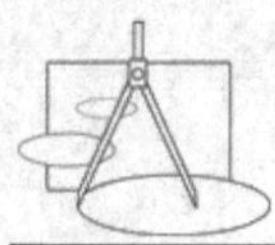

专家指点：创建工序时选择子类型为平面轮廓铣 PLANAR_PROFILE，并设置完整的几何体、刀具、方法等组参数。

➔ STEP 18 指定部件边界

在平面铣工序对话框中单击“指定部件边界”图标，系统打开“边界几何体”对话框，默认地选择“模式”为“面”，在图形拾取顶面，系统将自动选择外边界与凹槽边界线，如图 4-126 所示。

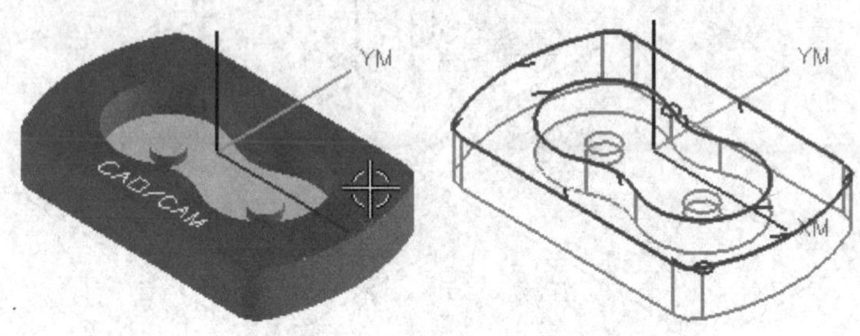

图 4-126　选择面边界

再拾取中间两个圆柱的顶面，拾取凹槽的底面，显示的部件边界如图 4-127 所示。完成选择后单击鼠标中键返回工序对话框。

专家指点：使用“面”模式可以快速选择边界，需要注意材料侧是否为“内部”。

专家指点：将凹槽的底面边界指定为“部件边界”，则该深度位置将作为切削层中的“临界深度”，在该深度将生成一个切削层，从而避免在凹槽底面留有残余；如果将底面边界指定为“检查边界”，则可能会有残余。

➔ STEP 19 指定底面

在平面铣工序对话框中单击“指定底面”图标，系统将弹出平面构造器，在图形上选择零件的底面，如图 4-128 所示，并指定向下偏移距离为 0.5，再单击鼠标中键确定，并返回工序对话框。

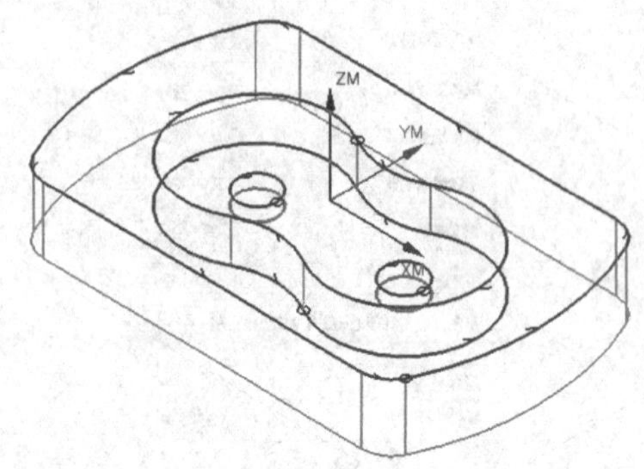

图 4-127　选择的部件边界

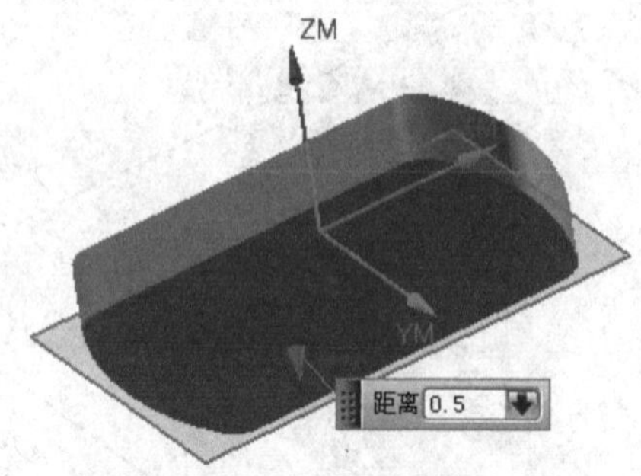

图 4-128　选择底面

专家指点：将底面向下偏置一点，可以保证在零件根部不留残余。

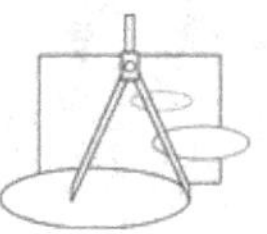

➔ STEP 20 设置工序参数

在平面轮廓铣工序对话框中进行刀轨设置，设置切削深度的定义方式为“用户定义”，公共深度值为 2，最小值为 0，如图 4-129 所示。

➔ STEP 21 设置非切削移动

在工序对话框中单击“非切削移动”后的图标，弹出“非切削移动”对话框，设置开放区域的“进刀类型”为“圆弧”，“半径”为 3，如图 4-130 所示。

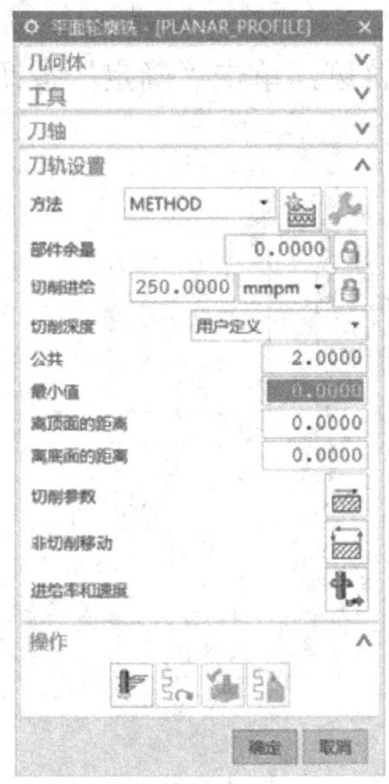

图 4-129　设置工序参数

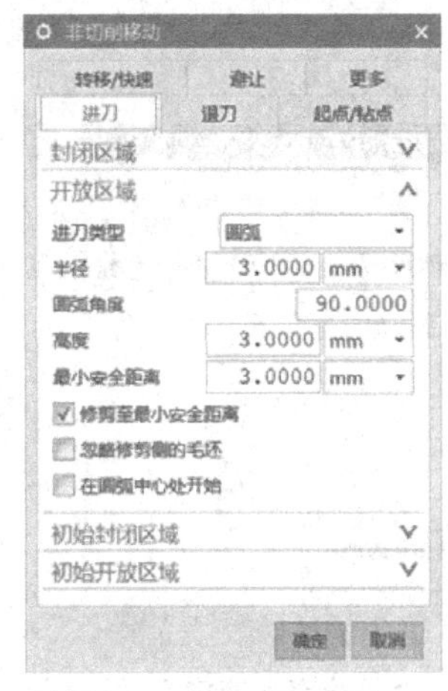

图 4-130　进刀

专家指点：轮廓铣削时，采用自动进刀，封闭区域中的选项不起作用。“进刀类型”选择为“圆弧”，以圆弧进退刀并设置相对较小的圆弧半径。

选择“转移/快速”选项卡，设置区域内的“转移类型”为“直接”，如图 4-131 所示。

专家指点：设置区域内直接连接，以减少空行程。

选择“起点/钻点”选项卡，设置“重叠距离”为 2，如图 4-132 所示。

图 4-131　设置转移/快速参数

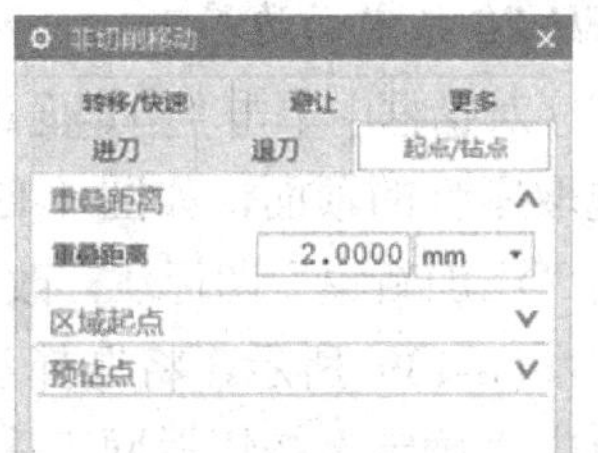

图 4-132　“起点/钻点”选项卡

专家指点：设置重叠距离以减少进刀痕。

完成设置后，单击“确定”按钮返回到工序对话框。

STEP 22 设置主轴转速

单击“进给率和速度”后的图标，设置“主轴速度”为 800，如图 4-133 所示。单击“确定”按钮完成设置，返回工序对话框。

STEP 23 生成刀轨

在工序对话框中单击“生成”图标计算生成刀路轨迹，单击“确定”按钮进行刀路轨迹生成。产生的刀路轨迹如图 4-134 所示。

图 4-133 “进给率和速度”对话框

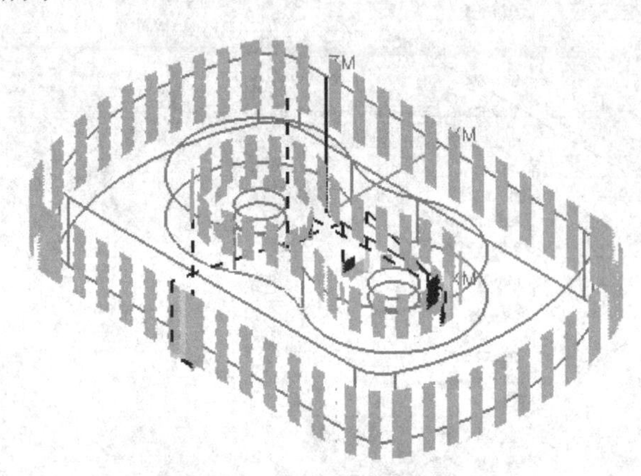

图 4-134 轮廓铣刀轨

STEP 24 确定工序

对生成的刀轨进行检视，确认刀轨后单击工序对话框底部的“确定”按钮接受刀轨并关闭工序对话框。

专家指点：精加工采用平面轮廓铣方式创建工序更为便捷；采用圆弧进退刀，并且设置一段重叠距离可以减少进刀痕。

STEP 25 创建面铣工序

单击工具条上的“创建工序”图标，系统打开“创建工序”对话框。

如图 4-135 所示，选择子类型，并指定位置选项，创建一个面铣工序。确认各选项后单击“确定”按钮，打开面铣工序对话框，如图 4-136 所示。

STEP 26 指定面边界

在工序对话框中单击“指定面边界”图标，系统将弹出“毛坯边界”对话框，如图 4-137 所示，选取零件的顶面，如图 4-138 所示，则面的外边界被指定为毛坯边界。

单击“添加新集”图标，改变“选择方法”为“曲线”，并且指定“材料侧”为“外部”，如图 4-139 所示，将选择意图改为“相切曲线”，再选择凹槽的边线，如图 4-140 所示，单击“确定”按钮返回工序对话框。

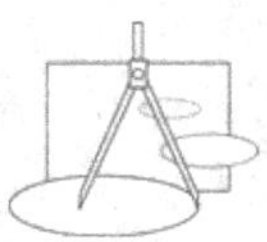

图 4-135　“创建工序”对话框

图 4-136　面铣

图 4-137　“毛坯边界”对话框

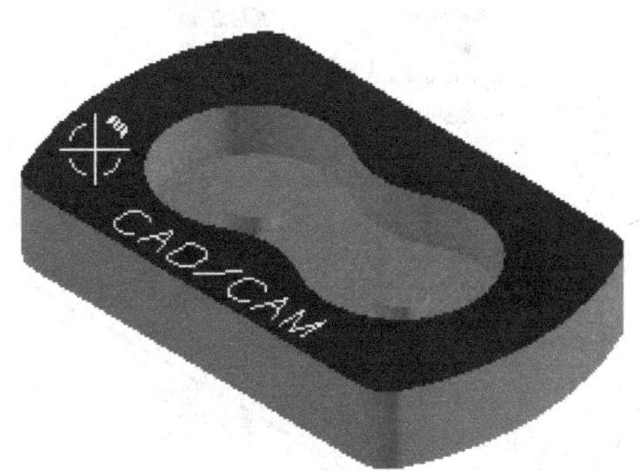

图 4-138　选择面

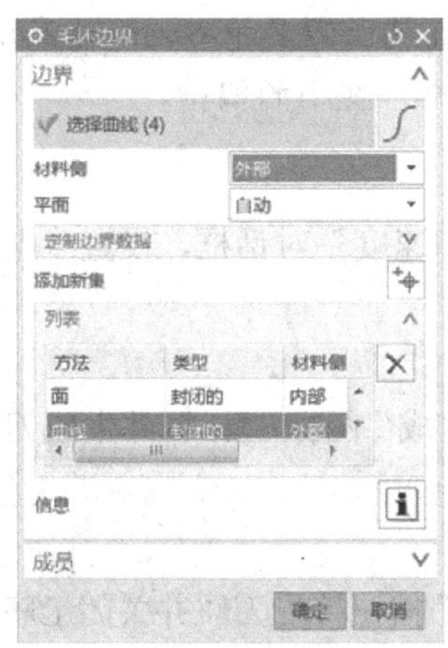

图 4-139　曲线方法指定毛坯边界

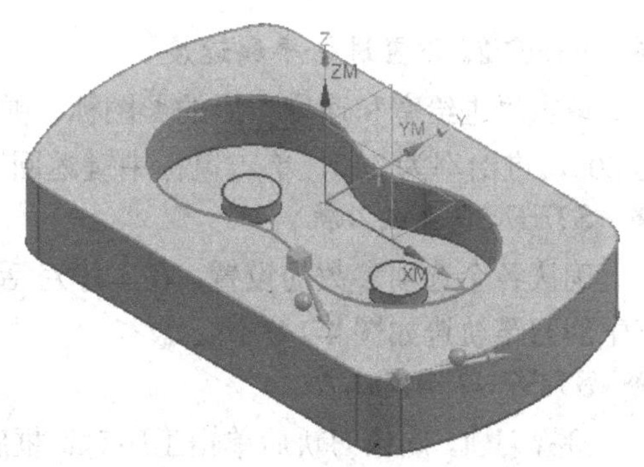

图 4-140　选择相切曲线

专家指点：面边界指定时自动忽略孔，所以对于凹槽的边界需要单独选择。

专家指点：选择凹槽边界时，将选择意图改为“相切曲线”，可以快速地选中所需要的曲线串。

➔ STEP 27 刀轨设置

在面铣削工序对话框中展开刀轨设置，选择“切削模式”为“往复”，“步距”为“刀具平直百分比”，“平面直径百分比”为 60%，如图 4-141 所示。

➔ STEP 28 设置切削参数

在工序对话框中，单击“切削参数”图标进入“切削参数”对话框，设置策略参数，如图 4-142 所示。

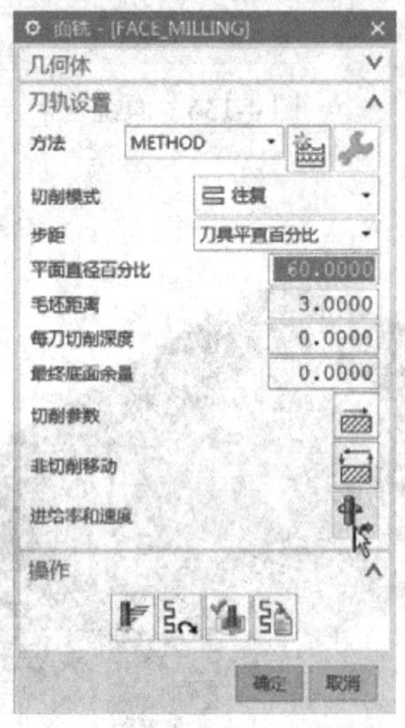

图 4-141　设置工序参数

图 4-142　切削策略参数

专家指点：设置毛坯延展量为刀具直径的 60%，在岛屿上刀具中心切到边界以外，但又不会超出太多；设置简化形状为“凸包”，可以忽略一些小的凹槽。

➔ STEP 29 设置进给率和速度

单击“进给率和速度”后的图标，弹出“进给率和速度”对话框，设置“主轴转速”为 800，进给率为 250，单击鼠标中键返回工序对话框。

➔ STEP 30 生成刀轨

确认各个选项参数的设置。在工序对话框中单击“生成”图标计算并生成刀路轨迹。产生的刀路轨迹如图 4-143 所示。

➔ STEP 31 确定工序

检视刀轨，确认刀轨后单击工序对话框底部的“确定”按钮接受刀轨并关闭工序对话框。

专家指点：面铣削工序最适用于顶面的加工，通常以往复方式进行加工，并且可以使用较大直径的刀具。

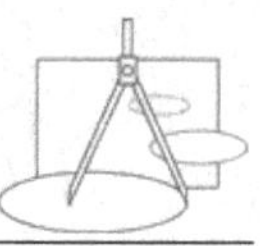

专家指点：刀轨检视时，需要确认进退刀位置与距离是否合适，是否有小的断点造成的抬刀，如有，则将合并距离稍改大，或者调整步距大小来去除抬刀轨迹。

➔ STEP 32 创建文本铣削工序

单击工具条上的“创建工序”图标，系统打开“创建工序”对话框。如图 4-144 所示，选择子类型为平面文本铣削 PLANAR_TEXT，选择刀具为 B2，创建一个平面文本工序。确认各选项后单击“确定”按钮，打开工序对话框。

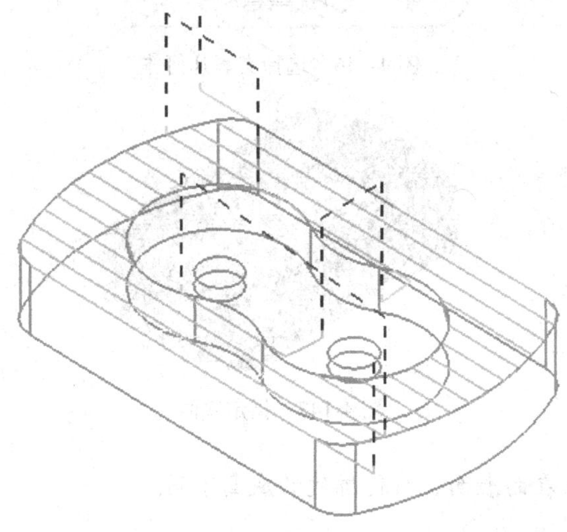

图 4-143　面铣削刀轨

图 4-144　“创建工序”对话框

专家指点：创建工序时选择子类型为文本铣削 PLANAR_TEXT，并设置完整的几何体、刀具、方法等参数。

➔ STEP 33 刀轨设置

在平面文本的工序对话框中进行参数设置，指定“文本深度”为 1，“每刀切削深度”为 0，如图 4-145 所示。

专家指点：设置“文本深度”为 1 表示从指定的底面向下深度为 1，“每刀切削深度”为 0，单层加工。

➔ STEP 34 指定制图文本

在工序对话框的主界面上单击“指定制图文本”图标A，系统出现类选择对话框，在图形上选择注释文字，如图 4-146 所示。

专家指点：文本铣削的几何体只能是注释文本。

➔ STEP 35 指定底面

在工序对话框中单击“指定底面”图标，将弹出平面构造对话框，选择零件顶面并确定，完成底面的设置，如图 4-147 所示。

图 4-145 平面文本工序对话框

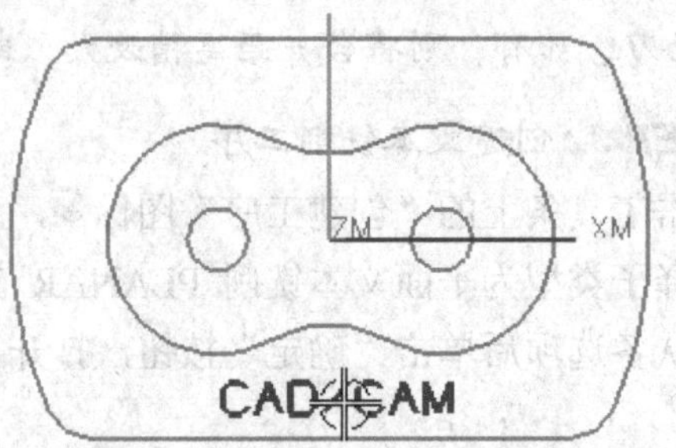

图 4-146 选择文本几何体

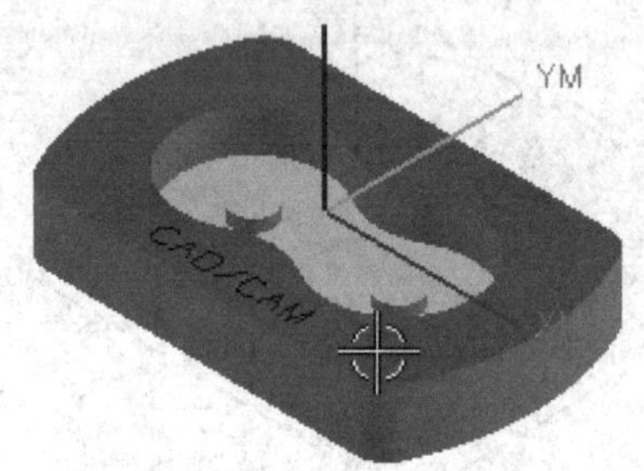

图 4-147 指定底面

专家指点：文本铣削的底面是文字所在的表面，与轮廓铣的底面不同。

➔ STEP 36 设置非切削移动

在工序对话框中单击“非切削移动”后的图标，则弹出如图 4-148 所示的对话框，设置进刀参数。完成进刀设置后，单击“确定”按钮返回到工序对话框。

专家指点：文本铣削时，在平面以下进行加工，通常使用直接插入的方法。

➔ STEP 37 设置进给率和速度

单击“进给率和速度”图标，弹出“进给率和速度”对话框，设置“主轴速度”为 4000，进给率为 400，展开“更多”选项，设置进刀时的进给率为切削进给率的 50%，如图 4-149 所示。单击“确定”按钮返回工序对话框。

专家指点：直径很小的刀具需要设置较高的转速，而只能使用较低的进给。

专家指点：进刀时应该采用较低的进给率。

➔ STEP 38 生成刀轨

在工序对话框中单击“生成”图标计算并生成刀路轨迹，产生的刀路轨迹如图 4-150 所示。

➔ STEP 39 确定工序

确认刀轨后单击工序对话框底部的“确定”按钮接受刀轨并关闭工序对话框。

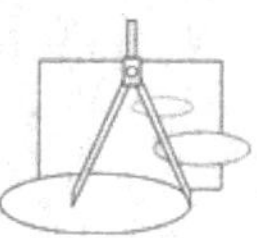

图 4-148　“非切削移动”对话框

图 4-149　“进给率和速度”对话框

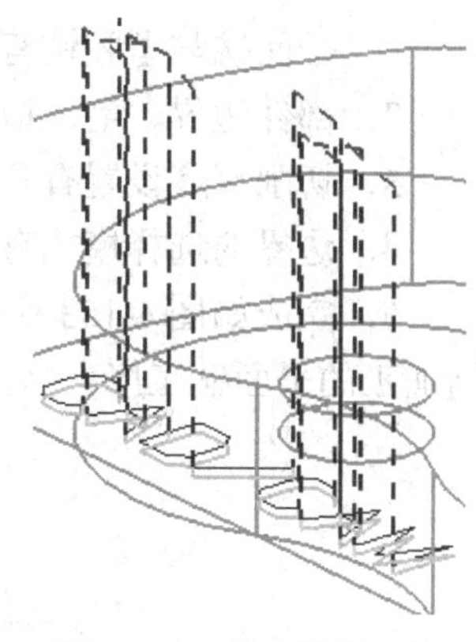

图 4-150　文本铣削刀轨

专家指点：平面文本工序较为简单，选择注释文本生成在平面上下凹的刀轨。

➔ STEP 40 确认刀轨

单击屏幕左侧的“工序导航器”图标显示工序导航器，选择几何体 MCS_MILL，再单击工具条中的“确认刀轨”图标，系统将打开“刀轨可视化”对话框，在中间选择“2D 动态”，再单击下方的播放图标进行动态模拟。则在图形上将进行实体切削仿真，如图 4-151 所示为仿真过程，图 4-152 所示为仿真结果。

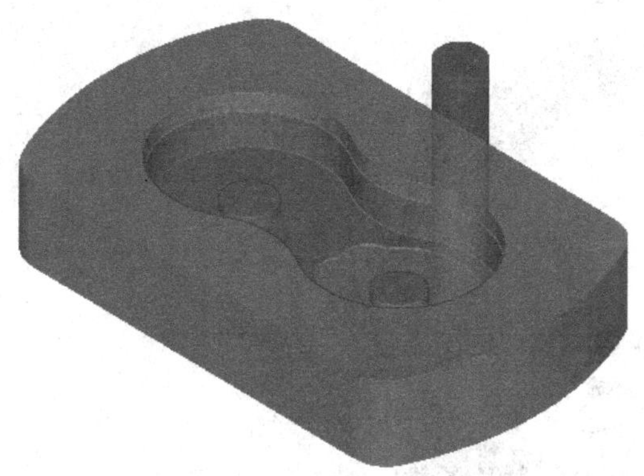

图 4-151　2D 动态过程

图 4-152　仿真结果

专家指点：平面铣中如果从未使用毛坯与部件，将无法进行动态校验。为了进行动态检验，可以在创建几何体组中创建毛坯。

➔ STEP 41 保存文件

单击工具栏上的“保存”图标，保存文件。

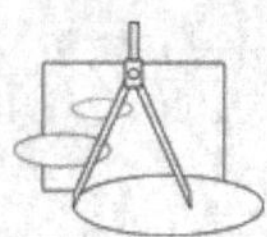

思考与练习

1．平面铣与型腔铣有什么异同点？

2．部件边界、毛坯边界、检查边界的材料侧如何理解？

3．切削深度设置有几种设置方法？

4．边界的选择模式有哪几种？

5．完成如图 4-153 所示零件（E4-1.prt）的加工，毛坯为圆柱体，创建外缘与凹槽粗、精加工的平面铣工序。

图 4-153　练习题 E4-1

6．完成如图 4-154 所示零件（E4-2.prt）的粗加工与精加工、标记加工的平面铣工序。

图 4-154　练习题 E4-2

第 5 章　固定轮廓铣

本章主要内容：

- 固定轮廓铣的特点与应用
- 固定轮廓铣工序的创建步骤
- 固定轮廓铣工序的刀轨设置
- 不同驱动方式的驱动设置
- 不同驱动方式的驱动几何体设置
- 常用驱动方法创建的曲面精加工工序创建

5.1　固定轮廓铣简介

固定轮廓铣也就是固定轴曲面轮廓铣，是指其刀轴是固定的，加工对象是曲面，生成刀轨只在零件轮廓上。相对于多轴加工的可变轮廓铣而言，固定轮廓铣的刀轴是固定的，而可变轮廓铣的刀轴是可变的；相对于型腔铣而言，固定轮廓铣是只在零件轮廓上生成刀路轨迹，而型腔铣则是在曲面零件与毛坯之间的切削范围内生成逐层加工的刀路轨迹。固定轮廓铣工序可在复杂曲面上产生精密的刀具路径，固定轮廓铣是 UG NX 中用于曲面精加工的主要加工方式。

固定轮廓铣的刀路轨迹是经由投影驱动点到零件表面而产生。固定轮廓铣的主要控制要素为驱动几何，在几何图形及边界上建立一系列的驱动点，并将这些驱动点沿着指定矢量的方向投影至零件表面。刀具定位于与零件表面接触之点上，当刀具从现行接触点移动到下一个接触点时，刀具端点位置形成的轨迹即输出为刀路轨迹。

创建固定轮廓铣刀路轨迹的过程可以分为两个阶段。

第一阶段先从指定的驱动几何体生成驱动点，驱动点可以从部分或全部的零件几何体中创建，也可以从其他与零件不相关联的几何体上创建，最后，这些点将被投影到几何体零件上。

第二阶段将驱动点沿着一个指定的投影矢量方向投射到零件几何体上形成投影点。刀位轨迹点通过内部处理产生。它使刀具从驱动点开始沿着投影矢量方向向下移动，直到刀具接触到零件几何体。这个点可能与映射投影点的位置相一致，如果有其他的零件几何体或者是检查几何体阻碍了刀具接触到投影点，一个新的输出点将会产生，那个不能使用的驱动点将被忽略。

固定轮廓铣可用于执行精加工程序，通过不同的驱动方法的设置，可以获得不同的刀轨形式，适用于不同特点的曲面精加工。

创建工序时，选择类型为 mill_contour，工序子类型中的第 2 行与第 3 行都是固定轮廓铣的不同工序子类型，如图 5-1 所示，不同的子类型的说明如表 5-1 所示。其中，固定轮廓铣是基本型，而区域轮廓铣则是最常用于曲面精加工的工序子类型。

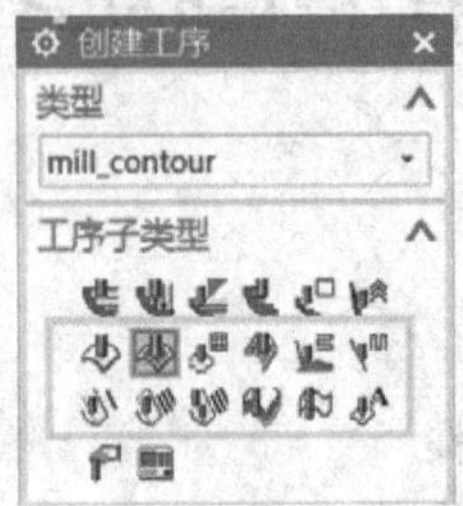

图 5-1　固定轴曲面轮廓铣的子类型

表 5-1　固定轮廓铣的子类型

图　标	英　文	中文含义	说　明
	FIXED_CONTOUR	固定轮廓铣	基础的固定轮廓铣，默认为边界驱动
	CONTOUR_AREA	区域轮廓铣	使用区域铣削驱动的固定轮廓铣
	CONTOUR_SURFACE_AREA	曲面区域轮廓铣	使用曲面驱动的固定轮廓铣
	STREAMLINE	流线	使用流线驱动的固定轮廓铣
	CONTOUR_AREA_NON_STEEP	非陡峭区域轮廓铣	限定加工非陡峭的区域轮廓铣
	CONTOUR_AREA_DIR_STEEP	陡峭区域轮廓铣	限定加工仅陡峭的区域轮廓铣
	FLOWCUT_SINGLE	单刀路清根	限定为单刀路的清根驱动的固定轮廓铣
	FLOWCUT_MULTIPLE	多刀路清根	限定为多刀路的清根驱动的固定轮廓铣
	FLOWCUT_REF_TOOL	清根参考刀具	限定为参考刀具的清根驱动的固定轮廓铣
	CONTOUR_TEXT	轮廓文本	文本驱动的固定轮廓铣
	SOLID_PROFILE_3D	实体轮廓3D	沿着竖直壁的轮廓加工
	PROFILE_3D	轮廓3D	沿着空间曲线的轮廓加工

5.2　固定轮廓铣工序创建

5.2.1　创建固定轮廓铣工序

创建一个固定轮廓铣工序，通常需要以下几个步骤。

1．创建工序

创建工序时，选择类型为 mill_contour，子类型为固定轮廓铣（FIXED_CONTOUR），如图 5-2 所示，单击“确定”按钮将打开工序对话框，如图 5-3 所示。

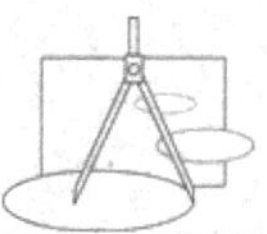

图 5-2　“创建工序”对话框

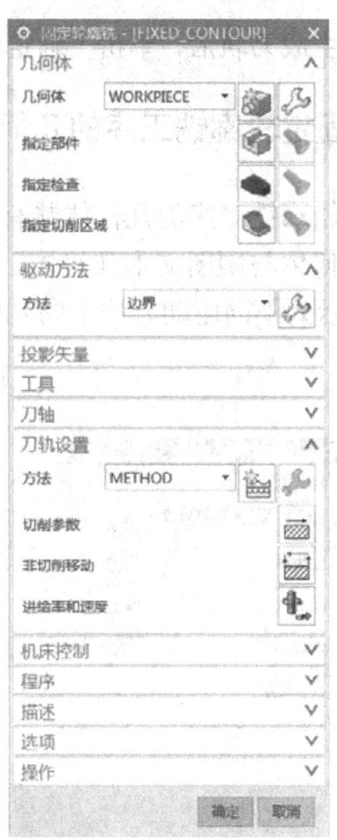

图 5-3　工序对话框

2．指定几何体

选择几何体，可以选择几何体父节点，也可以直接指定部件体、检查几何体和切削区域几何体。

专家指点： 选择的几何体组中已经选择的几何体在创建工序时不能重选，在改变驱动方法时，需要指定的几何体会做出相应的改变，如驱动方法为“区域铣削”或者“清根”时，会增加指定修剪边界几何体；驱动方法为“文本”时，增加指定制图文本几何体选项。

3．选择刀具

在刀具组中可以选择已有的刀具，也可以创建一个新的刀具作为当前工序使用的刀具。

4．选择驱动方法并设置驱动参数

创建固定轴曲面轮廓铣工序中，最重要的设置就是选择驱动方法，并且根据不同的驱动方式选择驱动几何体，设置其驱动参数。不同驱动方法的参数差异很大。

5．刀轨设置

对刀轨设置中的切削参数、非切削移动、进给率和速度选项进行设置。

6．生成工序并检验

在工序对话框中指定了所有的参数后，单击对话框底部的“生成刀轨”图标生成刀轨。

确认生成刀轨后，单击“确定”按钮关闭对话框，完成固定轴曲面轮廓铣工序的创建。

5.2.2 固定轮廓铣工序的几何体

固定轮廓铣工序的几何体共有 6 种：部件几何体、检查几何体、切削区域几何体、修剪边界几何体与制图文本几何体。选择不同的驱动方法，其可选的几何体类型也不同，如图 5-4 所示为不同驱动方法下的几何体选项。

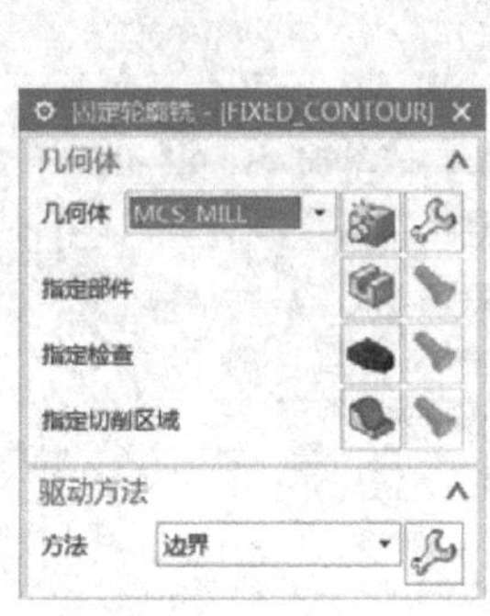

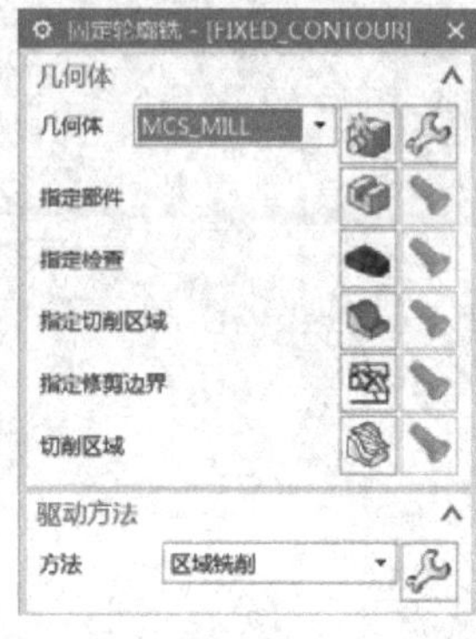

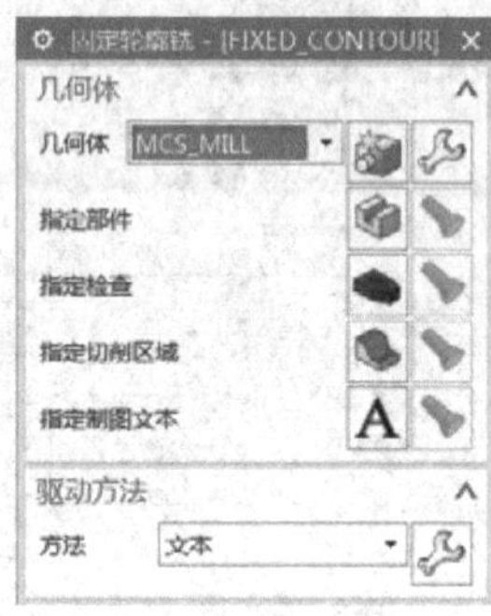

图 5-4 固定轮廓铣的几何体

相对于型腔铣，固定轮廓铣中没有“指定毛坯”选项。而其他各种几何体的选择和应用与型腔铣对应的相同。

1. 指定部件

部件表示加工完成的零件模型。如图 5-5 所示，选择实体为部件几何体生成的区域铣削驱动固定轮廓铣刀轨。

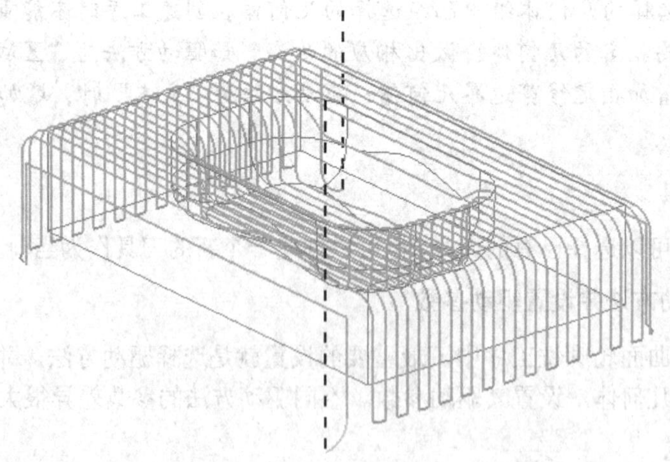

图 5-5 指定部件

专家指点：部件几何体并不是必需的，选择了驱动几何体后，可以直接在驱动几何上生成刀轨。

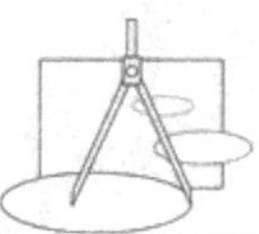

2．指定检查

指定检查几何体，则切削时将避开这一几何体，如图 5-6 所示为选择 4 个侧面为检查几何体生成的刀轨。

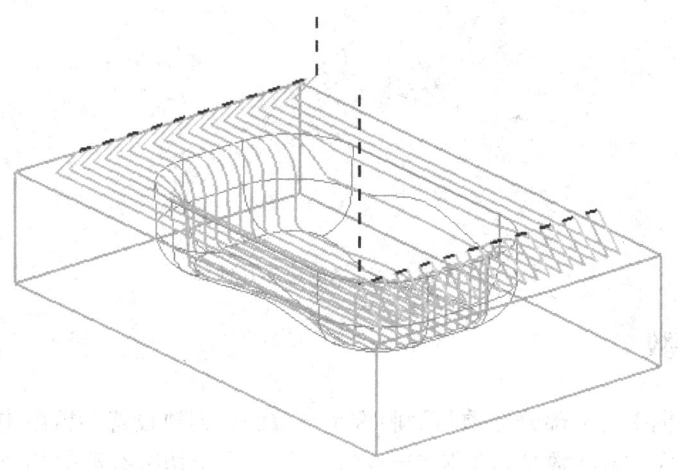

图 5-6　指定检查几何体

3．指定切削区域

创建固定轮廓铣时，最好选择切削区域，限定在这些曲面区域上生成刀轨。如图 5-7 所示，选择凹槽内的曲面为切削区域生成的刀轨。

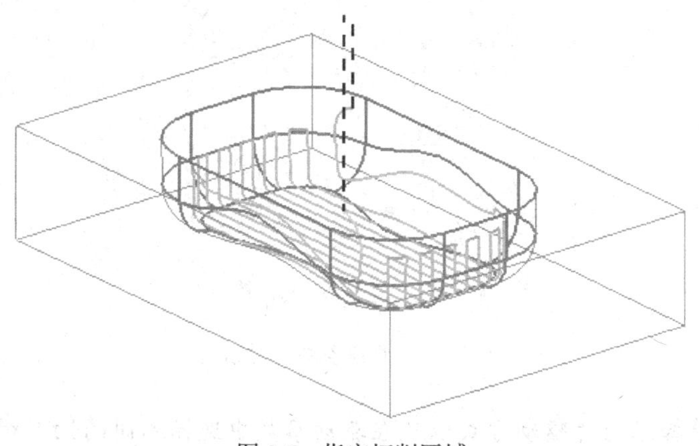

图 5-7　指定切削区域

专家指点：若不指定切削区域，将把整个定义的部件几何作为切削区域。

4．指定修剪边界

修剪边界几何体用于进一步修剪刀轨，如图 5-8 所示选择凹槽底面边缘为修剪边界并修剪外部的刀轨。

专家指点：指定修剪边界时，必须特别注意裁剪侧的设置。

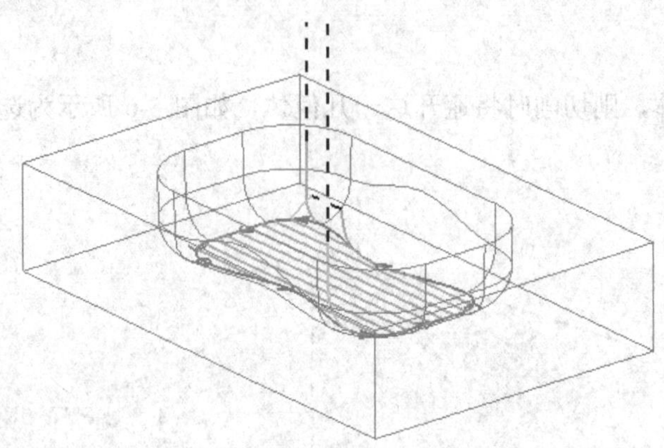

图 5-8　指定修剪边界几何体

5.2.3　切削参数

在工序对话框中，大部分选项与型腔铣是一致的。刀轨设置参数组中的参数相对于型腔铣要少，而且大部分参数是与型腔铣一致的。以下介绍切削参数中几个有差别的选项。

如图 5-9 所示为区域铣削驱动方式，选择切削模式为“往复”时的“策略”选项卡的选项参数。部分参数是与型腔铣相同的，以下对固定轮廓铣特有的切削参数选项进行说明。

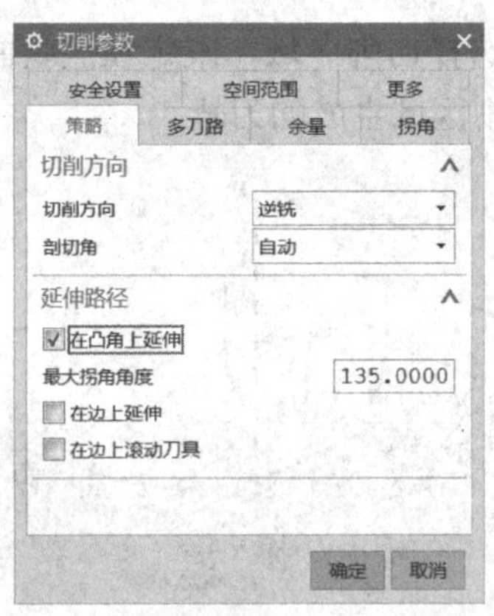

图 5-9　“切削参数”对话框

专家指点：选择不同的驱动方式以及在驱动参数中选择不同的切削模式，“切削参数”对话框的“策略”选项卡中的部分选项将有所不同。

1．在凸角上延伸

选中“在凸角上延伸”复选框，当刀具切削到凸角端点的高度时，就将刀具平移到凸角的另一侧，如图 5-10 所示。

2．多刀路

“多刀路”复选框用于分层切除零件材料，常用于铸造类毛坯零件的加工。切削层由部件表面的偏置产生，而不是由零件面上刀轨的 Z 向偏移得到。在“切削参数”对话框中

选择“多刀路”选项卡，打开如图 5-11 所示的对话框。如图 5-12 所示为一个多刀路的应用示例。

图 5-10　在凸角上延伸

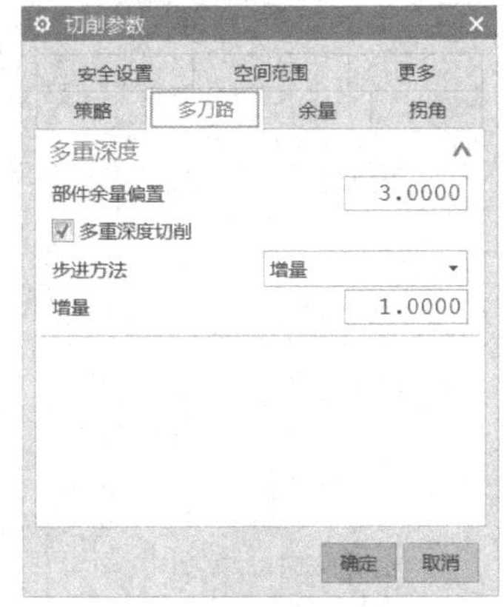

图 5-11　“多刀路”选项卡

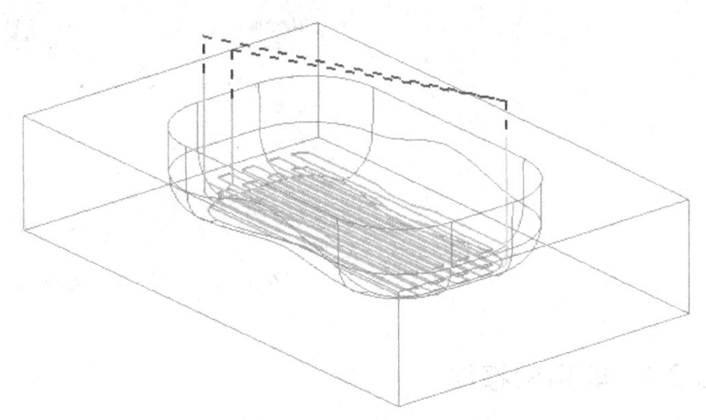

图 5-12　多层切削示例

“部件余量偏置”用于指定在工序过程中去除的毛坯材料厚度。

选中“多重深度切削”复选框才能生成多层切削的刀轨。多层加工的步进方法可以使用“增量”或者“刀路数”进行定义。

（1）增量：指定各路径层之间的间距，系统用加工余量偏置值除以增量值得到需要加工的层数。如图 5-13（a）所示为增量示意。

（2）刀路数：用于指定路径的总层数。输入刀路数选项，系统自动计算增量，即用加工余量偏置值除以输入的刀路数得到余量增量，增量是均等的，如图 5-13（b）所示。

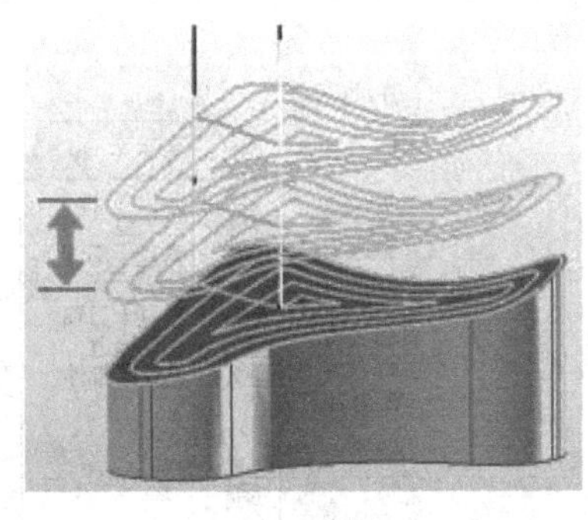

（a）增量

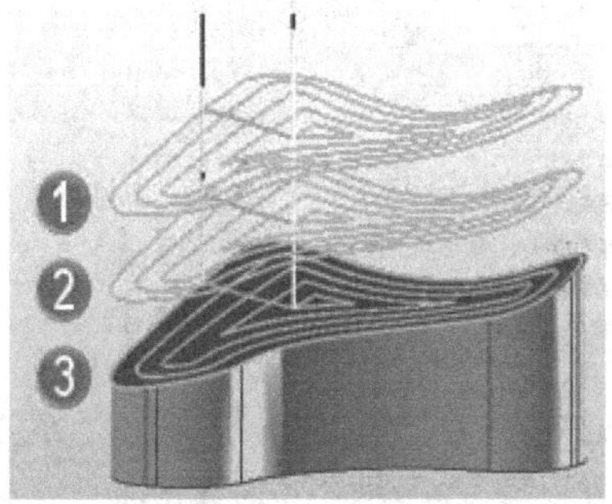

（b）刀路数

图 5-13　多重深度切削

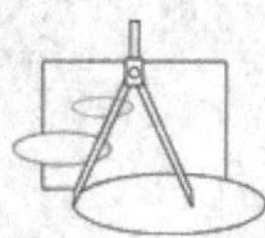

专家指点：使用“增量”方式时，系统自动将最后一层的不足增量的距离当成一层来加工。

3．更多

切削参数的“更多”选项卡如图 5-14 所示。在该选项卡下可以设置一些高级选项，如指定刀具切削向上向下的角度限制等，一般都使用默认值。当使用的刀具需要限制只向上或者只向下时，可以使用倾斜中的斜向上角或者斜向下角度进行限制。

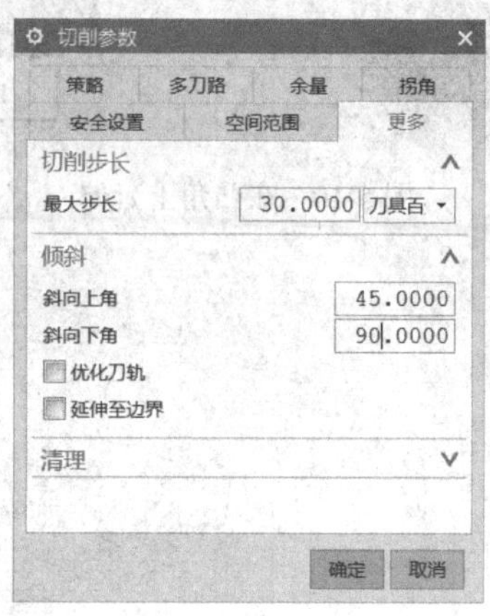

图 5-14　“更多”选项卡

5.2.4　非切削移动

固定轮廓铣的非切削移动包括“进刀”“退刀”“转移/快速”“避让”“更多”5 个选项卡，其中“退刀”“避让”“更多”选项卡与型腔铣相同，“进刀”选项卡中没有封闭区域的进刀设置，如图 5-15 所示。

1．进刀

固定轮廓铣的进刀类型有 12 个选择，如图 5-16 所示，可以定义不同进刀形式以及方向，其对应的进刀类型如图 5-17 所示。

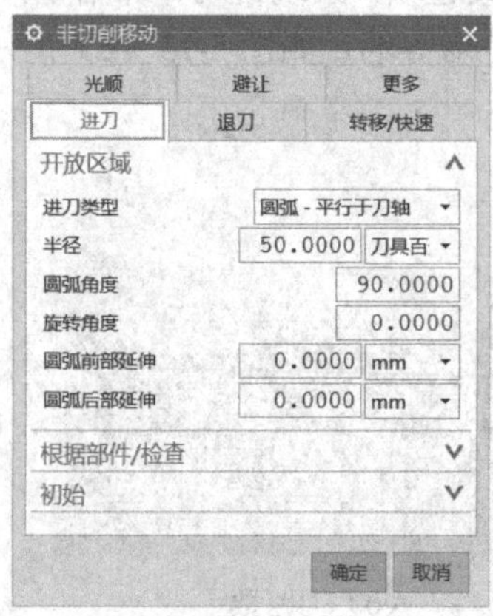

图 5-15　“非切削移动”对话框

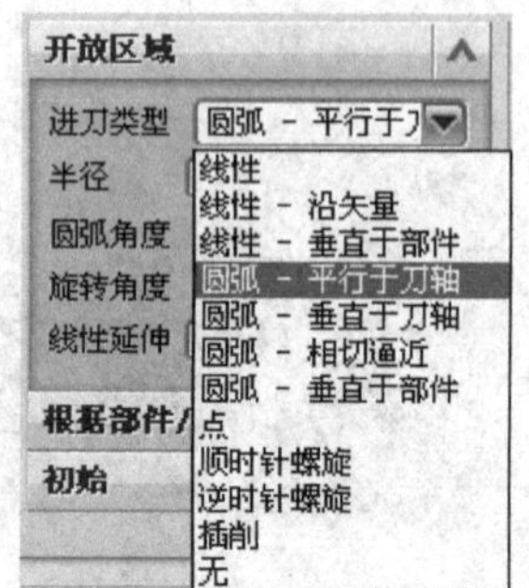

图 5-16　进刀类型

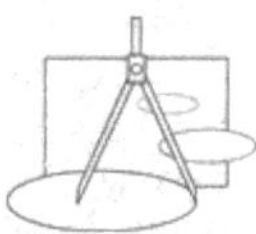

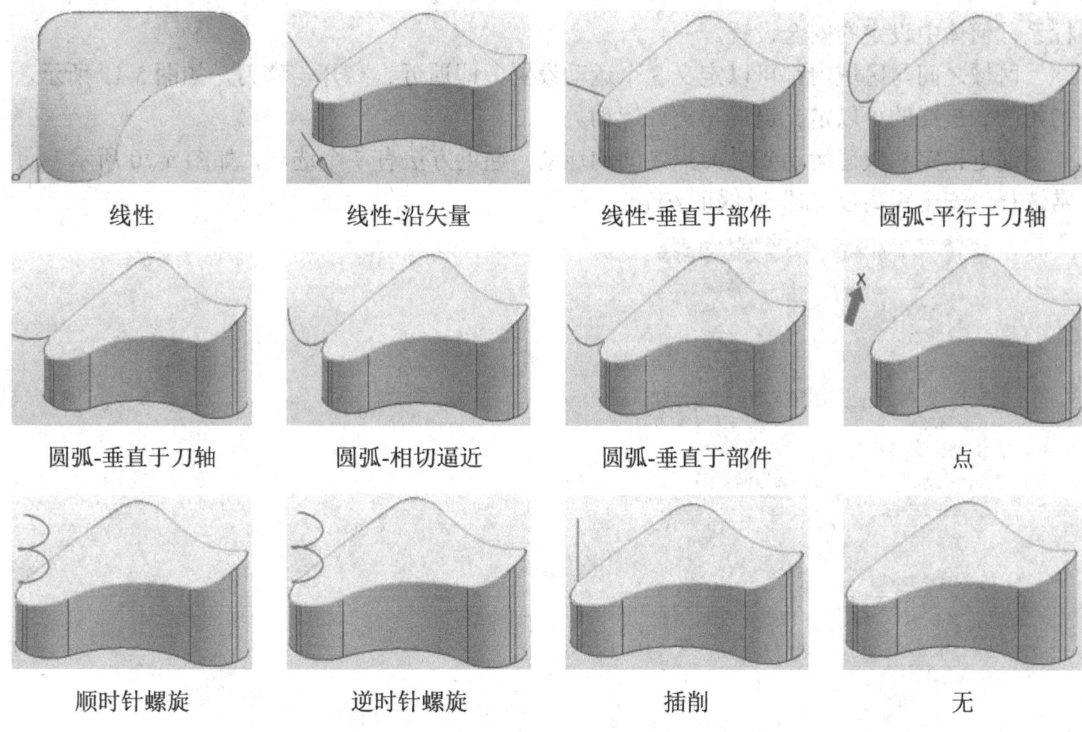

图 5-17　进刀类型示意图

2. 转移/快速

固定轮廓铣的“转移/快速”选项卡如图 5-18 所示，可以设置区域之间、区域内、初始的和最终的等不同工作状态下的进退刀方法。

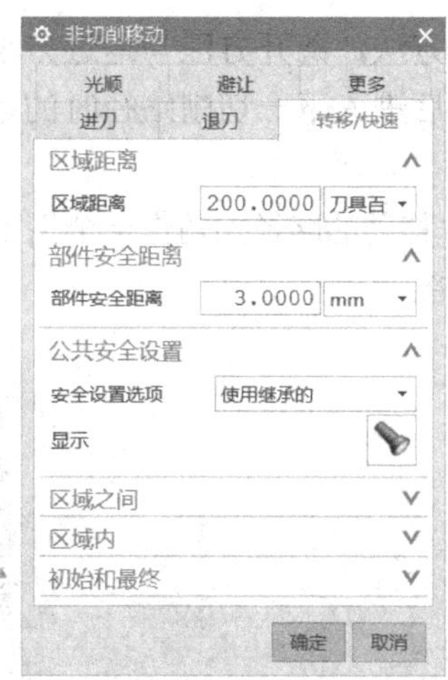

图 5-18　“转移/快速”选项卡（1）

“区域距离”指定划分区域内或者区域之间的两个刀位点之间的距离值，大于区域距离的两个刀位点将采用区域之间的转移方法，而小于区域距离的将采用区域内的转移方法。

“公共安全设置”选项设置通用的安全设置，如安全平面，可以选择“继承”采用坐标系几何体中设定的安全设置。

区域之间与区域内都可以定义 3 个运动设置，即逼近、离开与移刀，如图 5-19 所示。初始的和最终的可以定义逼近与离开运动。

逼近指定从快速运动到进刀点之间的运动，逼近方法有 7 个选项，如图 5-20 所示。通常选择“安全距离-刀轴”以保证安全。

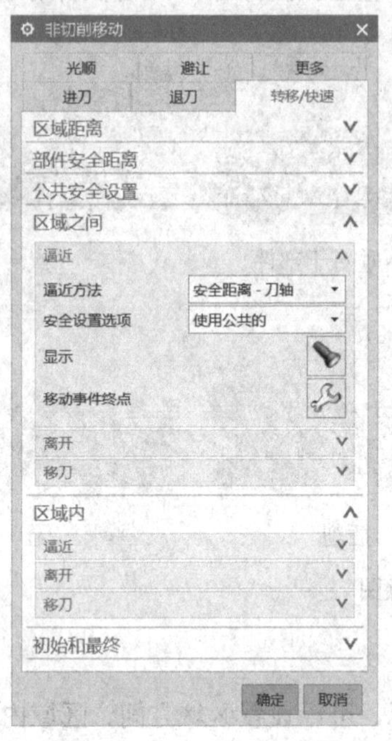

图 5-19 “转移/快速”选项卡（2）

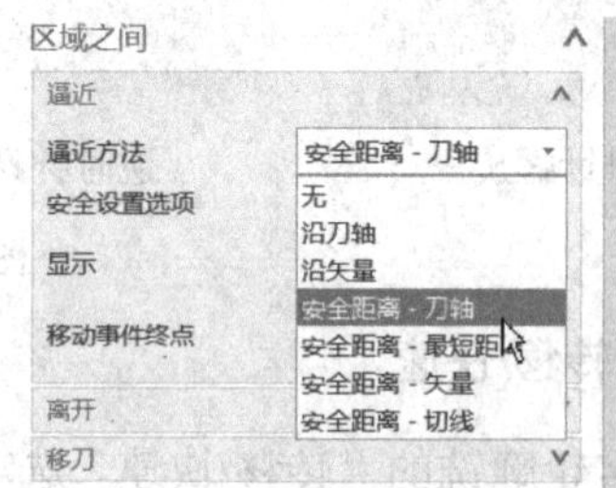

图 5-20 逼近方法

离开指定退出切削后的运动方法，离开方法与逼近方法选项相同。

移刀运动指定一个路径完成后进入下一切削路径时的运动方法，可以选择 4 种设置方法，如图 5-21 所示。

“光顺”选项决定是否在快速移动的路径拐角作一个指定光顺半径的圆角过渡，如图 5-22 所示为打开光顺选项的路径示意图。

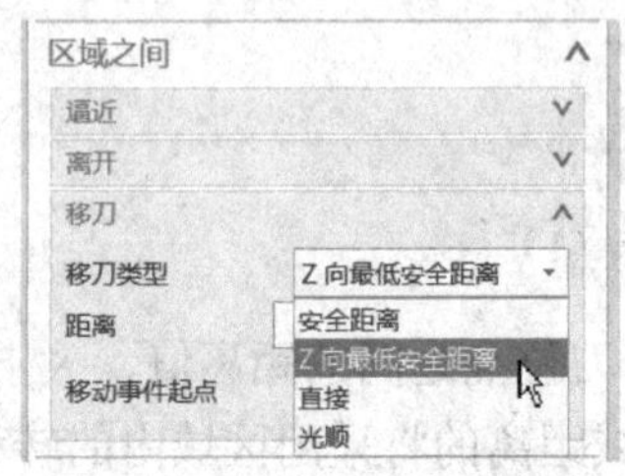

图 5-21 移刀运动类型

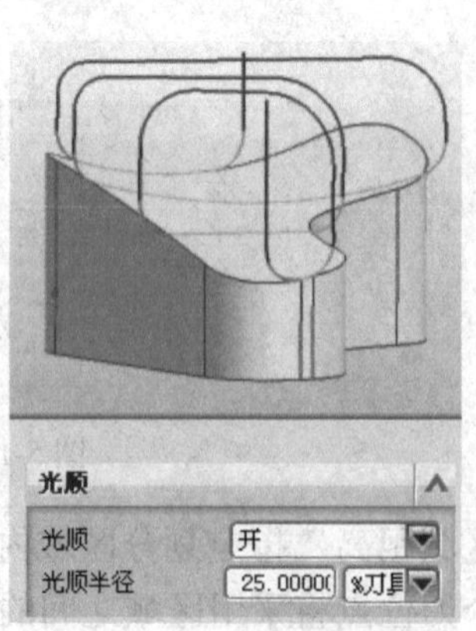

图 5-22 “光顺”选项

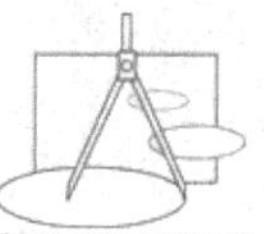

5.2.5　驱动方法

驱动方法定义了创建驱动点的方法。所选择的驱动方法决定能选择的驱动几何体类型，以及可用的投影矢量、刀具轴和切削方法。如果不选择零件几何体，刀位轨迹将直接由驱动点生成。图 5-23 中所示为“驱动方法”选项。

每一个驱动方法都包含其对应的驱动方法对话框，选择了驱动方法后，对话框将会自动弹出。当改变驱动方法时，系统会弹出如图 5-24 所示的警告信息，提示是否确实要更改驱动方法。单击“确定”按钮将打开新选择的驱动方法的对话框。选中“不要再显示此消息”复选框，以后将不再弹出该对话框，而是直接进入新选择的驱动方法。

驱动方法
方法　区域铣削
曲线/点
螺旋式
边界
区域铣削
曲面
流线
刀轨
径向切削
清根
文本
用户定义
工具
刀轴
刀轨设置
机床控制
程序
描述
选项
操作

图 5-23　驱动方法选项

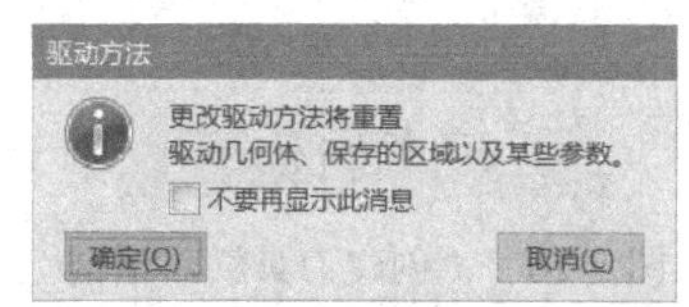

图 5-24　驱动方法变更警告信息

专家指点：更改驱动方法后，原驱动方法中的几何体与驱动设置参数将不再保留。

任务 5-1　创建弧形凹槽精加工的固定轮廓铣工序

图 5-25 所示的弧形凹槽零件已经完成了零件的粗加工，再对零件进行精加工。使用 ϕ16 的球头刀进行零件的精加工。

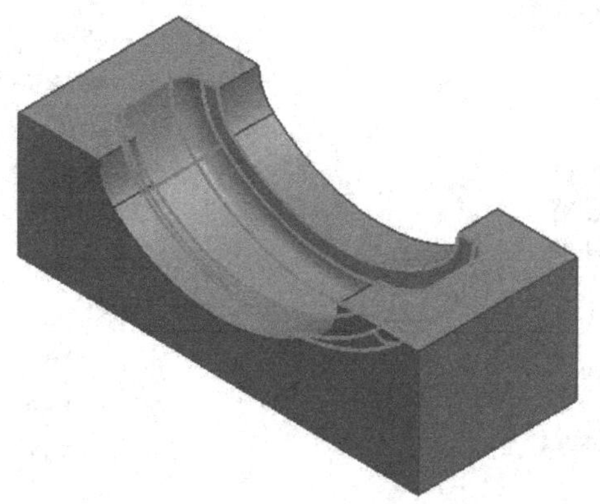

图 5-25　示例零件

➔ STEP 1 打开模型文件

启动 UG NX，并打开部件 T5-1.prt，该模型文件已经创建好粗加工的型腔铣工序。

➔ STEP 2 创建刀具

单击工具条上的“创建刀具”图标，系统弹出“创建刀具”对话框，选择刀具子类型类型为球头铣刀，输入名称“B16”，如图 5-26 所示，单击“确定”按钮打开铣刀参数对话框。

新建球头铣刀，如图 5-27 所示设置刀具“球直径”为 16，确定创建铣刀 B16。

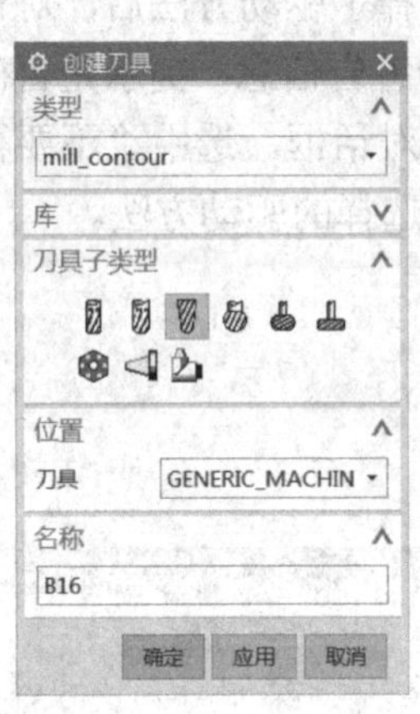

图 5-26 “创建刀具”对话框

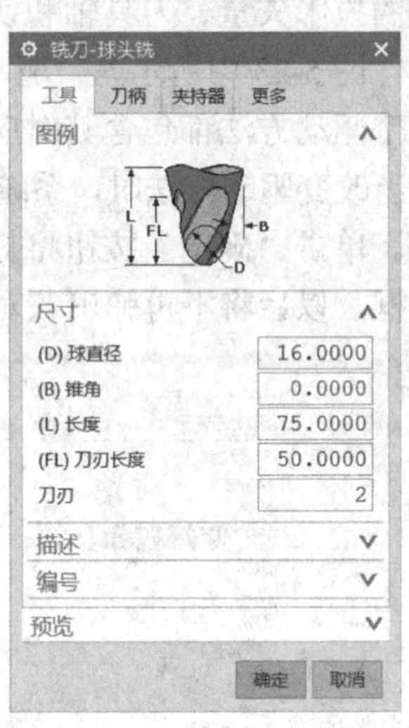

图 5-27 指定刀具参数

➔ STEP 3 创建固定轮廓铣工序

单击工具条上的“创建工序”图标，系统打开“创建工序”对话框。如图 5-28 所示，选择类型为 mill_contour，工序子类型为固定轮廓铣 FIXED_CONTOUR，刀具为 B16，确认各选项后单击“确定”按钮，打开固定轮廓铣工序对话框，如图 5-29 所示。

图 5-28 “创建工序”对话框

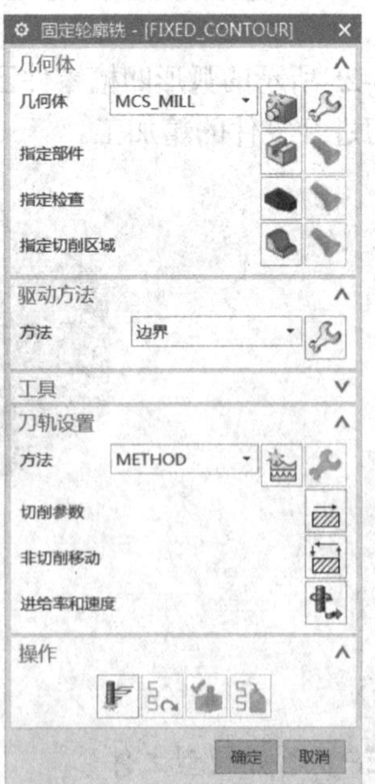

图 5-29 固定轮廓铣工序对话框

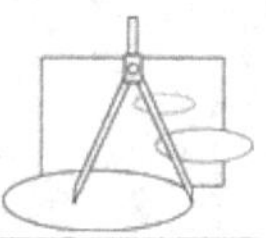

专家指点：打开的编程文件在进入加工模块后，默认的模块可能会变为 mill_planar，需要重新选择类型。

➔ STEP 4 指定部件几何体

在固定轮廓铣工序对话框中单击几何体下的“指定部件”图标，选择实体为部件几何体，如图 5-30 所示。确定返回工序对话框。

➔ STEP 5 指定切削区域

在工序对话框中单击“指定切削区域”图标，系统打开切削区域几何体对话框，在图形上选择除平面以外的所有曲面，如图 5-31 所示。单击鼠标中键确定，完成选择切削区域几何体，返回工序对话框。

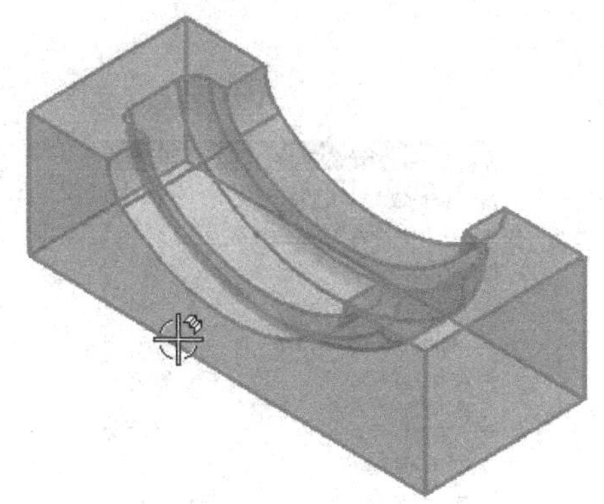

图 5-30　指定部件

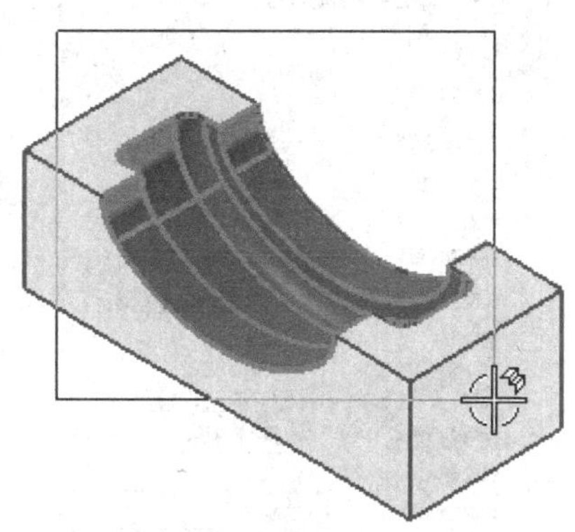

图 5-31　指定切削区域

专家指点：指定切削区域避免在顶部的水平面以及侧面上生成刀轨。

专家指点：调整视角后，使用窗选方式可以快速完成选择并且避免漏选。

➔ STEP 6 选择驱动方法

在工序对话框中，选择驱动方法为“区域铣削”，如图 5-32 所示。系统将出现提示信息，如图 5-33 所示，直接确定更改驱动方法。

图 5-32　选择驱动方法

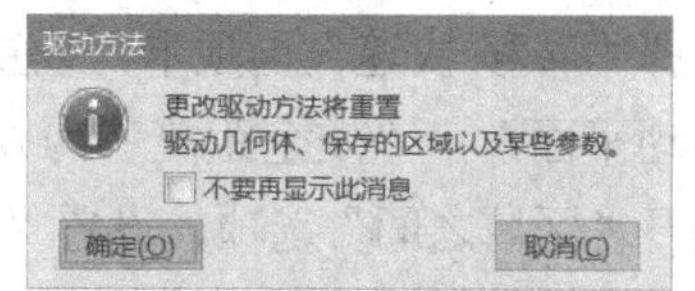

图 5-33　驱动方法改变

专家指点：选择驱动方法为“区域铣削”，这是曲面精加工最常用的驱动方法。

➔ *STEP 7* 设置驱动参数

系统弹出“区域铣削驱动方法”对话框，如图 5-34 所示，设置“步距”为“刀具平直百分比”，“平面直径百分比”为 5%。设置完成后单击“确定”按钮返回工序对话框。

➔ *STEP 8* 设置切削参数

在工序对话框中，单击“切削参数”图标进入切削参数设置，进行切削策略参数设置。设置“切削方向”为“顺铣”，“切削角”使用“指定”方式，指定“与 XC 的夹角”为 45，选中“在边上延伸”复选框，指定延伸距离为 10%的刀具直径，如图 5-35 所示。

图 5-34 “区域铣削驱动方法”对话框

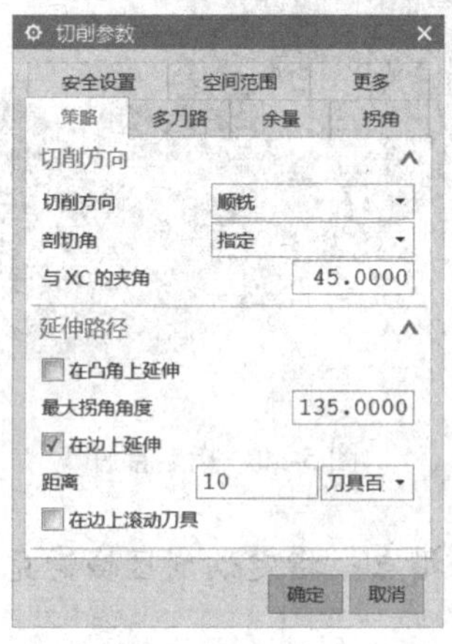

图 5-35 切削参数设置

选择“余量”选项卡，设置各余量选项为 0，内外公差为 0.003，如图 5-36 所示，确定返回工序对话框。

➔ *STEP 9* 设置非切削移动参数

在工序对话框中单击“非切削移动”后的图标，打开“非切削移动”对话框。首先设置进刀参数，设置“进刀类型”为“插削”，进刀距离的高度为 2mm，直接 Z 向下刀，如图 5-37 所示。

选择“退刀”选项卡，设置“退刀类型”为“无”，如图 5-38 所示。

选择“转移/快速”选项卡，设置“区域距离”为 300%的刀具直径；“安全设置选项”为“自动平面”，“安全距离”为 60，如图 5-39 所示。

展开“区域之间”选项，设置“移刀类型”为“安全距离”，“安全设置选项”为“使用公共的”；展开“区域内”选项，设置“移刀类型”为“直接”，如图 5-40 所示。

单击“确定”按钮完成非切削移动参数的设置，返回工序对话框。

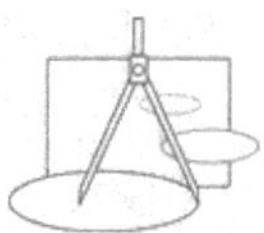

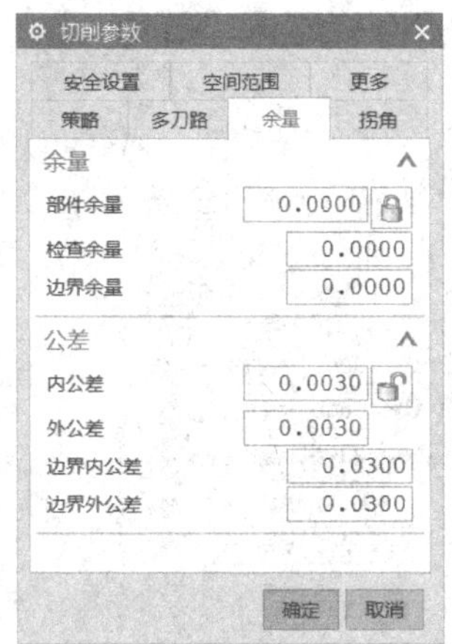

图 5-36 “余量”选项卡

图 5-37 “进刀”选项卡

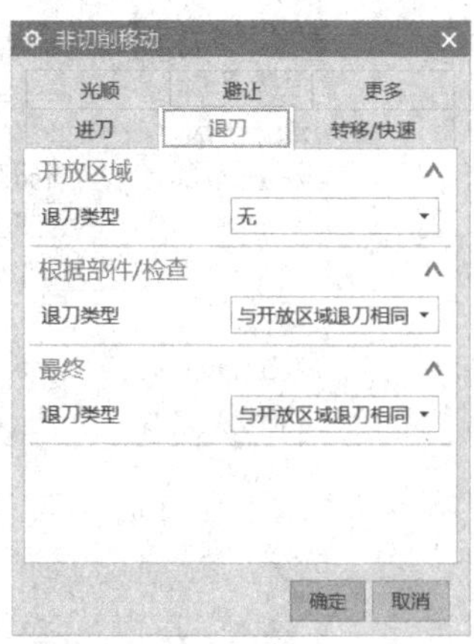

图 5-38 “退刀”选项卡

图 5-39 “转移/快速”选项卡

图 5-40 移刀设置

专家指点：默认设置的区域之间、区域内的逼近和离开为“无”，初始的和最终的逼近和离开为“安全距离-刀轴”。

➔ STEP 10 设置进给率和速度

单击“进给率和速度”后的图标，弹出“进给率和速度”对话框，设置“表面速度”为150，“每齿进给量”为0.25，计算得到主轴转速与切削进给率，如图5-41所示。

将切削进给率取整为1500，再单击进给率下的“更多”选项，设置进刀进给率为50%的切削进给率，如图5-42所示。

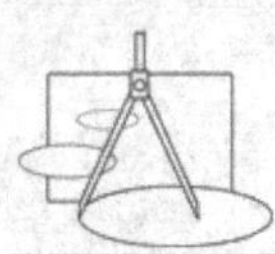

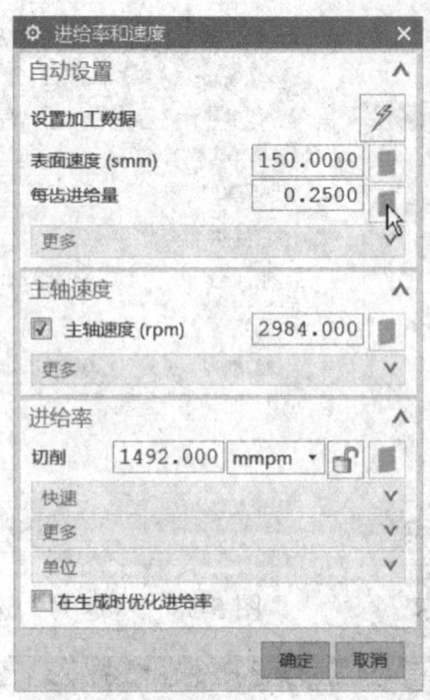

图 5-41 “进给率和速度”对话框

图 5-42 设置进给

单击“确定”按钮返回工序对话框。

➔ **STEP 11** **生成刀轨**

在工序对话框中单击“生成”图标计算生成刀路轨迹。产生的刀轨如图 5-43 所示。

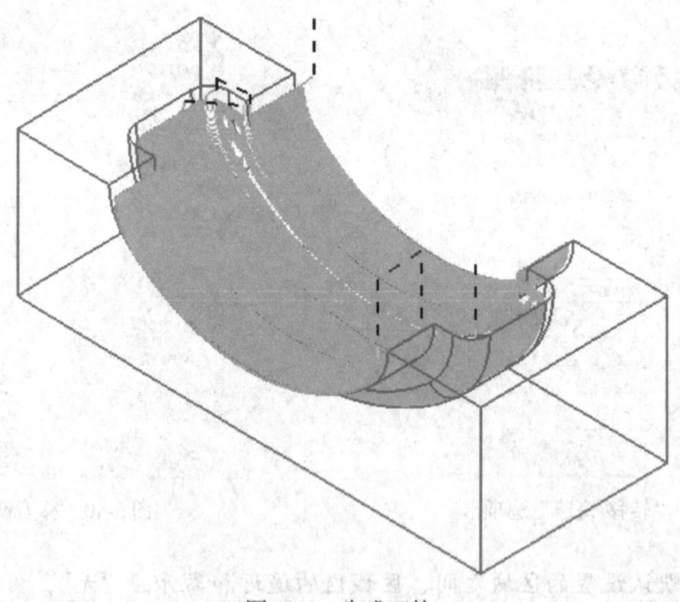

图 5-43 生成刀轨

➔ **STEP 12** **确定工序**

对生成的刀轨进行检视，确认刀轨后单击工序对话框底部的“确定”按钮接受刀轨并关闭工序对话框。

➔ **STEP 13** **保存文件**

单击工具栏上的“保存”图标，保存文件。

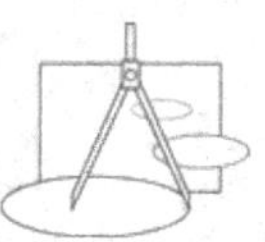

专家指点：固定轮廓铣的设置中，非切削移动设置相对于型腔铣要复杂，如果不做设置，可能会造成切削完成后不抬刀。

5.3　边界驱动方法

使用边界驱动方法可指定以边界或空间范围来定义切削区域。根据边界及其圈定的区域范围按照指定的驱动设置产生驱动点，再沿投影向量投影至零件表面，定义出刀具接触点与刀具路径。如图 5-44 所示为边界驱动方法刀具路径示意图。

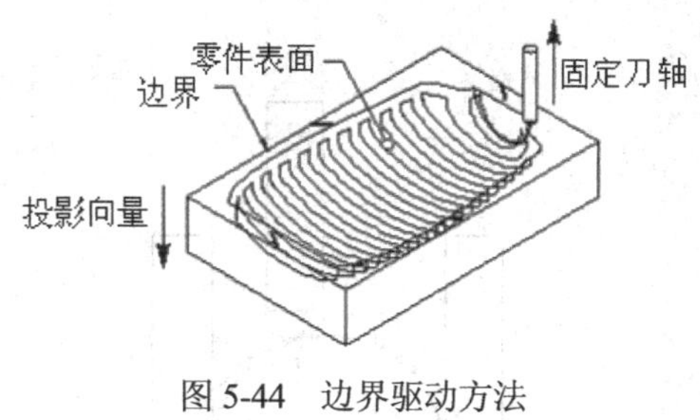

图 5-44　边界驱动方法

5.3.1　驱动几何体

1．指定驱动几何体

图 5-45 所示为“边界驱动方法”对话框。

单击“指定驱动几何体”图标，将打开“边界几何体”对话框，如图 5-46 所示。边界选择的方法与平面铣中的边界选择方法相同。最常用的选择模式为“曲线/边…”，打开“创建边界”对话框，如图 5-47 所示。选择边界后再次单击“指定驱动几何体”图标，将打开“编辑边界”对话框，如图 5-48 所示，可以对选择的边界进行编辑。

图 5-45　“边界驱动方法”对话框

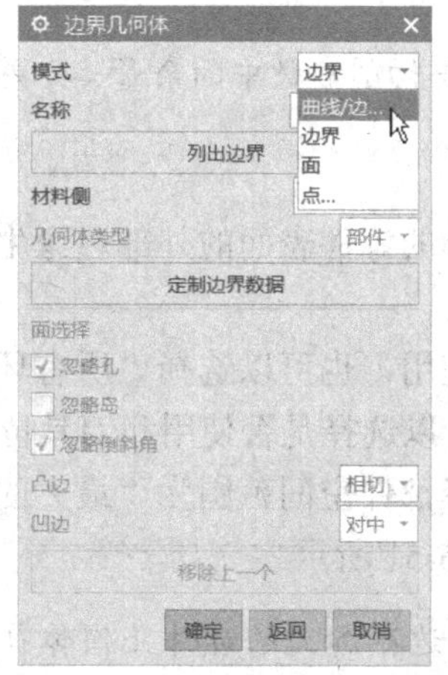

图 5-46　“边界几何体”对话框

图 5-47　“创建边界”对话框

专家指点：在选择边界时，需要特别注意材料侧。

专家指点：选择驱动几何体的边界时，可以选择开放或者封闭的边界；驱动几何体的平面位置将不影响刀轨的生成。

驱动几何体的边界，其刀具位置有“相切”“对中”“接触”3 个选项，与“对中”或“相切”不同，“接触”点位置根据刀尖沿着轮廓曲面运动时的位置而改变。刀具沿着曲面前进，直到它接触到边界。在轮廓曲面上，刀尖处的接触点位置不同，如图 5-49 所示，当刀具在部件另一侧时，接触点位于刀尖另一侧。

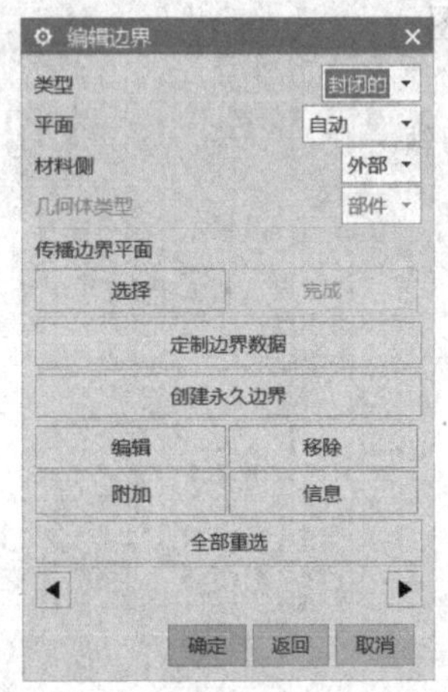

图 5-48 “编辑边界”对话框

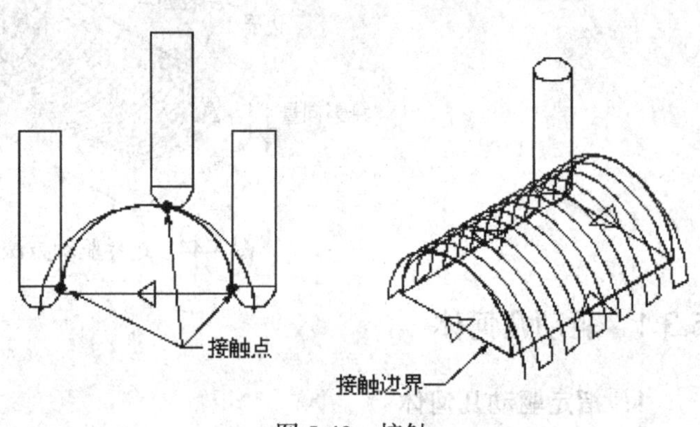

图 5-49 接触

2. 公差

选择驱动几何体后，可以设置边界的内外公差。

3. 偏置

通过边界偏置可以设置余量，可以对边界进行偏移。

专家指点：边界公差和偏置与切削参数中的余量、公差应用的对象不同，所以并不一致。

4. 空间范围

空间范围是利用沿着所选择的零件表面的外部边缘生成的边界线来定义切削区域，环与边界同样定义切削区域。

空间范围可选择“关”不使用，也可以选择“所有环”或者“最大的环”。对选择的部件空间范围还可以进行编辑，以选择是否使用和刀具位置。

不选择驱动几何体，而选择部件空间范围为“最大的环”，在图形上将显示边界，如图 5-50 所示，生成的刀轨如图 5-51 所示。

专家指点：要使用空间范围边界加工的部件几何体是实体，最好选择面来加工，而不选择体。因为实体包含多样的外部边界，这种不明确的边界妨碍系统产生环线。

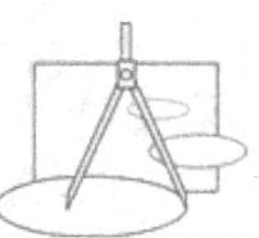

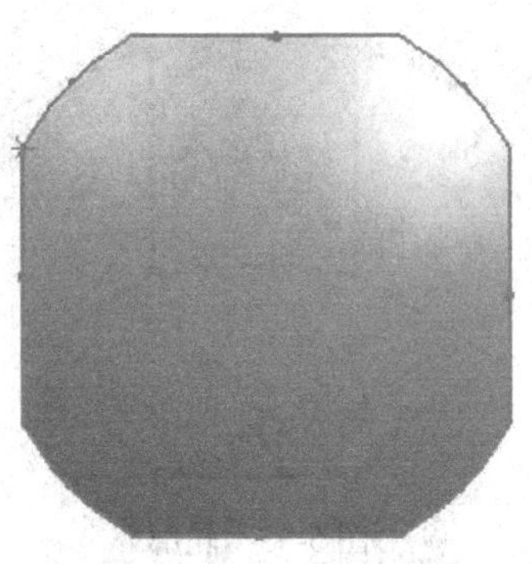

图 5-50　显示最大的环

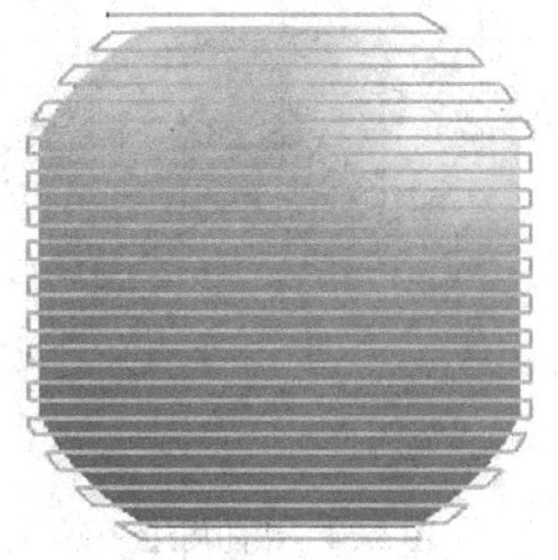

图 5-51　生成的刀轨

5.3.2　驱动设置

边界驱动方法的“驱动设置”选项如图 5-52 所示。

1．切削模式

切削模式限定了走刀方式与切削方向，与型腔铣中的切削方式有点类似。如图 5-53 所示为“切削模式”选项。

图 5-52　“驱动设置”选项

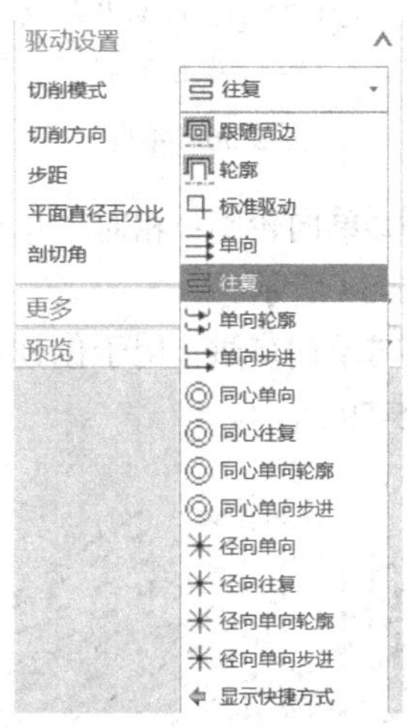

图 5-53　切削模式

（1）跟随周边：跟随周边产生环绕切削的刀轨。需要指定加工方向——向内或者向外，如图 5-54 为跟随周边的刀轨示例。

（2）轮廓：轮廓切削是沿着切削区域的周边生成轨迹的一种切削模式。可以用附加轨迹选项使刀具逐渐逼近切削边界，图 5-55 所示为轮廓切削示例。

（3）标准驱动：标准驱动与轮廓相似，但允许自相交。

（4）单向：创建单向的平行刀位轨迹，如图 5-56 所示。此选项能始终维持一致的顺铣或者逆铣切削。

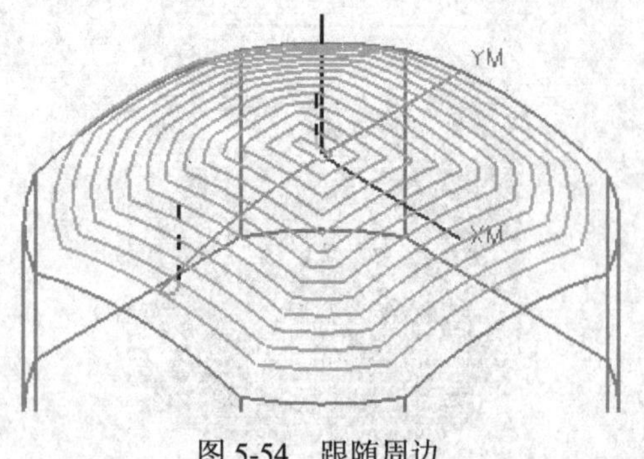

图 5-54　跟随周边　　　　图 5-55　轮廓

（5）往复：创建双向的平行切削刀轨，加工示例如图 5-57 所示。

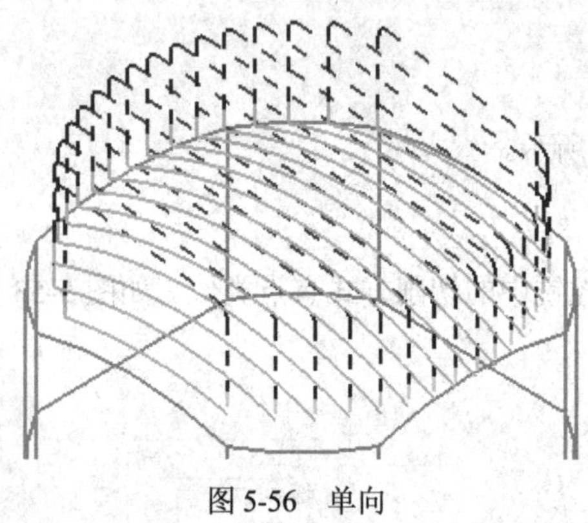

图 5-56　单向　　　　图 5-57　往复

（6）单向轮廓：相对于单向切削，进刀时及退刀时将沿着轮廓到前一行的起点或终点，如图 5-58 所示。

（7）单向步进：用于创建单向的、在进刀侧沿着轮廓而在退刀边直接抬刀的刀位轨迹，如图 5-59 所示。

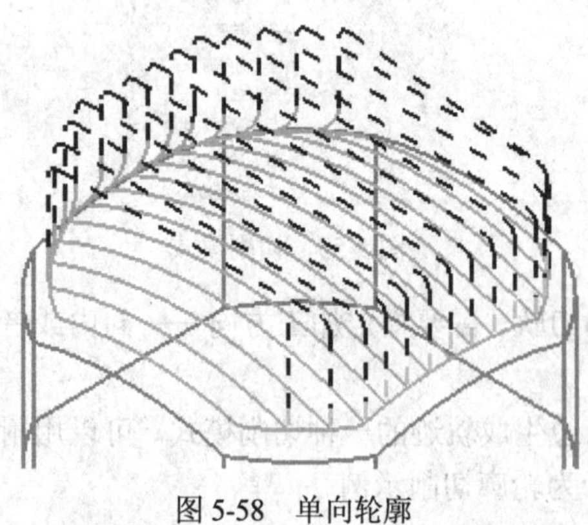

图 5-58　单向轮廓

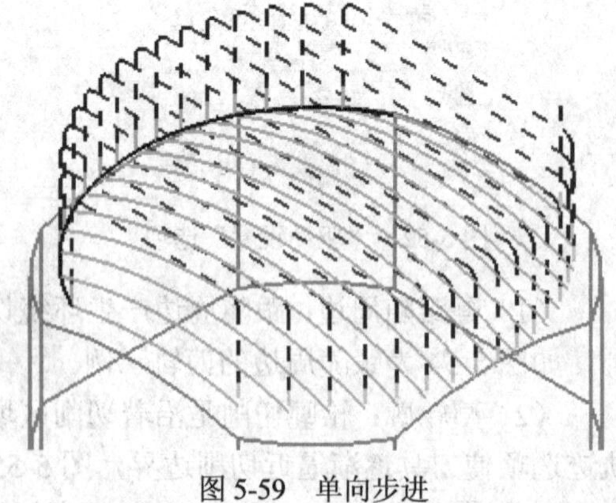

图 5-59　单向步进

（8）◎同心：同心切削从用户指定的或系统计算出来的优化中心点生成逐渐增大或逐渐缩小的圆周切削模式，并且切削类型也可以分为单向、往复、单向轮廓与单向步进方式。如图 5-60 所示为同心切削路径示例。

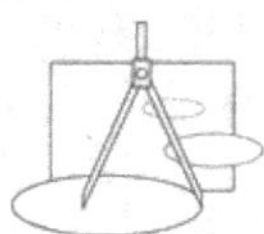

（9）✳径向：径向产生放射状切削路径，由一个用户指定的或者系统计算出来的优化中心点向外放射扩展而成，同样也分为单向、往复、单向轮廓与单向步进方式。图 5-61 所示为径向切削路径的示例。

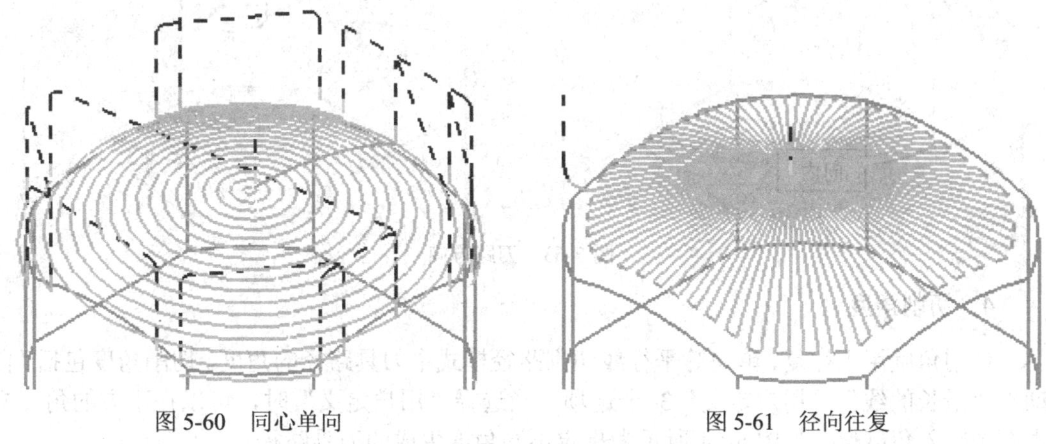

图 5-60　同心单向　　　　图 5-61　径向往复

在径向线模式下，步距长度是沿着离中心最远的边界点上的弧长进行测量的。另外在步距选项中，可以指定角度进给，这是径向线切削路径模式独有的设置参数。

2．阵列中心

阵列中心用于径向与同心方式。通常使用“自动”，系统自动确定最有效的位置作为路径中心点。当选择指定时，则可以在图形选择点，或者使用点构造器指定一点为路径中心点。如图 5-62 所示为不同阵列中心产生的径向切削刀轨示例。

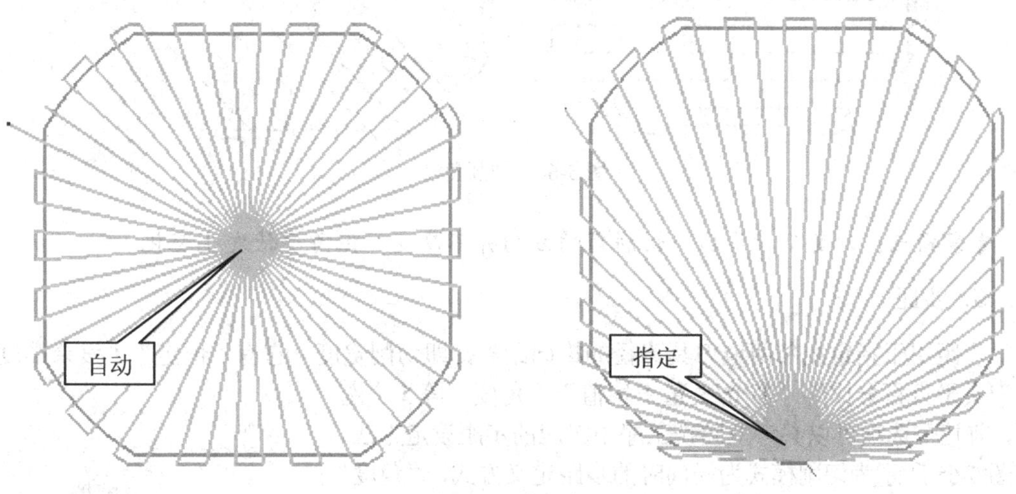

图 5-62　阵列中心

专家指点：存在多个分离的切削区域时，将在每一区域产生一个图样中心。

3．刀路方向

刀路方向用来指定由内向外或者由外向内产生刀具路径。它只在跟随边界、同心圆、

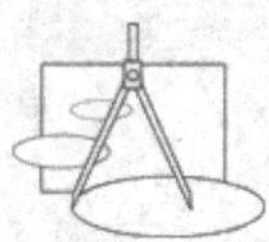

径向线路径模式下才激活。如图 5-63 所示为不同图样方向的刀具路径示例。

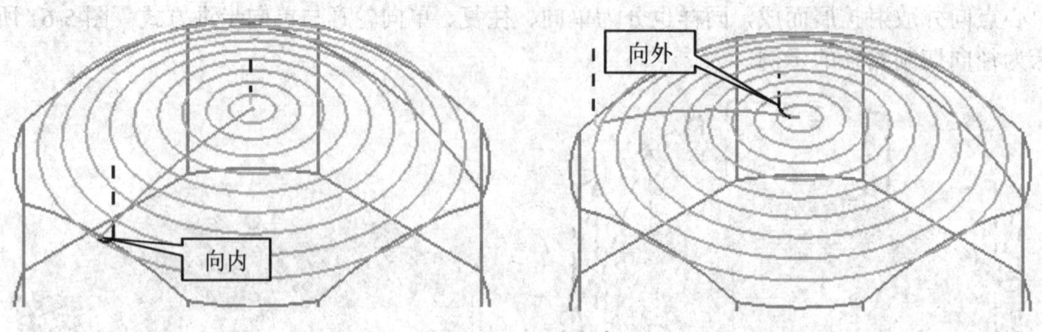

图 5-63　刀路方向

4．切削角度

切削角度用于往复、单向等平行线切削路径模式中刀具路径的角度。切削角度包括“自动”“最长的线”“用户定义”3 个选项。当选择“用户定义”时，可以在下方的角度文本框中输入角度值。如图 5-64 所示为指定不同角度生成的刀具路径。

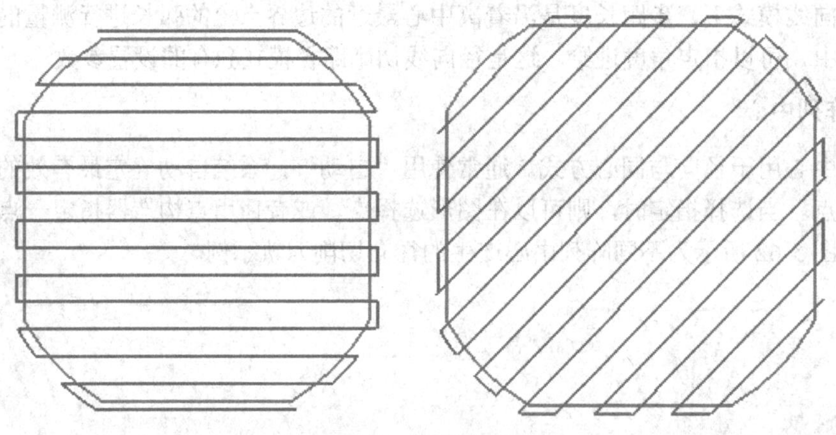

图 5-64　切削角度

专家指点：改变坐标系后，切削角的方向并不改变，但角度值发生变化。

5．步距

步距用于指定相邻两道刀具路径的横向距离，即切削宽度，它有“恒定”“残余高度”“刀具平直百分比”“多个/变量平均值”“角度”等 5 个选项，前几个选项可以参考型腔铣工序中对应的步距设定方法。如图 5-65 所示为切削模式为径向时的步距定义方式，“角度”选项仅应用于径向切削模式，通过指定一个两相邻行间的夹角来定义步距，如图 5-66 所示。

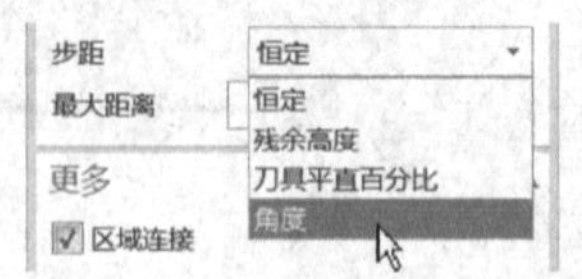

图 5-65　“步距”选项

6．更多

“更多”选项如图 5-67 所示，用于设置区域连接、边界逼近、岛清根、壁清理等参数，所有参数与切削参数中的“策略”选项卡相同。

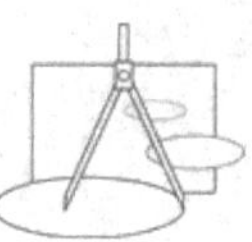

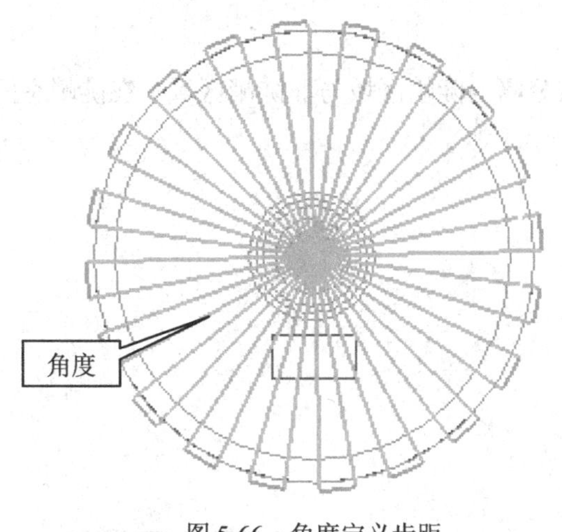

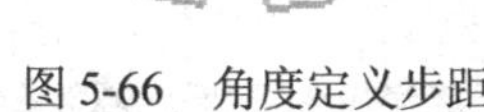

图 5-66　角度定义步距

图 5-67　“更多”选项

7. 预览

显示是各种驱动方法的共同选项，在图形上以驱动点或者驱动线的方式显示驱动路径，供用户确认。单击“显示”图标将在图形上显示驱动路径。

5.4　区域铣削驱动方法

区域铣削驱动固定轴曲面轮廓铣是最常用的一种精加工工序方式。区域铣削与边界驱动生成的刀轨有点类似，但是其创建的刀轨可靠性更好，并且可以有陡峭区域判断及步距应用于部件上功能，建议优先选用区域铣削。通过选择不同的图样方式与驱动设置，区域铣削可以适应绝大部分的曲面精加工要求。

在固定轮廓铣的工序对话框中，选择驱动方法为“区域铣削”，则将弹出如图 5-68 所示的“区域铣削驱动方法”对话框进行参数设置。

专家指点：在创建工序时，可以直接选择工序子类型为区域铣削（CONTOUR_AREA），默认为选择区域铣削驱动方式。

将驱动方法改为“区域铣削”后，在几何体中将增加修剪边界几何体选项。修剪几何体可以进一步约束切削区域。修剪边界几何体的边界总是封闭的，刀具位置始终为“上”。

专家指点：不选择切削区域几何体，将使用已选择的部件几何体（排除刀具不能到达的区域）作为切削区域。

通过“区域铣削驱动方法”对话框可以进行各种驱动参数的设置，这些参数将影响最终刀轨的加工质量与加工效率。

“区域铣削驱动方法”对话框中的大部分选项与“边界驱动方法”对话框的选项是相同的。但“陡峭空间范围”和“步距已应用”选项是区域铣削所特有的。

1．陡峭空间范围

陡峭空间范围可以指定的陡角把切削区域分隔为陡峭区域与非陡峭区域。在陡峭空间范围中共有 4 个方法，如图 5-69 所示。

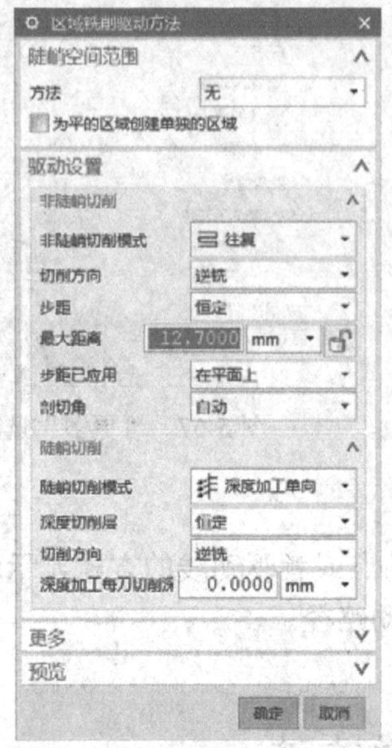

图 5-68 “区域铣削驱动方法”对话框

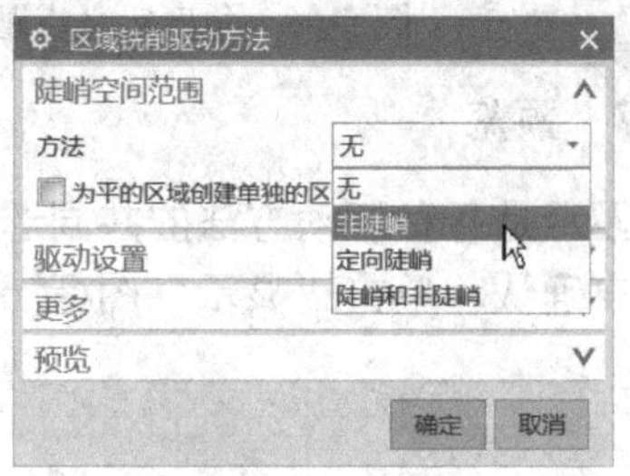

图 5-69 陡峭空间范围的方法选项

专家指点：创建工序时选择工序子类型为和，将分别可以创建默认选择陡峭空间范围为“非陡峭”和“定向陡峭”的区域铣削驱动固定轴曲面轮廓铣。

（1）无：切削整个区域。不使用陡峭约束，允许加工整个工件表面，如图 5-70 所示。

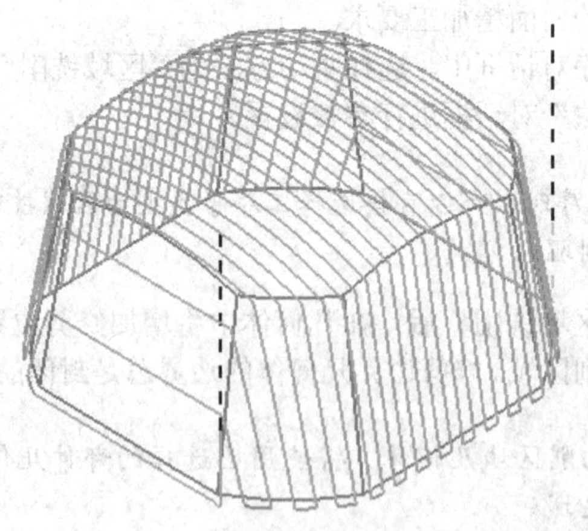

图 5-70 无

（2）非陡峭：切削平缓的区域，而不切削陡峭区域，如图 5-71 所示。通常可作为等高轮廓铣的补充。

专家指点：非陡峭与切削角度无关，而定向陡峭则与切削角度有关。

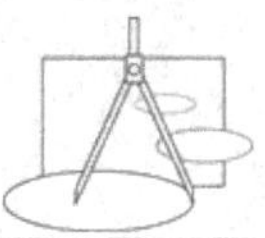

（3）定向陡峭：切削大于指定陡角的区域，如图 5-72 所示。定向切削陡峭区域与切削角有关，切削方向由路径模式方向绕 ZC 轴旋转 90° 确定。

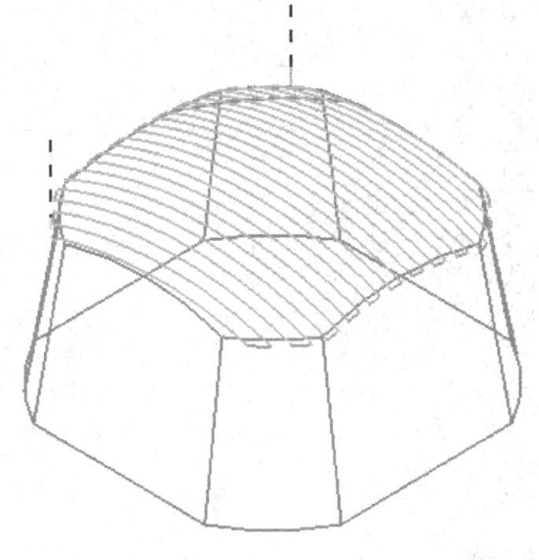

图 5-71　非陡峭

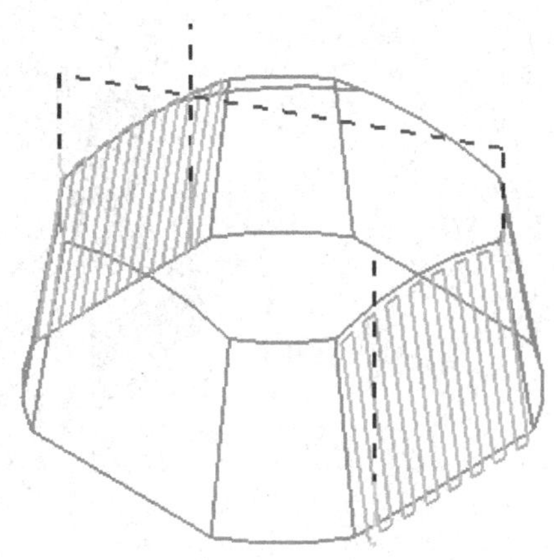

图 5-72　定向陡峭

专家指点：定向陡峭区域陡峭边的切削区域是与走刀方向有关的，当切削模式为往复、单向等平行切削时，切削角度方向与侧壁平行时就不作为陡壁处理，如图 5-73 所示不同方向的陡峭切削区域。而采用跟随周边或者同心、径向模式一般不使用定向陡峭选项。

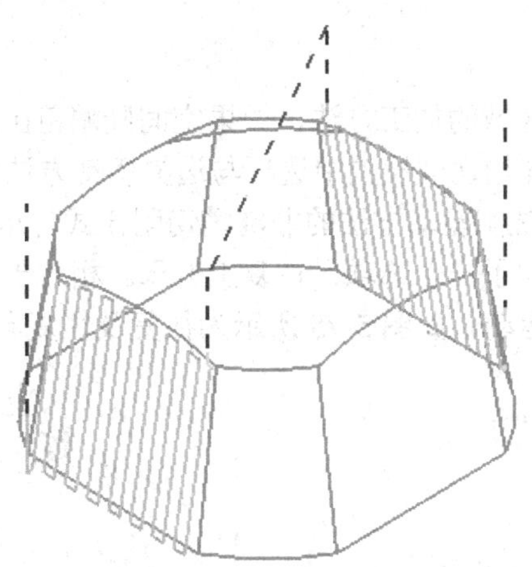

图 5-73　不同切削角的定向陡峭

（4）陡峭和非陡峭：将切削区域按指定角度划分为陡峭的与非陡峭的区域，针对非陡峭区域采用下方“非陡峭切削”组中的设置；而非陡峭区域采用下方“陡峭切削”组中的设置。这种方式可以将整个区域按陡峭程序进行划分，分别采用合适的走刀方式，从而使每一个区域均能得到较好的加工。如图 5-74 所示为陡峭和非陡峭采用不同切削设置的刀路轨迹示例，可以看到在非陡峭区域采用了往复切削的行切法，而在陡峭区域则采用了深度加工轮廓的层切法。

“为平的区域创建单独的区域”选项如果激活，则在水平面上将单独作为一个区域进行处理，如果平面较大，在使用圆角刀进行加工时，可以采用相对较大的步距进行切削。

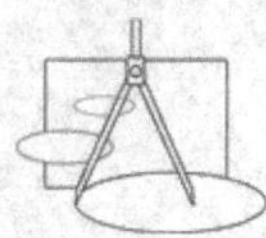

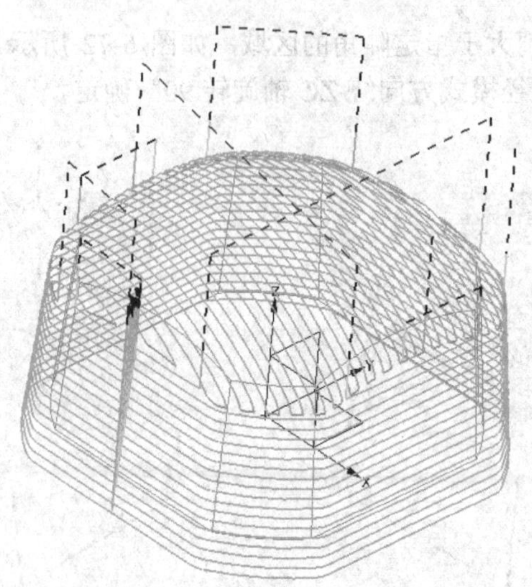

图 5-74　陡峭和非陡峭

在驱动设置中，将陡峭区域与非陡峭区域分成两组进行设置。

专家指点：陡峭和非陡峭这一选项是 UG NX10 的新增功能，旧版本中没有这一选项；同时旧版本中也没陡峭区域切削这一选项组。

2．非陡峭切削

非陡峭切削设置平缓区域的加工方法，如果空间陡峭范围设置为“无”，则整体应用非陡峭切削中的设置。非陡峭切削设置中选项与边界驱动方法中的对应选项基本相同。

（1）切削模式：区域铣削驱动方法的非陡峭切削模式与边界驱动方法基本相同，只是没有标准驱动方法，但增加了一个选项：往复上升。相对于往复切削，在行间转换时向上提升以保持连续的进给运动。如图 5-75 所示为往复及往复向上的对比。

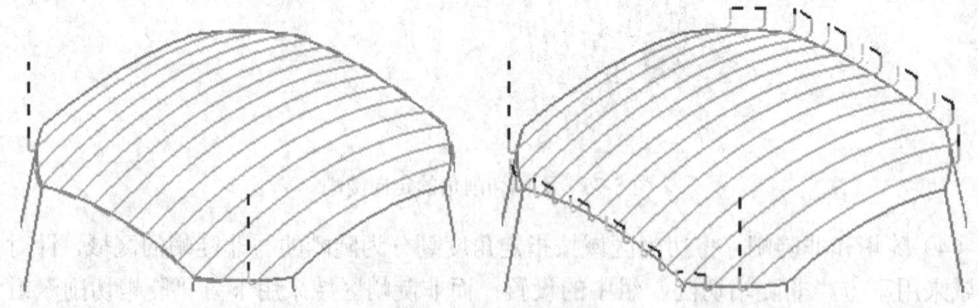

图 5-75　往复与往复向上

（2）步距已应用：可以选择“在平面上”或“在部件上”来应用步距。

- 在平面上：步距是在垂直于刀具轴的平面上即水平面内测量的 2D 步距，产生刀轨如图 5-76 所示。“在平面上”适用于坡度改变不大的零件加工。
- 在部件上：步距是沿着部件测量的 3D 步距，如图 5-77 所示。可以实现对部件几何体较陡峭的部分维持更紧密的步距，以实现整个切削区域的切削残余量相对均匀。

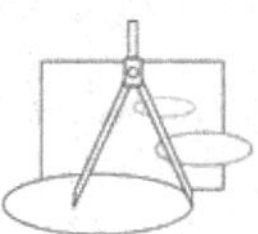

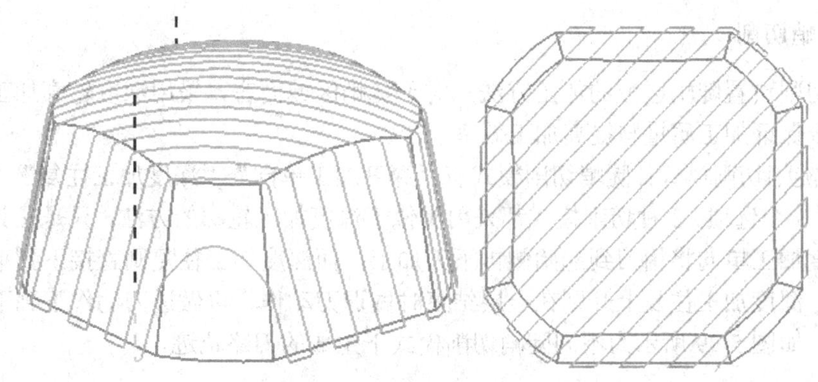

图 5-76　步距应用：在平面上

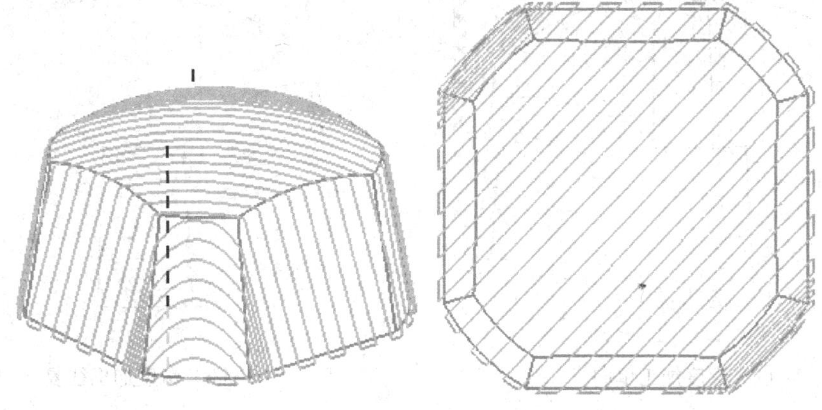

图 5-77　步距应用：在部件上

专家指点：切削模式为轮廓、同心圆或者径向线时，步距只能应用“在平面上”。当步距设置采用“可变”方式时，步距也只能应用“在平面上”。

专家指点：步距应用“在平面上”时，显示驱动路径将在 XY 水平面上，如步距应用“在部件上”时，显示驱动路径将在部件表面，如图 5-78 所示。

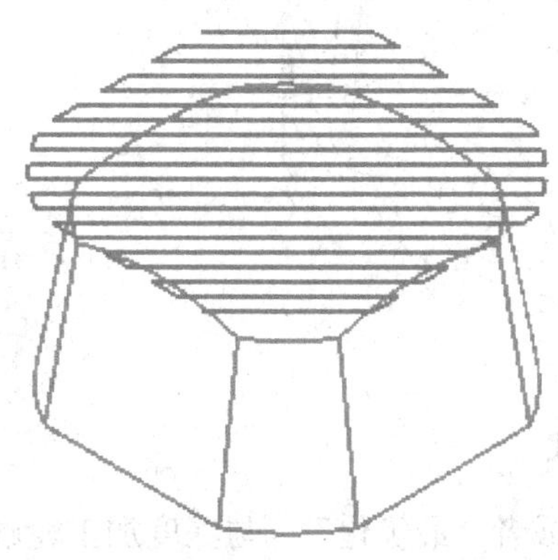

（a）步距应用：在平面上

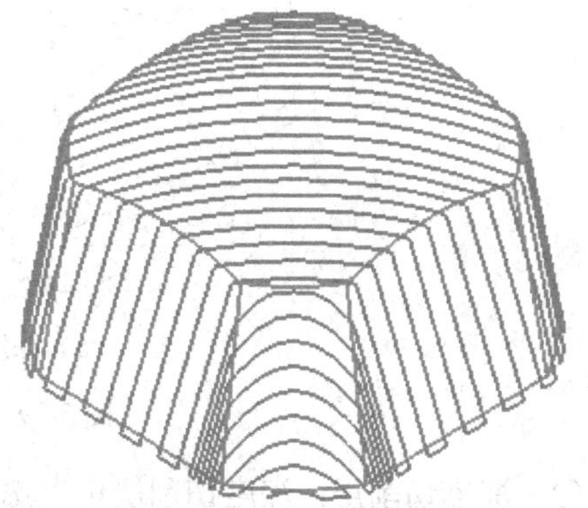

（b）步距应用：在部件上

图 5-78　显示驱动路径

3．陡峭切削

陡峭切削设置陡峭区域的加工方法，对于陡峭区域而言，采用深度轮廓加工的层切法更加有利于保证加工质量与提高加工效率。

（1）陡峭切削模式：陡峭切削模式有“深度加工单向”“深度加工往复”“深度加工往复上升”3 个选项。3 种切削模式都采用类似于深度加工轮廓的方法，只是在具有开放区域时，深度加工单向将抬刀到起始侧再下刀加工；而深度加工往复则直接下到下一层进行切削加工；深度加工往复上升则在一层结束时做退刀动作，再做进刀动作下到下一层进行切削加工。如图 5-79 所示为不同陡峭切削模式下生成的刀路轨迹。

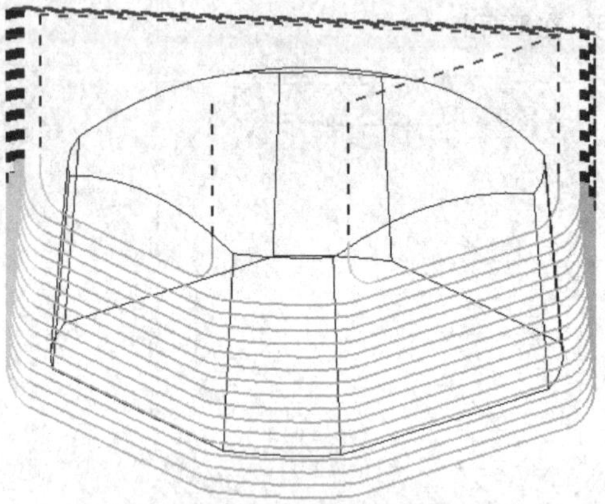

（a）深度加工单向

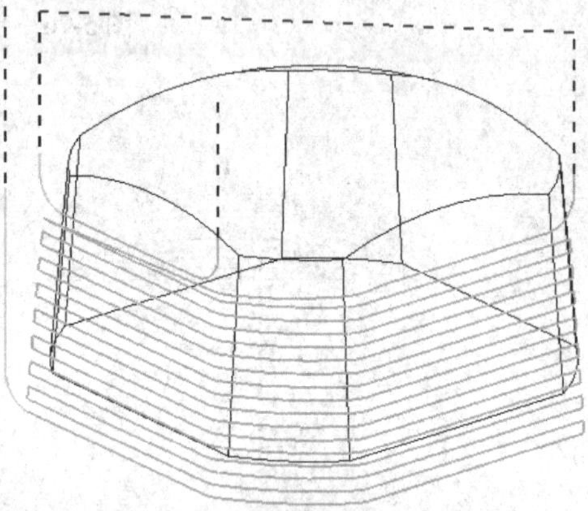

（b）深度加工往复

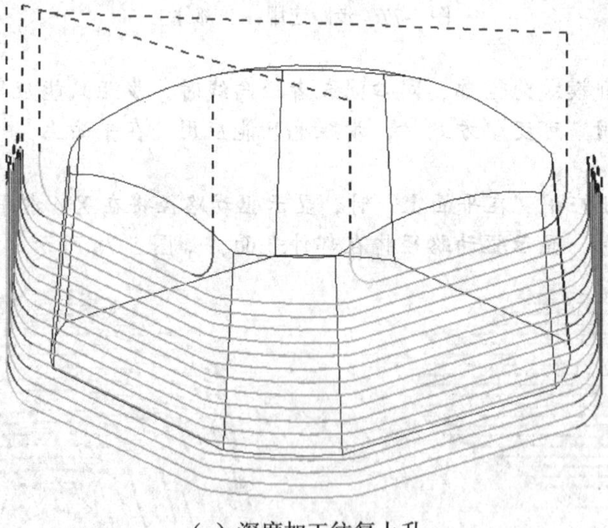

（c）深度加工往复上升

图 5-79　陡峭切削模式

（2）深度切削层：深度切削层可以选择“恒定”或者“最优化”，与深度加工轮廓中的切削设置相同。

（3）深度加工每刀深度：指定切削深度，可以直接输入深度值，也可以用刀具直径的

百分比进行设置。

5.5　清根驱动方法

清根驱动的固定轴曲面轮廓铣沿着零件面的凹角和凹谷生成驱动路径。清根加工常用来在前面加工中使用了较大直径的刀具而在凹角处留下较多残料的加工，另外清根切削也常用于半精加工，以减缓精加工时转角部位余量偏大带来的不利影响。

专家指点： 使用清根驱动固定轴曲面轮廓铣时，在模型上可以不做圆角，直接使用球刀加工出圆角。

清根驱动方法生成的刀轨具有以下特点。

（1）清根驱动生成沿零件表面形成的凹角和凹部一次生成一层刀轨。

（2）清根刀轨从一侧移至另一侧时以避免嵌入刀具。

（3）优化刀具与零件的接触，并将非切削移动降至最少。

（4）为带有多个偏置的刀轨提供排序选项，生成的刀轨具有更恒定的切削载荷。

（5）为陡峭区域和非陡峭区域提供不同的切削模式，如图5-80所示。

（6）在凹部末端提供光顺转向，如图5-81所示。

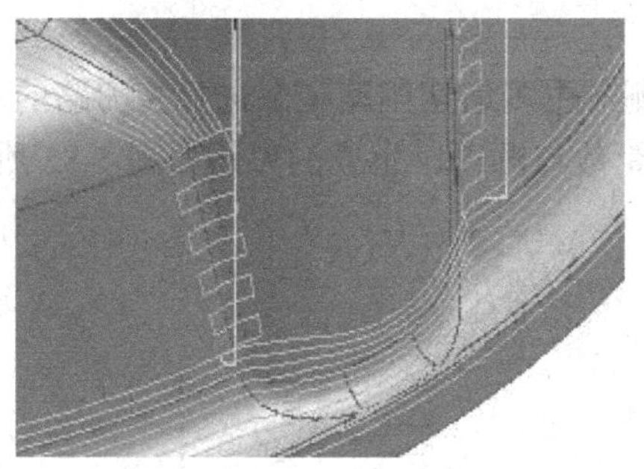

图5-80　陡峭与非陡峭区域

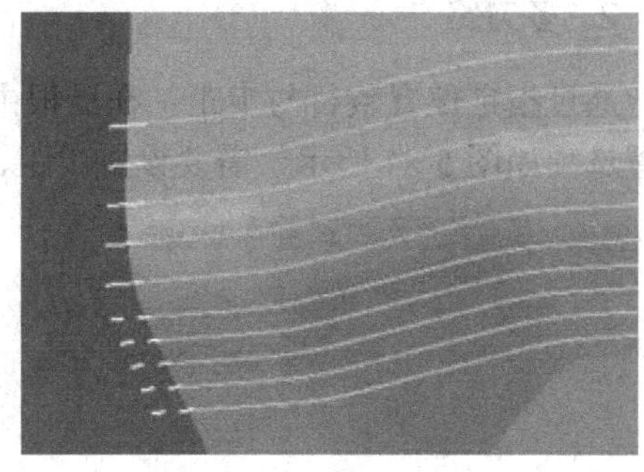

图5-81　光顺转向

专家指点： 清根铣削中，建议使用球头刀，而不用平底刀或者牛鼻刀，使用平底刀或者牛鼻刀很难获得理想的刀具路径。

在固定轴曲面轮廓铣的工序对话框中选择驱动方法为“清根”，打开“清根驱动方法”对话框，设置各个选项后返回工序对话框进行设置并生成刀轨。

5.5.1　清根类型

在“清根驱动方法”对话框的驱动设置中可以选择清根类型，如图5-82所示，可以选择以下3 种方式。

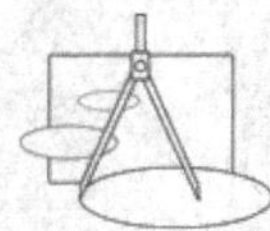

1．单刀路

沿着凹角与沟槽产生一条单一刀具路径，如图 5-83 所示。

图 5-82 “清根驱动方法”对话框

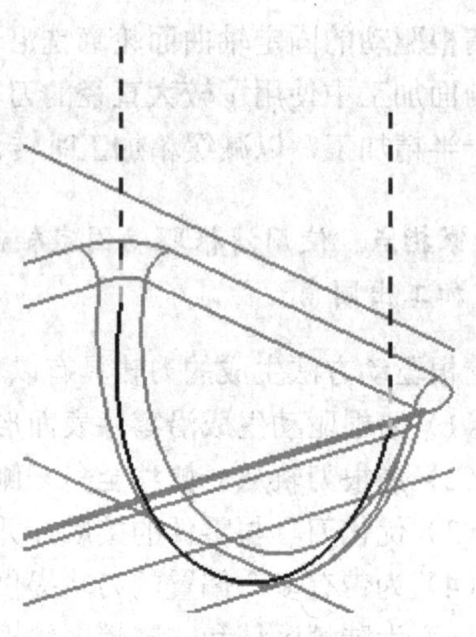

图 5-83 单刀路

2．多刀路

通过指定偏置数目与步距，在清根中心的两侧产生多道切削路径。选择多刀路的驱动设置选项如图 5-84 所示，需要设置步距、每侧步距数与顺序。生成的刀路如图 5-85 所示。

图 5-84 多刀路清根

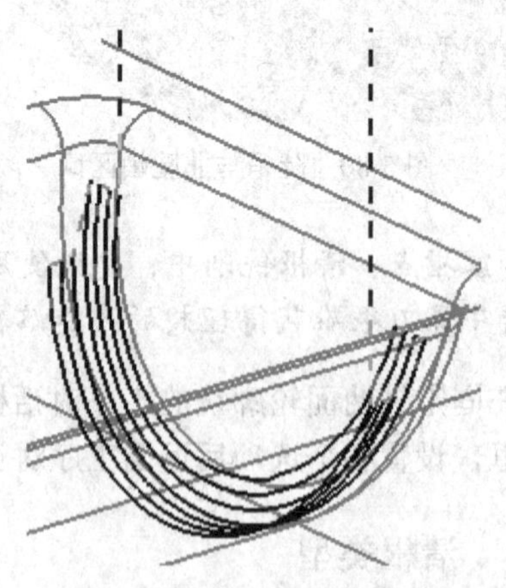

图 5-85 多刀路清根刀路轨迹

3．参考刀具偏置

参考刀具驱动方法通过指定一个参考刀具直径来定义加工区域的总宽度，并且指定该

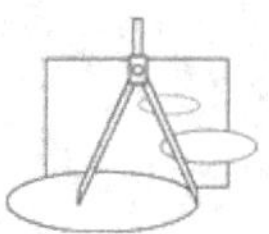

加工区中的步距，在以凹槽为中心的任意两边产生多条切削轨迹。可以用“重叠距离”选项，沿着相切曲面扩展由参考刀具直径定义的区域宽度。选择参考刀具偏置后的驱动设置选项如图 5-86 所示，生成的刀路如图 5-87 所示。

图 5-86　参考刀具偏置选项

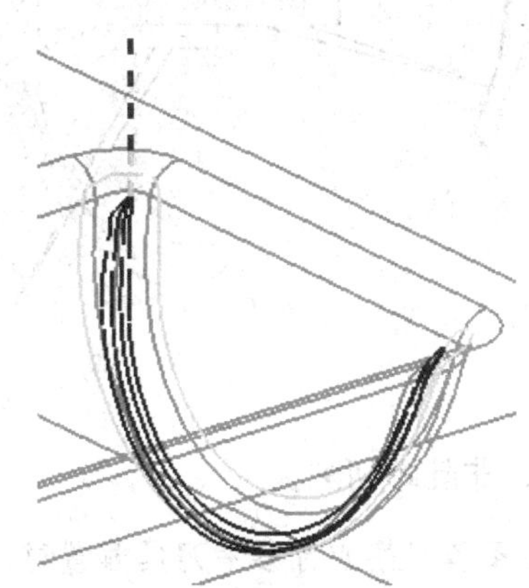

图 5-87　参考刀具偏置示例

专家指点：在创建工序时，可以选择中的一个，直接创建指定清根类型的单刀路、多刀路、参考刀具偏置的清根加工工序。

5.5.2　清根驱动方法设置

在“清根驱动方法”对话框中，需要设置的驱动参数包括以下几项。

1．驱动几何体

驱动几何体通过参数设置的方法来限定切削范围。

（1）最大凹腔：决定清根切削刀轨生成所基于的凹角。刀轨只有在那些等于或者小于最大凹角的区域生成。当刀具遇到那些在零件面上超过了指定最大值的区域，刀具将回退或转移到其他区域。

（2）最小切削长度：当切削区域小于所设置的最小切削长度，那么在该处将不生成刀轨。这个选项在排除圆角的交线处产生的非常短的切削移动是非常有效的。

（3）连接距离：将小于连接距离的断开的两个部分进行连接，两个端点的连接是通过线性的扩展两条轨迹得到的。

2．陡峭空间范围

指定陡角来区分陡峭区域与非陡峭区域，加工区域将根据其倾斜的角度来确定按下方

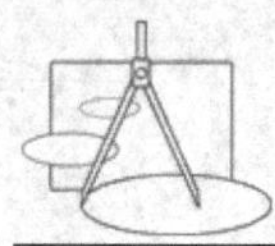

的非陡峭切削或者陡峭切削方法。

指定角度后，再按下方指定的切削方法来确定是否生成刀路，如图 5-88 所示为指定角度为 45 时，选择不同的空间范围生成的刀轨示例。

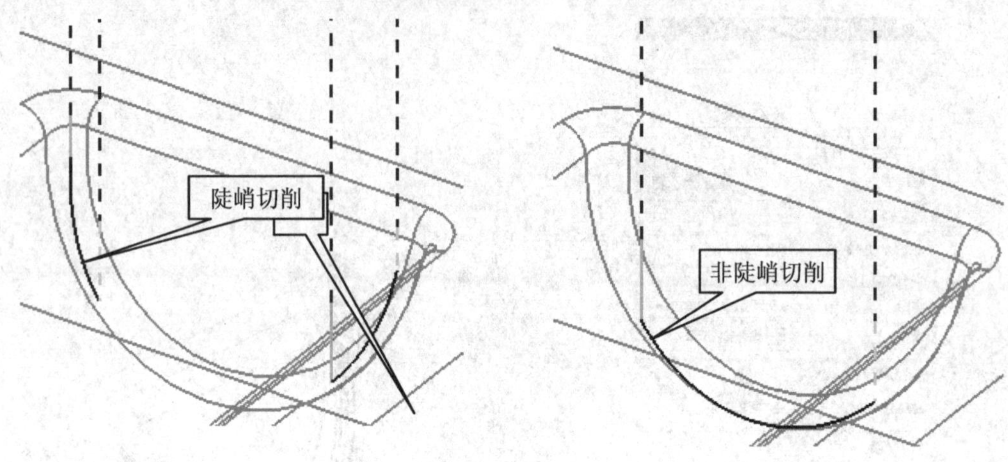

图 5-88　空间范围

3．非陡峭切削

选择多刀路或者参考刀具偏置时，将需要设置驱动参数，包括切削模式、步距与顺序。

（1）非陡峭切削模式：可以选择“无”不加工非陡峭区域。清根类型为“单刀路”时，只能选择“单向”；清根类型为“多刀路”时，可以选择“单向”“往复”“往复上升”；清根类型为“参考刀具偏置”时，除了可以选择“单向”“往复”“往复上升”，还可以选择“单向横向切削”“往复横向切削”“往复上升横向切削”。选择的切削模式决定加工时的走刀方式。如图 5-89 所示为不同切削模式的示例。

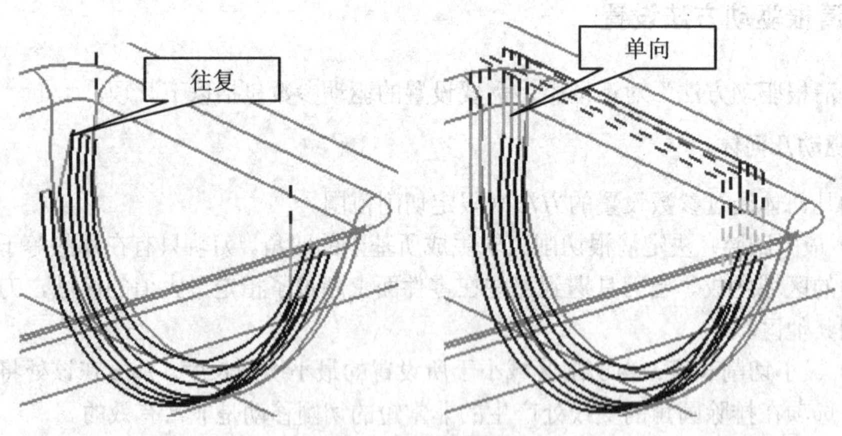

图 5-89　切削类型

（2）切削方向：可以选择“混合”进行双向的加工，也可以指定为“顺铣”或“逆铣”。

（3）步距与每侧步距数：步距指定相邻的轨迹之间的距离。可以直接指定距离，也可以使用刀具直径的百分比来指定。每侧步距数在清根类型为“多刀路”时设定偏置的数目。

专家指点：使用多刀路将在两个方向同时进行偏置。

顺序　由外向内交替
陡峭切削
陡峭切削模式
陡峭切削方向
步距
顺序
由内向外
由外向内
后陡
先陡
由内向外交替
由外向内交替
显示快捷键

图 5-90　顺序

（4）顺序：决定切削轨迹被执行的次序。顺序有以下 6 个选项，如图 5-90 所示，不同顺序选项生成的刀轨如图 5-91 所示。

- 由内向外：刀具由清根刀轨的中心开始，沿凹槽切第一刀，步距向外一侧移动，然后刀具在两侧间交替向外切削。
- 由外向内：刀具由清根切削刀轨的侧边缘开始切削，步距向中心移动，然后刀具在两侧间交替向内切削。
- 后陡：是一种单向切削，刀具由清根切削刀轨的非陡壁一侧移向陡壁一侧，刀具穿过中心。
- 先陡：是一种单向切削，刀具由清根切削刀轨的陡壁一侧移向非陡壁一侧处。
- 由内向外交替：刀具由清根切削刀轨的中心开始，沿凹槽切第一刀，再向两边切削，并交叉选择陡峭方向与非陡峭方向。
- 由外向内交替：刀具由清根切削刀轨的一侧边缘开始切削，再切削另一侧，类似于环绕切削方式切向中心。

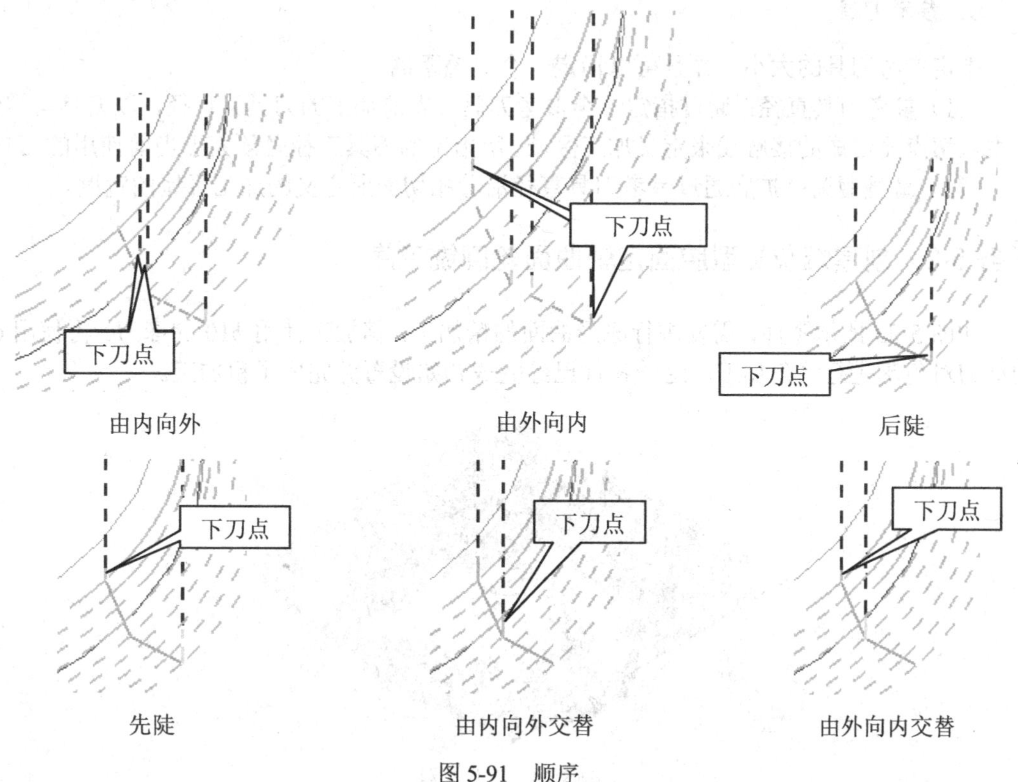

图 5-91　顺序

4．陡峭切削

指定陡峭区域的切削模式与选项，它与非陡峭切削的选项基本相似。在陡峭切削模式设置中可以选择“无”不加工陡峭区域；选择“同非陡峭”采用与非陡峭区域相同的切削模式。或者指定单独的切削模式。

陡峭切削方向可以选择“混合”或者“高到低”只向下，“低到高”只向上。如图 5-92 所示为选择不同选项的刀轨示例。

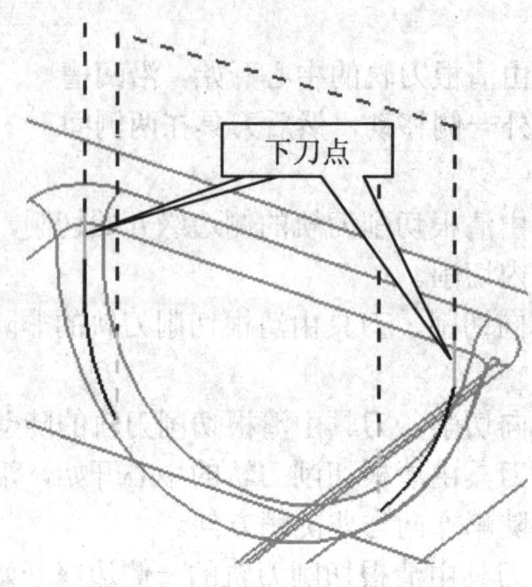

图 5-92　陡峭切削：高到低

5. 参考刀具

指定参考刀具的大小，并且可以指定一个重叠距离。

（1）参考刀具直径：通过指定一个参考刀具（先前加工的刀具）直径，以刀具与零件产生双切点而形成的接触线来定义加工区域。所指定的刀具直径必须大于当前使用的刀具。

（2）重叠距离：扩展通过参考刀具直径沿着相切面所定义的加工区域的宽度。

任务 5-2　创建烟灰缸型腔固定轴曲面轮廓铣工序

如图 5-93 所示零件，需要进行成形曲面的精加工，精加工使用 ϕ10 的球刀。再使用 ϕ6 的球刀对角落进行清角加工。这一零件已经完成初始设置并完成了粗加工。

图 5-93　示例零件

➔ *STEP 1* 打开模型文件

启动 UG NX，并打开文件 T5-2.PRT。

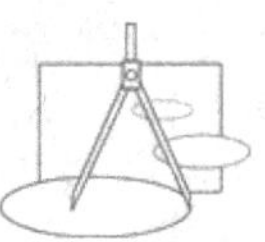

专家指点：打开的文件将直接进入加工模块，并且已经进行了初始设置。

➔ STEP 2 创建轮廓区域工序

单击工具条上的“创建工序”图标，弹出“创建工序”对话框，如图 5-94 所示，选择类型和位置，确认各选项后单击“确定”按钮，打开工序对话框，如图 5-95 所示。

图 5-94　“创建工序”对话框

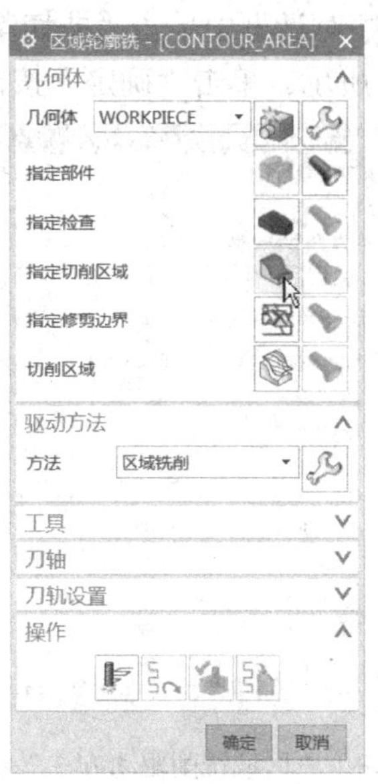

图 5-95　轮廓区域工序对话框

➔ STEP 3 指定切削区域

在工序对话框中单击“指定切削区域”图标，系统打开切削区域几何体对话框，如图 5-96 所示。使用窗选方式选取所有的成形曲面，如图 5-97 所示。单击鼠标中键确定，完成选择切削区域几何体，返回工序对话框。

图 5-96　切削区域

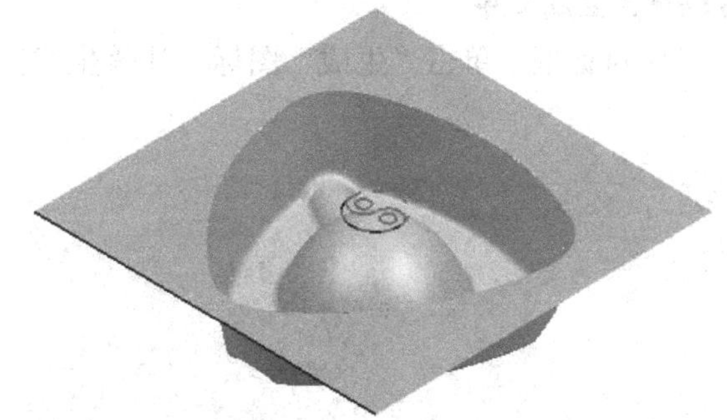

图 5-97　指定切削区域

➔ STEP 4 设置驱动参数

在工序对话框中，驱动方法已选择为“区域铣削”，单击“编辑参数”图标，系统弹出“区域铣削驱动方法”对话框，如图 5-98 所示进行参数设置。设置完成后单击“确定”按钮返回工序对话框。

专家指点：设置陡峭空间范围的方法为“无”，加工整个区域。选择模式为“跟随周边”。设置步距为恒定值“0.5”，应用在部件上，产生在部件上 3D 方向均布的刀轨，有更好的表面加工质量。

➔ STEP 5 设置非切削移动参数

在工序对话框中单击“非切削移动”后的按钮，在弹出的对话框中设置进刀参数，如图 5-99 所示。单击“确定”按钮完成非切削移动参数的设置，返回工序对话框。

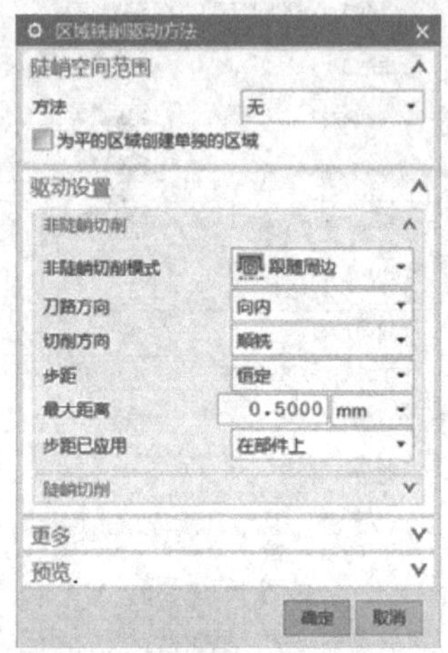

图 5-98 “区域铣削驱动方法”对话框

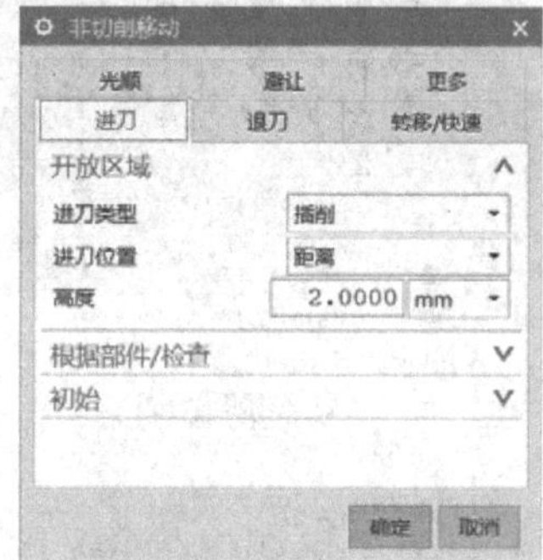

图 5-99 进刀设置

专家指点：“进刀类型”选择“插铣”，直接 Z 向下刀。

➔ STEP 6 设置进给率和速度

单击“进给率和速度”后的图标，在弹出的对话框中设置“主轴转速”为 3000，切削进给率为 1200。单击鼠标中键返回工序对话框。

➔ STEP 7 生成工序

在工序对话框中单击“生成”图标计算生成刀路轨迹。产生的刀路轨迹如图 5-100 所示。

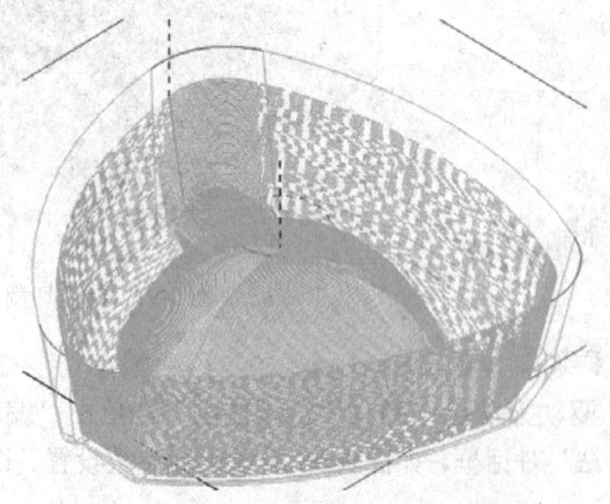

图 5-100 生成刀轨

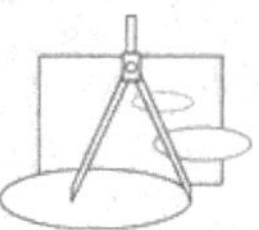

➔ STEP 8 确定工序

检视刀路轨迹，确认刀轨后单击工序对话框底部的“确定”按钮接受刀轨并关闭工序对话框。

专家指点：对于曲面陡峭程度变化比较复杂的零件加工，采用跟随周边的切削模式，再将步距应用在部件上，加工后在零件的各部位残余量比较均匀，能保证足够的精度。而对于复杂形状的零件，另一种方法是按陡峭程序进行划分加工区域，陡峭部分采用深度加工轮廓工序子类型进行加工，而非陡峭部分采用轮廓区域工序子类型进行加工。

➔ STEP 9 创建工序

单击工具条上的“创建工序”图标，系统打开“创建工序”对话框。选择工序子类型为清根参考刀具，选择“刀具”为 B6，如图 5-101 所示，确认各选项后单击“确定”按钮，打开清根参考刀具工序对话框，如图 5-102 所示。

图 5-101 “创建工序”对话框

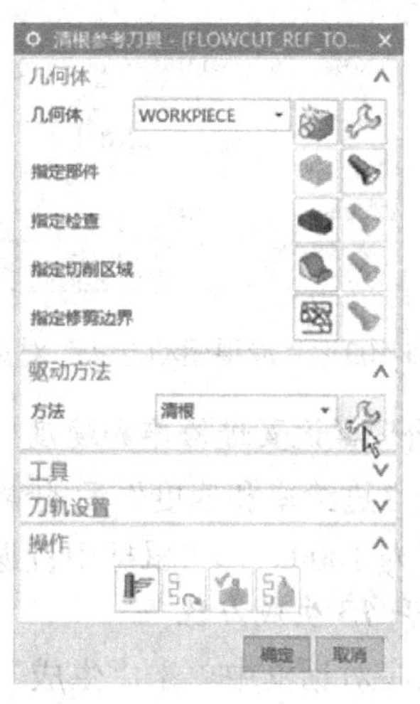

图 5-102 清根参考刀具

➔ STEP 10 驱动设置与刀轨设置

在工序对话框中单击“编辑”按钮，打开“清根驱动方法”对话框，设置陡峭范围为 55;“非陡峭切削模式”为“往复”，“切削方向”为“混合”，步距为 5%刀具平面直径，“顺序”为“由外向内交替”，“陡峭切削模式”为“同非陡峭”，参考刀具直径为 10，“重叠距离”为 0.5，输出的切削顺序为“自动”，如图 5-103 所示。确定完成驱动方法设置。

专家指点：设置陡峭范围划分陡峭区域与非陡峭区域，同时陡峭区域的切削模式与非陡峭的相同，加工整个区域。切削模式为“往复”，切削方向为“混合”，双向加工。顺序为由外向内变化，保持加工余量均匀。设置重叠距离，保证接刀处不留残余。

➔ STEP 11 设置非切削移动参数

单击“非切削移动”后的图标，在弹出的对话框中设置“进刀类型”为“插削”，“高度”为 2，如图 5-104 所示。单击“确定”按钮完成非切削移动参数的设置，返回工序对话框。

图 5-103 “清根驱动方法”对话框

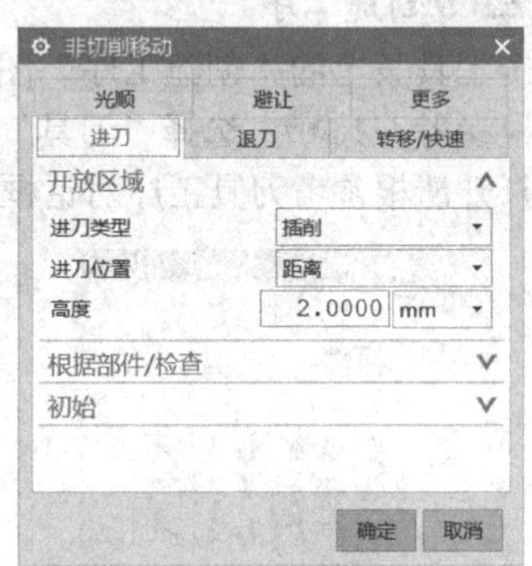

图 5-104 进刀设置

➔ STEP 12 设置进给率和速度

单击“进给率和速度”后的图标，在弹出的对话框中设置“主轴转速”为 3000，切削进给率为 1000。单击鼠标中键返回工序对话框。

➔ STEP 13 生成刀轨

在工序对话框中单击“生成”图标计算生成刀路轨迹。产生的刀路轨迹如图 5-105 所示。

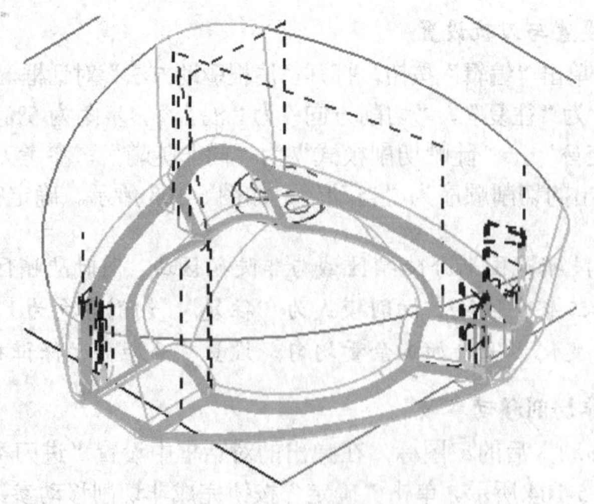

图 5-105 生成刀轨

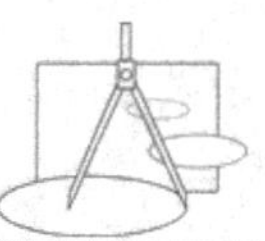

➔ STEP 14 确定工序

对生成的刀轨进行检视，确认刀轨后单击工序对话框底部的“确定”按钮接受刀轨并关闭工序对话框。

专家指点： 对于角落部位的加工，采用清根方式可以自动判断前一刀具的残余部分来确定切削区域，从而完成清根加工。但对于形状规则的角落清根加工，应优先考虑深度加工轮廓的方法或者边界驱动方法。

➔ STEP 15 创建固定轮廓铣工序

单击工具条上的“创建工序”图标，系统打开“创建工序”对话框。选择工序子类型为固定轮廓铣，“刀具”为 B2，如图 5-106 所示，确认各选项后单击“确定”按钮，打开固定轮廓铣工序对话框，如图 5-107 所示。

图 5-106　“创建工序”对话框

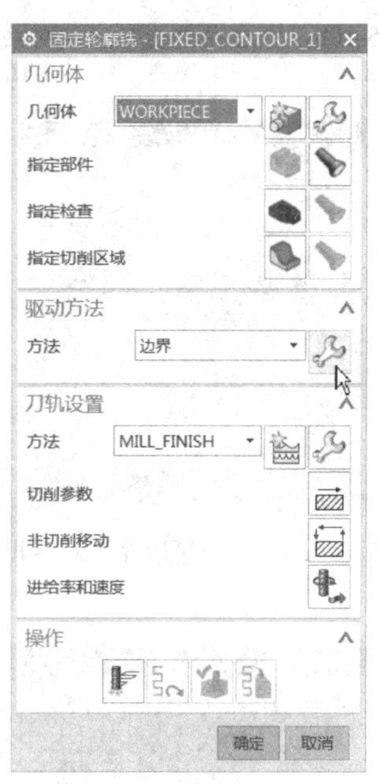

图 5-107　固定轮廓铣工序对话框

➔ STEP 16 编辑驱动方法

在工序对话框中，已选择驱动方法为“边界”，单击“编辑参数”图标，系统弹出“边界驱动方法”对话框，如图 5-108 所示。

➔ STEP 17 选择驱动几何体

在“边界驱动方法”对话框中单击“指定驱动几何体”图标，系统将打开“边界几何体”对话框，选择“模式”为“曲线/边…”，如图 5-109 所示，打开“创建边界”对话框，设置“材料侧”为“外部”，“刀具位置”为“对中”，如图 5-110 所示。选择直径最大的圆，如图 5-111 所示。

单击“创建下一个边界”按钮，并修改“刀具位置”为“相切”，如图 5-112 所示。选择右侧的小圆，如图 5-113 所示。

图 5-108 “边界驱动方法”对话框

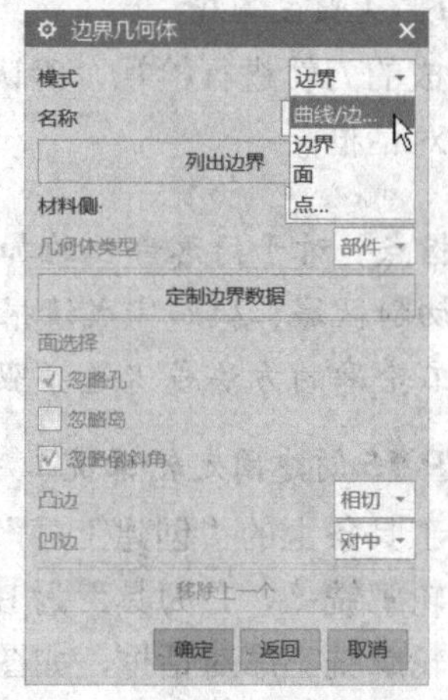

图 5-109 “边界几何体”对话框

图 5-110 “创建边界”对话框

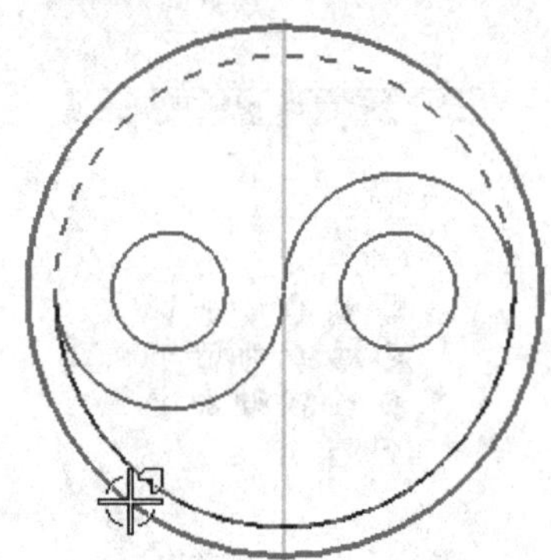

图 5-111 选择圆

图 5-112 “创建边界”对话框

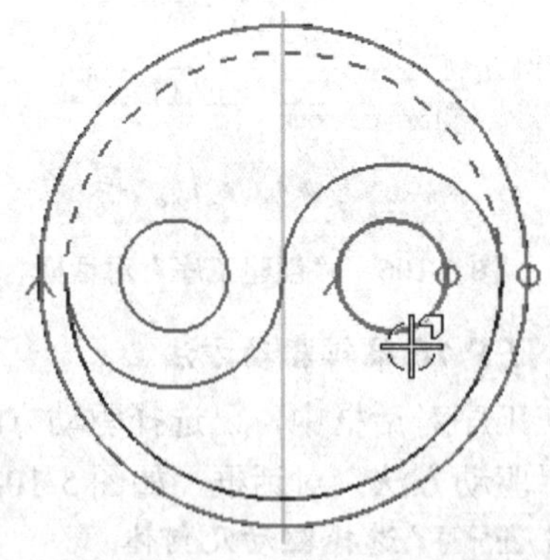

图 5-113 选择右侧的小圆

单击“创建下一个边界”按钮，并修改“材料侧”为“内部”，如图 5-114 所示。选择左侧的小圆，如图 5-115 所示。

单击“创建下一个边界”按钮，选择相切曲线，如图 5-116 所示，确定完成边界几何体的指定，显示的驱动几何体如图 5-117 所示。

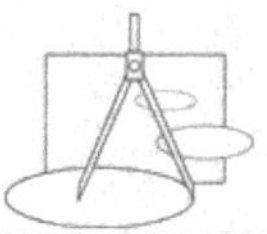

图 5-114　“创建边界”对话框

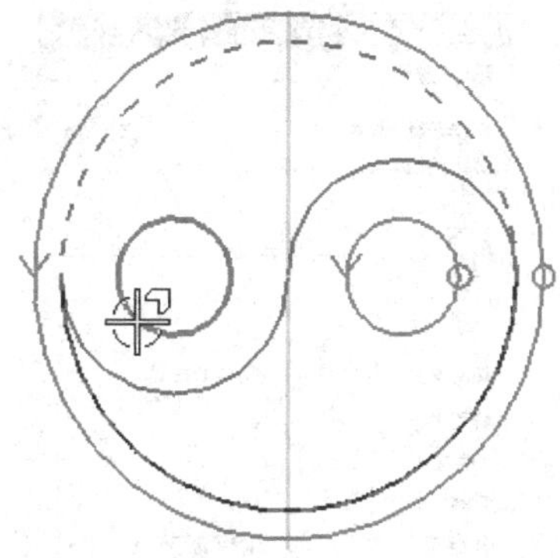

图 5-115　选择左侧的小圆

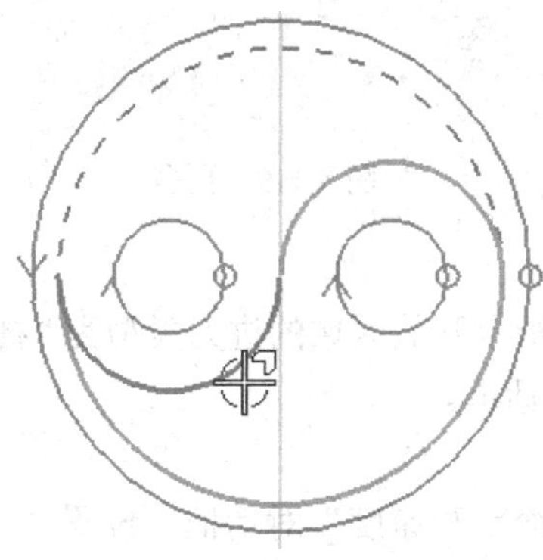

图 5-116　选择相切曲线

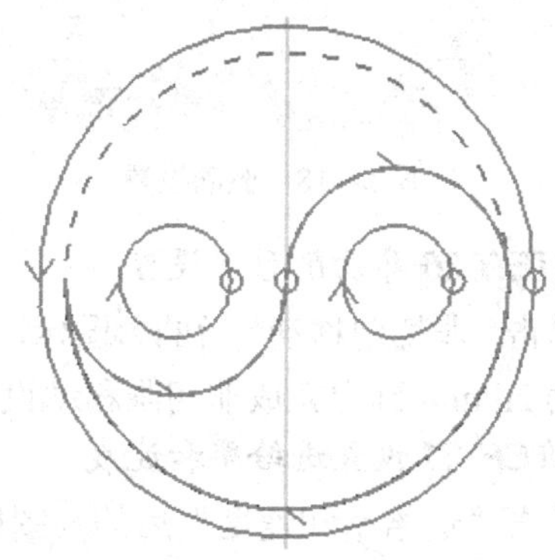

图 5-117　指定驱动几何体

确认指定的驱动几何体无误后，再单击“确定”按钮，以结束边界的设定，返回“边界驱动方法”对话框。

专家指点：选择每一个边界时，必须确定其材料、刀具位置是否正确。

➔ STEP 18 驱动设置

在“边界驱动方法”对话框中进行驱动设置，设置“切削模式”为“同心往复”，“阵列中心”为“自动”，“刀路方向”为“向内”，“步距”为“刀具平直百分比”，“平面直径百分比”为 8%，如图 5-118 所示。

展开“更多”选项，指定“壁清理”为“在终点”，如图 5-119 所示。确定返回工序对话框。

专家指点：采用“同心往复”方式相对于往复单条路径较长，减少转向。

壁清理在终点，保证边界线周边不留残余。

➔ STEP 19 切削参数设置

在工序对话框中单击图标进入切削参数设置。选择“余量”选项卡，设置参数如图 5-120 所示，指定“部件余量”为-1，内外公差均为 0.03。

专家指点：部件余量为-1 加工后在部件表面下凹。

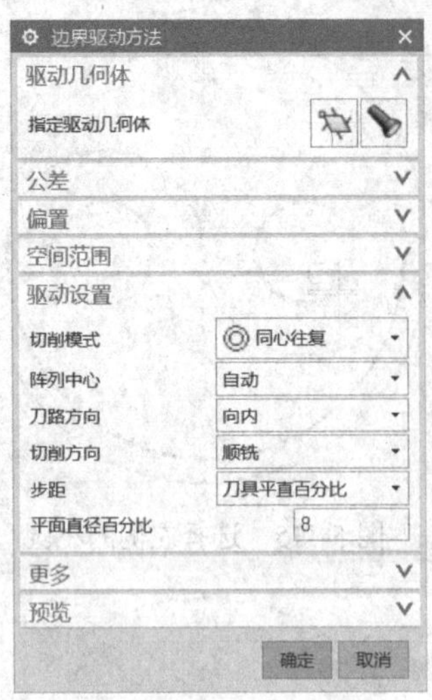
图 5-118　驱动设置

图 5-119　更多

➔ STEP 20 非切削移动设置

单击“非切削移动”后的图标，设置进刀参数，指定开放区域的进刀类型为“插削”，距离为 2mm。确定完成非切削移动设置，返回工序对话框。

➔ STEP 21 设置进给率和速度

单击“进给率和速度”后的图标，则弹出“进给率和速度”对话框，设置“主轴转速”为 6000，切削进给率为 600，如图 5-121 所示。确定返回工序对话框。

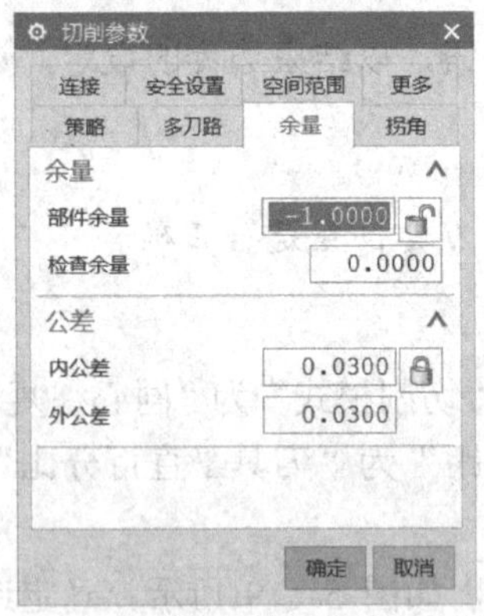
图 5-120　“余量”选项卡

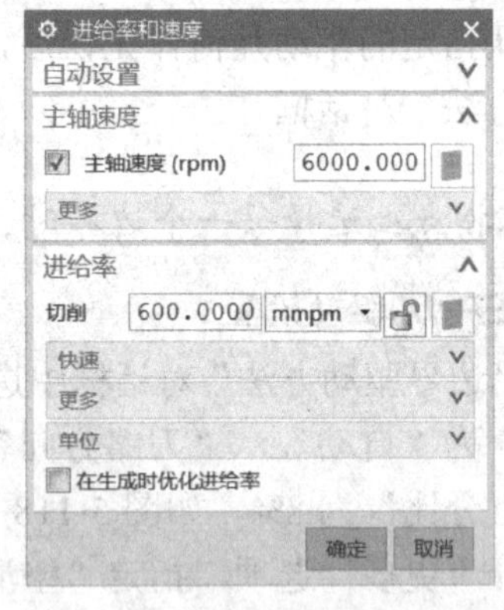
图 5-121　“进给率和速度”对话框

➔ STEP 22 生成刀轨

确认其他选项参数设置。在工序对话框中单击“生成”图标计算生成刀轨。产生的刀路轨迹如图 5-122 所示。

➔ STEP 23 确定工序

对生成的刀轨进行检视，确认刀轨后单击工序对话框底部的“确定”按钮接受刀轨并关闭工序对话框。

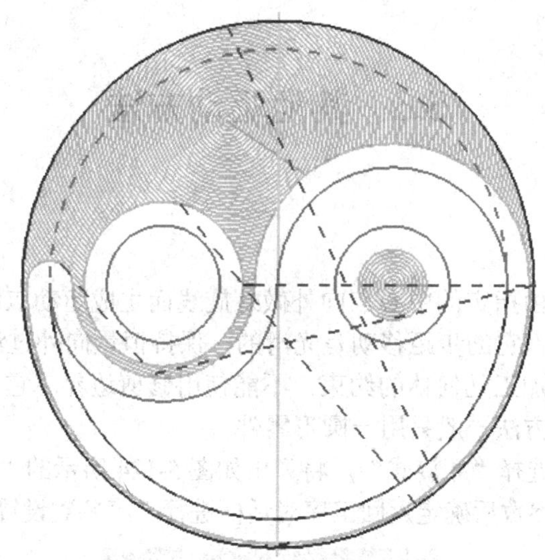

图 5-122　生成刀轨

专家指点： 边界驱动方法与区域铣削驱动方法类似，但经常用于由边界线限制切削区域的零件加工，如果使用修剪边界的方法，其“刀具位置”只能是对中的。

在零件上加工下凹的区域，可以指定负余量，但不能大于刀具的下半径，同时进退刀不能使用圆弧进退刀。

➔ STEP 24 确认

在工序导航器中选择所有工序，单击工具条上的“确认刀轨”图标，并选择 2D 动态方式进行刀轨可视化检验。如图 5-123 所示为 2D 动态确认的结果。

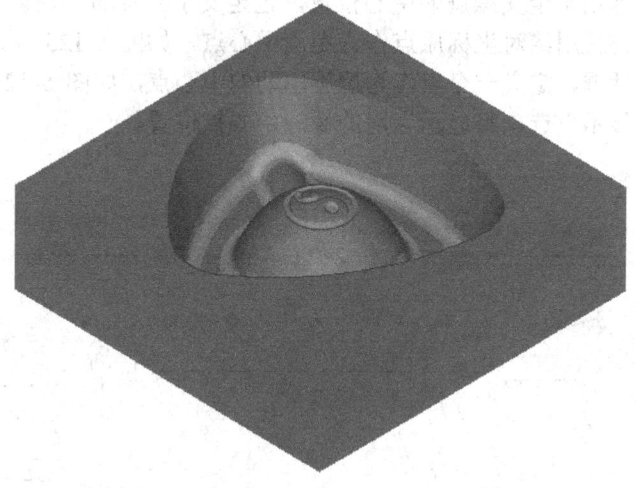

图 5-123　2D 动态确认

➔ STEP 25 保存文件

单击工具栏上的“保存”图标，保存文件。

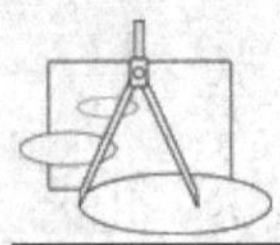

5.6 其他驱动方法

5.6.1 螺旋式驱动

螺旋式驱动是一个由指定的中心点向外做螺旋线而生成驱动点的驱动方法。螺旋式驱动方法没有行间的转换，它的步距移动是光滑的，保持恒量向外过渡。

螺旋式驱动方法受加工几何体的约束，不能使用修剪边界。它只受到最大螺旋半径值的限制，所以这种驱动方法一般只用于圆形零件。

在驱动方法选项中选择“螺旋式”，将弹出如图 5-124 所示的“螺旋式驱动方法”对话框。在该对话框中设置参数后确定返回工序对话框进行工序参数设置，再生成刀轨。

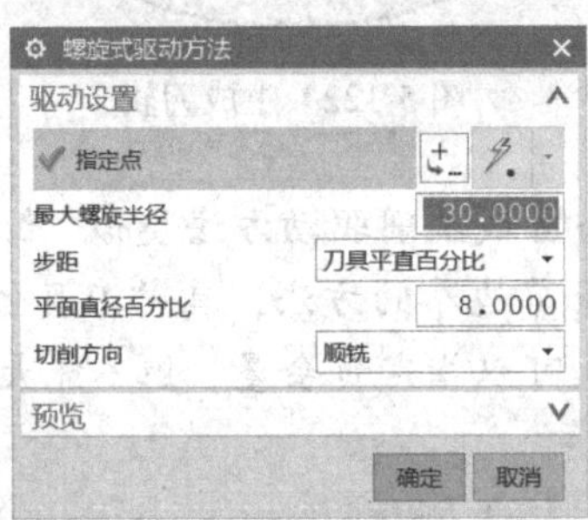

图 5-124 “螺旋式驱动方法”对话框

1．指定点

指定螺旋中心点用于定义螺旋的中心位置，也定义了刀具的开始切削点，如果没有指定螺旋中心点，系统就用绝对坐标原点作为螺旋中心点，如图 5-125 所示。单击“选择”将弹出点构造器对话框，定义一个点作为螺旋驱动的中心点，如图 5-126 所示指定点为螺旋中心点。单击“显示”选项将显示当前的螺旋中心点位置。

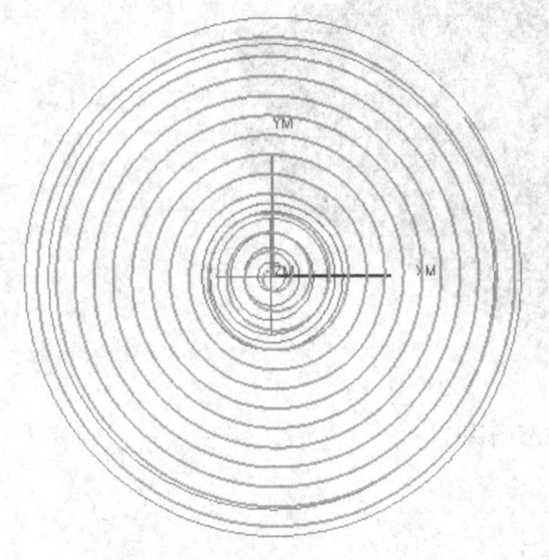

图 5-125 默认螺旋中心点

图 5-126 指定螺旋中心点

专家指点：一个工序中只能有一个螺旋中心点，选择新的点将替换原有的螺旋中心点。

2．步距

步距的设定有两种方式，可以直接指定一个恒定值或者是刀径的百分比方式。

3．最大螺旋半径

最大螺旋半径用于限制加工区域的范围，螺旋半径在垂直于投影矢量的平面内进行测量。如图 5-127 所示为设置最大螺旋半径示例。

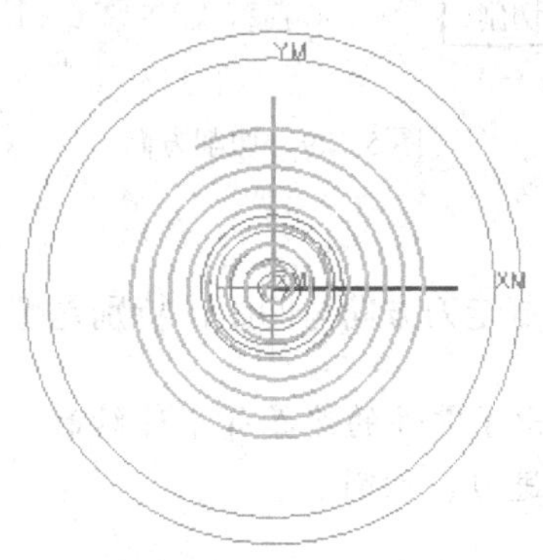

图 5-127　最大螺旋半径设置

专家指点：设置的最大螺旋半径超出部件几何时，生成到完全切削部件几何体的最大位置为止，如图 5-128 所示。

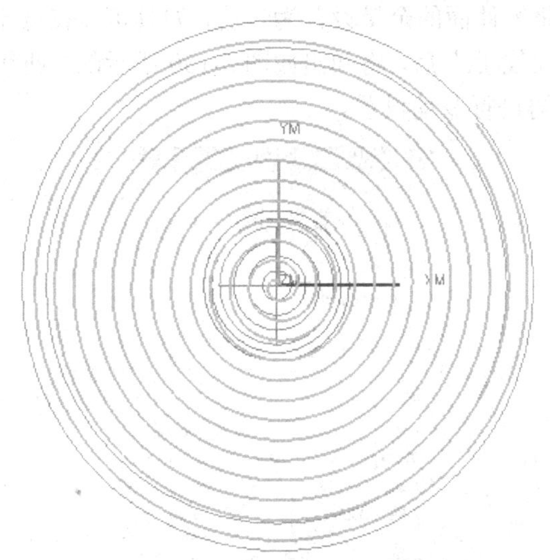

图 5-128　超大螺旋半径

4．指定切削方向

切削方向与主轴旋转方向共同定义驱动螺旋的方向是顺时针还是逆时针方向。它包含“顺铣切削”与“逆铣切削”两个选项，如图 5-129 所示。

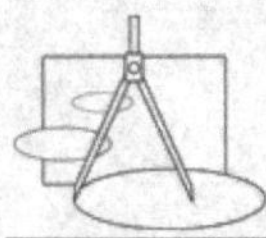

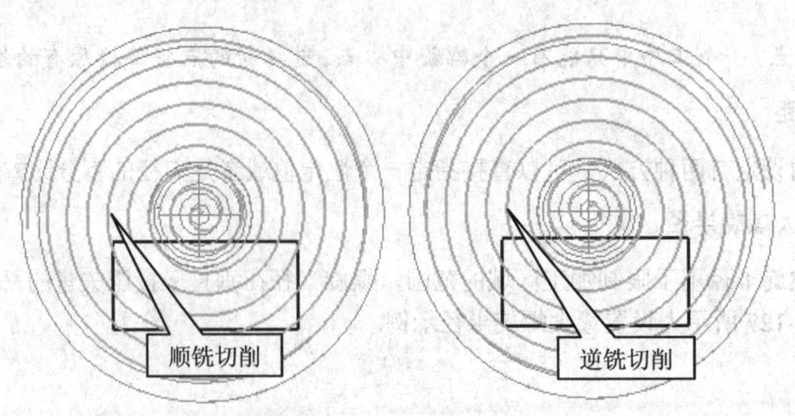

图 5-129　切削方向

5．显示驱动路径

通过显示驱动路径可以预览走刀方向与间距，特别是螺旋中心点是否正确。

专家指点：螺旋的刀轨超出了零件的边界并不连续时，不能设置转向。只能抬刀并转换到与零件表面接触，再进刀、切削。

5.6.2　曲线/点驱动

曲线/点驱动方法允许通过指定点和曲线来定义驱动几何体。驱动曲线可以是开放的或是封闭的，连续的或是非连续的，平面的或是非平面的。曲线/点驱动方法最常用于在曲面上雕刻图案或者文字，将零件面的余量设置为负值，刀具可以在低于零件面处切出一条槽。

选择驱动方法为“曲线/点”后，将弹出如图 5-130 所示的“曲线/点驱动方法”对话框，需要指定驱动几何体，再进行驱动设置。

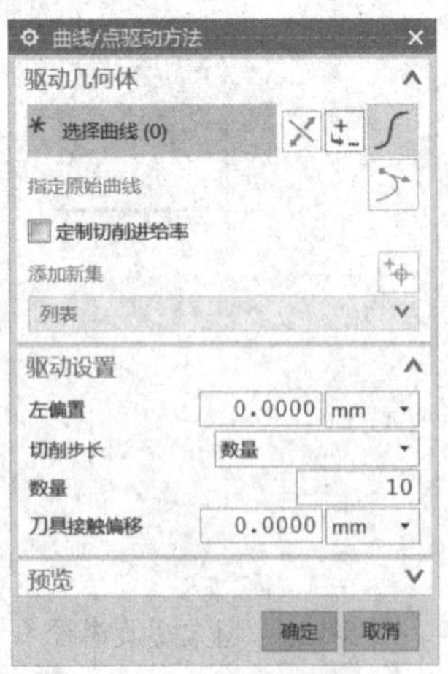

图 5-130　“曲线/点驱动方法”对话框

驱动几何体可以采用点或线方式指定，并且两者可以混合使用。

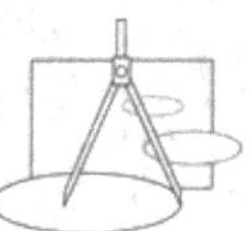

1. 选择点

单击图标将打开"点"对话框，如图 5-131 所示。在图形中依次指定所需选择的点，可以使用多种选择工具来选择特定点，或者直接指定坐标值确定点位置。选择点为驱动几何体时，在所指定顺序的两点间以直线段连接生成驱动轨迹。如图 5-132 所示，在图中依序拾取 A、B、C、D、E 5 个点，生成刀具路径。

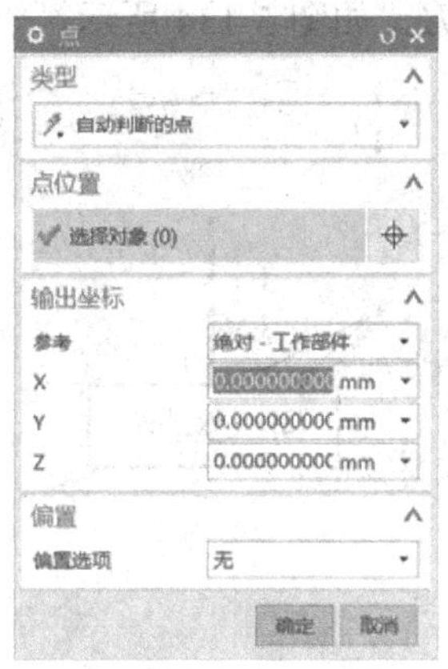

图 5-131　"点"对话框

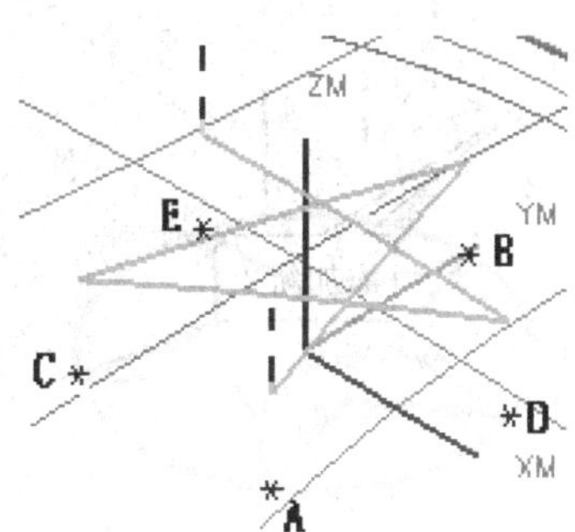

图 5-132　点驱动方法

专家指点：点可以重复选择，如图 5-133 所示，选择 A、B、C、D、E、A 6 点生成一个封闭的刀轨。

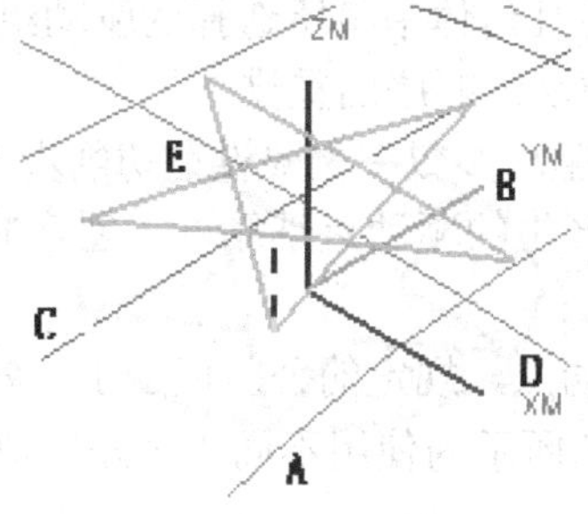

图 5-133　重复选择点

2. 曲线

当选择"曲线"作为驱动几何体时，将沿着所选择的曲线生成驱动点，刀具依照曲线的指定顺序，依序在各曲线之间移动形成驱动点，并可以选择"反向"来调转方向。选择多条曲线时，可以选择起始端。

专家指点：选择曲线时，一定要注意其箭头指向。

专家指点：选择曲线时，使用曲线规则可以快速地选择相连曲线、相切曲线的多条曲线。

3. 定制切削进给率

该选项可以为当前所选择的曲线或点指定进给率，可以指定不同曲线的进给率。

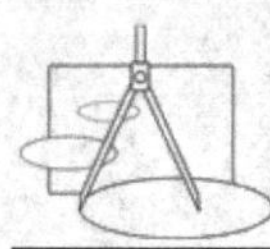

专家指点：设置的进给仅对当前选择的曲线有效，如果不做设置将使用工序对话框进给率参数中设置的切削进给值。

4．添加新集

添加新集后选择的曲线将成为下一驱动组，驱动组之间将以区域间转移方式连接，也就是在前一组曲线的终点退刀，到下一组曲线起始端进刀，如图 5-134 所示。

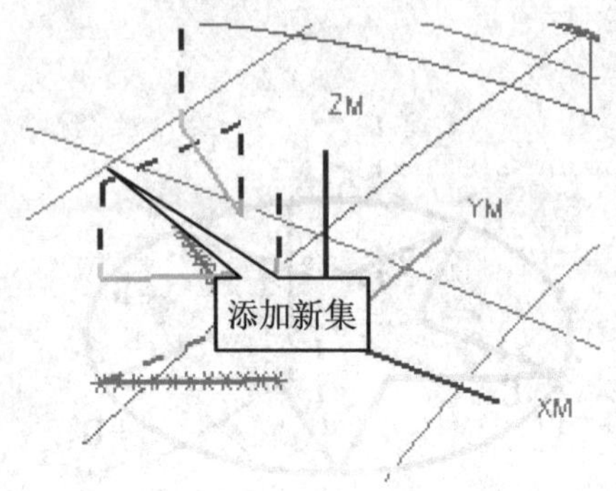

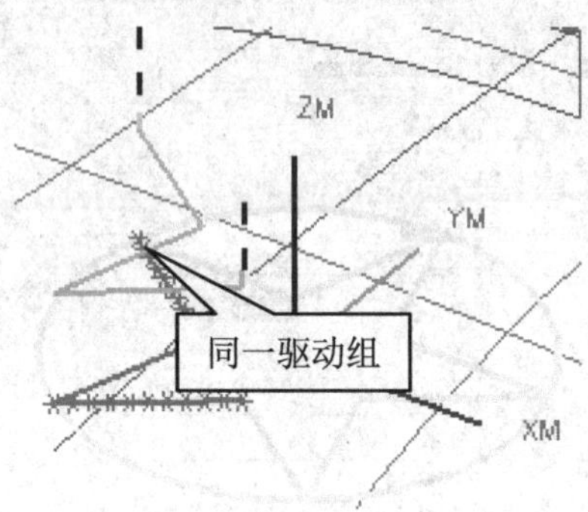

图 5-134　添加新集

5．列表

在列表中将显示当前已经选择的驱动几何体，可以进行编辑与删除驱动几何体。对于选择的驱动组，可以进行参数编辑，如更改方向、指定进给率等。

单击“删除”图标从当前几何体中将所选择的驱动组移除。另外还可以通过“上移”图标与“下移”图标进行驱动组顺序的重排。

曲线/点驱动固定轮廓铣的驱动参数中主要设置切削步长参数。切削步长指定沿驱动曲线产生驱动点间距离的方法，产生的驱动点越靠近，创建的刀具路径就越接近驱动曲线，切削步长的确定方式有两种。

- 公差：沿曲线产生驱动点，规定的公差值越小，各驱动点就越靠近，刀具路径也就越精确。如图 5-135 所示为使用不同“公差”值显示驱动路径示例。

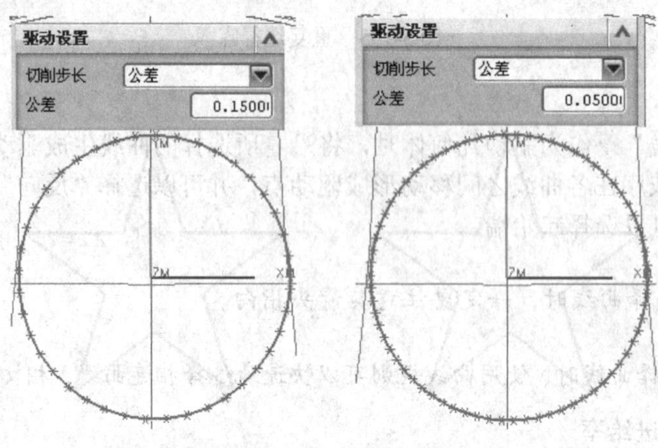

图 5-135　公差定义切削步长

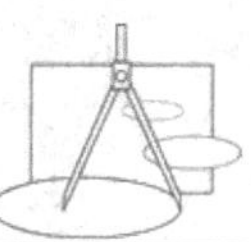

专家指点：按公差方式设置切削步长，其驱动点是不均匀分布的，如直线就只有起点与终点。

- 数量：直接指定驱动点的数目，在曲线上按长度进行平均分配产生驱动点。如图 5-136 所示为使用不同“数量”定义切削步长生成的刀轨示例。

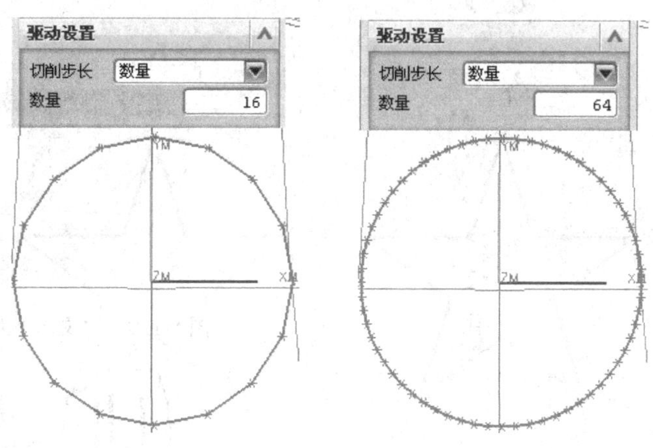

图 5-136　数量定义切削步长

专家指点：由于刀具路径与部件几何表面轮廓的误差，输入的点数必须在设置的零件表面内、外公差范围内，如果输入的点数太小，系统会自动产生多于最小驱动点数的附加驱动点。

5.6.3　文本驱动

文本驱动方法以注释文本为驱动几何体，生成刀位点并投影到部件曲面生成刀轨。与平面铣中文本铣削区别在于，固定轮廓铣中的文本将被投影到曲面上以加工曲面。

创建固定轮廓铣工序时，选择驱动方法为“文本”，打开“文本驱动方法”对话框，如图 5-137 所示，无须设置任何参数。直接确定将返回工序对话框，然后可以指定制图文本几何体。

图 5-137　“文本驱动方法”对话框

在创建工序时选择子类型为 Contour_text，将直接创建进入驱动方法为文本的固定轮廓铣：轮廓文本的工序对话框，如图 5-138 所示。

1．文本几何体

单击“指定制图文本几何体”图标 A，将弹出如图 5-139 所示的“文本几何体”对话框，在图形上拾取注释文字，如图 5-140 所示。选择完成后确定选择返回工序对话框。

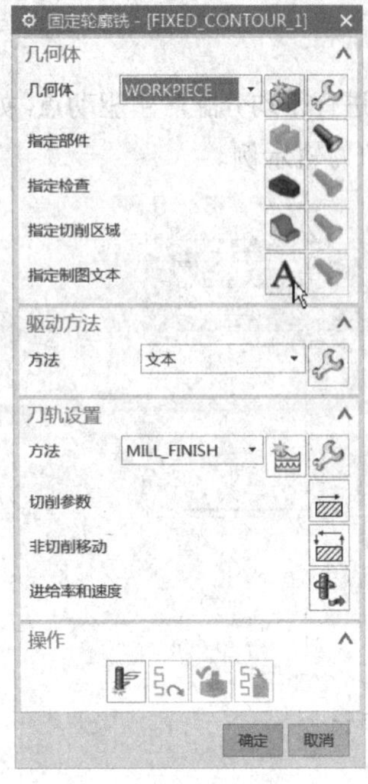

图 5-138 轮廓文本

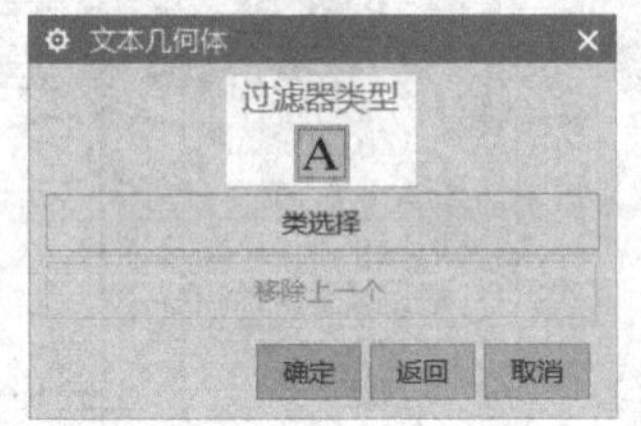

图 5-139 “文本几何体”对话框

图 5-140 选择文本

专家指点：只能选择注释文本，不能选择曲线文本。

设置完成后进行刀轨的生成，如图 5-141 所示。

2. 切削参数

在“切削参数”对话框的“策略”选项卡中有“文本深度”选项，如图 5-142 所示。文本深度较大时，应该进行多层的切削，可以在多刀路上进行设置。

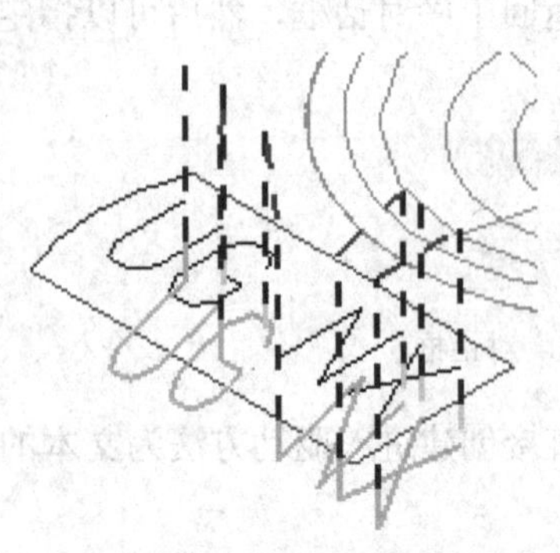

图 5-141 文本切削刀轨

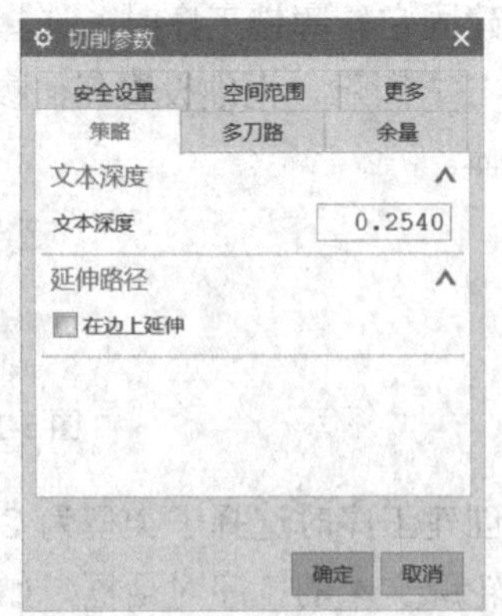

图 5-142 文本驱动的切削参数

专家指点：文本深度以正值表示向下的距离。

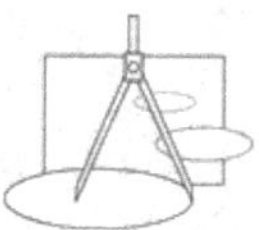

5.6.4　径向切削驱动

径向切削驱动固定轴曲面轮廓铣可以垂直于并且沿着一个给定边界生成驱动轨迹，使用指定的步距、带宽和切削类型。径向切削驱动固定轴曲面轮廓铣可以创建沿一个边界向单边或双边放射的刀轨，特别适用于清角加工。

在固定轴曲面轮廓铣工序对话框中选择驱动方法为“径向切削”，打开“径向切削驱动方法”对话框，如图 5-143 所示。

1．驱动几何体选择

单击“指定驱动几何体”图标，选择驱动几何体图标，会弹出如图 5-144 所示的“临时边界”对话框。创建临时边界的方法与平面铣中创建边界的方法是一致的。

图 5-143　“径向切削驱动方法”对话框

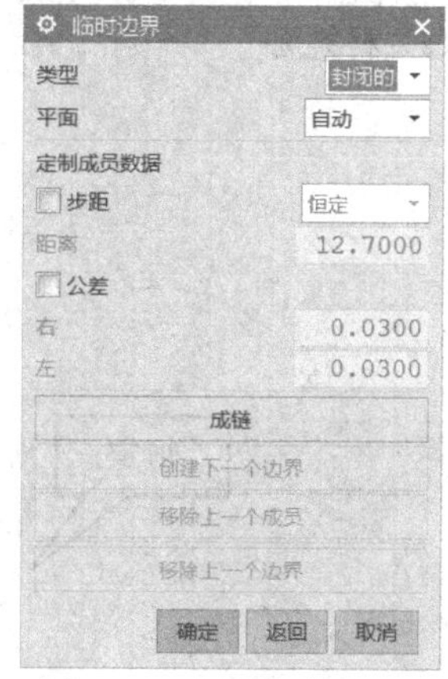

图 5-144　“临时边界”对话框

专家指点：可以选择多个边界作为驱动几何体，当从一条边界运动到另一条边界时，使用转移运动。

2．切削类型

切削类型可以选择“单向”或“往复”。

3．条带

材料的条带与另一侧的条带共同定义加工区域的宽度，表示刀具中心最后所到的位置。如图 5-145 所示为设置不同的材料侧的带宽产生的刀轨。

专家指点：材料侧的条带与另一侧的条带可以为 0，但不能同时为 0。

4．步距

径向切削驱动的步距有“恒定”“残余波峰高度”“刀具直径”“最大”4 种设置方法。其中前面 3 项在前面的章节已经做了说明。“最大”选项用于定义水平进给量的最大距离，选择该选项时，可在其下方的值文本框中输入最大距离值。这种方式用于有向外放射特征的加工区域最为合适。如图 5-146 所示为使用“恒定”与使用“最大”两种方式以同样距离产生的刀轨对比。

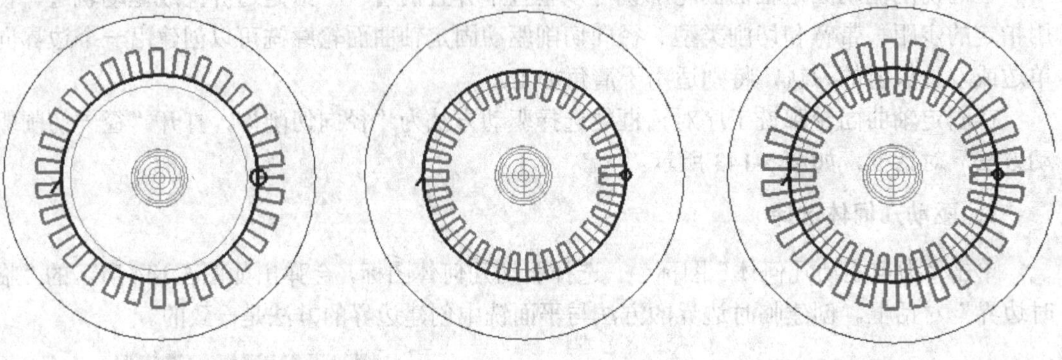

（a）材料侧　　（b）另一侧　　（c）两侧

图 5-145　带宽

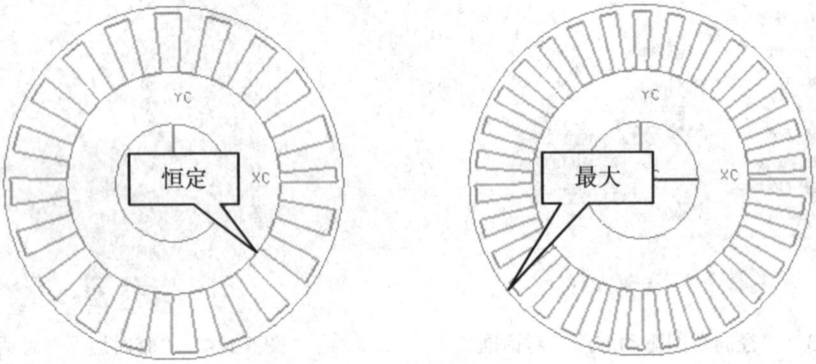

图 5-146　步距

5．刀轨方向

刀轨方向可能选择“跟随边界”沿边界进行横向进给，选择“边界反向”则与选择边界指示方向的相反进行横向进给。

5.6.5　曲面区域驱动

曲面区域驱动方法创建一组阵列的、位于驱动面上的驱动点，然后沿投影矢量方向投影到零件面上而生成刀轨。

曲面区域驱动方法可以按曲面的参数线进行刀轨的分布，在曲面可以获得相对均等的刀轨分布，其残余高度分布较为均匀。最适合波形曲面的精加工。

专家指点：创建曲面区域驱动的固定轴曲面轮廓铣工序可以不选择部件几何体。将直接在驱动曲面上产生刀轨。

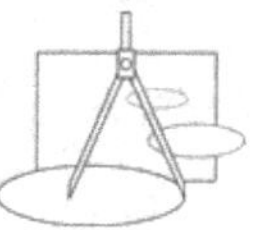

创建工序时，选择子类型为 CONTOUR_SURFACE_AREA，将打开选择了驱动方法为"曲面区域"的固定轴曲面轮廓铣工序对话框。

创建固定轮廓铣工序时，在工序对话框的驱动方法选项中选择"曲面"时，将弹出如图 5-147 所示的"曲面区域驱动方法"对话框。首先要指定驱动几何体，再进行驱动几何体参数设置与驱动设置，完成设置后返回工序对话框，进行刀轨设置，生成刀轨。

1. 指定驱动几何体

驱动几何体用于定义和编辑驱动曲面，以创建刀具路径。

在"曲面区域驱动方法"对话框中单击"指定驱动几何体"图标，将弹出"驱动几何体"对话框，如图 5-148 所示。

图 5-147　"曲面区域驱动方法"对话框

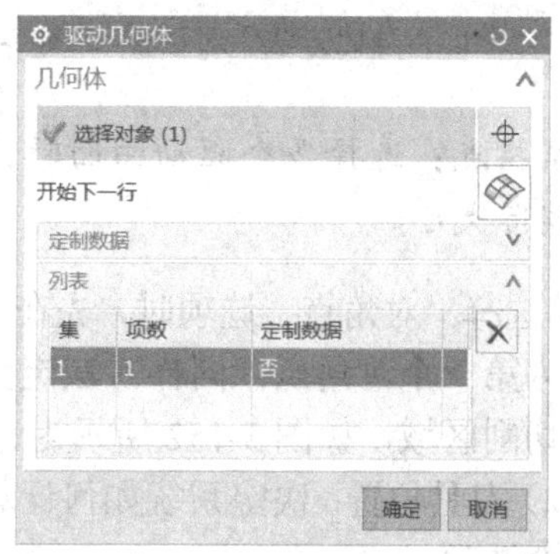

图 5-148　"驱动几何体"对话框

在图形上选取曲面，选择多个驱动面时，在绘图区按顺序选择第一行的曲面，选择完第一行曲面后，单击"开始下一行"再选择第二行曲面，依此类推完成所有曲面行的定义。

专家指点：选取曲面时一定要逐个选取相邻的曲面，并且不能存在间隙，否则会因流线方向不统一而无法生成刀具路径或者生成混乱的刀轨。

专家指点：驱动面必须按行和列有序地排列，并且每行应有同样数量的曲面，每列也应有同样数量的曲面。

专家指点：指定驱动曲面时，只能逐个选择，不能使用窗选等选择方法。再次单击指定驱动几何体图标，将从头开始曲面的拾取，原先指定的驱动几何体将不再保留，没有编辑的方法。

2. 驱动几何体参数

（1）切削区域：包括"曲面百分比"与"对角点"两个选项。

① 选择"曲面百分比"选项时，将弹出"曲面百分比方法"对话框，如图 5-149 所示，

可在各文本框中输入数值，从而设置 4 个角落点的位置。如图 5-150 所示为使用默认方式，即每一边都使用从 0 到 100 显示的驱动路径。如图 5-151 所示设置起点不同的数值，从而限制其切削区域。

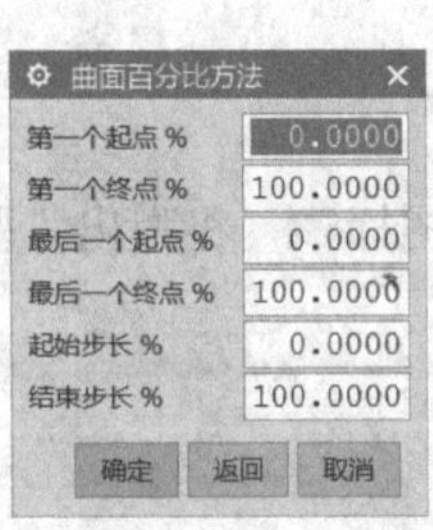

图 5-149 “曲面百分比方法”对话框

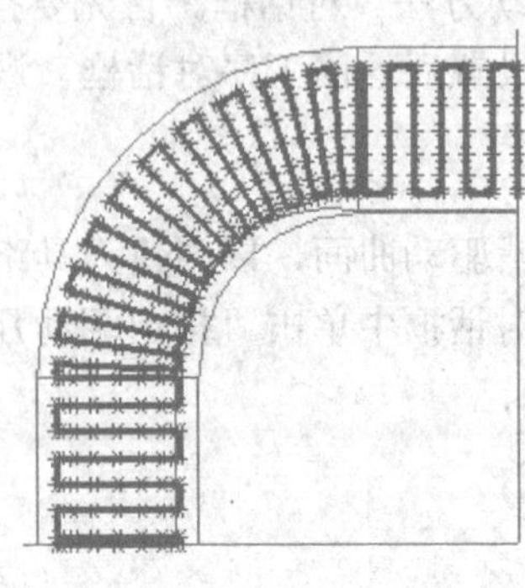

图 5-150 切削区域：整个曲面

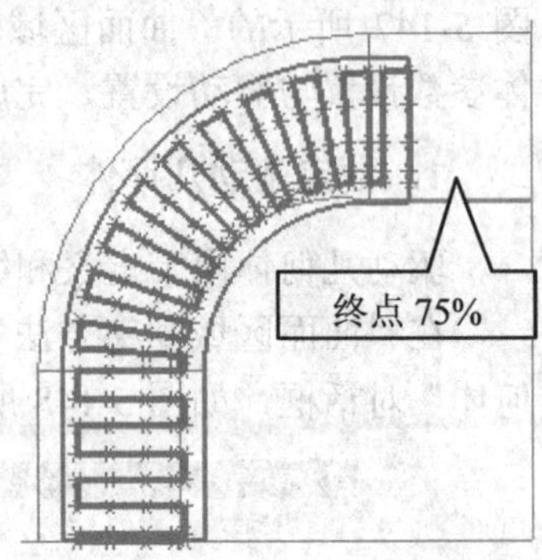

图 5-151 切削区域

专家指点：选择多个驱动曲面时，将按驱动曲面个数平分 100%，而不管各驱动曲面的实际大小。

② 选择“对角点”选项时，先在图形窗口中选取驱动面后，再在选择的驱动面上指定一点作为第一个对角点；同样方法定义驱动面上的第二点。经过这两个对角点上的参数线将确定切削区域，如图 5-152 所示为选择驱动面上的 A、B 两点的驱动路径。

（2）刀具位置：决定系统如何计算刀具在零件表面上的接触点。它包含“相切”和“对中”两个选项。

（3）切削方向：指定开始切削的角落和切削方向，单击该选项，图形窗口中在驱动曲面的四角显示 8 个方向箭头，如图 5-153 所示，可用鼠标选取所需的切削方向。

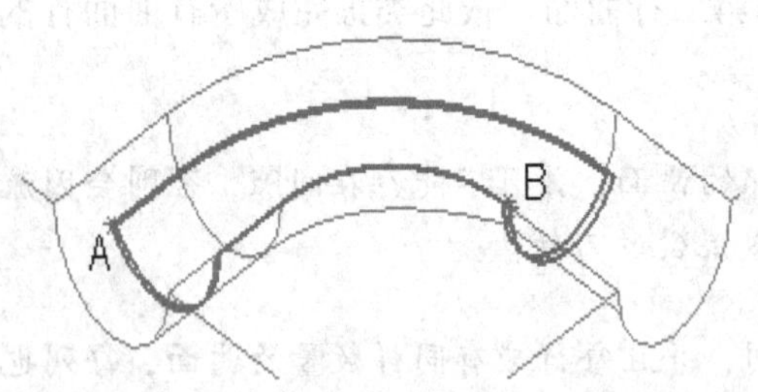

图 5-152 对角点

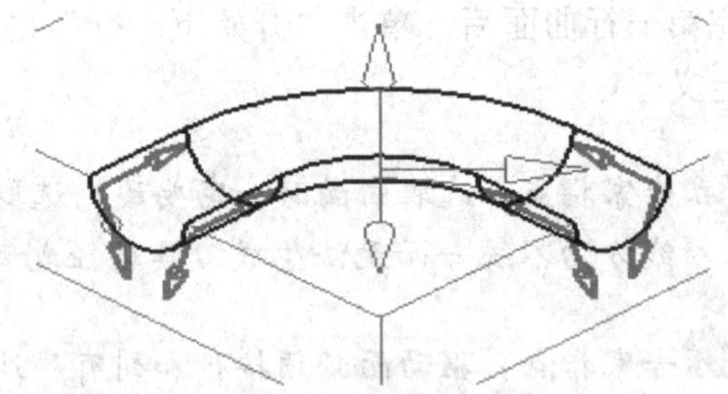

图 5-153 选择切削方向

选择切削方向将同时决定切削的流线方向与起始位置，如图 5-154 所示为选择不同箭头所显示的驱动路径对比。

（4）材料反向：用于反转曲面的材料方向矢量。

（5）偏置：曲面偏置指定驱动点沿曲面法向的偏置距离。

3．驱动设置

曲面驱动方法的“驱动设置”选项与“更多”选项共同定义驱动方法，如图 5-155 所示。

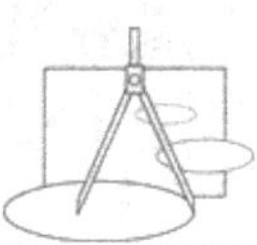

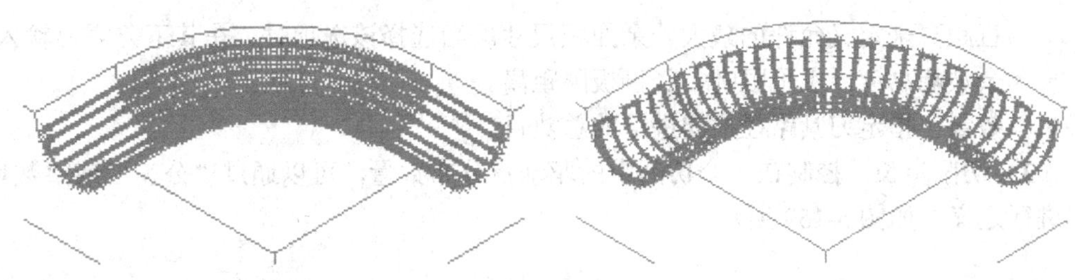

图 5-154　不同的切削方向

（1）切削模式：切削模式有“跟随周边”“单向”“往复”“往复上升”“螺旋线”5 个选项。如图 5-156～图 5-158 所示分别为往复、跟随周边和螺旋线的刀轨示例。

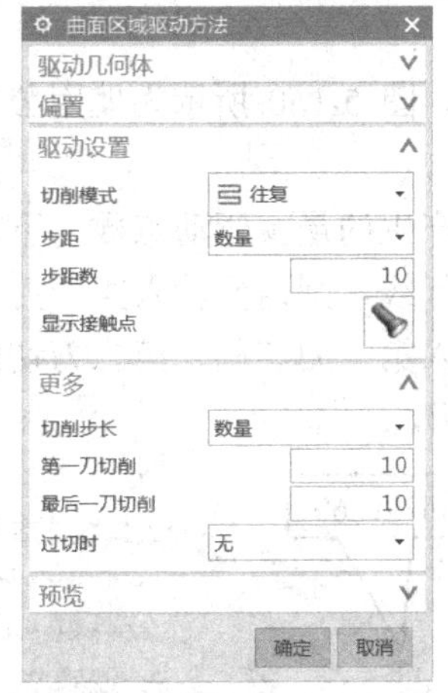

图 5-155　驱动设置

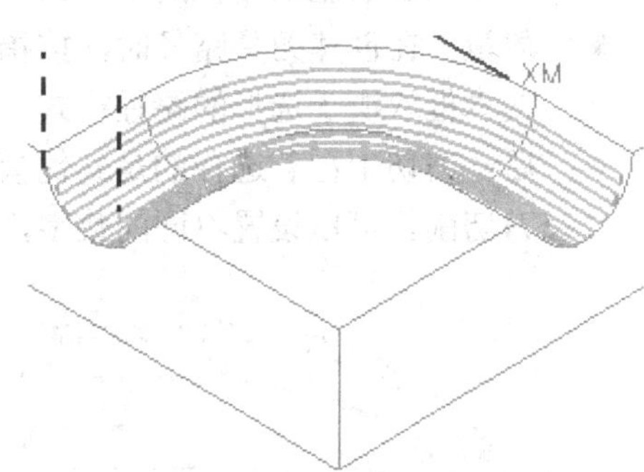

图 5-156　往复

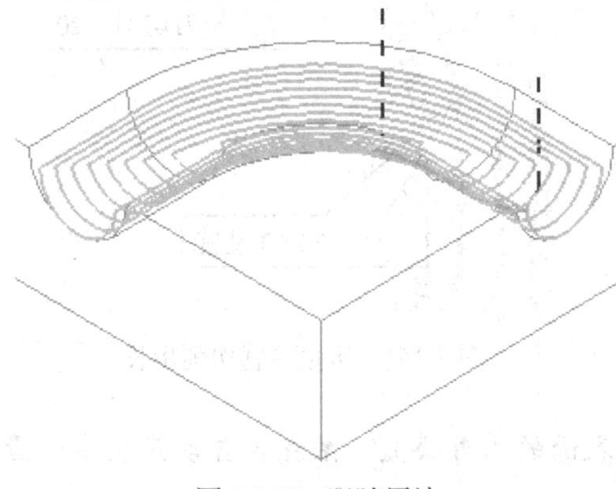

图 5-157　跟随周边

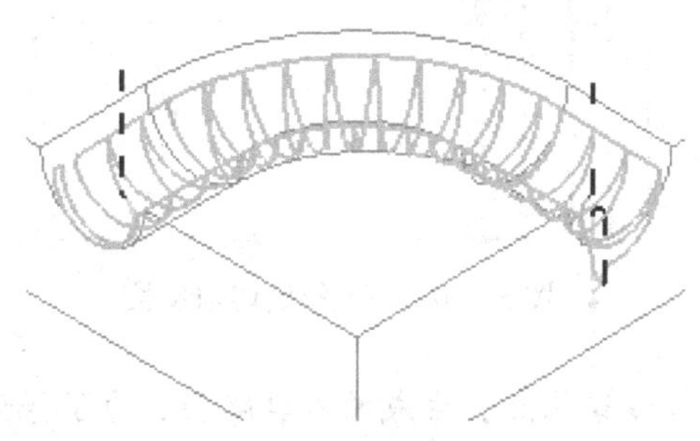

图 5-158　螺旋线

专家指点： 使用单向、往复、往复上升等平行线方式的刀轨并不是平行的，而是沿着曲面的某一参数线方向。

（2）步距控制：用于指定相邻两道刀具路径的横向距离，即切削宽度。其选项包括“残余高度”与“数量”两个选项。

● 残余波峰高度：通过指定相邻两刀具路径间残余材料的最大高度、水平距离与垂直距离来定义允许的最大残余面积尺寸。当选择该选项时，在其下方需要输入残余波峰高度，水平限制、竖直极限距离。

- 数量：指定刀具路径横向进给的总数目。

（3）切削步长：控制在一个切削中的驱动点分布数量，可以通过“公差”或“数量”方式进行定义，如图 5-159 所示。

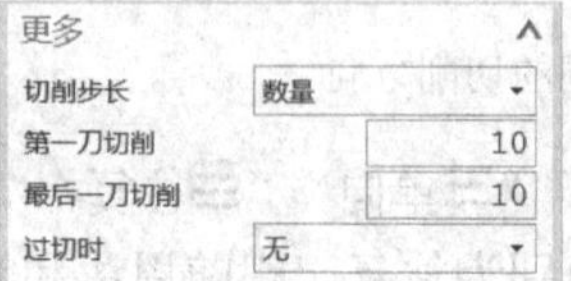

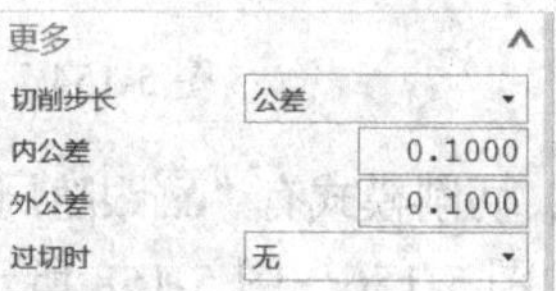

图 5-159　切削步长定义

- 公差：指定最大偏差距离，由系统产生驱动点。图 5-160 所示为使用公差指定切削步长显示驱动路径的示例。
- 数量：在创建刀具路径时，按指定沿切削方向产生的最少驱动点数。下方的参数文本框取决于选择的路径模式。若选择的是平行线，则需要输入第一刀切削，最后一刀切削；若选择的是其他模式，则需要输入第一刀切削、第二刀切削与第三刀切削。可以设置不同的数字，如图 5-161 所示。

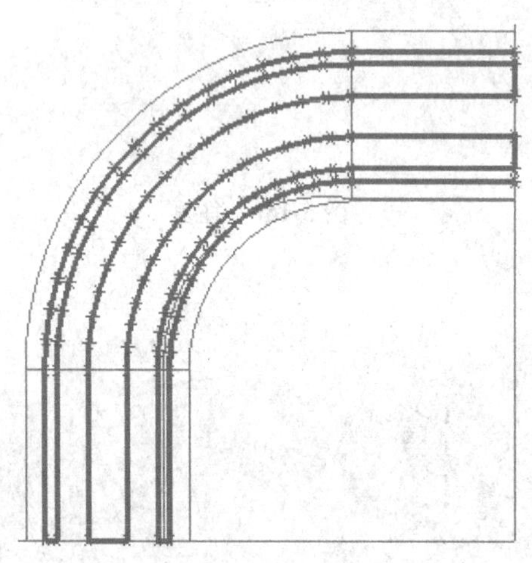

图 5-160　公差指定切削步长

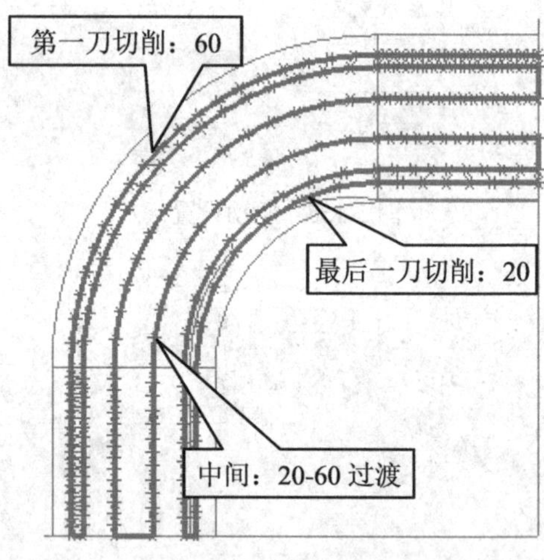

图 5-161　数量控制切削步长

专家指点：生成的刀具路径，为了保证零件表面的内外公差，系统会自动产生多于最少驱动点数的附加驱动点。

5.6.6　流线驱动

流线驱动方法先以指定的流曲线与交叉曲线来构建一个网格曲面，再以其参数线来产生驱动点投影到曲面上生成刀轨。网格曲面可以自动以切削区域的边界或者指定流曲线与交叉曲线来构建，流线铣可以在任何复杂曲面上生成相对均匀分布的刀轨。

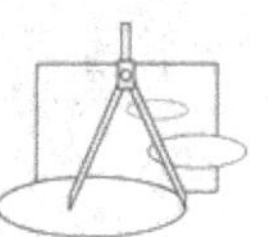

相对于曲面驱动方法，流线铣有更大的灵活性，它可以用曲线、边界来定义驱动几何体，并且不受曲面选择时必须相邻接的限制，可以选择有空隙的面；同时流线铣可以指定切削区域，并自动以指定的切削区域边缘为流曲线与交叉曲线作为驱动几何体。

创建固定轮廓铣工序时，选择驱动方法为“流线”时，将弹出如图 5-162 所示的“流线驱动方法”对话框。对话框的上半部分为驱动几何体指定，下半部分为驱动设置。

图 5-162　“流线驱动方法”对话框

1. 驱动曲线选择

对话框的上半部分驱动曲线选择用于指定驱动几何体，可使用“自动”或者“指定”方式。流曲线与交叉曲线可以自动生成，也可以通过选择曲线来指定。

（1）自动：系统将自动根据切削区域的边界边缘生成流曲线集和交叉曲线集，并且忽略小的缝隙与孔。如图 5-163 所示，指定了切削区域后，使用“自动”方式选择驱动曲线。

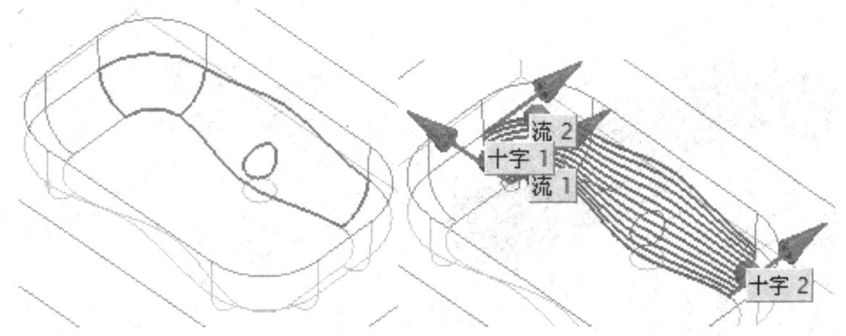

图 5-163　自动选择驱动曲线

（2）指定：选择流曲线与交叉曲线的方法来创建网格曲面，选择曲线时需要注意选择

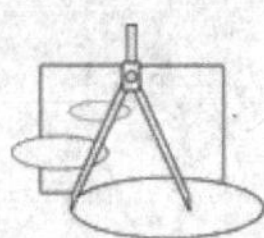

曲线的方向，以及在何时添加新集。如图 5-164 所示为以“指定”选择驱动曲线，选择了 3 个流曲线，再选择 3 条交叉曲线，生成的流线驱动刀轨。

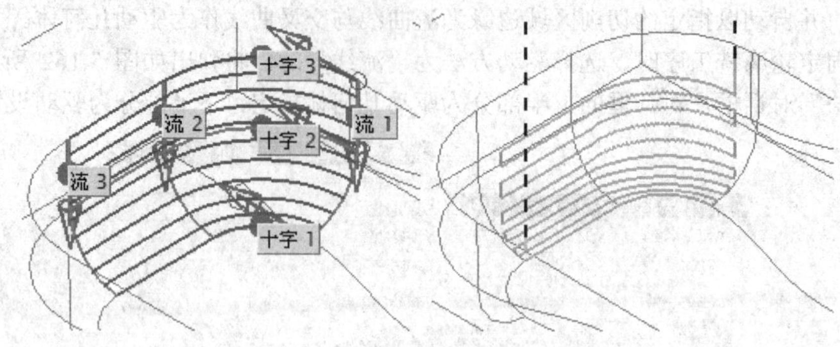

图 5-164　流线铣示例

2．切削方向

指定开始切削的角落和切削方向。单击该选项，图形窗口中在驱动曲面的四角显示 8 个方向箭头，如图 5-165 所示，可用鼠标选取所需的切削方向。

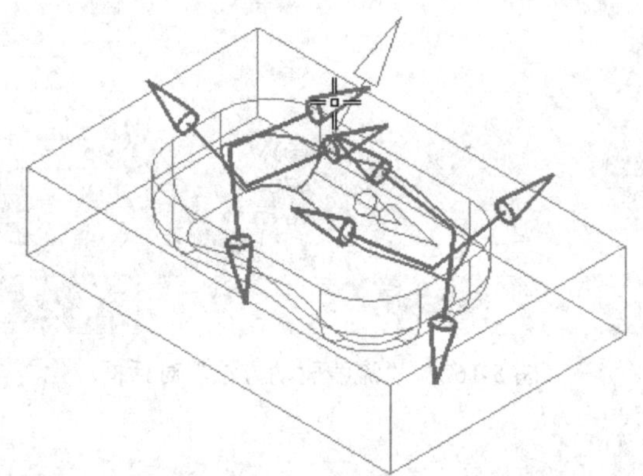

图 5-165　选择切削方向

选择切削方向将同时决定切削的流线方向与起始位置，如图 5-166 所示为选择不同箭头所显示的驱动路径对比。

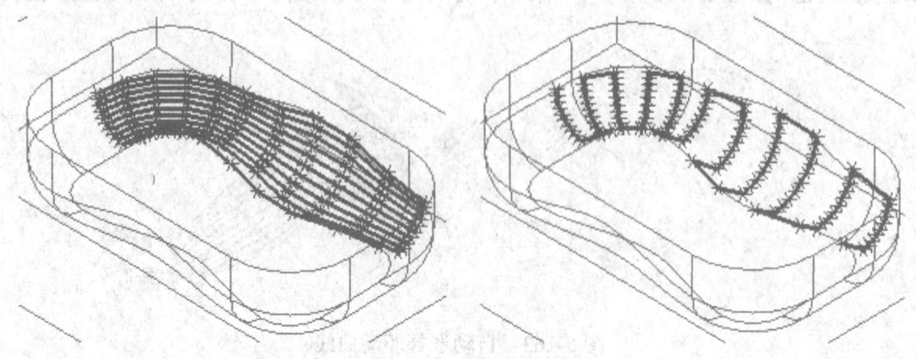

图 5-166　不同的切削方向

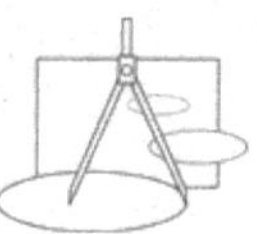

3．修剪和延伸

修剪和延伸常用于缩减选择的驱动曲面的加工范围。修剪和延伸的选项如图 5-167 所示，可在各文本框中输入数值，从而设置 4 个角落点的位置。默认方式为每一边都使用从 0 到 100 显示的驱动路径。如图 5-168 所示设置起点不同的数值，从而限制其切削区域。

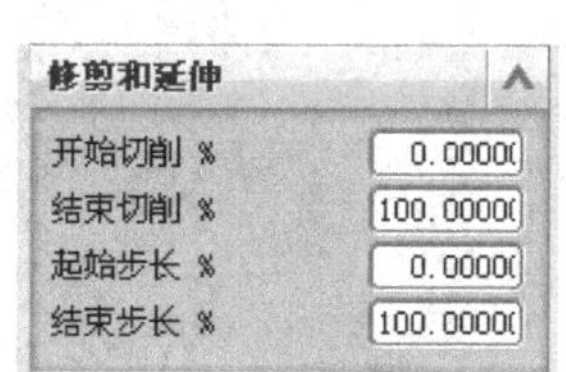

图 5-167　修剪和延伸

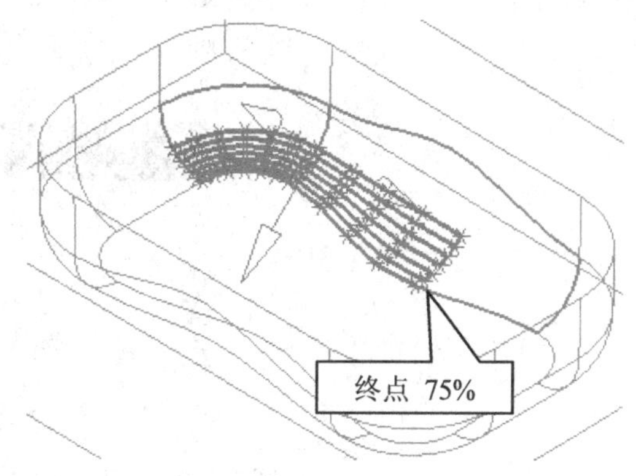

图 5-168　切削区域

4．驱动设置

流线驱动方法中需要进行驱动设置，包括刀具位置、切削模式选择、步距确定等选项。

（1）刀具位置：决定系统如何计算刀具在零件表面上的接触点，可以选择“相切”、“对中”或“接触”。

（2）切削模式：有跟随周边、单向、往复、往复上升、螺旋线等选项，与曲面区域驱动方法相同。

（3）步距：用于指定相邻两道刀具路径的横向距离，即切削宽度。步距设置有以下方法。

- 恒定：直接指定最大距离值。
- 残余高度：通过指定相邻两刀具路径间残余材料的最大高度、水平距离与垂直距离来定义允许的最大残余面积尺寸。当选择该选项时，在其下方需要输入残余波峰高度，水平限制、竖直极限距离。
- 数量：指定刀具路径横向进给的总数目。

5.6.7　刀轨驱动固定轴曲面轮廓铣

刀轨驱动方法允许通过指定原有的刀轨来定义驱动几何体。刀轨可以是当前这一部件的，也可以是其他部件的刀轨生成的刀位源文件 CLSF。

选择驱动方法为“刀轨”后，首先要指定 CLSF，系统将弹出一个文件选择框，从中选择刀位源文件（.cls 文件），然后进入“刀轨驱动方法”对话框，如图 5-169 所示。

1．刀轨

在一个 CLS 文件中，可以包含多个刀轨，此时可以选择其中的刀轨作为驱动刀轨。

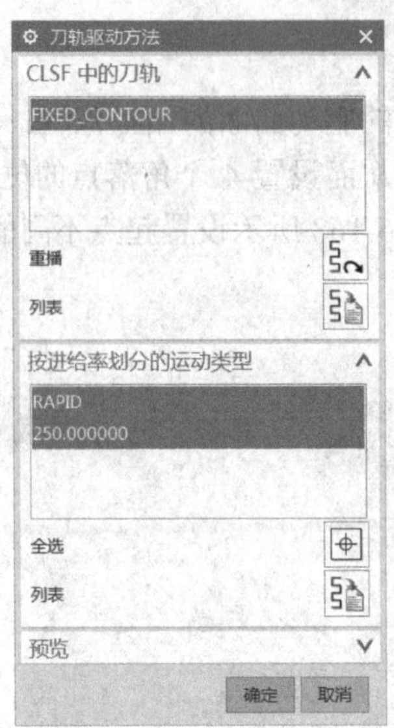

图 5-169 “刀轨驱动方法”对话框

对于选择的刀轨，还可以采用重播方式将其显示在屏幕上，或者选择列表功能显示文件。

2. 按进给率划分的运动类型

在一个刀轨中，可以按进给率划分的运动类型选择是否作为驱动刀轨的一部分投影到曲面上。它与原刀轨设置的进给率有关，如图 5-169 所示有快速（RAPID）和切削进给“250”。如图 5-170 所示不同选择生成的刀轨示例。

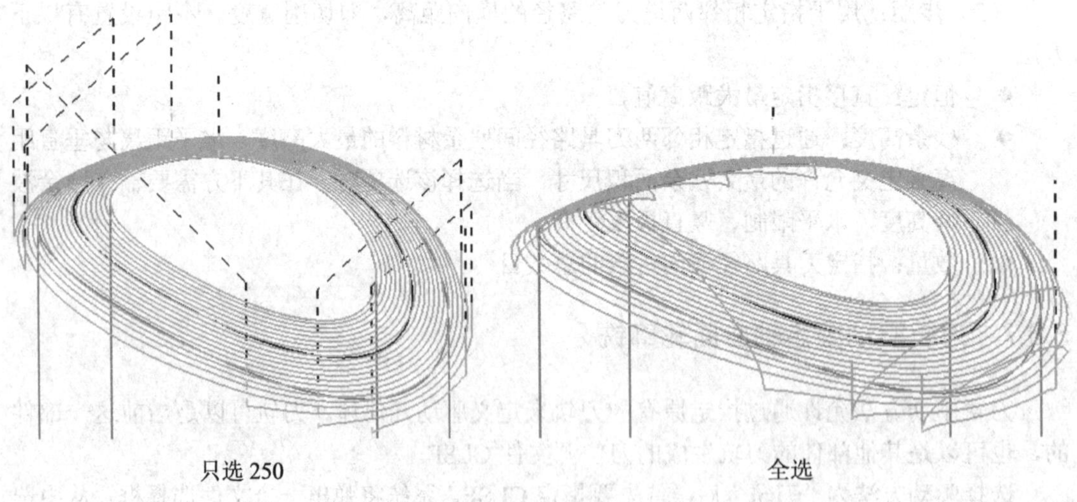

图 5-170 刀轨驱动

专家指点： 用于驱动的刀轨可以在曲面之上，也可以在曲面之下，都将沿着刀轴进行投影。驱动刀轨中一般不能有与刀轴平行的刀路。

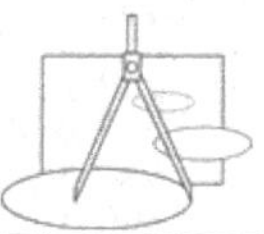

任务 5-3　创建标记牌铣雕加工的数控程序

本任务要求完成一个如图 5-171 所示的标记牌的数控加工程序编制，零件材料为铜，毛坯为浇注件，保存的部件文件名为 T5-3.prt。

这一零件上的几个图案，在模型设计时并不需要进行完全正确的造型，在实际加工中指定驱动方法后，将图案部分作为驱动几何体，在曲面上生成刀轨，将曲面设置负余量即可完成图案的加工。

➔ STEP 1 打开模型文件

启动 UG NX，单击“打开文件”图标，打开 T5-3.PRT。

➔ STEP 2 进入加工模块

在工具条上单击“开始”按钮，在下拉选项中选择“加工”，在“加工环境”对话框中选择 CAM 设置为 mill_contour，确定进行加工环境的初始化设置。

➔ STEP 3 创建坐标系几何体

单击工具条中的“创建几何体”图标，系统将打开“创建几何体”对话框，如图 5-172 所示。选择子类型为 MCS，输入名称为 MCS，单击“确定”按钮进行坐标系几何体的建立。系统将打开 MCS 对话框。

图 5-171　示例零件

图 5-172　“创建几何体”对话框

在 MCS 对话框的“安全设置”选项下，指定“安全设置选项”为“平面”，如图 5-173 所示。在图形区选择圆，在图形上显示安全平面位置如图 5-174 所示，确定完成平面指定。单击 MCS 对话框的“确定”按钮完成几何体 MCS 创建。

➔ STEP 4 创建铣削几何体

单击创建工具条中的“创建几何体”图标，系统将打开“创建几何体”对话框，如图 5-175 所示。几何体子类型为铣削几何体，位置几何体选项为 MCS，再单击“确定”按钮进行铣削几何体建立。系统打开“铣削几何体”对话框如图 5-176 所示。

➔ STEP 5 指定部件

在对话框中上方单击“指定部件”图标，所有实体为部件几何体，如图 5-177 所示。单击“确定”按钮完成部件几何体的选择，返回“铣削几何体”对话框。

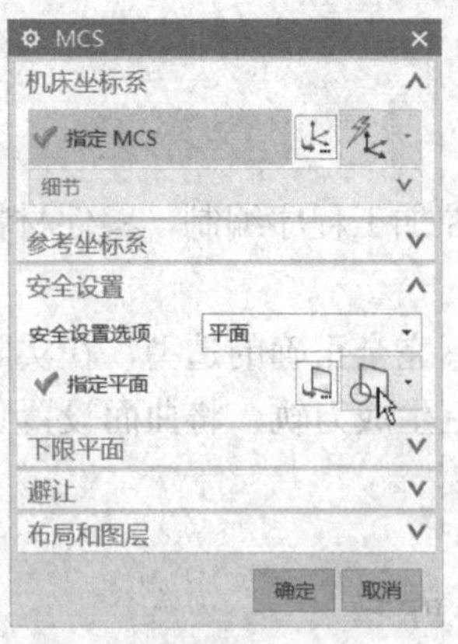

图 5-173　MCS 设置

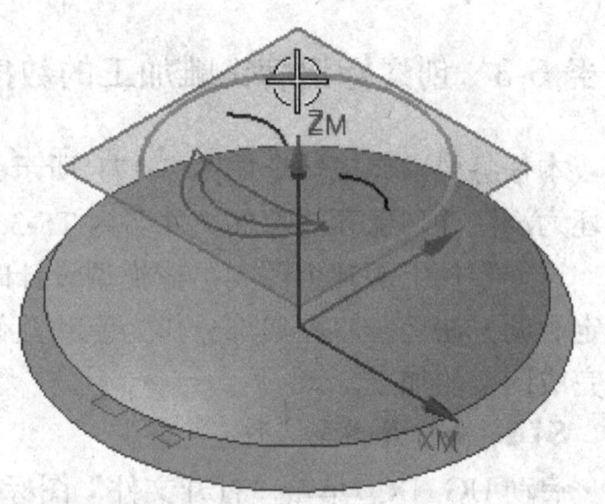

图 5-174　指定安全平面

图 5-175　“创建几何体”对话框

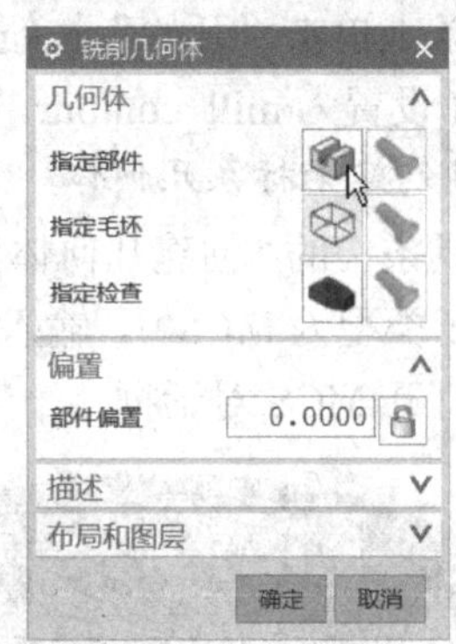

图 5-176　工件几何体

➔ STEP 6 指定毛坯

在工件对话框上单击“毛坯几何体”图标，系统弹出“毛坯几何体”对话框，指定类型为“部件的偏置”，并指定偏置值为 0.5，如图 5-178 所示。确定完成毛坯几何图形的选择，返回“铣削几何体”对话框。单击“确定”按钮完成铣削几何体的创建。

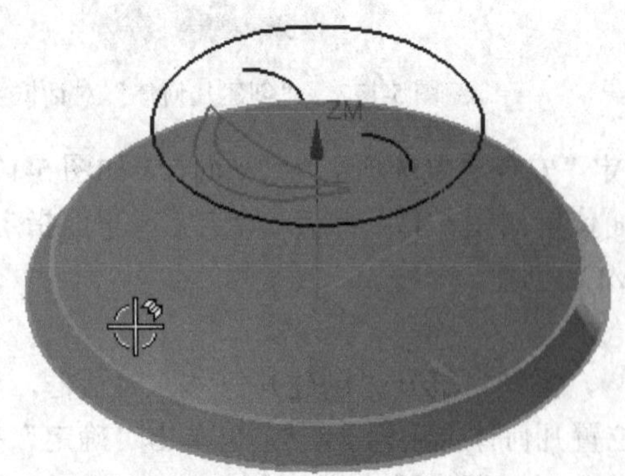

图 5-177　指定部件

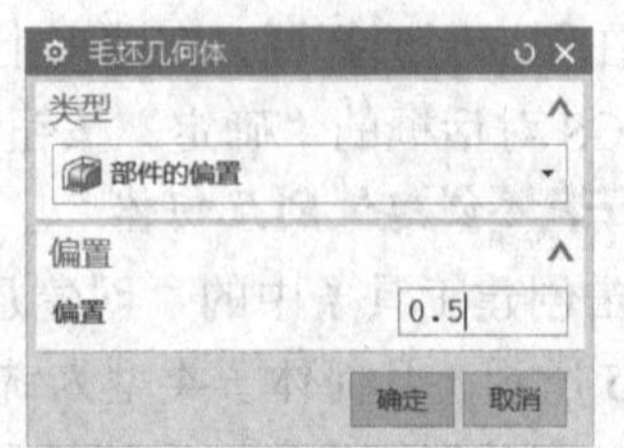

图 5-178　“毛坯几何体”对话框

➔ STEP 7 创建方法

在工具条中单击“创建方法”图标，打开“创建方法”对话框，输入名称“Y-1”，

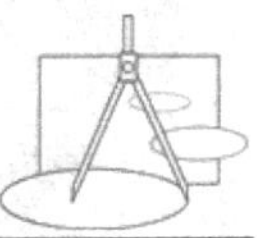

如图 5-179 所示。单击“确定”按钮，打开如图 5-180 所示的“铣削方法”对话框，设置“部件余量”为-1，确定完成方法的创建。

图 5-179　“创建方法”对话框

图 5-180　“铣削方法”对话框

➔ STEP 8 创建刀具

单击工具条上的“创建刀具”图标。系统弹出“创建刀具”对话框，如图 5-181 所示，选择类型为球头铣刀，并输入名称 T1-B10，单击“确定”按钮，打开铣刀参数对话框，如图 5-182 所示设置刀具球直径为 10，确定创建铣刀 T1-B10。

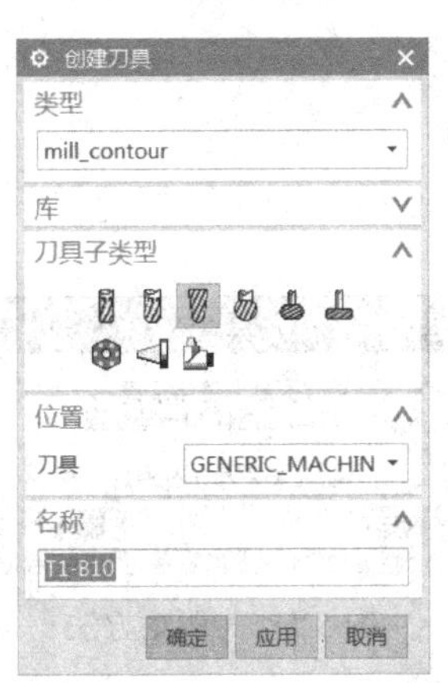

图 5-181　“创建刀具”对话框

图 5-182　铣刀-球头铣参数

➔ STEP 9 创建刀具 T2-B2

单击工具条上的“创建刀具”图标，系统弹出“创建刀具”对话框，选择类型为球头铣刀，并输入名称 T2-B2，单击“确定”按钮，打开铣刀参数对话框，设置刀具球直径为 2，确定创建铣刀 T2-B2。

➔ STEP 10 创建工序

单击工具条上的“创建工序”图标，弹出“创建工序”对话框，如图 5-183 所示，选择工序子类型为固定轮廓铣：FIXED_CONTOUR，刀具为 T1-B10，几何体为 MILL_

GEOM，输入名称为 luxuan，确定打开固定轮廓铣工序对话框，如图 5-184 所示。

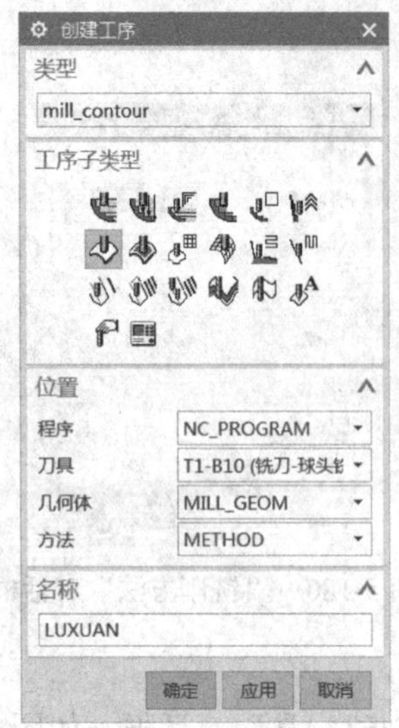

图 5-183 “创建工序”对话框

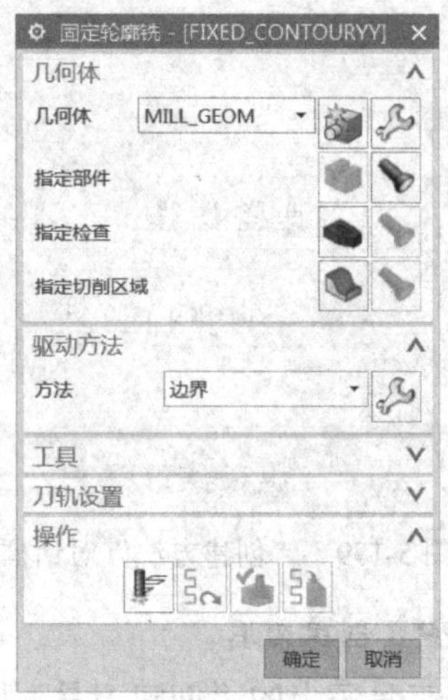

图 5-184 固定轴轮廓铣工序对话框

➔ STEP 11 选择驱动方法

在工序对话框中，选择驱动方法为“螺旋式”，如图 5-185 所示。系统将出现驱动方法重置的提示信息，如图 5-186 所示，选中“不要再显示此消息”复选框，确定更改驱动方法。

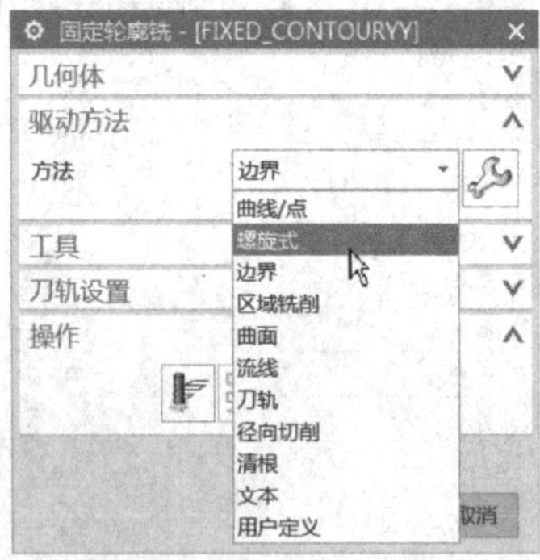

图 5-185 选择驱动方法

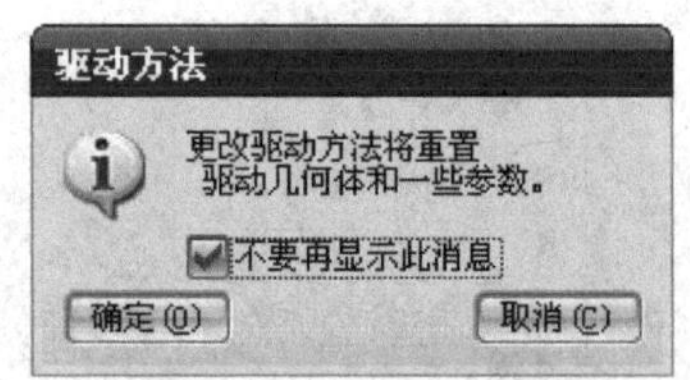

图 5-186 驱动方法

➔ STEP 12 设置驱动参数

系统打开“螺旋式驱动方法”对话框，设置“最大螺旋半径”为 52，“步距”为“恒定”，“最大距离”为 0.5，“切削方向”为“顺铣”，如图 5-187 所示。设置完成后单击“显示”图标，在图形上预览路径，如图 5-188 所示。确定返回工序对话框。

➔ STEP 13 设置切削参数

在工序对话框中单击“切削参数”图标，系统打开“切削参数”对话框。设置策略参数，如图 5-189 所示，选中“在边上延伸”复选框，指定距离为 10%刀具直径。完成设置后单击“确定”按钮返回工序对话框。

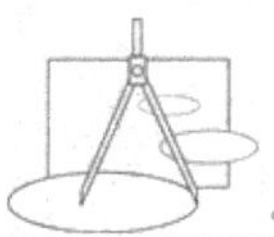

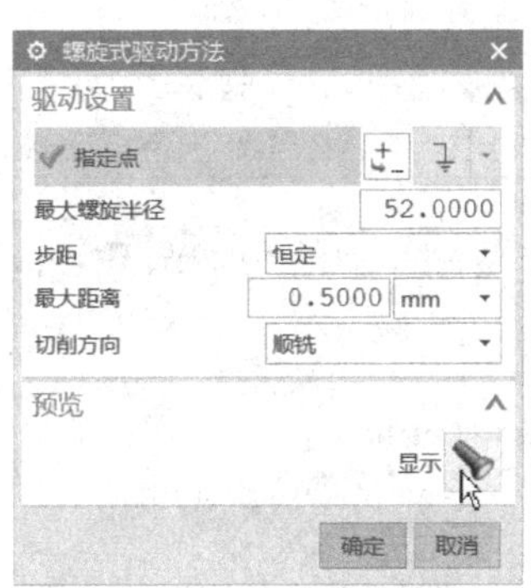

图 5-187　设置驱动参数

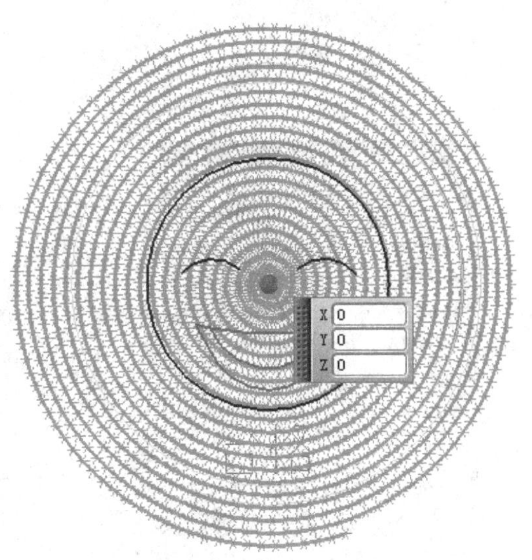

图 5-188　显示驱动路径

➔ STEP 14 设置非切削移动参数

在工序对话框中单击“非切削移动”后的图标，弹出“非切削移动”对话框，设置“进刀类型”为“圆弧-平行于刀轴”，半径为 50%的刀具直径，如图 5-190 所示。

图 5-189　“切削参数”对话框

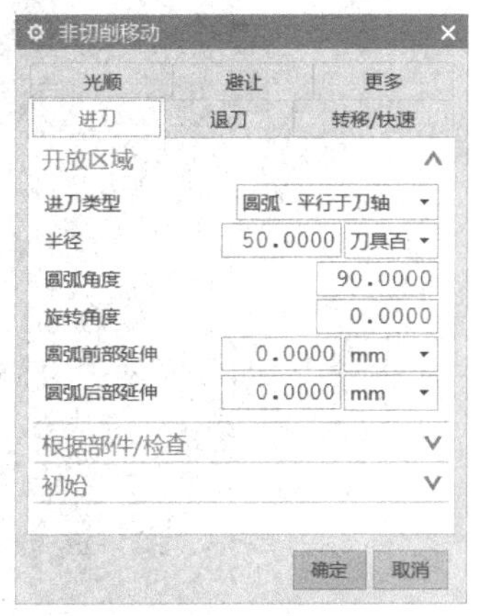

图 5-190　进刀设置

设置退刀参数如图 5-191 所示，指定“退刀类型”为“无”，最终退刀类型为“与开放区域退刀相同”，单击“确定”按钮完成非切削移动参数的设置，返回工序对话框。

➔ STEP 15 设置进给率和速度

单击“进给率和速度”后的图标，弹出“进给率和速度”对话框，设置“表面速度”为 125，“每齿进给量”为 0.2，计算得到主轴转速与切削进给率，如图 5-192 所示。单击鼠标中键返回工序对话框。

➔ STEP 16 生成刀轨

在工序对话框中单击“生成”图标计算生成刀路轨迹。产生的刀轨如图 5-193 所示。

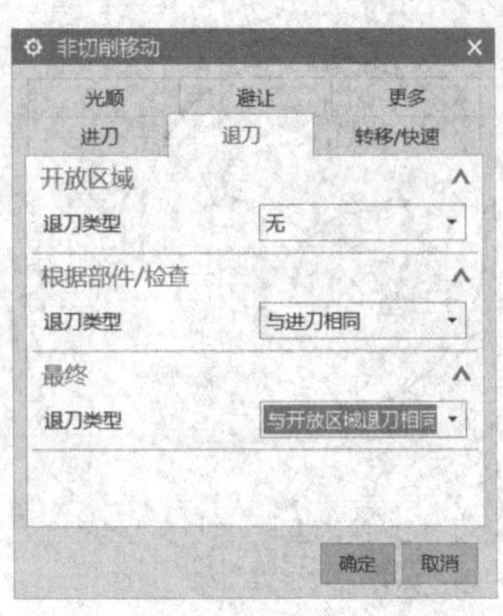

图 5-191　退刀设置

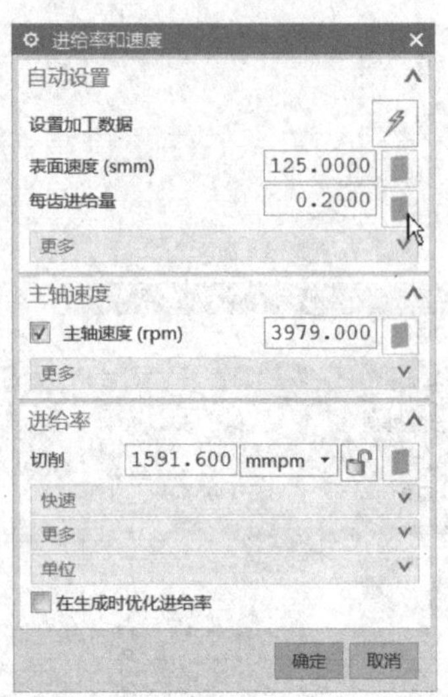

图 5-192　“进给率和速度”对话框

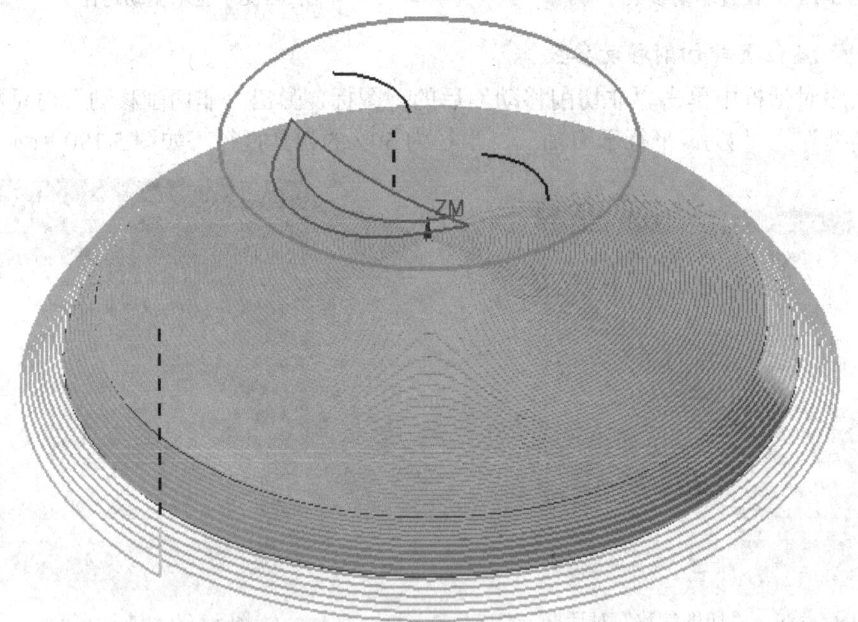

图 5-193　生成刀轨

➔ STEP 17 确定工序

对刀轨进行检视，确认刀轨后单击工序对话框底部的“确定”按钮接受刀轨并关闭工序对话框。

➔ STEP 18 创建工序

单击工具条上的“创建工序”图标，弹出“创建工序”对话框，如图 5-194 所示，选择工序子类型为固定轮廓铣 FIXED_CONTOUR，“刀具”为 T2-B2，“几何体”为 MILL_GEOM，“方法”为 Y-1，输入名称为 JINGXIANG，确认各选项后单击“确定”按钮，打开固定轮廓铣工序对话框。

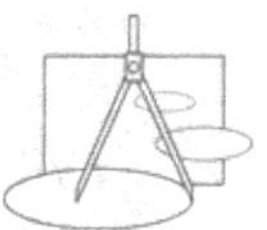

➔ STEP 19 选择驱动方法

在工序对话框中，选择驱动方法为“径向切削”， 系统将打开“径向切削驱动方法”对话框，如图 5-195 所示。

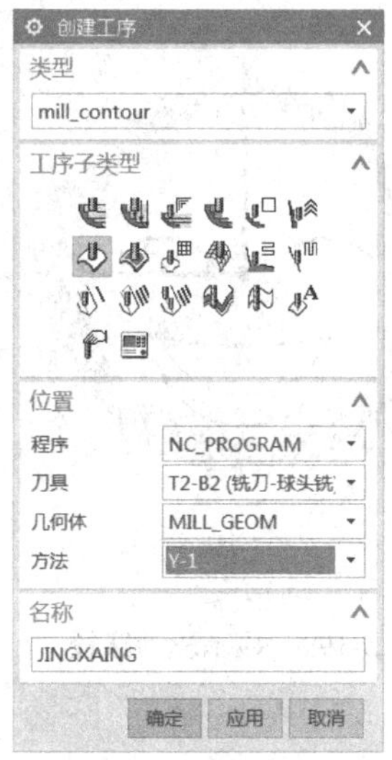

图 5-194 “创建工序”对话框

图 5-195 “径向切削驱动方法”对话框

➔ STEP 20 指定驱动几何体

在“径向切削驱动方法”对话框中，单击“指定驱动几何体”图标，系统将打开“临时边界”对话框，如图 5-196 所示。在图形上选取圆，如图 5-197 所示，单击鼠标中键完成驱动几何体的指定。

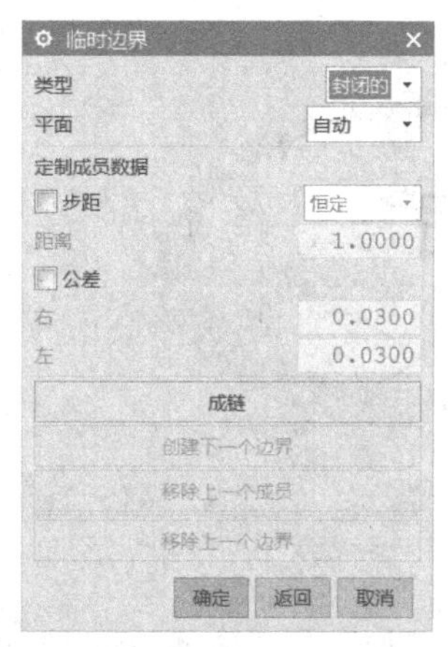

图 5-196 “临时边界”对话框

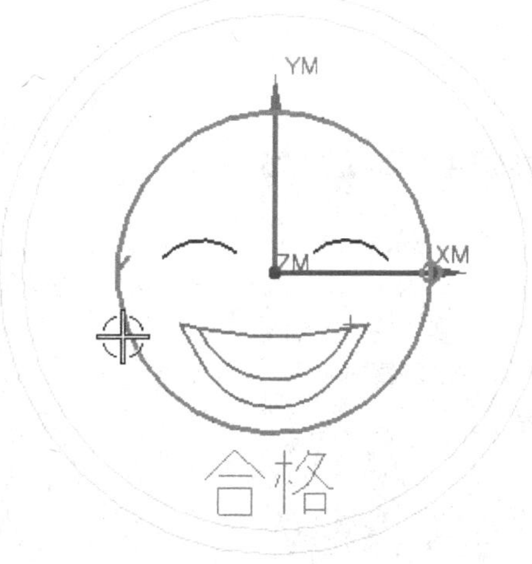

图 5-197 选择边界

➔ STEP 21 设置驱动参数

在“径向切削驱动方法”对话框中设置“步距”为“恒定”，“最大距离”为 0.12，“材料侧的条带”与“另一侧的条带”均为 1，如图 5-198 所示。

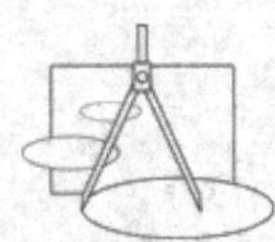

单击预览刀路轨迹中的“显示”图标，在图形上预览路径，如图 5-199 所示。确认正确后确定返回工序对话框。

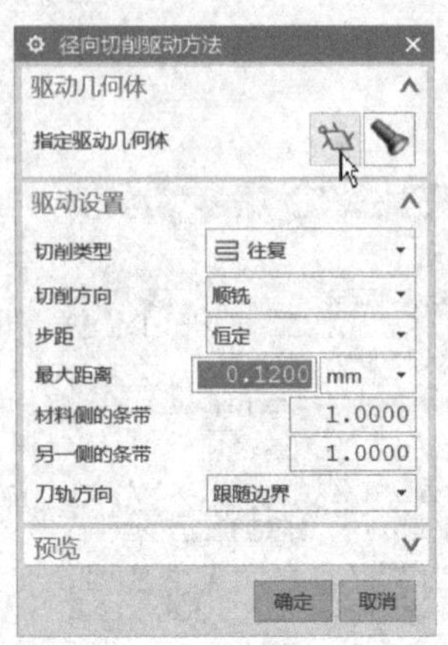

图 5-198　径向切削驱动参数设置

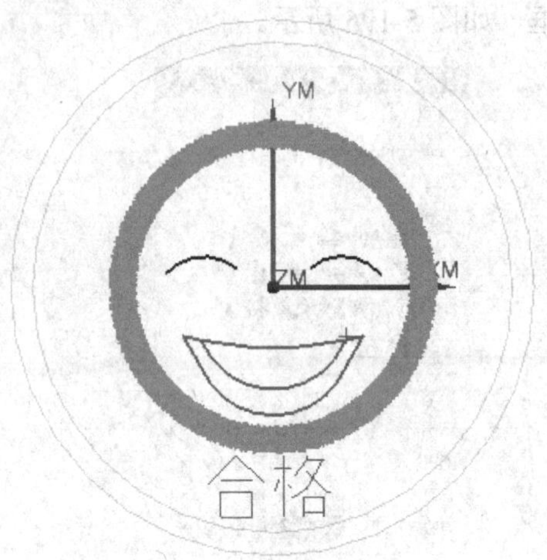

图 5-199　显示驱动路径

➔ STEP 22 设置非切削移动参数

在工序对话框中单击“非切削移动”后的图标，弹出“非切削移动”对话框。如图 5-200 所示，设置“进刀类型”为“插削”，“高度”为 2mm。单击“确定”按钮完成非切削移动参数的设置，返回工序对话框。

➔ STEP 23 生成刀轨

在工序对话框中单击“生成”图标计算生成刀路轨迹。产生的刀路轨迹如图 5-201 所示。

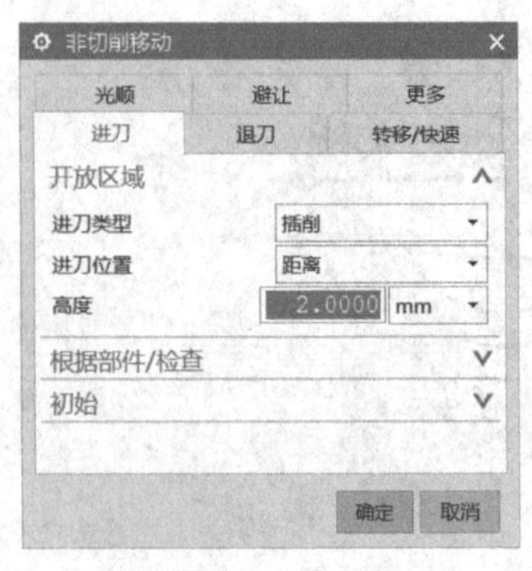

图 5-200　进刀

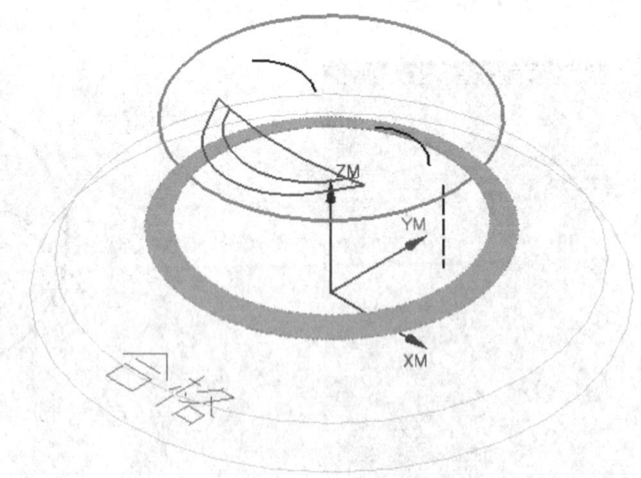

图 5-201　生成刀轨

➔ STEP 24 确定工序

对刀轨进行检视，确认刀轨后单击工序对话框底部的“确定”按钮接受刀轨并关闭工序对话框。

➔ STEP 25 创建工序

单击工具条上的“创建工序”图标，弹出“创建工序”对话框，选择工序子类型为固定轮廓铣 FIXED_CONTOUR，刀具为 T2-B2，几何体为 MILL_GEOM，方法为 Y-1，输入名称为 QUXIAN，确认各选项后单击“确定”按钮，打开固定轮廓铣工序对话框。

➔ STEP 26 选择驱动方法

在工序对话框中，选择驱动方法为“曲线/点”，如图 5-202 所示，打开“曲线/点驱动方法”对话框，如图 5-203 所示。

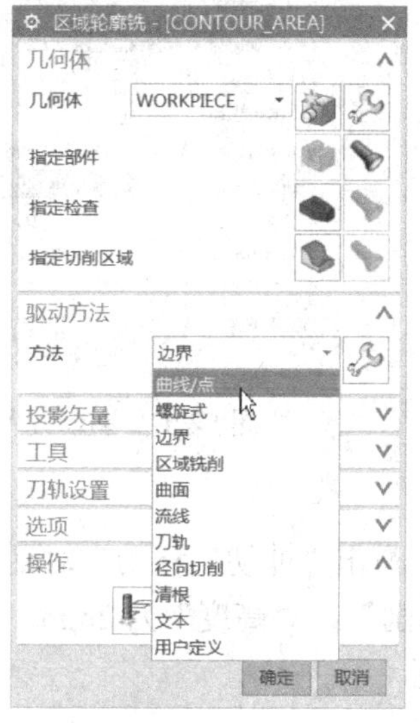

图 5-202　创建工序

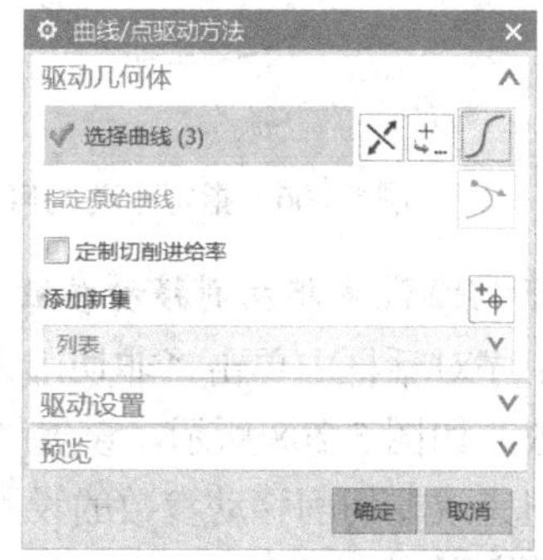

图 5-203　驱动设置

➔ STEP 27 选择驱动几何

在图形上拾取上方的一条圆弧，如图 5-204 所示。在“曲线/点驱动方法”对话框中单击“添加新集”图标，再拾取另一条圆弧，如图 5-205 所示。

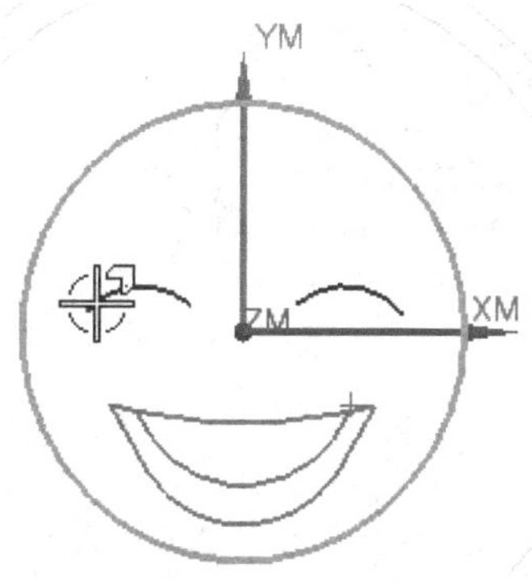

图 5-204　选择驱动几何体

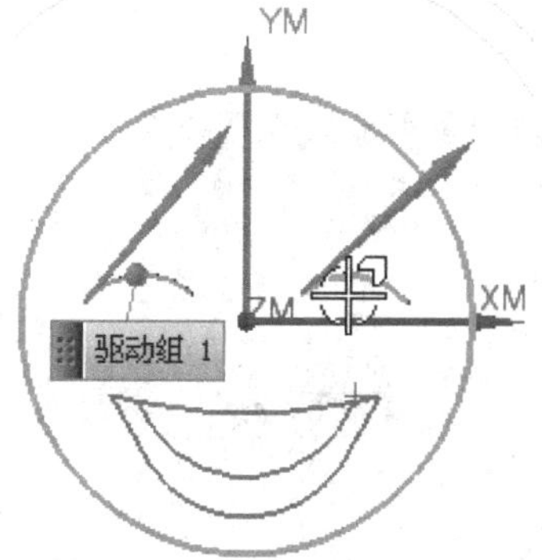

图 5-205　指定驱动几何体

单击鼠标中键添加新集，拾取下方的 3 条相连接的圆弧，如图 5-206 所示。

➔ STEP 28 设置驱动参数

设置切削步长的定义方式为“公差”，公差值为 0.01，如图 5-207 所示。单击“确定”

按钮返回工序对话框。

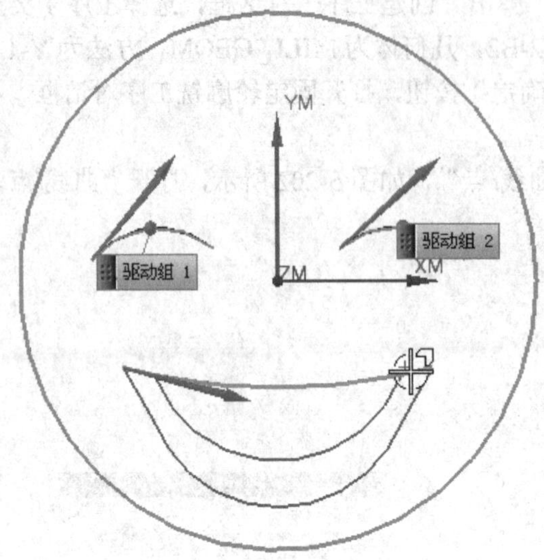

图 5-206 指定驱动几何体

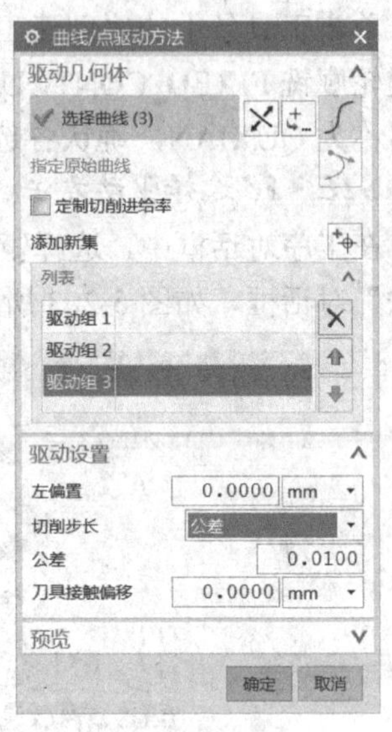

图 5-207 驱动设置

➔ STEP 29 设置非切削移动参数

在工序对话框中单击“非切削移动”后的图标，弹出“非切削移动”对话框。设置进刀参数，如图 5-208 所示，设置“进刀类型”为“插削”，“高度”为 2mm。单击“确定”按钮完成非切削移动参数的设置，返回工序对话框。

➔ STEP 30 生成刀轨

在工序对话框中单击“生成”图标计算生成刀路轨迹。产生的刀路轨迹如图 5-209 所示。

图 5-208 进刀

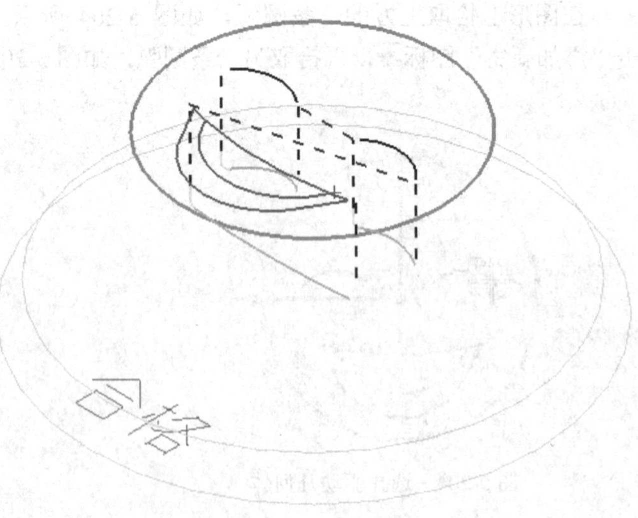

图 5-209 生成刀轨

➔ STEP 31 确定工序

对刀轨进行检视，确认刀轨后单击工序对话框底部的“确定”按钮接受刀轨并关闭工

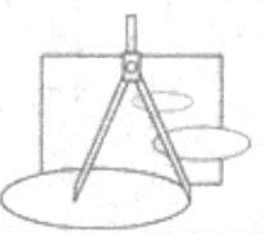

序对话框。

➔ STEP 32 创建工序

单击工具条上的“创建工序”图标，系统打开“创建工序”对话框。如图 5-210 所示，选择工序子类型为流线，选择“刀具”为 T2-B2，“几何体”为 MILL_GEOM，输入名称为 LIUXIAN，确认各选项后单击“确定”按钮，打开流线工序对话框。

➔ STEP 33 编辑驱动方法

在固定轮廓铣工序对话框中，已经选择驱动方法为“流线”，单击“编辑”图标，系统将打开“流线驱动方法”对话框，如图 5-211 所示。

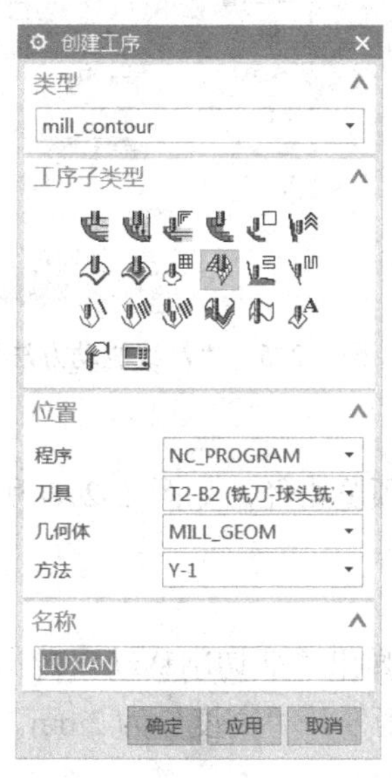

图 5-210　“创建工序”对话框

图 5-211　“流线驱动方法”对话框

➔ STEP 34 选择流曲线

在图形上拾取嘴巴上边线，如图 5-212 所示，单击鼠标中键完成一个流曲线的选择。

再拾取嘴巴下边线，并保证箭头所指方向一致，如图 5-213 所示，单击鼠标中键完成流曲线的选择。

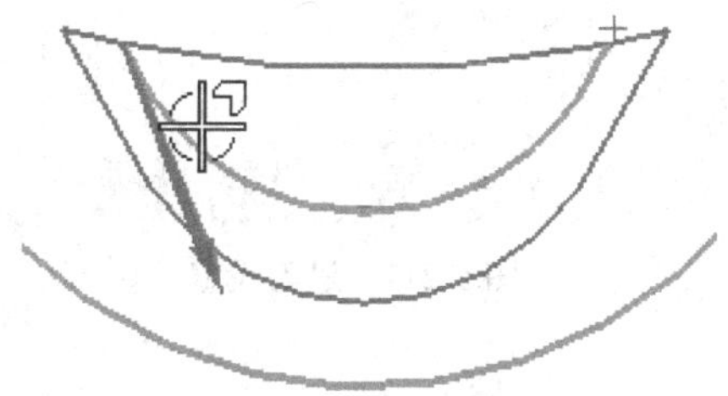

图 5-212　选择流曲线

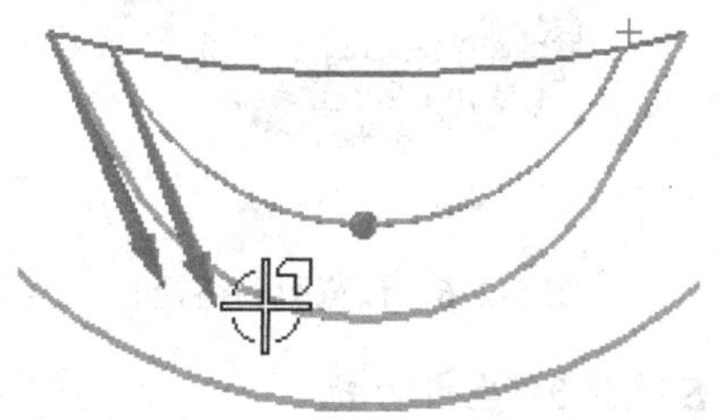

图 5-213　指定流曲线

➔ STEP 35 指定切削方向

在“流线驱动方法”对话框中单击“指定切削方向”图标，在图形上选择左下角接近曲线方向的箭头，如图 5-214 所示。

➔ STEP 36 设置驱动参数

设置切削步距参数，如图 5-215 所示。

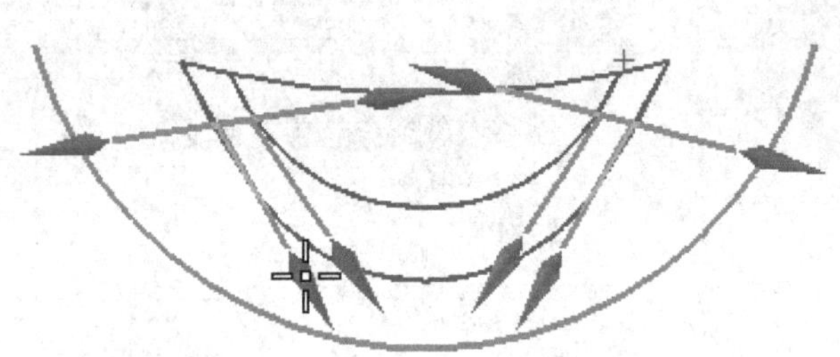

图 5-214 指定切削方向

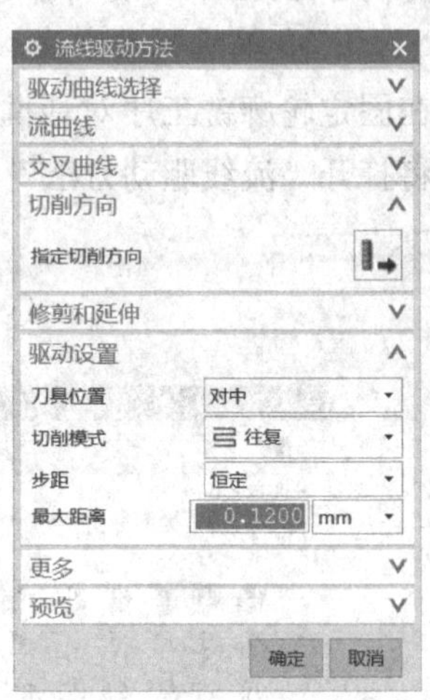

图 5-215 “流线驱动方法”对话框

➔ STEP 37 预览驱动路径

单击预览驱动路径中的“显示”图标，在图形上预览路径，如图 5-216 所示。确认正确后返回工序对话框。

➔ STEP 38 设置非切削移动参数

在工序对话框中单击“非切削移动”后的图标，弹出“非切削移动”对话框。设置进刀参数，如图 5-217 所示，设置“进刀类型”为“插削”，“高度”为 2mm。单击“确定”按钮非切削移动参数的设置，返回工序对话框。

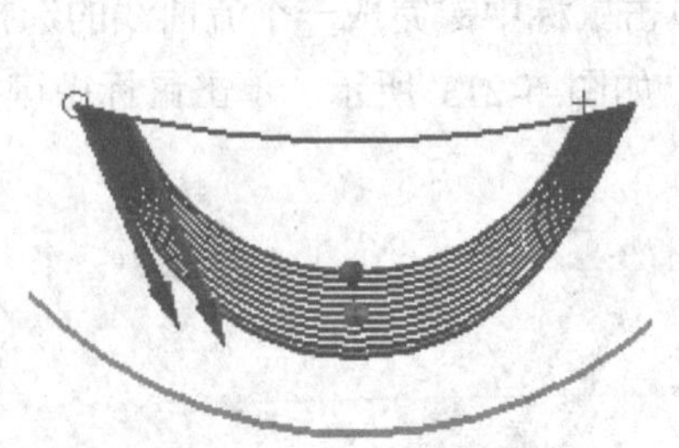

图 5-216 预览驱动路径

图 5-217 进刀设置

➔ STEP 39 生成刀轨

在工序对话框中单击“生成”图标计算生成刀路轨迹。产生的刀路轨迹如图 5-218 所示。

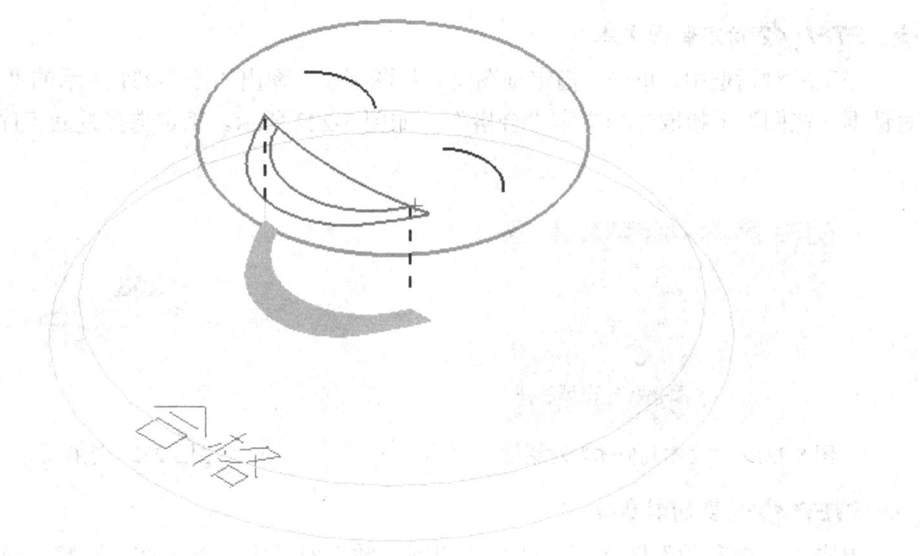

图 5-218　生成刀轨

➔ STEP 40 确定工序

对刀轨进行检视，确认刀轨后单击工序对话框底部的“确定”按钮接受刀轨并关闭工序对话框。

➔ STEP 41 创建工序

单击工具条上的“创建工序”图标，系统打开“创建工序”对话框。如图 5-219 所示，选择工序子类型为“文本”，选择“刀具”为 T2-B2，“几何体”为 MILL_GEOM，“方法”为 Y-1，输入名称为 WENBEN，确认各选项后单击“确定”按钮，打开轮廓文本工序对话框，如图 5-220 所示。

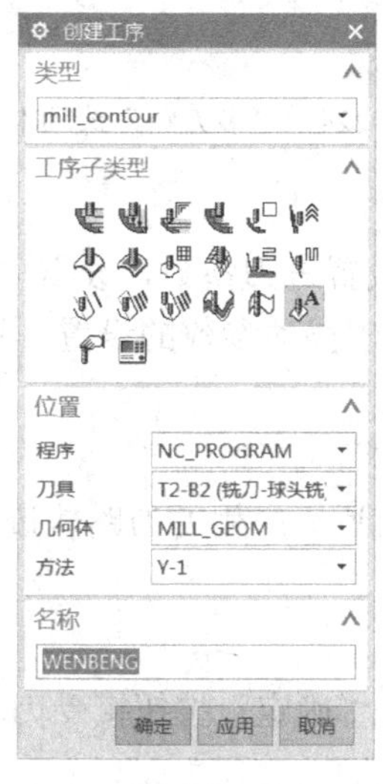

图 5-219　“创建工序”对话框

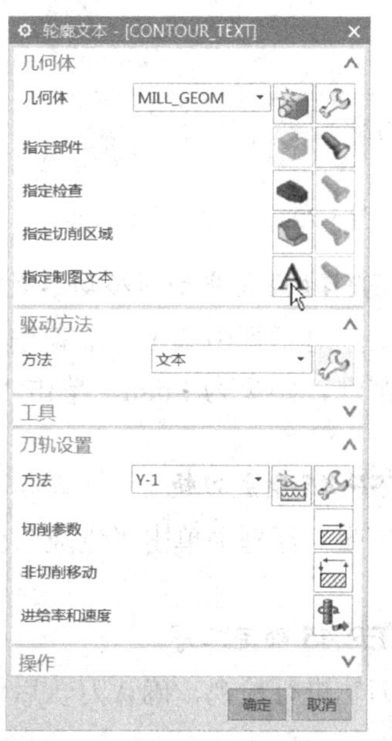

图 5-220　轮廓文本工序对话框

➔ STEP 42 指定制图文本

在工序对话框中，单击“指定制图文本”图标A，弹出如图 5-221 所示的“文本几何体”对话框。在图形上拾取注释文字“合格”，如图 5-222 所示。确定选择返回工序对话框。

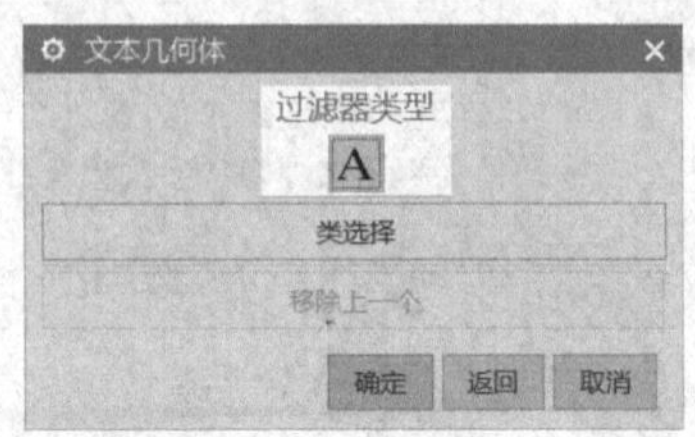

图 5-221 “文本几何体”对话框

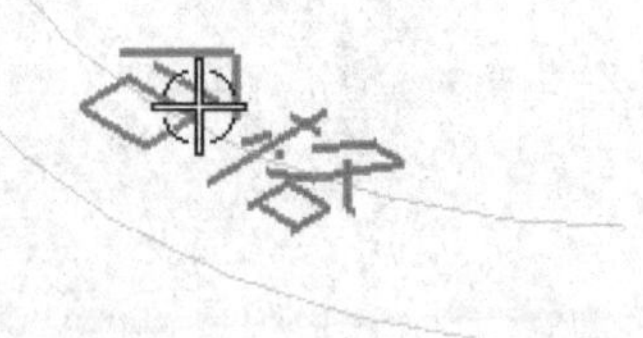

图 5-222 选择文本

➔ STEP 43 设置切削参数

单击“切削参数”图标，打开“切削参数”对话框。首先在“策略”选项卡中设置“文本深度”为 1，如图 5-223 所示。

在“多刀路”选项卡中设置“部件余量偏置”为 1，选中“多重深度切削”复选框，“步进方法”为“增量”，“增量”为 0.4，如图 5-224 所示。确定返回工序对话框。

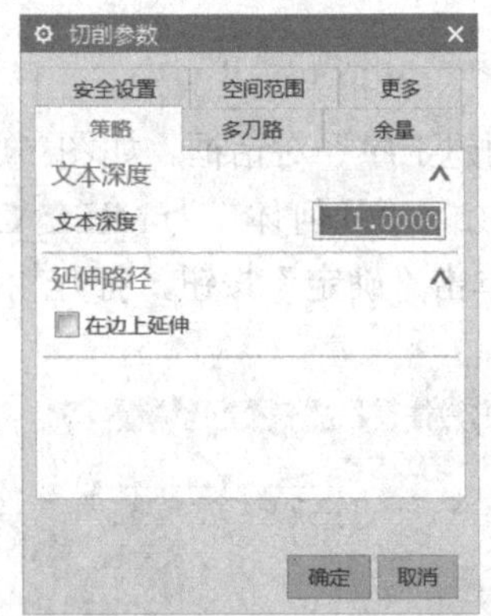

图 5-223 “策略”选项卡

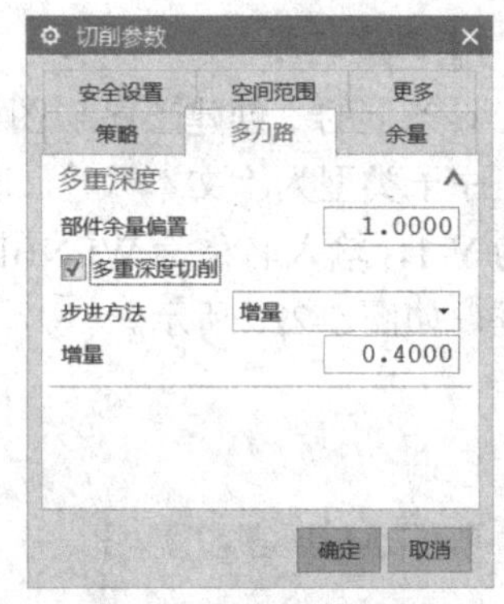

图 5-224 “多刀路”选项卡

➔ STEP 44 设置非切削移动参数

在工序对话框中单击“非切削移动”后的图标，设置进刀参数，设置“进刀类型”为“插削”，距离为 2mm。单击“确定”按钮完成非切削移动参数的设置，返回工序对话框。

➔ STEP 45 生成刀轨

在工序对话框中单击“生成”图标计算生成刀路轨迹。产生的刀路轨迹如图 5-225 所示。

➔ STEP 46 确定工序

对刀轨进行检视，确认刀轨后单击工序对话框底部的“确定”按钮接受刀轨并关闭工序对话框。

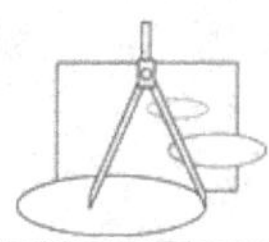

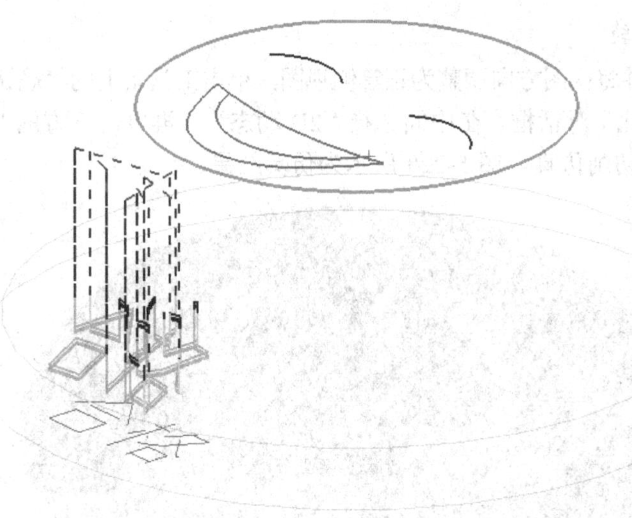

图 5-225　生成刀轨

➔ STEP 47 设置进给率

显示工序导航器的机床视图，选择刀具 T2-B2 下的 JINGXIANG、QUXIAN、LIUXIAN 和 WENBENG 4 个工序，单击鼠标右键，在弹出的快捷菜单中选择“对象”→“进给率…”命令，如图 5-226 所示。打开“进给率和速度”对话框，设置“主轴转速”为 6000，切削进给率为 600，展开进给率下的更多选项，设置进刀为 30%、第一刀切削为 60%的切削进给率，如图 5-227 所示。确定完成进给率和速度的设置。

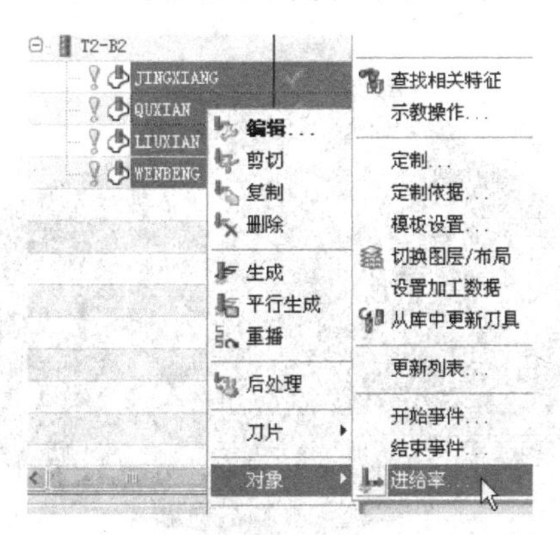

图 5-226　进给率

图 5-227　“进给率和速度”对话框

➔ STEP 48 保存文件

单击工具栏上的“保存”图标，保存文件。

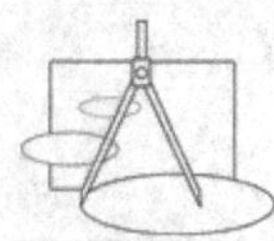

STEP 49 确认刀轨

选择所有工序，并将视图方向调整为正等侧视图，单击工具条上的“确认刀轨”图标，系统打开“刀轨可视化”对话框。在中间选择“2D 动态”，再单击下方的“播放”图标▶，在图形上将进行实体切削仿真，图 5-228 所示为仿真结果。

图 5-228　确认刀轨

思考与练习

1．固定轴曲面轮廓铣有何特点，应用范围是什么？
2．固定轴曲面轮廓铣的常用驱动方式有哪几种？
3．区域铣削驱动的固定轴曲面轮廓铣，步距应用于平面与应用在部件上有何区别？
4．完成如图 5-229 所示零件（E5-1.prt）成形曲面精加工的固定轴曲面轮廓铣工序创建。
5．完成如图 5-230 所示零件（E5-2.prt）成形曲面精加工的固定轴曲面轮廓铣工序创建。

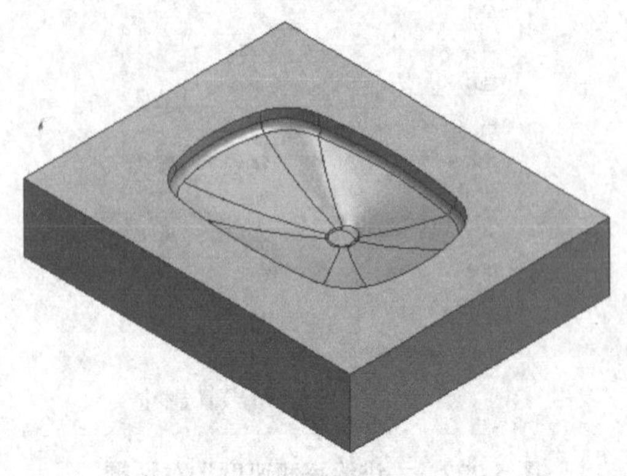

图 5-229　练习题 E5-1

图 5-230　练习题 E5-2

第6章 钻孔加工

本章主要内容：

- 钻孔加工基础与应用
- 钻孔加工工序的创建
- 钻孔循环类型选择
- 钻孔循环参数设置
- 钻孔几何体的选择

6.1 钻孔加工程序基础

钻孔加工的刀具运动由3部分组成：首先刀具快速定位在加工位置上，然后切入零件、完成切削后退回，每一段运动方式的不同，形成不同的循环过程，数控系统提供了固定循环指令来实现不同的钻孔循环过程。

钻孔加工的程序通常是比较简单的，可以在机床上直接输入程序语句进行加工，但对于使用CAM软件进行编程的工件来说，使用CAM软件进行钻孔程序的编制，直接生成完整程序，使用传输软件将程序输入到机床控制器，可以节省在机床控制器上输入语句而占用机床的时间，缩短辅助时间以提高机床利用率，同时可以降低人工输入可能产生的差错率，在孔的数量巨大时尤其明显。另外对某些复杂的工件，其孔的位置分布较复杂，使用NX可以生成一个程序完成所有孔的加工，而使用手工编程的方式较难实现。

NX的钻孔加工可以创建钻孔、攻螺纹、镗孔、平底扩孔和扩孔等工序的刀轨。

钻孔加工编程的技术要点如下。

（1）在钻孔加工时，需要考虑到钻头的顶部是不平的，需要增加一定的深度值。

（2）选择加工形式决定了其参数是否有效，如果选择了不正确的钻孔循环方式，那么所设置的部分参数将可能是无效的。

（3）数控铣或者加工中心上不适于加工极深的孔。

（4）在钻孔加工前一般要先用中心钻或球头刀钻出引导孔，特别是在斜面上钻孔时；否则，钻头极易偏离中心，严重时甚至会导致钻头折断。

（5）钻孔加工或者镗孔加工时，一定要注意排屑问题，保证切屑不会挤死。

6.2 钻孔加工工序创建

创建钻孔加工的工序的一般步骤如下。

1. 创建钻孔工序

在“创建工序”对话框的“类型”下拉列表框中选择 drill 的钻孔加工，并选择子类型及各个位置参数，如图 6-1 所示。确定打开钻工序对话框，如图 6-2 所示。

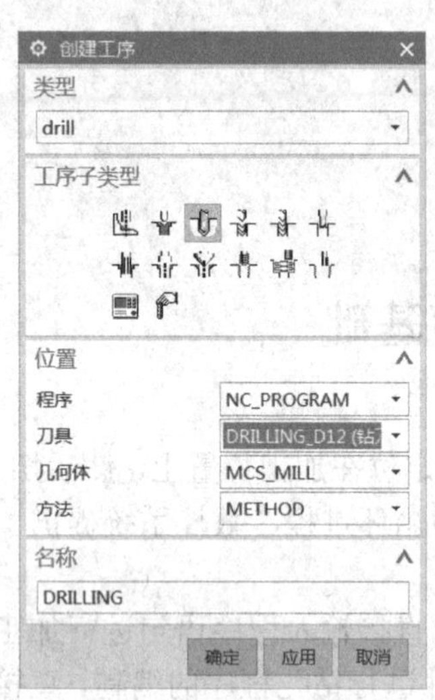

图 6-1 创建钻孔工序

图 6-2 钻工序对话框

2. 设置循环类型

在工序对话框中选择循环类型，如图 6-3 所示，先指定参数组数目，如图 6-4 所示。再进行每一参数组的循环参数设置，如图 6-5 所示。

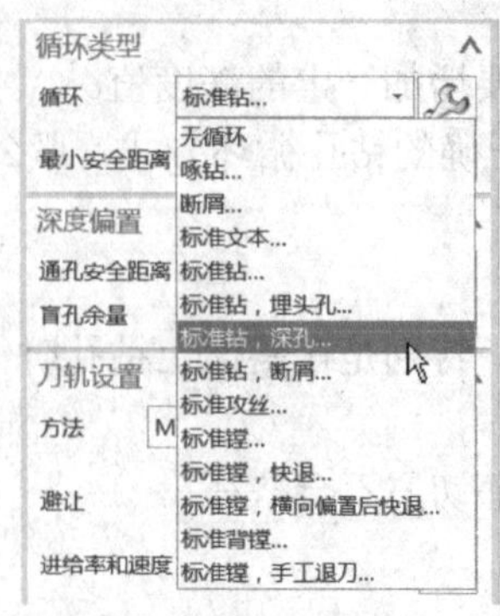

图 6-3 选择循环类型

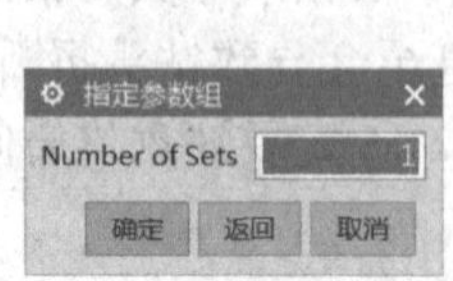

图 6-4 指定参数组

图 6-5 设置循环参数

3. 选择钻孔加工几何体

钻孔加工的几何体包括钻孔点与表面、底面。其中钻孔点是必选的，选择钻孔点时可以指定使用的循环参数组。

4．设置工序参数

在工序对话框中设置钻孔的相关工序参数，如安全距离、深度偏置选项，并设置避让、进给和速度等选项参数。

5．生成刀轨

参数设置完成后，进行刀轨的生成。检验确认后，确定关闭工序对话框。

任务 6-1　创建通孔钻孔工序

如图 6-6 所示某零件的 6 个通孔加工，零件厚度为 25，孔直径为 10。进行钻孔加工程序的编制。

➔ **STEP 1 打开模型文件**

启动 NX，单击“打开文件”图标，打开 T6-1.PRT。

➔ **STEP 2 进入加工模块**

在工具条上单击“开始”按钮，在下拉列表中选择“加工”选项，进入加工模块。

➔ **STEP 3 设置加工环境**

在“加工环境”对话框中，选择 CAM 设置为 drill，如图 6-7 所示。单击“确定”按钮进行加工环境的初始化设置。

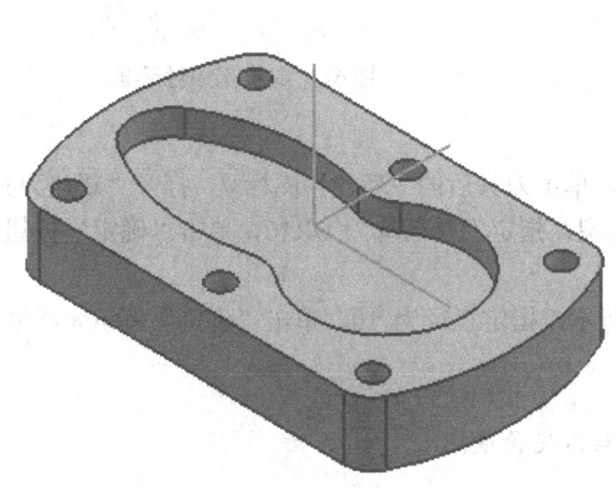

图 6-6　示例零件

图 6-7　加工环境设置

专家指点： 选择 CAM 设置为 drill。钻孔工序也可以选择其他设置，与其他平面铣或轮廓铣工序同时应用，在创建工序时选择类型为 drill。

➔ STEP 4 创建钻孔加工工序

单击工具条上的“创建工序”图标，系统打开“创建工序”对话框。如图 6-8 所示，确定“类型”为 drill，选择工序子类型为“钻”，单击“确定”按钮，打开钻孔工序对话框，如图 6-9 所示。

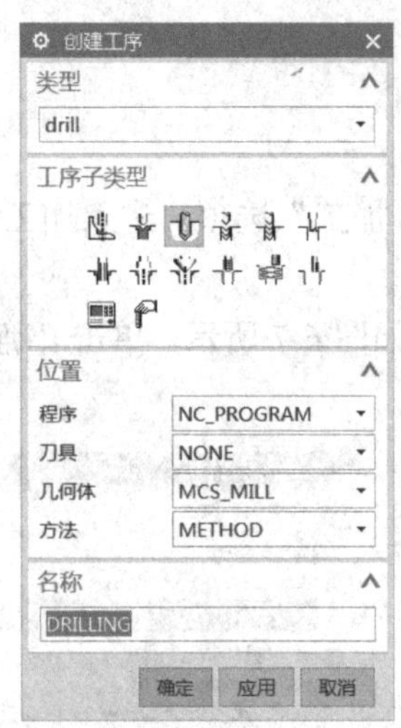

图 6-8 “创建工序”对话框

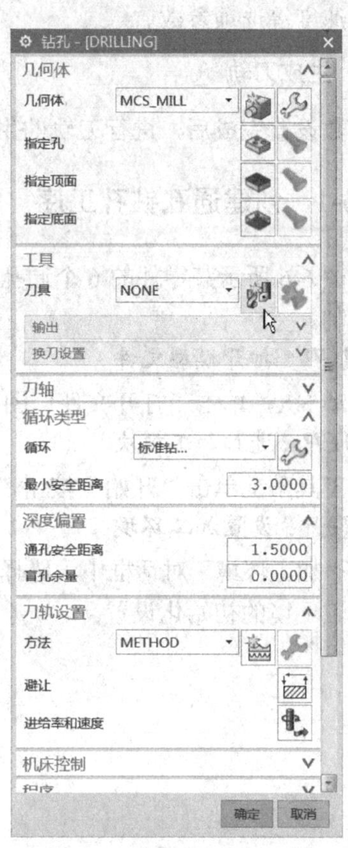

图 6-9 钻孔工序对话框

➔ STEP 5 新建刀具

在对话框上单击“刀具”将其展开，单击刀具后的“新建”图标，打开“新建刀具”对话框，如图 6-10 所示，选择刀具子类型，指定刀具名称为 DR10，单击“确定”按钮进入钻刀参数对话框。

设置钻刀的刀具参数，如图 6-11 所示，指定直径为 10。单击“确定”按钮完成钻刀 DR10 创建，返回工序对话框。

专家指点：钻孔刀具需要设置直径与刀尖角度。

➔ STEP 6 指定孔

单击钻孔加工工序对话框中的“指定孔”图标，以设定钻孔加工位置。

系统弹出如图 6-12 所示的“点到点几何体”对话框，单击“选择”按钮，系统弹出如图 6-13 所示的点位选择对话框。

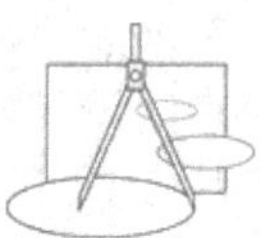

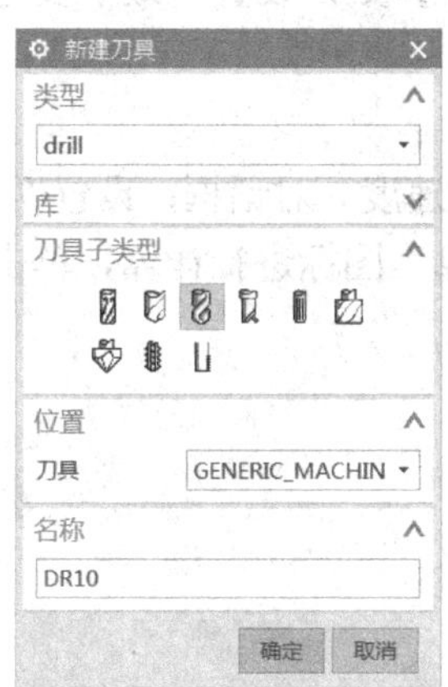

图 6-10　“新建刀具”对话框

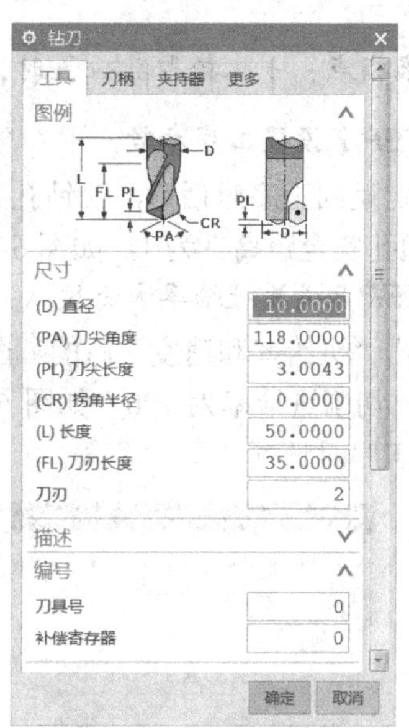

图 6-11　设置刀具参数

图 6-12　“点到点几何体”对话框

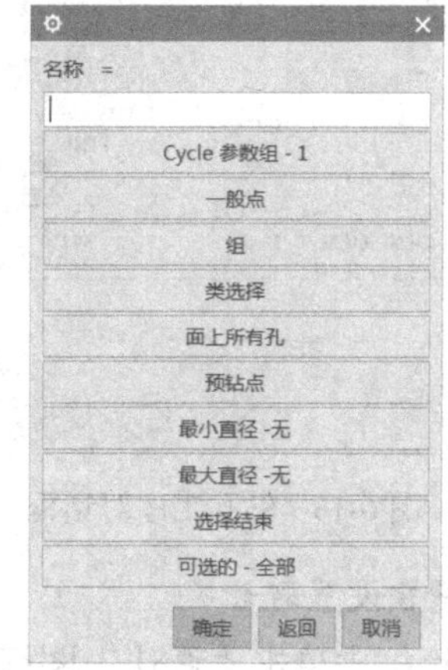

图 6-13　点选择

在图形上依次选择圆，如图 6-14 所示，完成选择后单击鼠标中键，在选择的孔位置将显示序号，如图 6-15 所示。确定返回钻工序对话框。

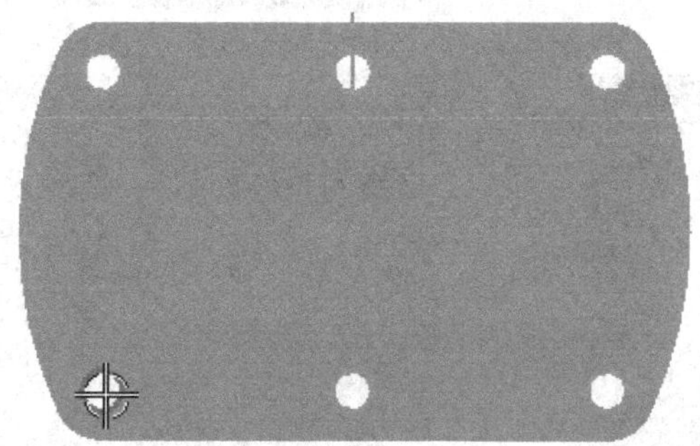

图 6-14　选择圆

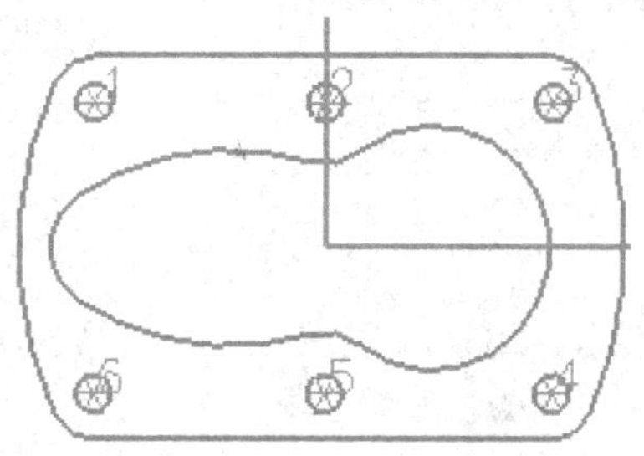

图 6-15　选择的钻孔点

专家指点：手工拾取孔位置时，可以按照顺序选择，以使连接路径最短。

➔ STEP 7 设置工序参数

确定返回工序对话框，在钻孔工序对话框中设置工序参数，设置“最小安全距离”为 1，“通孔安全距离”为 1，如图 6-16 所示。

➔ STEP 8 设置进给率和速度

单击“进给率和速度”后的图标，弹出“进给率和速度”对话框，设置“主轴转速”为 500，切削进给率为 100，如图 6-17 所示。单击“计算”图标进行计算，单击鼠标中键返回钻工序对话框。

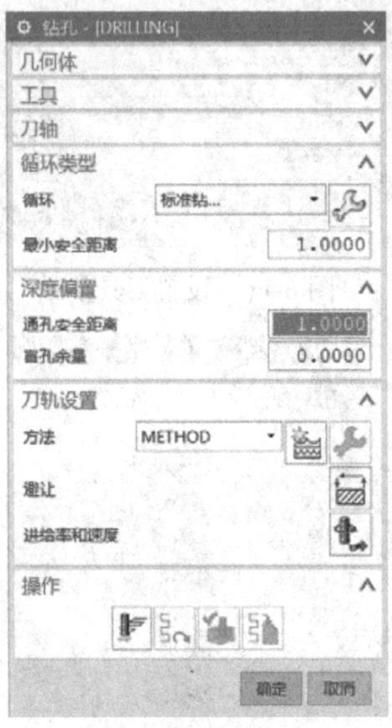

图 6-16 钻孔工序对话框

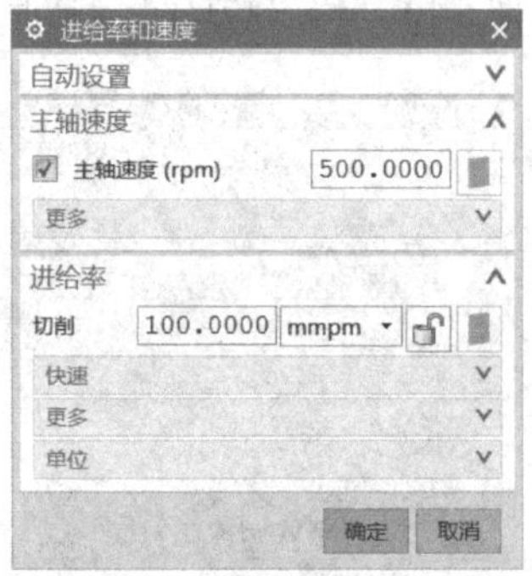

图 6-17 设置进给

➔ STEP 9 设置避让

在对话框中单击“避让”图标，打开避让选项，如图 6-18 所示。

选择安全平面（Clearance Plane）选项，弹出“安全平面”对话框，如图 6-19 所示，单击“指定”按钮，弹出平面构造器，如图 6-20 所示，拾取零件的最高面，并输入偏置为 30，如图 6-21 所示。连续单击鼠标中键返回到工序对话框。

图 6-18 避让

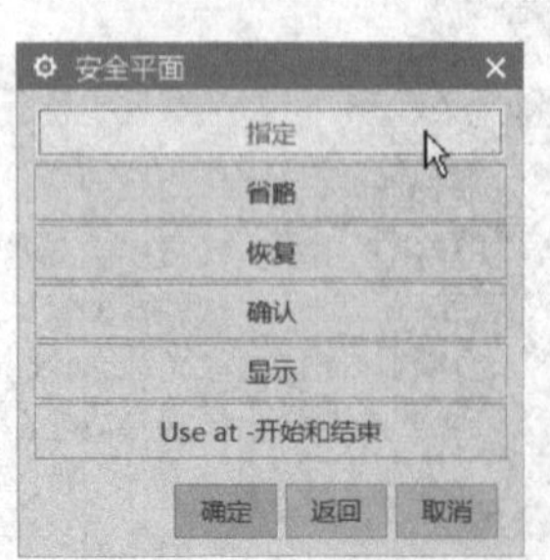

图 6-19 “安全平面”对话框

图 6-20 平面构造器

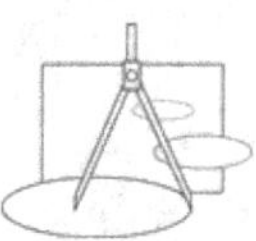

专家指点：设置安全平面，可以作为钻孔起始以及回退至“自动”时的高度。

STEP 10 生成刀轨

在钻工序对话框中单击“生成”图标计算生成刀路轨迹。计算完成的刀路轨迹如图 6-22 所示。

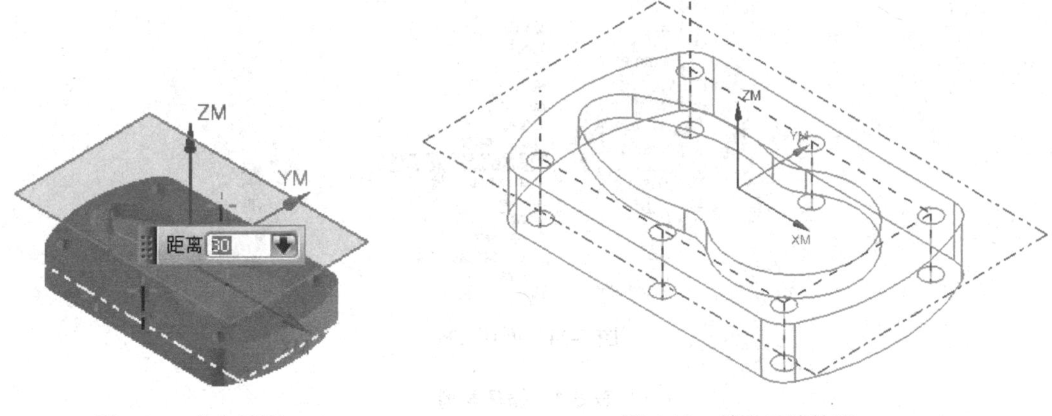

图 6-21　安全平面　　　　图 6-22　钻孔刀路轨迹

STEP 11 确定工序

确认刀轨后单击“钻孔”工序对话框底部的“确定”按钮接受刀轨并关闭工序对话框。

6.3　钻孔加工的循环设置

6.3.1　钻孔加工的子类型与循环类型

创建工序时，选择类型为钻孔 drill，则显示各种钻孔加工的子类型，如图 6-23 所示。钻孔加工工序模板中共有 13 个模板图标，分别定制各钻孔加工工序的参数对话框。

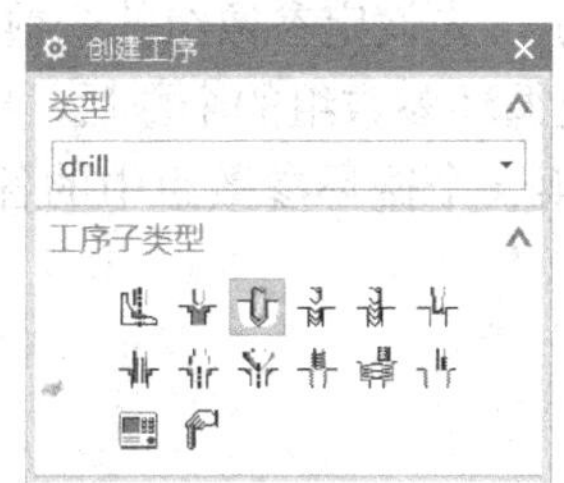

图 6-23　创建钻孔工序对话框

钻孔加工的子类型中有些是标准的固定循环方式加工；还有一些是按固定循环方式加工，但是设定了一定的加工范围等限制条件；而另外一些则不是以固定循环方式进行切削加工的。大部分的子类型只是默认选择了特定的循环类型。

专家指点：在创建钻孔加工工序时，通常都使用普通的钻孔方式，并可以通过设置不同的钻孔参数生成需要的加工程序。

在钻孔工序对话框的循环类型选项下拉列表中有 14 种循环类型，如图 6-24 所示。有关循环选项对应的 ISO 或 FANUC 系统的循环标准指令的说明可以参见表 6-1。

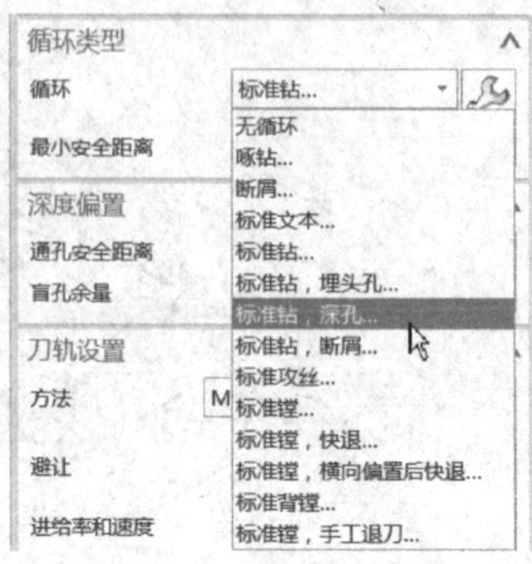

图 6-24　循环方式

表 6-1　循环类型

选　　项	标 准 指 令	选　　项	标 准 指 令
无循环	无	标准断屑钻	G83
啄钻	用G00、G01不使用循环指令	标准攻丝	G84
断屑		标准镗	G85
标准文本		标准镗，快退	G86
标准钻	G81	标准镗，横向偏置后快退	G76
标准沉孔钻	G81/G82	标准背镗	G87
标准钻，深度	G73	标准镗，手工退刀	G88

6.3.2　循环参数设置

选择循环类型后，或者直接单击后边的“编辑”图标，如图 6-25 所示，将弹出相应的循环参数设置对话框，如图 6-26 所示，先设定参数组的个数（Number of Sets），然后为每个参数组设置相关的循环参数。指定循环参数组的个数后，单击“确定”按钮，弹出如图 6-27 所示循环参数对话框。用于设置第一个循环参数组中的各参数，单击“确定”按钮将进入下一组参数设置。

图 6-25　选择循环类型

图 6-26　指定参数组

设置多个循环参数组允许将不同的循环参数值与刀轨中不同的点或群组点相关联。这样就可以在同一刀轨中钻不同深度的多个孔，或者使用不同的进给速度来加工一组孔，以及设置不同的抬刀方式。

专家指点：选择需要偏置的镗孔循环时，需要先指定偏置值。

循环参数包括深度增量、进给速度、暂停时间等。随所选循环类型的不同，所需要设置的循环参数也有差别。下面介绍各循环参数设置对话框中主要循环参数的设置方法。

1. 深度 Depth

在循环参数设置对话框中选择 Depth 选项，弹出如图 6-28 所示对话框。系统提供了 6 种确定钻削深度的方法，如图 6-29 所示各种深度应用的示意图。各种钻削深度的定义方法说明如下。

图 6-27　设置循环参数

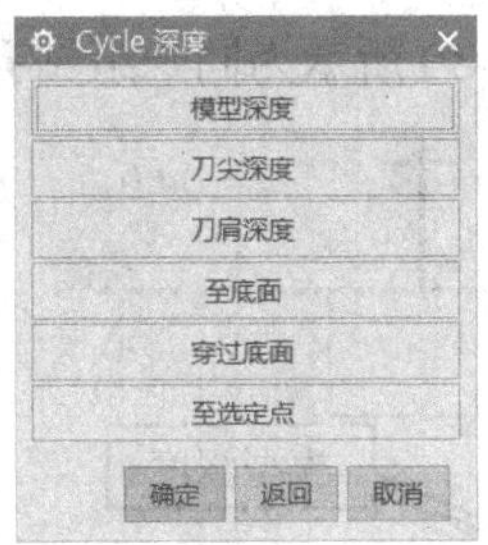

图 6-28　钻削深度选项

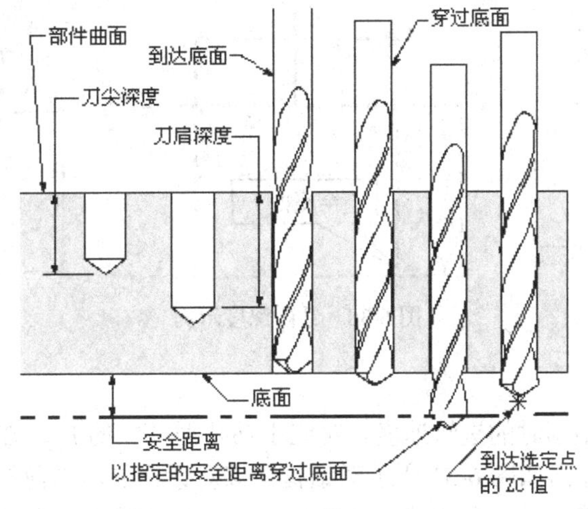

图 6-29　钻削深度示意图

（1）模型深度：该方法指定钻削深度为实体上的孔的深度。选择“模型深度”选项系统会自动算出实体上的孔的深度，作为钻削深度。

专家指点：模型深度一般只适用于实体孔的加工，对于非实体孔的钻孔点（如点、圆弧和面上的孔等），深度将作为零处理。

（2）刀尖深度：沿刀轴方向，按加工表面到刀尖的距离确定钻削深度。选择该深度确定方法，则弹出深度对话框，可在对话框的文本框中输入一个正数作为钻削深度。

（3）刀肩深度：沿着刀轴方向，按刀肩（不包括尖角部分）到达位置确定切削深度。

使用该方式加工的深度将是完成直径的深度。

专家指点：使用刀尖深度或者刀肩深度时，所输入的深度值为正值，表示沿刀轴方向向下距离。如输入负值则会向上。

（4）至底面：该方法沿刀轴方向，按刀尖正好到达零件的加工底面来确定钻削深度。

（5）穿过底面：如果要使刀肩穿透零件加工底面，可在定义加工底面时，用 Depth Offset 选项定义相对于加工底面的通孔穿透量。

（6）至选定点：该方法沿刀轴方向，按零件加工表面到指定点的 ZC 坐标之差确定切削深度。

如图 6-30 所示为同一组钻孔点使用不同的深度定义方式生成的刀轨示例。

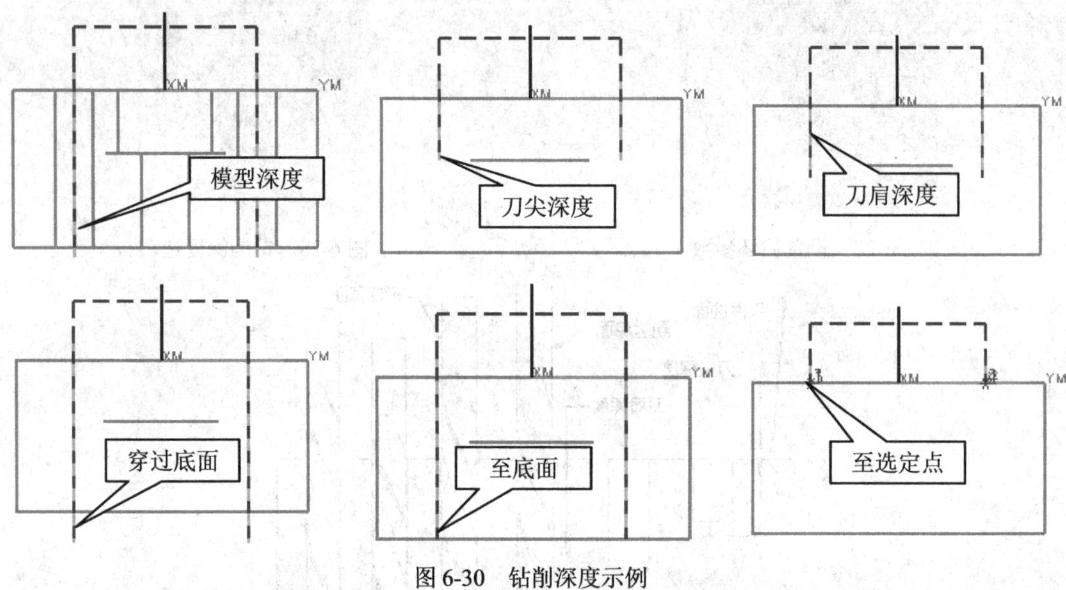

图 6-30　钻削深度示例

2．进给率

进给率设置刀具钻削时的进给速度，对应于钻孔循环中的 F_。在循环参数设置对话框中选择进给率选项，弹出如图 6-31 所示对话框。该对话框显示当前的进给大小，可在文本框中重新输入进给速度。并且可用“切换单位至……”选项来改变进给速度单位为“毫米每分钟”或“毫米每转”。

专家指点：工序对话框中设置的进给率将作为所有钻孔参数集的默认进给率，当前参数组设置的进给率只对本组起作用。

3．暂停 Dwell

暂停时间是指刀具在钻削到孔的最深处时的停留时间，对应于钻孔循环指令中的 P_。在循环参数设置对话框中选择 Dwell 选项后，弹出如图 6-32 所示对话框，各选项说明如下。

（1）关：该选项指定刀具钻到孔的最深处时不暂停。

（2）开：该选项指定刀具到孔的最深处时停留指定的时间，它仅用于各类标准循环。

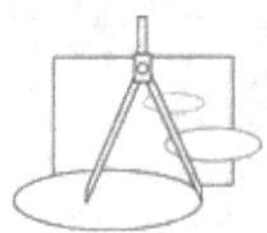

图 6-31　进给率

图 6-32　暂停时间

（3）秒：该选项指定暂停时间的秒数。

（4）转：该选项指定暂停的转数。

专家指点：指定 Dwell 选项后，将输出为 G82 等允许暂停的循环指令。

4．RTRCTO（退刀至）

RTRCTO（退刀至）表示刀具钻至指定深度后，刀具回退的高度。有 3 个选项，如图 6-33 所示。

（1）距离：可以将退刀距离指定为固定距离。

（2）自动：可以退刀至当前循环之前的上一位置。

（3）设置为空：退刀到安全间隙位置。

专家指点：设置回退高度时必须考虑其安全性，避免在移动过程中与工件或夹具产生干涉。

如图 6-34 所示钻孔示例，孔 1、4 使用“RTRCTO：自动”；孔 3 使用“RTRCTO：距离”方式；孔 2 使用“RTRCTO：设置为空”方式，则退刀时将回退到不同的高度值。

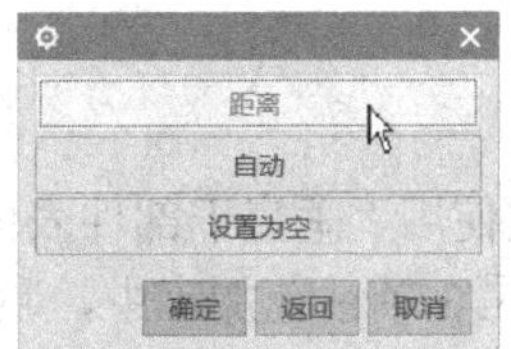

图 6-33　退刀至选项

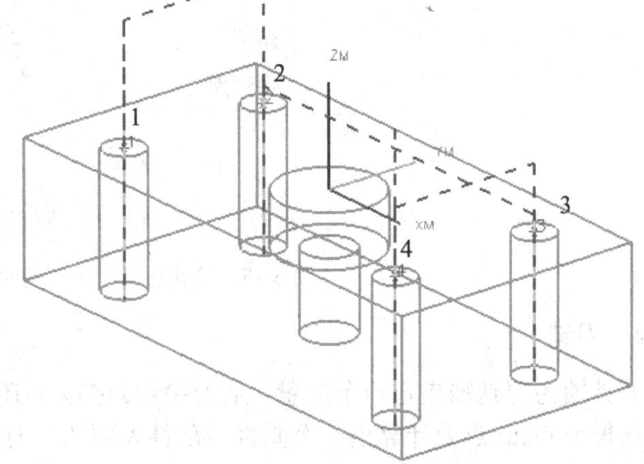

图 6-34　不同的退刀方式示例

5．STEP 值（步进）

STEP 值仅用于钻孔循环为“标准钻，断屑”或“标准钻，深孔”方式。表示每次工进的深度值，对应于钻孔循环中的 Q_。

专家指点：STEP 值设置时可以设置多达 7 个值，一般只使用 STEP #1。

6．CAM 与 Option

CAM 表示一个 Z 轴不可编程的机床刀具深度预设置的停止位置，只在机床及后处理器支持时应用；Option 选项用于激活特定机床的加工特征。这两个选项通常都不作设置。

7．复制上一组参数

设置多个循环参数时，在后一组参数设置时将可以通过“复制上一组参数”来延用上一组的深度、进给率、退刀等参数，然后再根据需要进行设置。

6.4 钻孔工序参数设置

钻孔加工的工序对话框除了几何体、刀具、机床、程序、选项等组以外，钻孔加工的参数设置还包括有刀轴，循环类型、深度偏置、刀轨设置参数组，如图 6-35 所示。

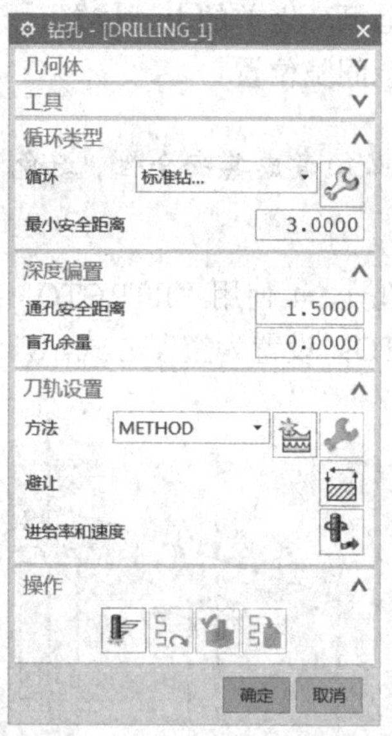

图 6-35　钻孔加工的工序对话框

1．刀轴

刀具轴为刀具轴指定一个矢量（从刀尖到刀夹），还允许通过使用“垂直于部件表面”选项在每个 Goto 点处计算出一个垂直于部件表面的“刀具轴”。在 3 轴钻孔加工中，通常只能使用“+ZM 轴”。

2．最小安全距离

最小安全距离指定转换点，刀具由快速运动或进刀运动改变为切削速度运动。该值即是指令代码中 R_值。如图 6-36 所示为最小安全距离的示意图。

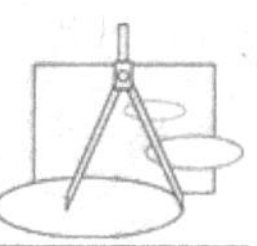

3. 深度偏置

盲孔余量是指定钻盲孔时孔的底部保留的材料量；通孔安全距离设置刀具穿过加工底面的穿透量，以确保孔被钻穿，如图 6-37 所示。

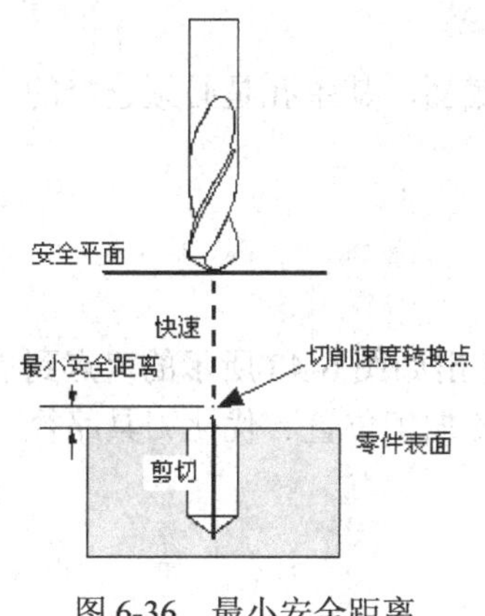

图 6-36　最小安全距离

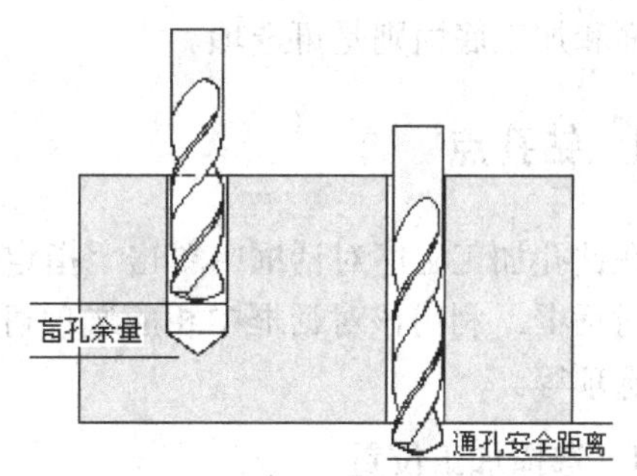

图 6-37　深度偏置

4. 避让

避让用于定义刀具轨迹开始以前和完成切削以后的非切削运动的位置。其选项如图 6-38 所示，包括有从点（From 点）、起始点（Start Point）、返回点（Return Point）、终止点（Gohome 点）、安全平面（Clearance Plane）、低限平面（Lower Limit Plane）等选项。

专家指点：通常只需要设置安全平面选项。

5. 进给率和速度

进给率和速度选项中，可以设置主轴转速与切削进给率，并且可以应用自动设置的方式输入表面速度与每齿进给量计算得到主轴转速与切削进给度。

由于钻孔加工运动相对简单，所以进给率的更多选项相对平面铣或者型腔铣工序要少，如图 6-39 所示为钻孔加工的“进给率和速度”对话框。

图 6-38　避让

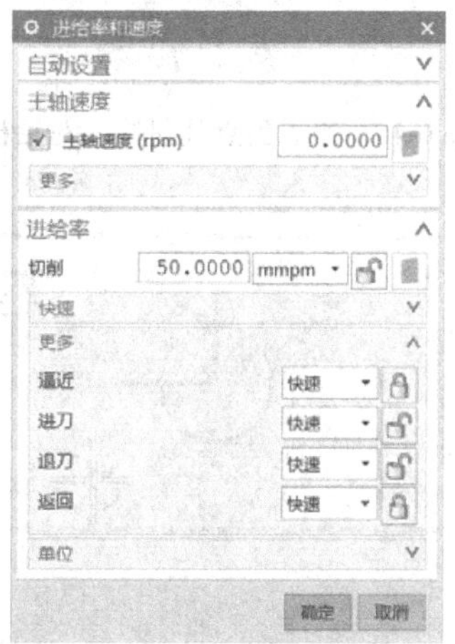

图 6-39　“进给率和速度”对话框

6.5 钻孔加工的几何体

钻孔加工几何体的设置，包括孔、加工表面和加工底面，其中孔是必须选择的，而加工表面和加工底面则是可选项。

6.5.1 钻孔点

在钻孔加工工序对话框中单击“指定孔”图标，弹出如图 6-40 所示的“点到点几何体”对话框。利用该对话框中相应选项可指定钻孔加工的加工位置、优化刀具路径、指定避让选项等。

1．选择加工位置

在图 6-40 所示的对话框中单击“选择”按钮，弹出如图 6-41 所示选择加工位置对话框，可选择圆柱孔、圆锥形孔、圆弧或点作为加工位置。此时可以直接在图形上选择孔、圆弧或者点作为钻孔点，完成选择后确定退出，在孔位将显示序号，如图 6-42 所示。

图 6-40 “点到点几何体”对话框

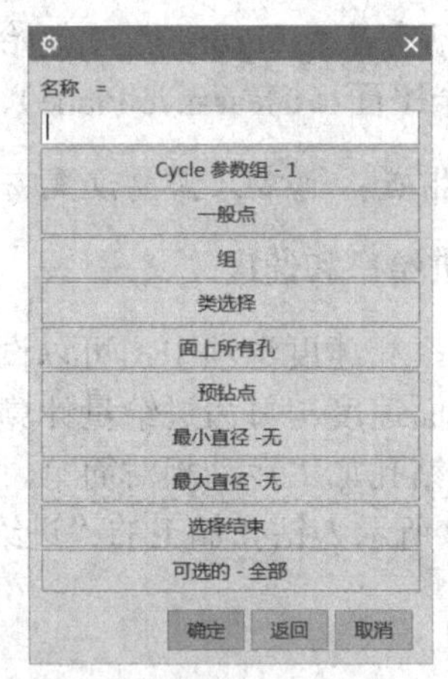

图 6-41 点选择

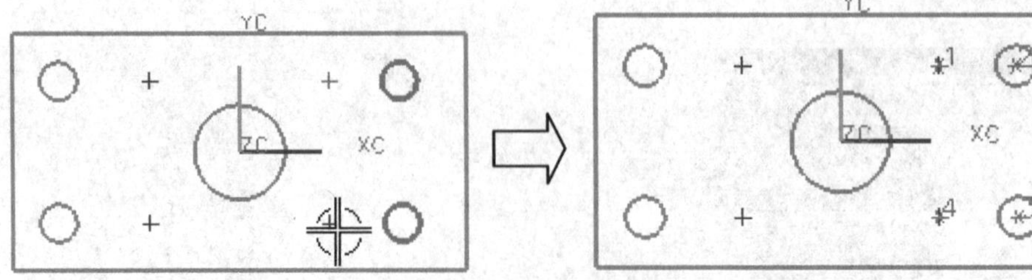

图 6-42 选择钻孔点

指定点前要先选择“参数组”，所选的点将应用对应参数组的循环参数。

选择钻孔时经常使用以下选项进行孔的选择。

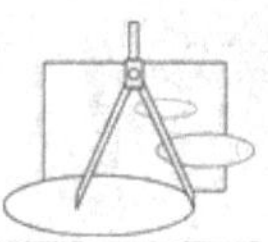

（1）一般点：选择“一般点”选项，将弹出点构造器对话框，如图 6-43 所示，通过在图形上拾取特征点或者直接指定坐标值来指定一点作为加工位置。如图 6-44 所示零件进行钻孔加工时，可以在点构造器指定圆心点方式，再拾取各个圆心点。

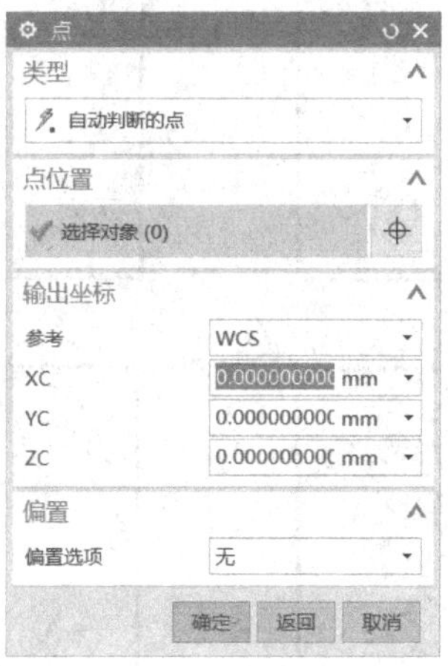

图 6-43　点

（2）面上所有孔：可直接在模型上选择表面，则所选表面上各孔的中心指定为加工位置点，如图 6-45 所示。

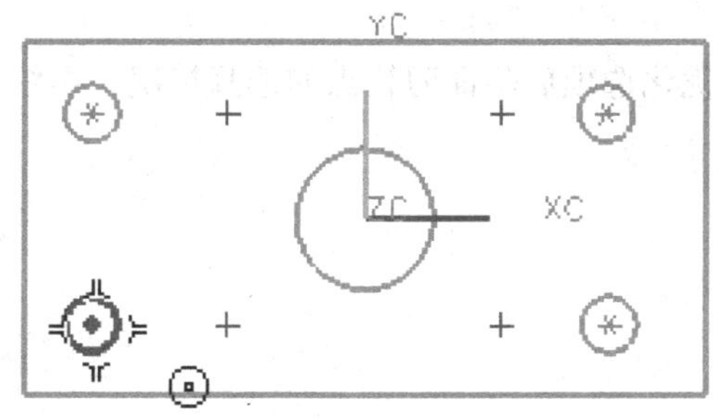

图 6-44　拾取圆心点

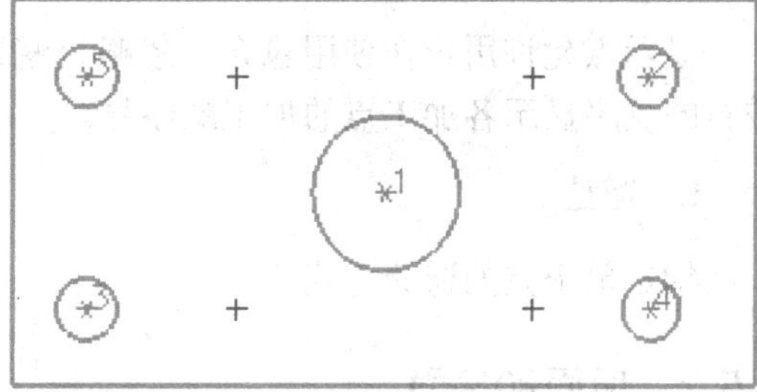

图 6-45　选择面上所有孔

专家指点：可以指定最小直径或最大直径，与图 6-41 所示选择加工位置对话框中的最大直径和最小直径为同一参数。

（3）预钻点：指定在平面铣或型腔铣中产生的预钻进刀点作为加工位置点。

专家指点：如果不存在预钻进刀点，使用该选项将提示信息“该进程中无点”。

2. 附加、忽略加工位置

选择加工位置后，可以通过“附加”添加加工位置，也可以使用“忽略”从已选择的加工位置中取消某些加工位置。

3. 优化刀具路径

优化刀具路径是重新指定所选加工位置在刀具路径中的顺序。通过优化可得到最短刀具路径或者按指定的方向排列。如图 6-46 所示分别按最短路径优化、按水平条带优化、按竖直条带优化进行钻孔顺序的安排。

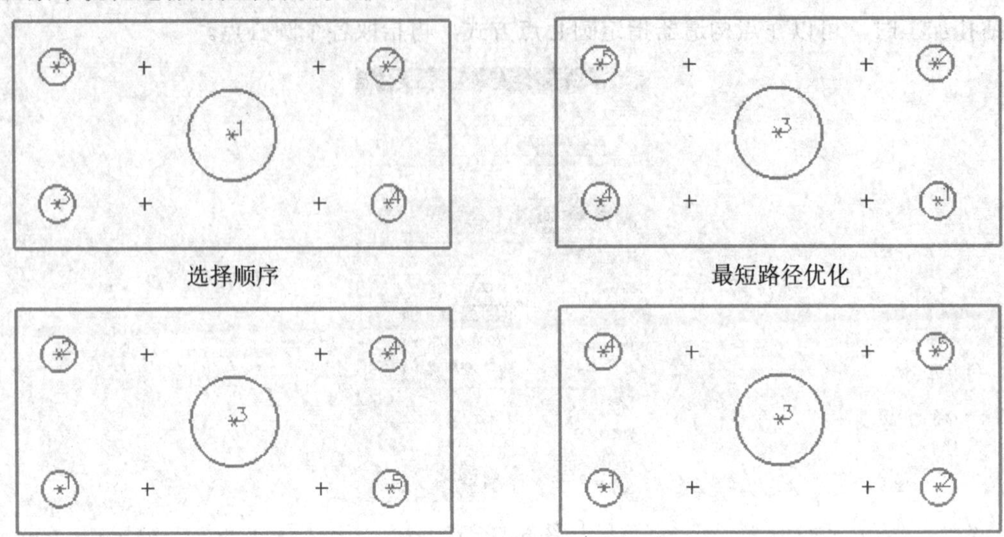

水平条带优化　　竖直条带优化

图 6-46　路径优化

4．显示点

显示点允许用户在使用包含、忽略、避让或优化选项后验证刀轨点的选择情况。系统按新的顺序显示各加工点的加工顺序号。

5．避让

指定单个点的避让方式。

6.5.2　顶面和底面

1．顶面

部件表面是刀具进入材料的位置，也就是指定钻孔加工的起始位置。在工序对话框中单击“指定顶面”图标，将弹出如图 6-47 所示的“顶面”对话框。可以选择“面”、“平面”、“ZC 常数”作为钻孔起始高度或者选择“无”不使用平面。如选择“面”方式，则需要拾取一个面作为加工的起始面，所选择的点将沿刀轴方向投影到该面上，作为钻孔的起点。

专家指点：在曲面进行钻孔加工时，通常不做出孔的实际模型，而只在平面上指定孔中心的点，然后通过指定顶面将点投影到曲面上。

选择“平面”方式，则需要指定平面作为加工的起始面，作为钻孔的起点。

选择“ZC 常数”方式，则可以直接指定 Z 坐标值，以该高度作为钻孔点的起始高度，如图 6-48 所示。

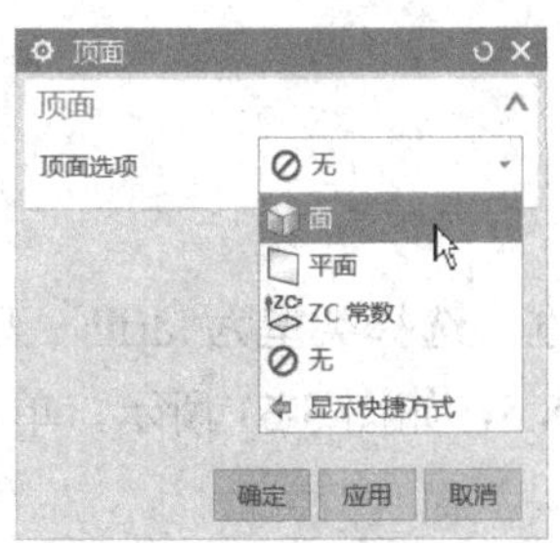

图 6-47　顶面选项

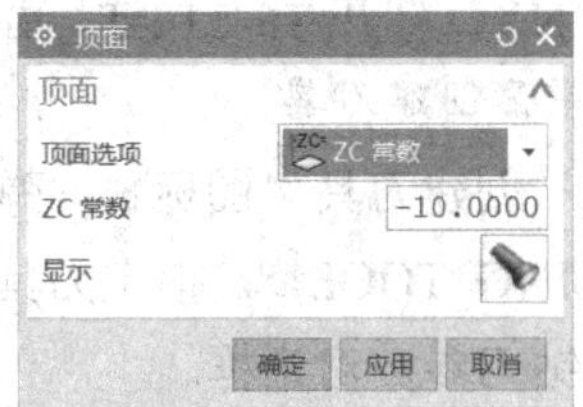

图 6-48　ZC 常数

专家指点： 如果没有定义“顶面”，或者选择“无”，那么每个点处隐含的“顶面”将是垂直于刀具轴且通过该点的平面。

2. 底面

底面指定钻孔加工的结束位置，在工序对话框中单击“指定底面”图标，将弹出“底面”对话框。也可以选择面、平面、ZC 常数、无 4 种指定方法。

如图 6-49 所示为选择了空间的点，再选择实体的上下表面为顶面与底面，设置循环参数中的深度选项为“穿过底面”时生成的钻孔刀路轨迹示例。

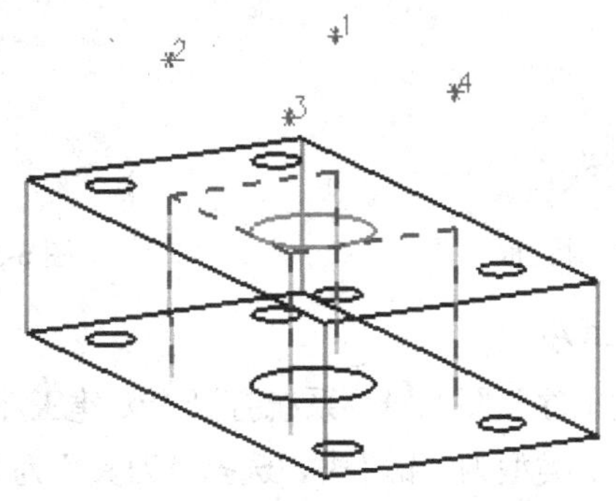

图 6-49　指定顶面与底面的刀轨

任务 6-2　创建台阶上的钻孔工序

如图 6-50 所示某零件的 6 个孔加工，所有孔的直径均为 8.5。其中 2 个孔为盲孔，有效深度为 10，其余 4 个孔为通孔。进行钻孔加工程序的编制。

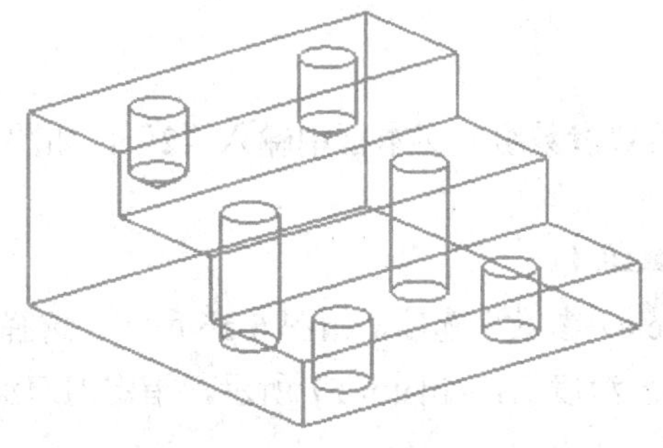

图 6-50　打开的部件

➔ STEP 1 打开模型文件

启动 NX，打开 T6-2.PRT，并进入加工模块。

➔ STEP 2 创建刀具

单击“创建刀具”图标，弹出“创建刀具”对话框，选择类型为 drill，刀具子类型为 DRILLING_TOOL，指定刀具名称为 DRILLING_D8.5，如图 6-51 所示，单击“确定”按钮进入钻刀参数对话框。

设置“直径”为 8.5，如图 6-52 所示。单击“确定”按钮完成刀具创建。

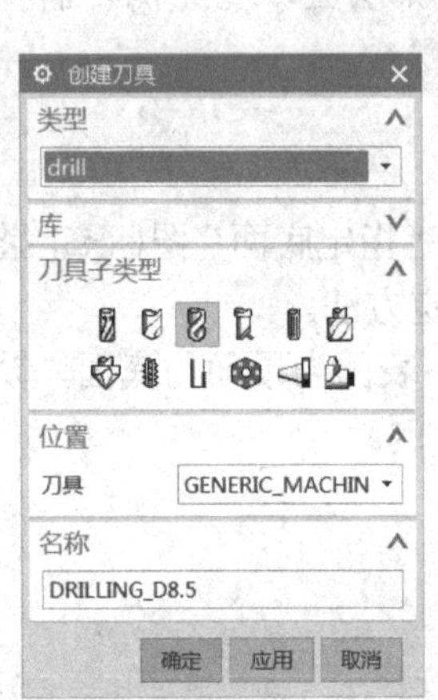

图 6-51 “创建刀具”对话框

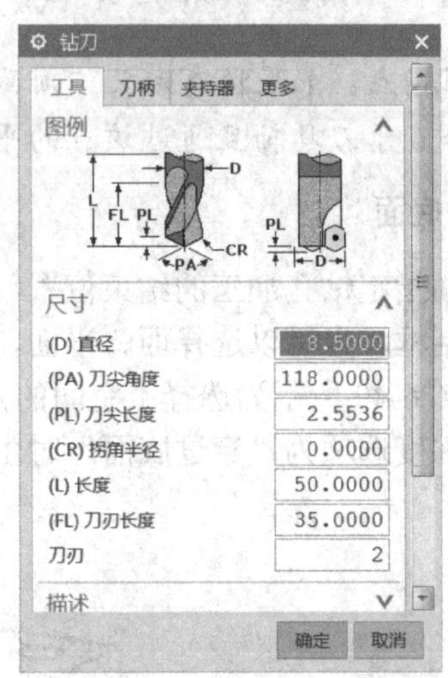

图 6-52 设置钻刀参数

➔ STEP 3 创建钻孔加工工序

单击工具条上的“创建工序”图标，系统打开“创建工序”对话框。如图 6-53 所示，确定类型为 drill，选择工序子类型为“钻”，选择“刀具”为 DRILLING_D8.5，单击“确定”按钮，打开钻孔工序对话框。

专家指点：创建任一对象时选择的类型在后续的创建工作中将作为默认值。

➔ STEP 4 选择循环类型

在钻孔加工工序对话框中，默认选择的循环类型为“标准钻…”，单击后方的“编辑”图标，如图 6-54 所示。

➔ STEP 5 指定参数组

在 Number of Sets（设置参数组）文本框中输入“2”，如图 6-55 所示，使用两个循环参数组。

➔ STEP 6 设置循环参数组 1

系统显示“循环（Cycle）参数”选项，如图 6-56 所示，选择“Depth-模型深度”选项。

选择深度指定为“刀肩深度”，如图 6-57 所示，指定刀肩深度值为 10，如图 6-58 所示。确定返回上一对话框。

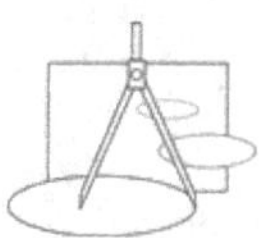

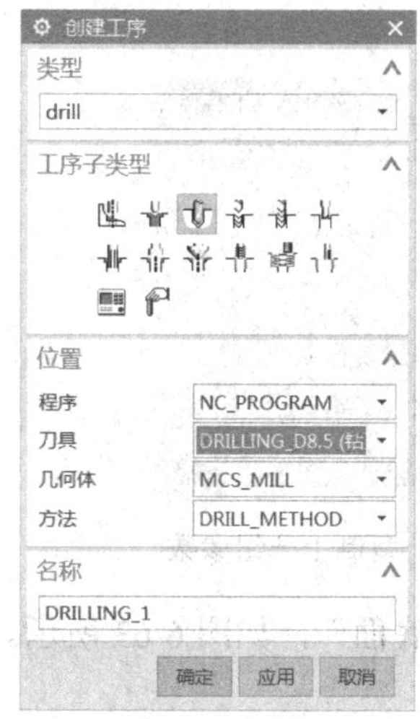

图 6-53　“创建工序”对话框

图 6-54　循环类型

图 6-55　指定参数组

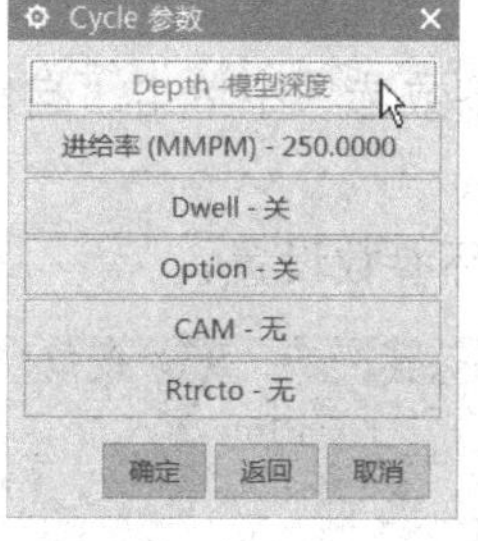

图 6-56　循环参数

图 6-57　深度选项

图 6-58　指定深度

专家指点：要求有效的盲孔深度时，一般使用刀肩深度指定钻孔深度。

在循环（Cycle）参数中单击“进给率（MMPM）-250.000”按钮，如图 6-59 所示，在进给率对话框中设置进给为 50 毫米每分钟，如图 6-60 所示。确定返回循环参数选项，确定完成第一组循环参数设置。

图 6-59　循环参数

图 6-60　设置进给

专家指点：这一组参数适用于顶面上的孔，回退方式可以为“无”。

➔ STEP 7 设置参数组 2 的循环参数

系统打开参数 2 的循环参数设置，如图 6-61 所示。单击“复制上一组参数”按钮来复制前一参数组的选项，如图 6-62 所示。

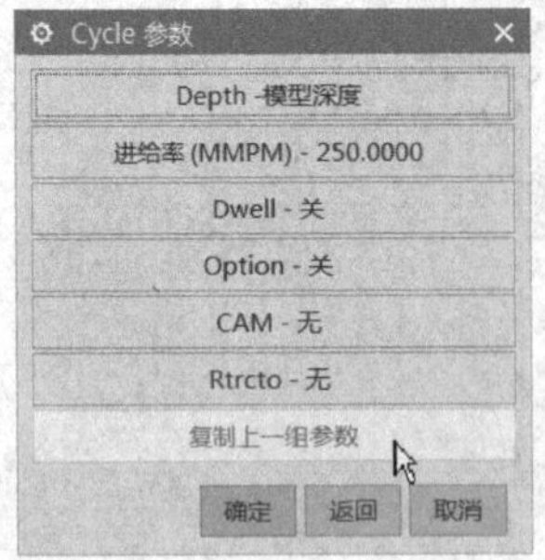

图 6-61　循环参数 2

图 6-62　复制上一组参数

单击“Dedth-模型深度”按钮，选择深度指定方式为“穿过底面”，如图 6-63 所示。系统返回循环参数设置。

专家指点： 通孔可以使用模型深度或者穿过底面。

单击“Rtrcto-无”按钮，进入退刀高度参数设置，在弹出的参数选项中单击“自动”按钮，如图 6-64 所示。

完成设置的循环参数组 2 的选项如图 6-65 所示，确定完成循环参数设置。

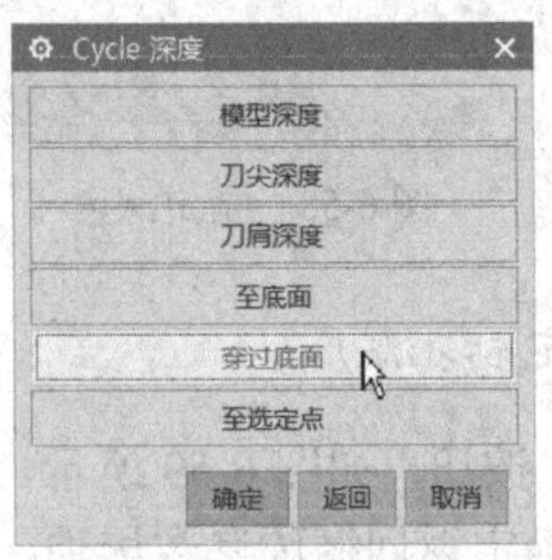

图 6-63　深度选项

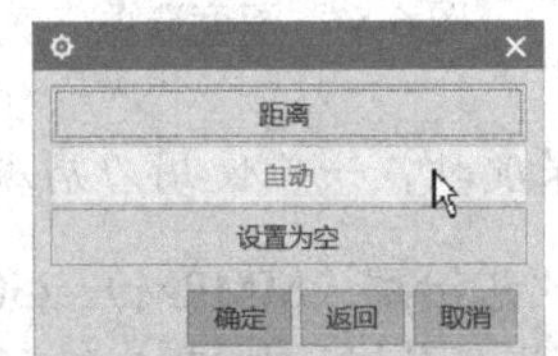

图 6-64　退刀设置

图 6-65　设置完成的循环参数 2

专家指点： 这一组参数适用于底面上的孔，回退方式不可以为“无”，否则在移刀过程中可能与工件发生干涉。

➔ STEP 8 指定孔

单击钻孔加工工序对话框中的“指定孔”图标，以设定钻孔加工位置。

系统弹出如图 6-66 所示的“点到点几何体”对话框，单击“选择”按钮，系统弹出如图 6-67 所示的点位选择对话框，单击“面上所有孔”按钮。

在图形上选择顶面，选中两个盲孔，如图 6-68 所示。

单击“Cycle 参数组-1”按钮，单击“参数组 2”按钮，如图 6-69 所示，在选择对话框中将显示为“Cycle 参数组-2”。

依次选择 4 个通孔的中心点，如图 6-70 所示。

图 6-66　钻孔加工几何体

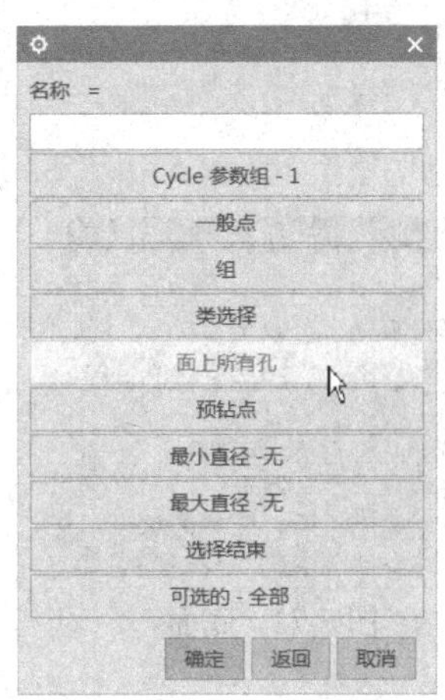

图 6-67　选择加工位置

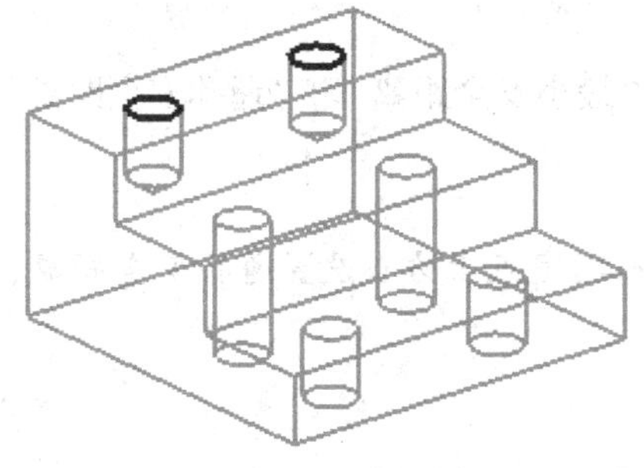

图 6-68　选择盲孔

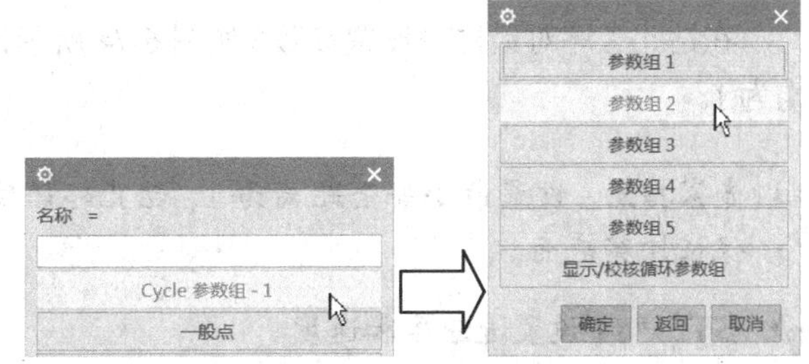

图 6-69　选择参数组

单击鼠标中键确认钻孔点的选择，则在选择的各个钻孔点上将显示数字表示其钻孔序号，如图 6-71 所示。

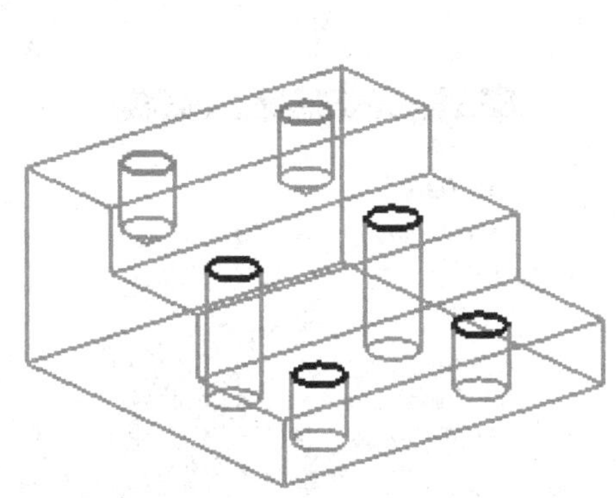

图 6-70　选择通孔

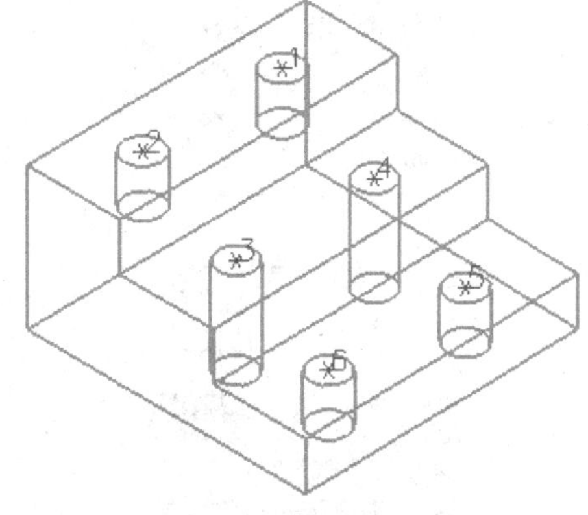

图 6-71　显示钻孔点

➔ STEP 9 指定底面

单击钻孔加工工序对话框中的“指定底面”图标，指定“底面选项”为“面”，如图 6-72 所示的底面对话框，在图形上选取零件底面，如图 6-73 所示，单击鼠标中键确定底面选择。

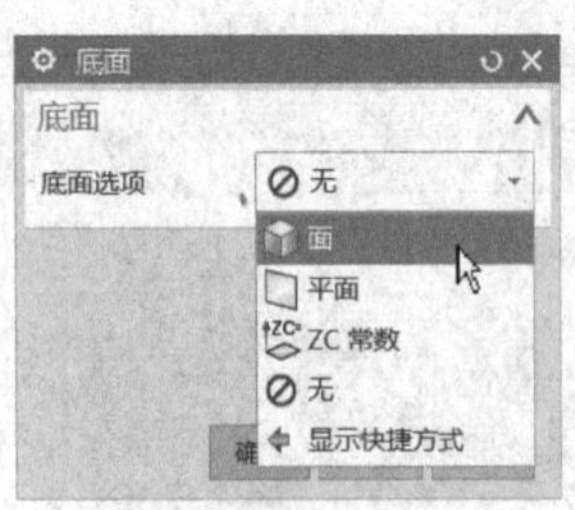

图 6-72　底面

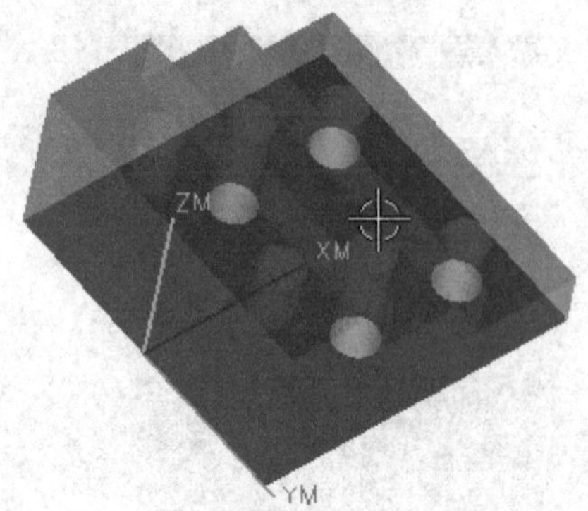

图 6-73　选取底面

专家指点：循环设置中将深度设置为穿过底面，必须指定底面，否则以点位置为底面。

➔ STEP 10 设置钻孔工序参数

在钻孔工序对话框中设置参数，如图 6-74 所示设置“最小安全距离”和“通孔安全距离”均为 1。

专家指点：设置最小安全距离为 1，钻孔起始位置在指定点上方；设置通孔安全距离，保证切穿底面。

➔ STEP 11 设置进给率和速度

单击“进给率和速度”后的图标，弹出“进给率和速度”对话框，如图 6-75 所示设置“主轴转速”为 500，单击鼠标中键返回工序对话框。

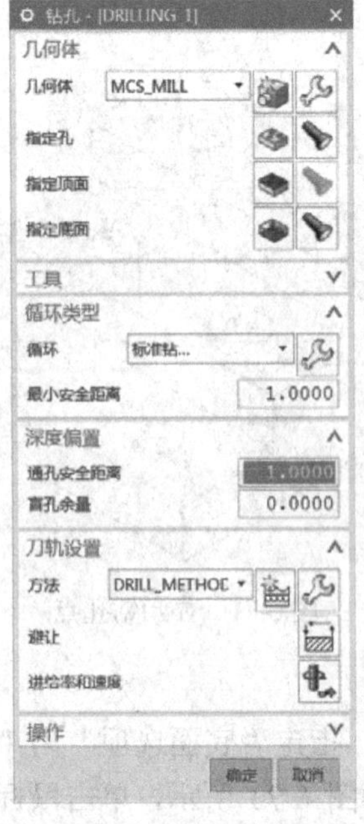

图 6-74　钻孔工序对话框

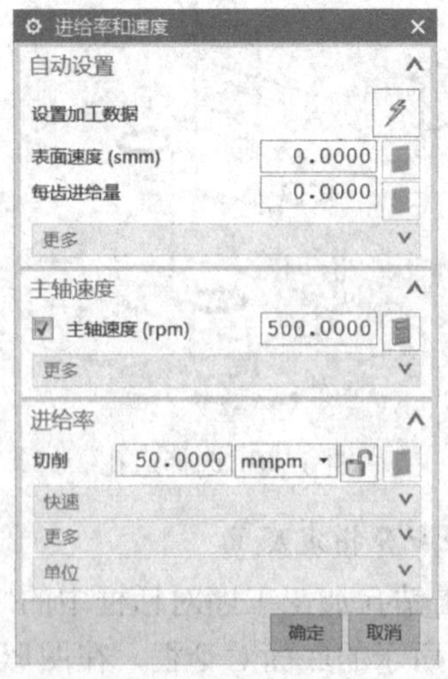

图 6-75　设置进给

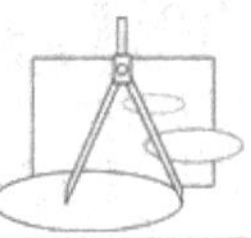

➔ STEP 12 设置避让

在对话框中单击“避让”图标，打开避让选项，如图 6-76 所示。

选择安全平面（Clearance Plane）选项，弹出“安全平面”对话框，如图 6-77 所示，单击“指定”按钮，弹出平面构造器，如图 6-78 所示，拾取零件的最高面，并输入偏置为 20，如图 6-79 所示。连续单击鼠标中键返回到工序对话框。

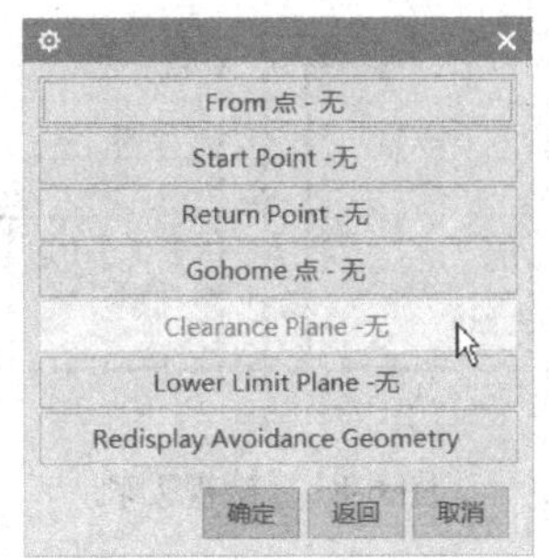

图 6-76　避让

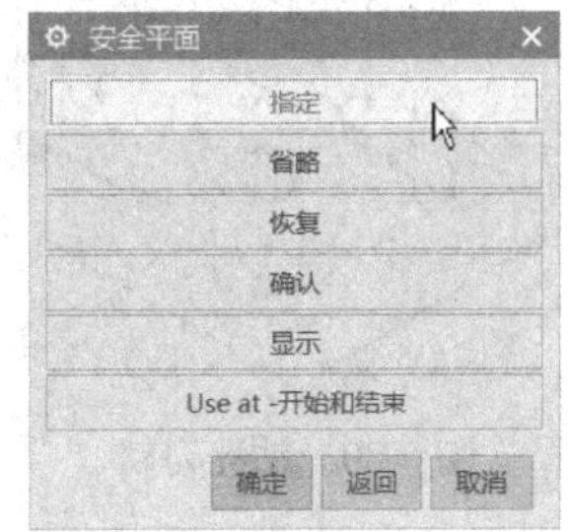

图 6-77　“安全平面”对话框

图 6-78　平面构造器

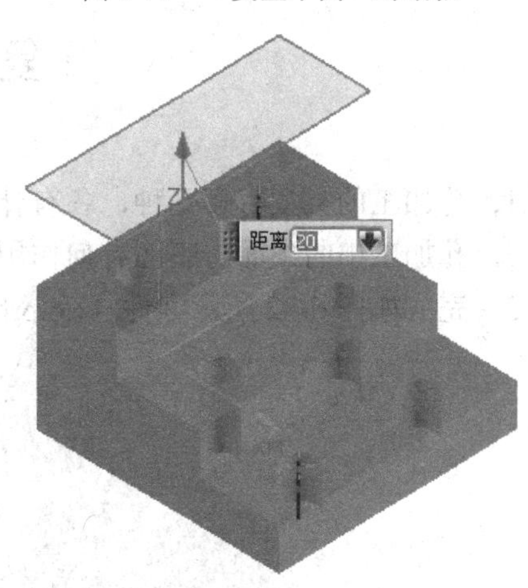

图 6-79　安全平面

专家指点：设置安全平面，可以作为钻孔起始以及回退至“自动”时的高度。

➔ STEP 13 生成刀轨

在工序对话框中单击“生成”图标计算生成刀路轨迹。计算完成的刀路轨迹如图 6-80 所示。

➔ STEP 14 检视刀轨

在图形区通过旋转、平移、放大视图转换视角，再单击“重播”图标回放刀轨。可以从不同角度对刀路轨迹进行查看，如图 6-81 所示为前视图下重播的刀轨。

➔ STEP 15 确定工序

确认刀轨后单击工序对话框底部的“确定”按钮接受刀轨并关闭工序对话框。

➔ STEP 16 保存文件

单击工具栏上的“保存”图标，保存文件。

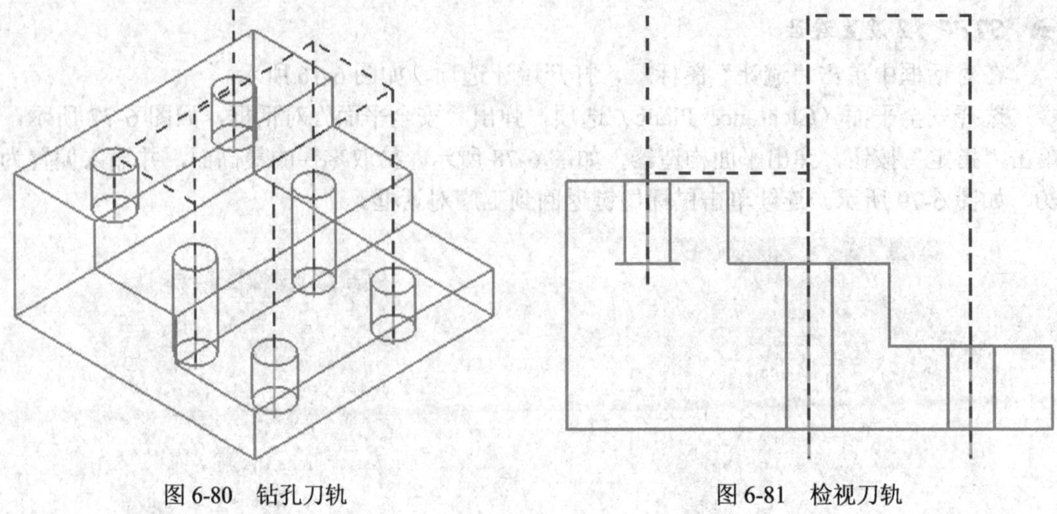
图 6-80　钻孔刀轨　　　　图 6-81　检视刀轨

复习与练习

1．孔加工的类型有哪几种，各有什么特点？
2．孔加工中的顶面与底面有何作用？
3．完成如图 6-82 所示零件（E6.prt）上的孔加工工序创建。

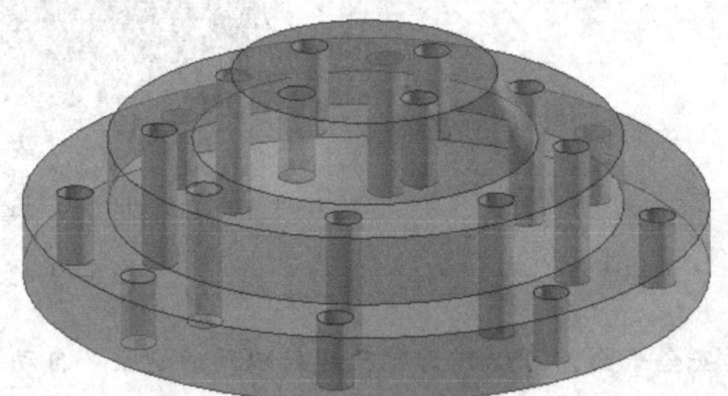
图 6-82　练习题

参考文献

1．单岩，王卫兵．实用数控编程技术与应用实例．北京：机械工业出版社，2003

2．王卫兵．数控编程 100 例．北京：机械工业出版社，2003

3．EDS 公司．Unigraphics CAST，2002

4．Siemens Product Lifecycle Management Software Inc. NX6 帮助库，2008

5．王庆林，李敏丽，韦纪祥．UG 铣制造过程实用指导．北京：清华大学出版社，2002

6．马秋成，聂松辉，张高峰等．UG-CAM 篇．北京：机械工业出版社，2002

7．[美] Unigraphics solution inc．UG 铣制造过程培训教程．苏红卫译．北京：清华大学出版社，2002

8．王卫兵．UG NX8 中文版数控编程快速入门视频教程．第 2 版．北京：清华大学出版社，2012

9．王卫兵．UG NX8 数控编程学习情境教程．北京：机械工业出版社，2012

10．CAD/CAM/CAE 技术联盟．UG NX 10.0 中文版从入门到精通．北京：清华大学出版社，2016

11．http://www.icax.org

12．http://www.ugcn.cn

13．http://www.idnovo.com.cn

14．http://www.plm.automation.siemens.com/zh/products/nx/

15．http://www.mouldbbs.com

附录A　FANUC 数控系统的 G 代码和 M 代码

FANUC 系统的 G 代码如表 A-1 所示。

表 A-1　FANUC 系统的 G 代码

G 代码	组　别	功　能	附　注
G00	01	快速定位	模态
G01	01	直线插补	模态
G02	01	顺时针方向圆弧插补	模态
G03	01	逆时针方向圆弧插补	模态
G04	00	暂停	非模态
G10	00	数据设置	模态
G11	00	数据设置取消	模态
G17	16	XY平面选择	模态
G18	16	ZX平面选择	模态
G19	16	YZ平面选择	模态
G20	06	英制	模态
G21	06	米制	模态
G22	09	行程检查开关打开	模态
G23	09	行程检查开关关闭	模态
G25	08	主轴速度波动检查打开	模态
G26	08	主轴速度波动检查关闭	模态
G27	00	参考点返回检查	非模态
G28	00	参考点返回	非模态
G31	00	跳步功能	非模态
G40	07	刀具半径补偿取消	模态
G41	07	刀具半径左补偿	模态
G42	07	刀具半径右补偿	模态
G43	17	刀具长度正补偿	模态
G44	17	刀具长度负补偿	模态
G49	17	刀具长度补偿取消	模态
G52	00	局部坐标系设置	非模态
G53	00	机床坐标系设置	非模态
G54	14	第一工件坐标系设置	模态

续表

G 代码	组　　别	功　　能	附　　注
G55	14	第二工件坐标系设置	模态
G56	14	第三工件坐标系设置	模态
G57	14	第四工件坐标系设置	模态
G58	14	第五工件坐标系设置	模态
G59	14	第六工件坐标系设置	模态
G65	00	宏程序调用	非模态
G66	12	宏程序调用模态	模态
G67	12	宏程序调用取消	模态
G73	01	高速深孔钻孔循环	模态
G74	01	左旋攻螺纹循环	模态
G76	01	精镗循环	模态
G80	01	固定循环注销	模态
G81	01	钻孔循环	模态
G82	01	钻孔循环	模态
G83	01	深孔钻孔循环	模态
G84	01	攻螺纹循环	模态
G85	01	粗镗循环	模态
G86	01	镗孔循环	模态
G87	01	背镗循环	模态
G89	01	镗孔循环	模态
G90	05	绝对尺寸	模态
G91	05	增量尺寸	模态
G92	00	工件坐标原点设置	非模态

FANUC 系统的 M 代码如表 A-2 所示。

表 A-2　FANUC 系统的 M 代码

M 代码	功　　能	附　　注
M00	程序停止	非模态
M01	计划停止	非模态
M02	程序结束	非模态
M03	主轴顺时针旋转	模态
M04	主轴逆时针旋转	模态
M05	主轴停止	模态
M06	换刀	非模态
M08	冷却液开	模态
M09	冷却液关	模态
M30	程序结束并返回	非模态
M31	互锁旁路	非模态

续表

M代码	功　能	附　注
M52	自动门打开	模态
M53	自动门关闭	模态
M74	错误检测功能打开	模态
M75	错误检测功能关闭	模态
M98	子程序调用	模态
M99	子程序调用返回	模态

说明：FANUC 以外的控制系统所用的某些指令可能会有所区别，请参考机床或控制器的说明书。

附录B　UG NX的后处理构造器

UG NX 的后处理构造器 Post Builder 是为特定机床和数控系统定制后置处理器的一种工具。应用 Post Builder，可以建立两个特定机床相关的后置处理文件：事件管理器文件和定义文件。

1．进入 POSTBUILD 工作环境

在操作系统中，单击“开始”→“程序”→“NX6”→“加工”→“后处理构造器”，即进入后处理构造器 POSTBUILD 的起始对话框，如图 B-1 所示。

单击“新建文件”图标，弹出如图 B-2 所示对话框。新建机床后置处理文件时，首先需在对话框的 Post Name 文本框中输入后置处理文件名称，然后指定后置处理输出的单位并选取机床的类型，最后单击 OK 按钮，进入图 B-3 所示的机床后置处理参数设置对话框。

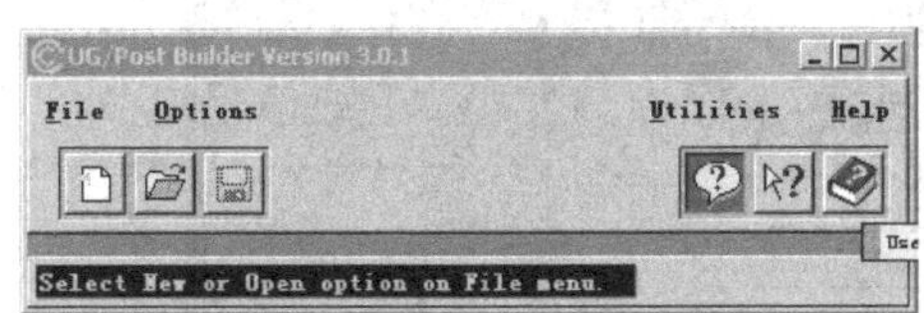

图 B-1　POSTBUILD 的起始对话框

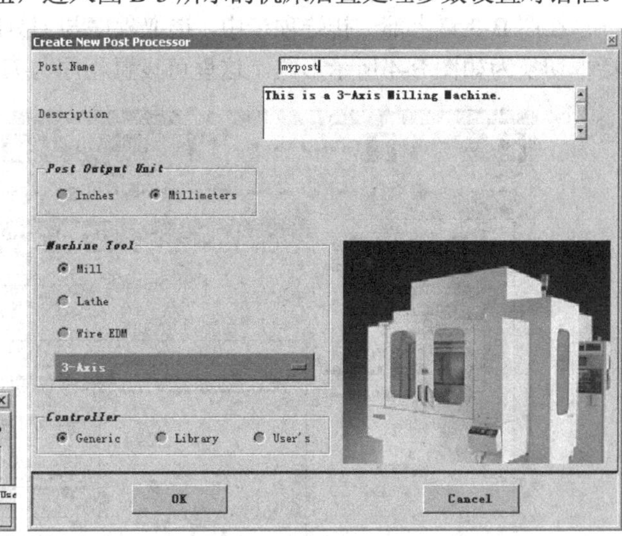

图 B-2　新建机床后置处理文件

2．机床参数设置

如图 B-3 所示的对话框，可进行所选机床后置处理参数设置。在对话框的顶排选项中选取机床选项（Machine Tool），显示机床的相关参数。机床各参数的设置方法说明如下。

（1）单击 Display Machine Tool 按钮，弹出所选机床类型的结构示意图。

（2）选择 General Parameters 选项，显示如图 B-3 所示机床一般参数设置对话框。用于设置机床各坐标轴的最大行程、机床原点的坐标位置、机床直线移动的最小步距、机床快速移动的最大速度等参数。

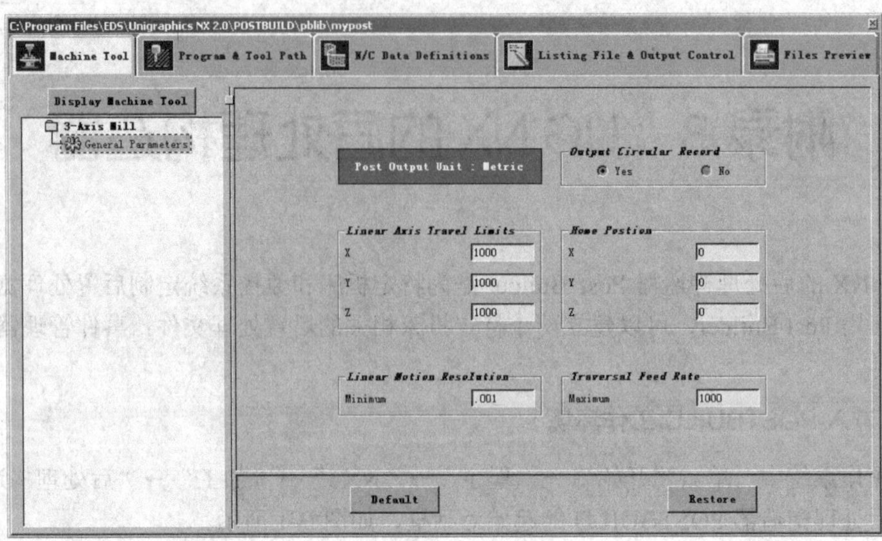

图 B-3　后置处理文件配置

3．程序与刀具路径

在图 B-3 最上部一排选项卡中，选取程序与刀具路径（Program & Tool Path）选项，对话框切换为如图 B-4 所示形式。这里可设置程序与刀具路径的相关参数。

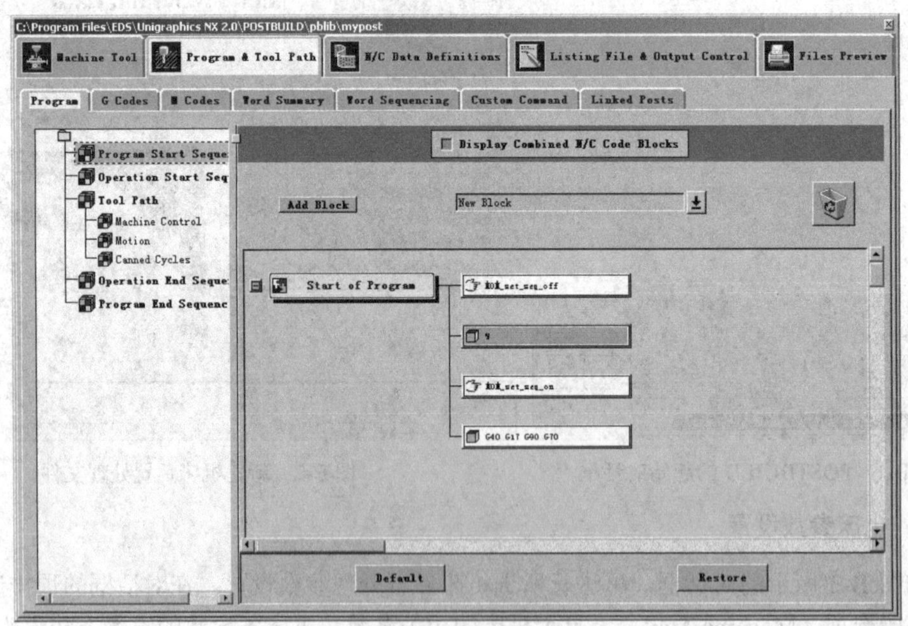

图 B-4　程序与刀具路径参数

（1）Program：在图 B-4 所示对话框中，可设置与程序相关的参数。如程序的起始顺序、操作的起始顺序、刀具路径（机床控制、刀具运动等）、操作结束顺序、程序结束顺序等。

在对话框的程序起始命令（Start of Program）中，可以定义程序起始符号，默认为“%”，还可以定义程序起始指令，如“G40 G90 G17 G80 G54”。

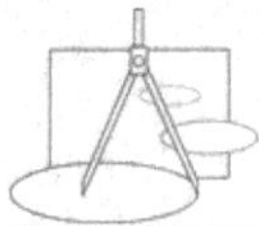

（2）G Codes：选择图 B-4 中的 G Codes 选项，对话框切换到 G 代码设置对话框，如图 B-5 所示，可以根据机床控制器，为各种机床运动或加工操作设置 G 代码。如直线插补运动设置为 G01，顺圆弧插补运动设置为 G02，快速运动设置为 G00 等。

Program | G Codes | M Codes | Word Summary | Word Sequencing | Custom Command | Linked Posts

Motion Rapid	0	Cycle Drill Break Chip	73
Motion Linear	1	Cycle Tap	84
Circular Interperlation CLW	2	Cycle Bore	85
Circular Interperlation CCLW	3	Cycle Bore Drag	86
Delay (Sec)	4	Cycle Bore No Drag	76
Delay (Rev)	4	Cycle Bore Dwell	89
Plane XY	17	Cycle Bore Manual	88
Plane ZX	18	Cycle Bore Back	87
Plane YZ	19	Cycle Bore Manual Dwell	88
Cutcom Off	40	Absolute Mode	90
Cutcom Left	41	Incremental Mode	91
Cutcom Right	42	Cycle Retract (AUTO)	98

Default　　Restore

图 B-5　G 代码设置

（3）M Codes：选择图 B-4 中的 M Codes 选项，对话框切换到 M 代码设置对话框，可以设置各种辅助功能代码，如主轴的起停、冷却液的开关、主轴的顺时针旋转或逆时针旋转、刀具的换刀等。对于 M 代码的分配需根据具体机床的辅助功能进行设置。

（4）Word Summary：该选项用于综合设置数控程序中可能出现的各种代码。如代码的数据类型（文本类型或数值型）、代码符号、整数的位数、是否带小数及小数位数等。

（5）Word Sequencing：该选项设置程序段中各代码的顺序。如设置每一程序语句中的 G 代码、辅助代码、各坐标轴的坐标值等参数的顺序。

（6）Custom Command：该选项用于自定义后置处理命令。

4．N/C 代码定义

在图 B-3 最上部一排选项中，选取 N/C 数据定义（N/C Data Definitions）选项，系统弹出如图 B-6 所示对话框，可定义相关 N/C 数据。各参数设置说明如下。

（1）BLOCK：该选项定义各种代码和操作的程序块。例如，辅助功能应包括哪些字符，循环钻孔应包括哪些代码和字符等。

（2）WORD：该选项定义数控程序中可能出现的各种代码及其格式，如图 B-7 所示。例如，坐标轴代码、准备功能代码、辅助功能代码、进给量代码、刀具代码等分别采用哪个字符表示，以及它们的格式，是否为模态（Model）参数，数值的大小限制等。

（3）FORMAT：该选项定义数控程序中可能出现的各种数据格式，如坐标值、准备功能代码、进给量、主轴转速等参数的数据格式。

（4）Other Data Elements：该选项定义其他数据，如程序序号的起始值、增量以及跳过程序段的首字符等。

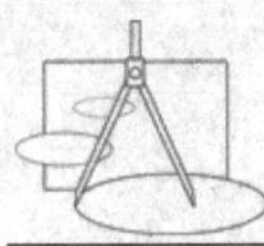

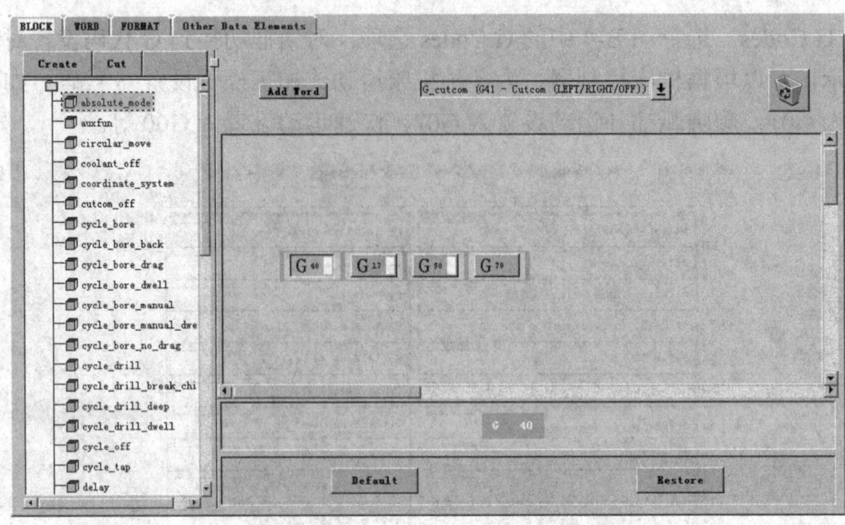

图 B-6　Block 参数设置

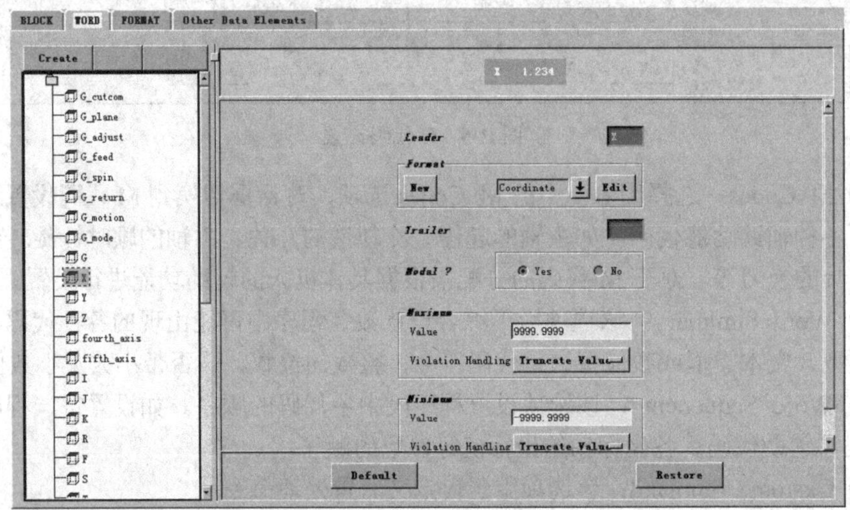

图 B-7　WORD 参数设置

定制后置处理器后，进行后处理时，在机床中选择所定义的后处理器名称，如图 B-8 所示，将按指定的格式生成 NC 程序。

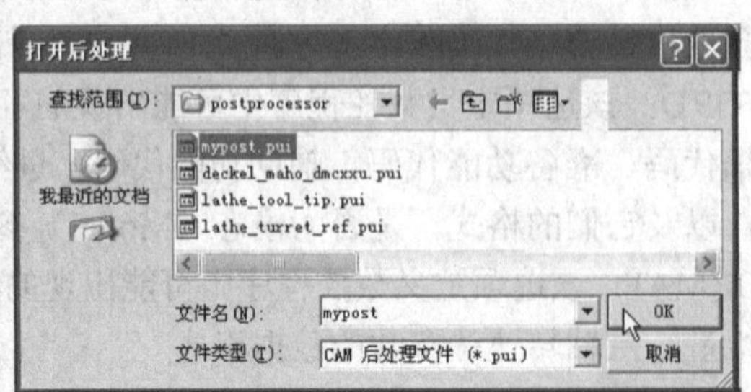

图 B-8　选择后置处理器

附录 C　NX CAM 常用术语中英文对照表

A

Activation Range 自动进刀范围
Add Arcs 加圆弧
Additional Passes 附加轨迹
Allow Oversize Tool 允许偏大刀具
Append 追加
Approach 趋进刀轨
Approach Maker 趋近标记
Arc Center Probe 探头弧心
Area Milling 区域铣削
At Angle To DS 与驱动面成角度
At Angle To PS 与零件面成角度
Auxfun 辅助功能
Avoid 避让
Avoidance Geometry 避让几何体
Away From Line 远离参考线
Away From Point 远离参考点

B

Bandwidth 带宽
Barrel Cutter 鼓形刀
Blank Boundary 毛坯边界
Blank Distance 毛坯距离
Blank Geometry 毛坯几何体
Blank Stock 毛坯余量
Blank 毛坯
Blind Hole 盲孔
Bottom Regions 底面区域
Boundaries 边界
Boundary Approximation 边界近似（增加沿边界铣削刀轨）
Boundary Face 边界面
Boundary 边界
Break Chip 断削钻

C

CAM Customization CAM 用户化
CAM 0bject CAM 对象
Case 情形
Cavity Mill 型腔铣
Cclw 逆时针
Check Boundary 检查边界
Check Geometry 检查几何体
Circular Feedrate Compensation 圆弧进给速度补偿
Circular-Perp To TA 在垂直于刀具的平面输出圆弧插补
Circular-Perp/Par To TA 在垂直/Y 行于刀具的平面输出圆弧括补
Clamp 夹紧
Cleanup Geometry 清理几何体
Clearance Plane 安全平面
Climb Cut 顺铣
Closed 封闭
Clsf Actions 刀具位置源文件作用
Clsf Manager 刀具位置源文件管理器
CLSF(Cutter Location Source File) 刀具位置源文件
Ccw 顺时针
CNC 计算机数字控制
Collision Check 碰撞检查
Concave Corner 凹拐角
Configuration 配置
Constant 常量

Contact（Tool Position）接触（刀具位置）
Continuous Path Motion 连续刀轨运动
Control Points 进刀控制点
Conventional Cut 逆铣
Convex Corner 凸拐角
Coolant Off 冷却液关
Coolant On 冷却液开
Corner And Feed Rate Control 拐角及其进给速度控
Corner Angle 拐角
Curve,Directrix 曲线，准线
Curve/Point Drive 曲线和点驱动
Customizing 客户化
Cut Ang1e 切削角
Cut Area 切削区域
Cut Depth 切削深度
Cut Level 切削层
Cut Method 切削方法
Cut Order 切削顺序
Cut Region 切削区域
Cut Region Start Point 切削区域起始点
Cut Step 切削步距
Cut 切削
Cutter Compensation 刀具补偿
Cutter Diameter Compensation 刀具直径补偿
Cutter Length Compensation 刀具长度补偿
Cutting 切削参数
Cutting Move 切削运动
Cycle Definition Events 固定循环定义事件
Cycle Events 固定循环事件
Cycle Move Events 固定循环运动事件
Cycle Parameter 固定循环参数
Cycle Parameter Set 固定循环参数组
Cycle 固定循环

D

Definition File Elements 定义文件要素
Definition File 定义文件
Depth First 深度优先
Depth Offset 深度偏置
Directional Steep 指向陡峭面
Drilling Tool 钻头
Drive Curve Lathe 驱动曲线车削
Drive Method 驱动方法
Dual 4-Axis On Drive 双四轴于驱动面上
Dual 4-Axis On Part 双四轴于零件面上
Dumb Objects 关联对象
Dwell 暂停时间

E

End-Of-Path Commands 刀轨结束命令
Engage/Retract 进刀 / 退刀方法
Engage Motion 进刀运动
Engage 进刀
Environment 环境
Event 事件
Event Generator 事件生成器
Event Handler 事件处理器
Exclude Face 排除的面
Ext. Tan 相切延伸

F

Facing 面铣
Fan 扇形
Far Side 远侧
Feed Per Tooth 每齿进给量
Feed Rate 进给速度
Filter Methods 过滤方法
Final Retract 最终退刀
Finish Path 精加工刀轨
Finish Stock 最终余量
First Cut 切削的第一刀（进给量）
Fixed Contour 固定轴曲面轮廓铣
Fixed Depth 固定深度
Fl Stck/Min Clr 零件底面余量届小安全距
Flip Material 材料侧反向
Floor 底平面
Floor & Island Tops 底平面和各岛屿的顶面

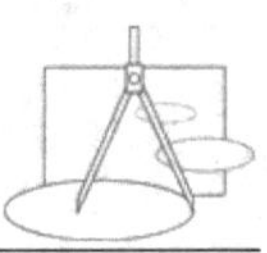

Floor Only 只切削底平面
Flow Cut 清根切削
Follow Boundary 遵循边界方向
Follow Check Geometry 遵循检查几何体形状
Follow Periphery 遵循外轮廓形状
Follow Predrill Points 沿着预钻孔点
Follow Start Points 沿着起始点
From Marker 从标记点

G

Generate 生成
Geometry 几何体
Geometry Groups 几何体组
Geometry Objects 几何体对象
Geometry View 几何体视图
Goto 转移到
Gouge Check Area 过切检查区域
Gouge Check 过切检查
Graphical Postprocessing Module（GPM） 图形后处理模块
Grooving Tool 车槽刀
Group 组

H

Helical 按螺旋线（斜坡进刀）
Hookup Distance 连接间隙距离

I

Ignore Chamfers 忽略倒角
Ignore Holes 忽略孔
Ignore Islands 忽略岛屿
Incremental Side Stock 侧余量增量
Inheritance 继承
Initial Engage 初始进刀
Insert 插入
Internal Engage 内部进刀
Internal Retract 内部混刀
Interpolate 插补
Inward 向里
Island 岛屿

L

Lathe Cross-Section 横切面（用于车削）
Lathe Finish 精车
Lathe Groove 车槽
Lathe Rough 粗车
Lathe Thread 车螺纹
Layer/Layout 视图/布局
Lead And Lag 前导角和后导角
Level First 水平优先
Levels At Island Tops 切削各岛屿的顶面
Libraries 库
Linear Only 只输出直线插补
List 显示列表
Loop 循环

M

Machine Control 机床控制
Machine Control Events 机床控制事件
Machine Data File Generator（MDFG） 机床数据文件生成
Machine Tool 机床
Machine Tool Kinematics 机床运动学
Machine Tool Motion Control 机床运动控制
Machine Tool Type Options 机床类型选项
Machine Tool View 刀具视图
Machining Environment 加工环境
Machining Method View 加工方法视图
Manufacturing 制造（加工）
Manufacturing Output Manager 加工输出管理器
Material Side 材料侧
Max Concavity 最大凹度
MCS（Machine Coordinate System） 加工坐标系
MDF（Machine Data File） 机床数据文件
Method Groups 方法组
Method Objects 方法对象
Mill Area 铣削区域

Mill Boundary 铣削边界
Mill Geometry 铣削几何体
Milling Tool 铣刀
Min Clearance 最低安全平面
Min Cut Length 最小切削段长度
Minimum Clearance 最小安全距离
Motion Output 运动输出格式
Move Events 运动事件
Move Status 运动状态
Movement 运动形式
Multi-Depth 多层切削

N

NC（Numerical Control）数控
Near Side 近侧
No Cycle 无固定循环
Non-Cutting Move 非切削运动
Non-Steep 避让陡峭面
Non-Steep Face 非陡峭面
Normal To Drive 与驱动法向一致
Normal To DS 与驱动面法向一致
Normal To Part 与零件法向一致
Normal To PS 与零件面法向一致
Nurbs（Non Uniform Rational B-Spline）Nurbs 格式输出

O

Offset/Gouge 刀具偏置过切检查
0mit 省略
On（Tool Position）在刀具中心位置上
On Lines 按直线（斜坡进刀）
On Shape 按外形（斜坡进刀）
On Surface 在曲面上
ONT（Operation Navigation Tool）操作导航工具
Open 开口
Operation Objects 操作对象
Operation 操作
Operator Message 操作者提示
Optimize 优化
Optional Skip Off 程序跳段结束
Optional Skip On 程序跳段开始
Origin 原点
Output File Validation 输出文件有效
Output Plane 输出插补平面
Outward 向外
Overlap Distance 搭接距离

P

Parallel To Ps 平行于零件面
Parallel To Ds 平行于驱动面
Parameter Groups 参数组
Parent 父节点
Part Boundary 零件边界
Part Containment 零件包容
Part Floor Stock 零件底部余量
Part Geometry 零件几何体
Part Side Stock 零件侧面余量
Part Stock 零件余量
Pattern Center 同心圆模式中心
Pattern 切削模式
Peck Drill 啄式钻
Permanent Boundary 永久边界
Planar Mill 平面铣
Pocket 内腔
Point To Point Motion 点到点运动
Point To Point 点位加工
Postprocess 后置处理
Post Prosessor 后置处理生成器
Power 功率
Pre-Drill Engage Points 预钻孔进刀点
Pre-Drill 预钻孔
Preferences 顶设置
Prefun 限各功能
Prepare Geometry 预加工几何体
Preprocess 预处理
Profile 轮廓
Program Groups 程序组
Program Object 程序对象

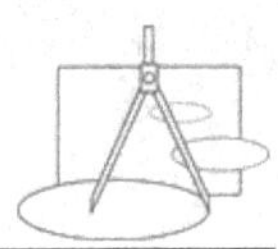

Program Order View 程序顺序视图
Program 程序
Proj Ds Normal 沿驱动面法向投射
Proj Ps Normal 沿零件面法向投射
Projection Vector 投射矢量

R

Radial Cut 径向切削
Ramp Angle 斜坡角度
Ramp Down Angle 向下斜坡角度
Ramp Type 斜坡进刀类型
Ramp Up Angle 向上斜坡角度
Range 切削范围
Range Depth 切削范围深度
Rapid 快速进给速度
Rapto Offset 快进偏置
Rcs（Reference Coordinate System）参考坐标系
Region Connection 区域连接
Region Sequencing 切削区域的顺序
Register Number（刀具补偿）寄存器号
Reject 拒绝
Relative To Drive 相对于驱动面
Relative To Part 相对于零件面
Relative To Vector 相对于矢量方向
Replay 重新显示
Reset From Table 从表中重新设置
Retract Clearance 退刀安全高度
Retract Motion 退刀运动
Retract 退刀
Return 刀具返回
Reverse Boundary 反向边界方向
Rotate 旋转
Rtrcto 退刀距离

S

Safe Clearance 安全距离
Same As Drive Path 与驱动轨迹刀具轴相同
Scallop 残留高度
Seed Face 种子面
Select Head 选择主轴头
Sequence Number 厅号
Sequential Milling 顺序铣
Set Modes 设置模式
Setup Events 事件设置
Setup 设置
Shop Documentation 车间工艺文档
Slowdowns 降速
Smart Objects 相关联对象
Spindle Off 主釉停止
Spindle On 主轴启动
Spindle Speed 主轴转速
Spiral 螺旋驱动
Standard Bore 标准螳
Standard Bore,Back 标准镑
Standard Bore,Drag 标准镗
Standard Bore,Manual 标准镗
Standard Bore,No Drag 标准镗
Standard Drill 主轴停退出
Standard Drill,Break Chip 标准钻削，断屑
Standard Drill,Csink 标准钻削，沉孔
Standard Drill,Deep 标准钻削，深孔
Standard Drive 标准驱动铣
Standard Tap 标准攻螺纹
Standard Text 标准文本（输出）
Start Marker 起始点标记
Startup Commands 启动命令
Steep Angle 陡峭壁角度
Steep Area 陡峭壁区域
Steep Faces 陡峭壁面
Steep 陡峭壁
Step 步距（进给速度）
Step Over 步距类型/方向
Stepover 行距
Stock 余量
Stopping Position 刀具停止位置
Sub-Operations 于操作

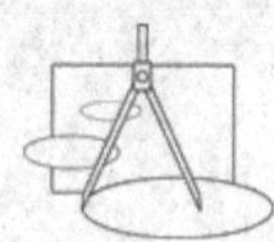

Surface Area 曲面区域（驱动）
Surface Region 曲面区域（特征）
Surface Speed 曲面表面切削速皮
Swarf Drive 直纹面驱动

T

Tangent To DS 相切于驱动面
Tangent To PS 相切于零件面
Tangential Edge Angle 相切边角
Tanto（Tool Position）相切（刀具位置）
T-Cutter 形刀
Templates 模板
Temporary Boundary 临时边界
Temporary Plane 临时平面
The Event Generator 事件生成器
The Event Generator 事件处理器
Thread Milling 螺纹铣
Threading Tool 螺纹车刀
Three Point Plane 二点（圆心）探测
Thru Fixed Pt 通过固定点
Thru Hole 通孔
Tilt 倾角
Tolerances-Intol/Outtol 内公差/外公差
Tolerant Machining 容错加工
Tool Axis 刀具轴（刀轴）
Tool Change 换刀
Tool Checker 刀具检测器
Tool Diameter 刀具直径
Tool Groups 刀具组
Tool Holder 刀柄
Tool Objects 刀具对象
Toolpath Actions 刀轨动作
Toolpath 刀位轨迹（刀轨）
Tool Position 刀具位置
Tool Preselect 刀具预选
Tool 刀具
Toward Line 指向线
Toward Point 指向点
Transfer Method 转移方法
Traversal 转移
Traverse Interior Edge 穿过内边缘
Traverse Pattern 转移模式
Triangle Tolerance 三角形公差
Trim Boundary 修剪边界
Trim Geometry 修剪几何体
Turning Tool 车刀
Turning 车削

U

Ugpost Ug 后置处理器
Uncut regions 未切削区域
Undercut Handing 底部切削处理
User Defined 用户定义
User Defined Event（Ude）用户定义事件

V

Variable Contour 可变轴曲面轮廓铣
Vericut 模拟切削
Veri Points 验证点
Visualize 切削仿真

W

Wall Cleanup 周壁清理
Wall Gouging 过切处理
Wire EDM 线切割
Workpiece 工件

Z

Z-Depth Offset Z 向深度偏置
Zero 参考零点
Zig With Contour 单向带轮廓铣
Zig With Stepover 单向带步距铣
Zig 单向切削
Zig-Zag Surface 往复式曲面铣
Zig-Zag 往复式切削
Z-Level Milling 等高轮廓铣